淮河中游河道
水动力数学模型及应用

虞邦义 蔡建平 黄灵敏 等 著

中国水利水电出版社
www.waterpub.com.cn
·北京·

内 容 提 要

　　本书基于 Mike 水动力数学模型软件平台，结合淮河中游干支流河道实际，利用翔实的水文、泥沙、地形、河道整治工程和洪水调度实际资料，建立了淮河中游从洪河口至洪泽湖出口段 430km 长河道一维、二维耦合水动力数学模型和分段二维数学模型，分析了淮河中游洪水特性和中游受涝面积与干流洪水位的关系；基于所建水动力模型，对于不同年型淮河中游洪水优化调度进行了研究，对中游河道治理与行洪区调整效果进行了计算分析；初步确定了淮河中游中等洪水量级；分析了中游河道整治、降低干流洪水位与中游受涝面积的关系等。

　　本书对从事淮河河道治理、洪水调度、河流管理、水生态水环境研究工作的专家、学者有一定的借鉴意义，也可供大专院校的河道治理、防洪减灾、水生态水环境、港航工程等相关专业的师生参考。

图书在版编目（CIP）数据

淮河中游河道水动力数学模型及应用 / 虞邦义等著
. -- 北京 ：中国水利水电出版社，2017.3
ISBN 978-7-5170-5256-2

Ⅰ. ①淮… Ⅱ. ①虞… Ⅲ. ①淮河－中游－水动力学
－数学模型－研究 Ⅳ. ①TV131.2

中国版本图书馆CIP数据核字(2017)第050167号

书　　名	淮河中游河道水动力数学模型及应用 HUAI HE ZHONGYOU HEDAO SHUIDONGLI SHUXUE MOXING JI YINGYONG
作　　者	虞邦义　蔡建平　黄灵敏　等 著
出版发行	中国水利水电出版社 （北京市海淀区玉渊潭南路 1 号 D 座　100038） 网址：www. waterpub. com. cn E - mail：sales@waterpub. com. cn 电话：(010) 68367658（营销中心）
经　　售	北京科水图书销售中心（零售） 电话：(010) 88383994、63202643、68545874 全国各地新华书店和相关出版物销售网点
排　　版	中国水利水电出版社微机排版中心
印　　刷	北京嘉恒彩色印刷有限责任公司
规　　格	184mm×260mm　16 开本　25.5 印张　605 千字
版　　次	2017 年 3 月第 1 版　2017 年 3 月第 1 次印刷
印　　数	0001—1500 册
定　　价	**130. 00 元**

凡购买我社图书，如有缺页、倒页、脱页的，本社营销中心负责调换

本书章目及撰（统）稿人名单

章 目		撰（统）稿人
1	淮河中游河道概况	蔡建平　黄灵敏
2	淮河中游河道一维、二维耦合水动力数学模型	虞邦义　蔡建平
	2.1　洪水演进数学模型	虞邦义　倪晋
	2.2　王家坝至鲁台子河段一维、二维耦合水动力数学模型	虞邦义　贲鹏
	2.3　正阳关至吴家渡段一维、二维耦合水动力数学模型	倪晋　贲鹏
	2.4　蚌埠至浮山段一维、二维耦合水动力数学模型	倪晋　贲鹏
	2.5　浮山至洪泽湖出口段一维、二维耦合水动力数学模型	虞邦义　倪晋
3	淮河中游河道二维水动力数学模型及应用	虞邦义　黄灵敏
	3.1　正阳关至峡山口段二维水动力数学模型	贲鹏　虞邦义
	3.2　峡山口至田家庵段二维水动力数学模型	贲鹏　杨兴菊
	3.3　平圩至蚌埠段二维水动力数学模型	杨兴菊　贲鹏
	3.4　临淮关至浮山段二维水动力数学模型	吕列民　贲鹏
4	淮河中游实测洪水调度研究	胡余忠　虞邦义
	4.1　洪水调度实况分析	胡余忠　李京兵
	4.2　特征时段洪量与最高水位关系分析	李京兵　顾李华
	4.3　淮河干流洪量调度分析	李京兵　史俊
	4.4　基于极值与洪量相结合的淮河中游洪水调度思路	顾李华　李京兵
5	行蓄洪区和分洪河道启用时机与运用效果	虞邦义　胡余忠
	5.1　典型年洪水分洪河道运用效果分析	倪晋　吕列民
	5.2　典型年洪水行蓄洪区运用效果分析	倪晋　杨兴菊
	5.3　行蓄洪区启用时机	贲鹏　李京兵
6	淮河中游行蓄洪区与分洪河道联合调度	虞邦义　胡余忠
	6.1　2003年型洪水优化调度	贲鹏　虞邦义
	6.2　2007年型洪水优化调度	倪晋　李京兵
	6.3　1954年型洪水调度计算	贲鹏　顾李华
7	淮河干流中等洪水分析	辜兵　虞邦义
	7.1　淮河干流水文站分布概况	辜兵　刘福田
	7.2　淮河中游实测流量分析	辜兵　刘福田
	7.3　淮河干流实测水位分析	辜兵　刘福田
	7.4　淮河中游实测洪量分析	海燕　辜兵
	7.5　淮河干流洪水漫滩历时及水深分析	海燕　辜兵
	7.6　淮河干流中等洪水流量分析	刘福田　辜兵
	7.7　小结	刘福田　辜兵

	章　目	撰（统）稿人
8	**淮河干流河道治理研究**	徐迎春　黄灵敏
	8.1　淮河流域防洪体系	徐迎春　辜兵
	8.2　现状行洪能力分析	徐迎春　辜兵
	8.3　淮河干流河道治理存在问题	徐迎春　辜兵
	8.4　淮河干流行蓄洪区调整完成后河道行洪能力分析	徐迎春　辜兵
	8.5　进一步扩大河道滩槽泄洪能力研究	刘福田　辜兵
	8.6　干流河道理想断面型式研究	刘福田　海燕
	8.7　洪泽湖水位调整对浮山水位影响研究	刘福田　海燕
	8.8　降低中等洪水水位研究	刘福田　张震
	8.9　小结	刘福田　辜兵
9	**淮河干流治理与洼地除涝关系研究**	刘福田　蔡建平
	9.1　洼地排涝体系	辜兵　刘福田
	9.2　淮河两岸洼地分布范围及特性分析	辜兵　刘福田
	9.3　行蓄洪区调整工程对洼地排涝的作用	辜兵　刘福田
	9.4　2～3年一遇标准疏浚对洼地排涝的作用	海燕　张震
	9.5　3～5年一遇标准疏浚对洼地排涝的作用	张震　海燕
	9.6　干流治理方案减灾效益分析	辜兵　刘福田
	9.7　小结	徐迎春　辜兵

前　言

　　淮河干流发源于河南桐柏山区，自西向东流经豫、皖、苏三省，全长1000km。以废黄河为界，淮河流域分为淮河水系与沂沭泗水系，流域面积分别为 19 万 km² 和 8 万 km²。

　　淮河中游上起豫皖交界洪河口，下至江苏省洪泽湖出口中渡，河长约 490km。

　　淮河上游地势高，降雨量大，暴雨中心稳定，加之上游山区河道比降大，洪水汇集快。进入中游后，河道比降变缓，河道泄量不足，且受洪泽湖顶托影响，高水位持续时间长，内水排泄不畅，造成中游"关门淹"。因此，中游历来是淮河治理的重点和难点。

　　目前，淮河中游防洪减灾体系主要由水库、临淮岗洪水控制工程、河道堤防、行蓄洪区、分洪河道、调蓄湖泊等组成，洪水调度主要是上述组成部分的联合调度。其中，行蓄洪区调度尤为关键，是淮河中游洪水调度的重点和难点。

　　经过 60 多年的治理，特别是治淮 19 项骨干工程建设，大大改善了淮河中游防洪除涝条件。由于淮河中游的复杂性和经济社会的不断发展，现阶段防洪除涝体系仍存在以下突出问题：

　　（1）河道滩槽窄小，中小洪水行洪不畅。目前，经过淮河干流扩大排洪通道工程建设，正阳关以上河道已拓宽成 1.5～2km 的行洪通道，防洪条件大为改善；而正阳关以下河道堤距一般为 500～1000m，平槽流量约为设计流量的 1/4。在中小洪水年份，洪水漫滩历时长，两岸洼地的涝水难以及时排泄，洪涝损失仍十分严重。

　　（2）行蓄洪区问题突出。淮河干流沿程分布有 21 处行蓄洪区，作为中游防洪体系的重要组成部分，行蓄洪区既要确保行洪、蓄洪功能的实现，又要为区内居民生活及经济社会发展提供保障，矛盾十分突出，具体表现为：一是行蓄洪区启用标准低，进洪频繁，洪涝损失严重；二是行洪区的行洪效果差，进、退控制设施不足；三是安全建设严重滞后，灾后恢复自救能力较差；四是行蓄洪区管理工作薄弱。

　　（3）洪水科学管理尚待完善。淮河中游防洪除涝体系复杂，影响因素多，社会影响面大，如何合理运用水库拦洪、削峰、错峰，充分利用河道泄洪，适时运用行洪区、蓄洪区、分洪河道和临淮岗洪水控制工程对洪水进行科学调度，以减轻洪涝灾害，依然是需要进一步研究的重要课题。

（4）浮山以下河段亟待整治。淮河中游浮山至洪泽湖段河床呈倒比降，浮山附近深泓高程为 $-5.0\sim-7.0$m，而洪泽湖高程为 $10.00\sim11.00$m，这种不同于一般河道的倒比降，严重制约了洪水下泄。2003 年和 2007 年实测洪水比降表明，浮山以下河道已成为扩大淮河中游行洪能力的重要制约河段。

针对上述突出问题，在现有治理规划的基础上，除了加快工程建设外，还需要进一步加强涉及淮河中游整治方向、工程规划布局等方面的基础研究工作。为此，安徽省水利厅组织安徽省·水利部淮委水利科学研究院、安徽省水利水电勘测设计院、安徽省水文局等单位成立了项目组，开展了"淮河中游河道水动力数学模型研究及应用"的研究，力图在吸收和借鉴国内外先进技术和经验的基础上，结合淮河流域实际情况，建立起覆盖淮河中游干支流河道、行蓄洪区及洪泽湖的水动力数学模型，为新时期淮河治理及洪水调度提供技术支撑，对进一步完善淮河中游的防洪除涝减灾体系，促进流域经济社会可持续发展有重要意义。

本项目研究包括以下主要内容：

（1）淮河中游水动力数学模型构建。引进国外先进水动力模拟软件，对其进行消化、吸收，并结合淮河中游河网特点，对研究范围内的河道、行蓄洪区、闸坝及湖泊进行合理概化，构建一套适用于淮河中游的水动力数学模型。依托所建水动力数学模型，开展淮河干流河道整治与行洪区调整建设方案和效果研究。

（2）淮河干流中小洪水位研究。淮河干流平槽泄量小，中小洪水下泄不畅，加之一直以来淮河防洪规划在防御中小洪水的问题上研究不够，以至于中等洪水即会给沿淮造成较大的洪涝灾害。通过资料分析和水动力数学模型计算，统计分析不同频率洪水条件下各河段的平槽泄量、水位、漫滩历时及淹没水深；研究淮河干流现状、规划及进一步扩大主槽三种工况条件下河道行洪能力及中等洪水位的变化；研究淮河两岸洼地的分布范围及特性，分析淮河干流治理与洼地除涝的关系。在上述研究的基础上，提出应对中等洪水的措施和对策。

（3）淮河中游洪水调度方案研究。淮河中游支流集中入汇，众多行蓄洪区和闸坝工程加之复杂的水文情势，使洪水调度异常复杂。通过对历史洪水调度情况的分析、综合和归纳，研究特征洪量与最高水位的关系；基于宏观尺度——洪量，提出洪水调度的新理论；将洪量调度方法与水动力数学模型相结合，研究单一行蓄洪区不同调度方式的效果，分析典型年洪水条件下多行蓄洪区、分洪河道、临淮岗大型水利枢纽联合调度的效果，优化洪水调度方案。

经过5年的系统研究，项目组完成了上述各项研究任务，编写专题研究报告5份，发表论文40余篇，部分成果已应用于正在开展的淮河干流行蓄洪区调整建设规划设计中。本书是在"淮河中游河道水动力数学模型研究及应用"项目研究成果的基础上，通过系统总结编写而成的，是合作研究的成果。除本书撰（统）稿人名单中署名人员外，参加项目研究工作的还有夏冬梅、周贺、吴兰英等同志。

本书的出版得到国家"十二五"水专项"淮河流域水质—水量—水生态联合调度关键技术研究与示范"和安徽省科技攻关项目"变化条件下安徽省淮河干流行蓄洪区优化调度研究"等项目资助，在此一并表示感谢。

限于作者水平和认识，本书观点有不足或错误之处，敬请读者和同行专家批评指正。

作者

2016 年 10 月

目　录

第1章 淮河中游河道概况

1.1 地形地貌

淮河流域地处中国东部，介于长江和黄河两流域之间，位于东经 112°~121°，北纬 31°~36°，流域西起桐柏山、伏牛山，东临黄海，南以大别山、江淮丘陵、通扬运河及如泰运河南堤与长江分界，北以黄河南堤和泰山为界与黄河流域毗邻。流域面积 27km²。

淮河流域位于全国地势的第二阶梯前缘，大都处于第三阶梯上，流域西部、南部及东北部为山区和丘陵区，其余为平原、湖泊和洼地。流域内山丘区面积约占总面积的 1/3，平原面积约占 2/3。淮河流域东西长约 1000km，南北平均宽约 400km。淮河流域上游两岸山丘起伏，水系发育，支流众多；中游地势平缓，多湖泊洼地；下游地势低洼，大小湖泊星罗棋布，水网交错，渠道纵横。

由于平原广阔、地势低平、南北支流呈不对称的扇形分布等地形地貌特点，淮河流域蓄排水条件差。每当汛期大暴雨时，淮河上游及支流山区洪水汹涌而下，洪峰很快到达王家坝，由于洪河口至正阳关河道弯曲、平缓，泄洪能力小，加上绝大部分山丘区支流相继汇入，河道水位迅速抬高。淮南支流河道源短流急，径流系数大，但中游河道狭小，河道不能容纳时即泛滥成灾。淮北支流流域面积大，汇流时间长，加上地面坡降平缓，河道泄洪能力不足，且受干流洪水顶托，常造成了淮北和沿淮严重的洪涝灾害[1-2,4]。

1.2 气象水文

淮河流域地处我国南北气候过渡地带，淮河以北属暖温带半湿润季风气候区，以南属亚热带湿润季风气候区。流域的气候基本特点是：受东亚季风影响，夏季炎热多雨，冬季寒冷干燥，春季天气多变，秋季天高气爽。流域内自南向北形成亚热带北部向暖温带南部过渡的气候类型，冷暖气团活动频繁，降水量变化大。影响本流域的天气系统众多，既有北方的西风槽、冷涡，又有热带的台风、东风波，也有本地产生的江淮切变线、气旋波，因此造成流域气候多变，天气变化剧烈。夏季（5—8月），淮河流域以偏南气流为主，这种盛行风携带了大量的暖湿空气，为淮河的雨季提供了必需的水汽来源，因而成为一年中降雨最多的时期。秋季（9—10月），夏季风开始南退，11月至次年2月，冬季风南压，盛行干冷的偏北风，导致干冷空气不断南侵，降水迅速减少。

淮河流域多年平均降水量 898mm，其中淮河水系 939mm，沂沭泗河水系 795mm。降水量地区分布状况大致是由南向北递减，山区多于平原，沿海大于内陆。降水年际丰枯变化大，年内分布不均。据 1953—2005 年资料统计，有七成年份汛期 6—9 月降水量超过全年的 60%，多数站年降水量最大值为最小值的 2~4 倍。

我国季风雨带从 5 月上旬开始由南向北推进，4—5 月降水主要集中在华南。6 月中旬，随着副热带高压第一次北跳，雨带北移至江淮流域，导致降水逐渐增多。7 月中旬副热带高压再次北跳，江淮梅雨结束，华北进入雨季。淮河流域位于长江流域向华北的过渡地带，南部是江淮梅雨的北缘，北部及沂沭泗地区是华北雨带的南缘。北亚热带与南温带交界线的南北移动、年际变化、季节变化与冷暖空气活动强度都与淮河流域的洪涝密切相关。

淮河流域气候变化幅度大，灾害性天气发生频率高，降水的区域特征与长江流域和黄河流域有显著的差异。无论是年降水量还是夏季降水量，淮河流域的降水变率都是最大的，表明过渡带气候的不稳定性，容易出现旱涝灾害。1961—2006 年的旱涝频率统计分析结果表明，淮河旱年为 2.5 年一遇，涝年近 3 年一遇。特别是进入 21 世纪以来，淮河流域夏季频繁出现洪涝，成为越来越严重的气象异常区[1-2,4]。

1.3　河流水系

淮河干流发源于河南南部的桐柏山，自西向东流经河南、安徽，进入江苏境内洪泽湖。洪泽湖南面有入江水道经三江营入长江，东面有灌溉总渠、入海水道和分淮入沂水道。淮河干流的洪河口以上为上游，河长 364km，河道平均比降为 0.5‰；洪河口至中渡为中游，全长约 490km，河道平均比降为 0.03‰；中渡以下为下游，河长 150km，河道平均比降为 0.04‰；洪河口和中渡以上的控制面积分别为 3 万 km² 和 16 万 km²，中渡以下（包括洪泽湖以东里下河地区）控制面积约 3 万 km²。

淮河流域支流众多，流域面积大于 1000km² 的一级支流有 21 条；超过 2000km² 的一级支流有 16 条；超过 1 万 km² 的一级支流有 4 条，分别为洪汝河、沙颍河、涡河和怀洪新河，其中沙颍河流域面积接近 4 万 km²，河长 557km，是淮河最大的支流[1-2,4]。

1.3.1　王家坝至鲁台子段河道

淮河干流王家坝至鲁台子段河道全长约 161km。河段进口王家坝是上中游分界水文站，集水面积 30360km²，该站的水位及流量是淮河防汛调度的主要依据之一。该段区间集水面积 5.8 万 km²，汇入的主要支流有史河、淠河、洪河分洪道、谷河、润河和沙颍河等，几乎涵盖了淮河水系所有的山区来水。本河段水系基本情况见表 1.3-1[3]。

表 1.3-1　　　　淮河干流王家坝至鲁台子段河流基本情况表[3]

水　系	河　名	控制点	集水面积/km²
淮河	淮河干流	王家坝	30360
		润河集	40360
		鲁台子	88630
北岸水系	洪汝河	洪河口	12380
	谷河	谷河口	1233
	润河	润河口	1267
	沙颍河	阜阳闸	38280
		颍河口	39890

续表

水　系	河　名	控制点	集水面积/km²
南岸水系	淠河	横排头	4920
		淠河口	6562
	史河	蒋家集	5930
		史河口	6562

1.3.2 鲁台子至吴家渡段河道

淮河干流鲁台子至吴家渡段河道长约 125km，河段进口鲁台子站控制集水面积 88630km²，鲁台子至吴家渡之间，北岸有西淝河、永幸河、泥黑河、茨淮新河、涡河等支流汇入，南岸有东淝河、窑河、天河等支流汇入，区间总集水面积 32700km²。本河段水系基本情况见表 1.3－2。

表 1.3－2　　　　　　　　　鲁台子至吴家渡段河流基本情况表[3]

水　系	河　名	控制点	集水面积/km²
淮河	淮河干流	鲁台子	88630
		吴家渡	121330
北岸水系	沙颍河	阜阳闸	38280
		颍河口	39890
	西淝河	西淝闸	1601
	永幸河	永幸闸	678
	泥黑河	尹家沟闸	611
	茨淮新河	上桥闸	5581
	涡河	蒙城闸	15475
		涡河口	15890
南岸水系	淠河	横排头	4920
		淠河口	6562
	东淝河	东淝闸	4200
	窑河	窑河闸	1490
	天河	天河闸	340

1.3.3 吴家渡至洪泽湖出口段

淮河干流蚌埠吴家渡站以上集水面积 121330km²。吴家渡以下汇入的支流有小溪河、濠河等，集水面积 2620km²，以及池河（以明光站计算）集水面积 3470km²；淮河干流以北，怀洪新河、新汴河、濉河、老濉河从溧河洼进入洪泽湖，集水面积 22188km²；徐洪河（以金锁镇计算）从成子湖汇入洪泽湖，集水面积 1890km²；加上洪泽湖周边区间及湖面集水面积 6662km²，洪泽湖出口中渡以上集水面积合计 158160km²。吴家渡至洪泽湖出

3

口段河道基本情况见表 1.3-3。

表 1.3-3　　　　　　吴家渡至洪泽湖出口段入河（湖）河流基本情况表[3]

水　系	河　　名	河段	控制站	集水面积/km²
淮河干流	淮河	吴家渡以上	吴家渡	121330
		吴家渡至小柳巷	小柳巷	123950
		小柳巷至三河闸	中渡	158160
池河	池河	明光以上	明光	3470
洪泽湖水系	怀洪新河	何巷闸至溧河洼	峰山	12000
	新汴河	团结闸以上	团结闸	6562
	濉河	濉河泗洪以上	濉河泗洪	2991
	老濉河	老濉河泗洪以上	老濉河泗洪	635
	徐洪河	金锁镇以上	金锁镇	1890
	滨湖区间			6662

　　淮河上中游洪水经洪泽湖调蓄后，主要由淮河入江水道、苏北灌溉总渠、淮河入海水道和分淮入沂工程入江、入海（见表 1.3-4）。淮河入江水道是洪泽湖最大的泄洪通道，其控制口门为三河闸，设计行洪流量为 12000m³/s，沿途经宝应湖、高邮湖在三江营入长江；苏北灌溉总渠是洪泽湖排泄洪水出路之一，渠首控制口门为高良涧闸，设计流量 1000m³/s，沿途经里下河地区在扁担港入黄海；淮河入海水道西起洪泽湖东侧二河闸，东至扁担港注入黄海，与苏北灌溉总渠平行，居其北侧，设计行洪流量 2270m³/s（二期规划设计行洪流量为 7000m³/s[1]）。分淮入沂工程南起洪泽湖二河闸，北至新沂河交汇口，设计流量 3000m³/s，担负着在淮沂洪水不遭遇时，相机向新沂河分泄洪水的作用。

表 1.3-4　　　　　　　　洪泽湖泄洪通道基本情况表[3]

河　名	河　段	控制站	设计流量/(m³/s)
淮河入江水道	三河闸至三江营	三河闸	12000
苏北灌溉总渠	高良涧闸至扁担港	高良涧闸	1000
淮河入海水道	二河闸至扁担港	二河新闸	2270
分淮入沂工程	二河闸至淮沭河与新沂河交口	二河闸	3000

1.4　水沙特性

　　淮河干流上游息县站以上集水面积占吴家渡以上集水面积 8%，径流量占吴家渡径流量的 15%；北部支流洪汝河、沙颍河及涡河各入淮主要控制站以上集水面积总和占吴家渡以上集水面积的 51%，径流量总和占 29%；南部支流史灌河、淠河各入淮控制站占吴家渡以上集水面积的 8%，径流量总和占 20%。从吴家渡站的来水组成来看，南北主要支流集水面积相差 43%，而径流量仅相差 9%。

　　淮河中游径流量主要集中在汛期，约占年径流总量的 60%，其特点是季节径流变化大，最大最小月相差悬殊、北部集中程度高于南部等特点。最大月径流占年径流量的比例在 18%～35%之间，出现时间以 7 月居多。最小月径流占年径流量的比例一般为 1.2%～2.6%，出现时间以 1 月居多。

淮河中游输沙主要集中在汛期，其输沙量占年总量 60%～80%。最大最小月输沙量相差悬殊，最大月输沙占年输沙的比例一般为 28%～47%，出现时间以 7 月居多，而最小月输沙占年输沙的比例一般不到 1%，出现时间以 1 月居多。

淮河中游径流量的年际变化的总体特征表现在最大与最小年径流量倍比悬殊，年径流变差系数大，年际丰枯变化频繁。淮河中游大部分水系最大与最小年径流量的比值一般在 4～30 倍，年径流变差系数的变幅在 0.32～0.86 之间。地区上的分布特点为南部小于北部，山区小于平原。含沙量最大最小年的比值一般在 37 倍以上，变差系数在 0.48～0.6 之间；输沙量最大最小年的比值一般在 140 倍以上，变差系数在 0.73～1.21 之间。

统计分析淮河中游主要测站自 1950—2009 年间不同年代径流量各年代平均值，淮河中游各测站历年水量变化过程为波动变化的随机过程。从吴家渡站径流量的各年代平均值排序来看，20 世纪 50 年代最丰，以后依次为 80 年代，2000 年以后，60 年代，70 年代，90 年代。

综上所述，淮河中游水沙时空分布不均，年际变化大，南北支流差异大、径流量主要集中在汛期，输沙量较径流量更为集中；径流量无明显增加或减少的趋势，含沙量和输沙量呈显著减少趋势。淮河中游各段河道水沙特征详情如下[3]。

1.4.1 王家坝至鲁台子段河道

根据王家坝站和鲁台子站实测水沙资料统计出本河段径流和泥沙特征值，见表 1.4-1 及表 1.4-2。从表中可以看出，本河段径流量年际变化大，鲁台子站 1956 年的径流量为 1966 年的 15 倍，这种年际变化反映到输沙量上则更为突出，鲁台子站 1964 年的输沙量为 2001 年的 147 倍。

表 1.4-1 王家坝至鲁台子段径流特征值

控制站	资料年限	年平均流量 /(m³/s)	多年平均径流量 /亿 m³	最大年径流量 /亿 m³	年份	最小年径流量 /亿 m³	年份
王家坝	1953—2007	279	88	120	1956	4.9	1961
鲁台子	1951—2007	699	221	525	1956	35	1966

表 1.4-2 王家坝至鲁台子段泥沙特征值

控制站	资料年限	年平均含沙量 /(kg/m³)	年平均输沙量 /万 t	最大年输沙量 /万 t	年份	最小年输沙量 /万 t	年份
王家坝	1985—2007	0.34	301	640	1987	17	1999
鲁台子	1951—2007	0.40	875	3381	1964	23	2001

1.4.2 鲁台子至吴家渡段河道

鲁台子水文站集水面积 88630km²，控制了本河段进口的水沙条件，吴家渡水文站集水面积 121330km²，控制了本河段出口的水沙条件。根据鲁台子站和吴家渡站实测水沙资料统计出本河段径流、泥沙特征值见表 1.4-3 及表 1.4-4。从表中可以看出，鲁台子站径流量占吴家渡站的 80%，输沙量占吴家渡站的 97%，本河段水沙主要来源于鲁台子站以上河段，区间所占比重相对较少。

表 1.4-3　　　　　　　　　正阳关至吴家渡段径流特征值

控制站	资料年限	年平均流量 /(m³/s)	多年平均径流量 /亿 m³	最大年径流量 /亿 m³	年份	最小年径流量 /亿 m³	年份
鲁台子	1951—2007	699	221	525	1956	35	1966
吴家渡	1950—2007	878	277	641	2003	27	1978

表 1.4-4　　　　　　　　　正阳关至吴家渡泥沙特征值

控制站	资料年限	年平均含沙量 /(kg/m³)	年平均输沙量 /万 t	最大年输沙量 /万 t	年份	最小年输沙量 /万 t	年份
鲁台子	1951—2007	0.40	875	3381	1964	23	2001
吴家渡	1950—2007	0.33	906	2677	1964	17	2001

本河段径流量年际变化大，鲁台子站 1956 年的径流量为 1966 年的 15 倍，这种年际变化反映到输沙量上则更为突出，鲁台子站 1964 年的输沙量为 2001 年的 147 倍。图 1.4-1 为鲁台子站、吴家渡站多年月平均径流量和输沙量值，由图可知，本河段水沙年内分配极不均匀，水沙输送主要集中在汛期，汛期 6—9 月的径流量占年总量的 62%左右，输沙量占年总量的 75%左右。

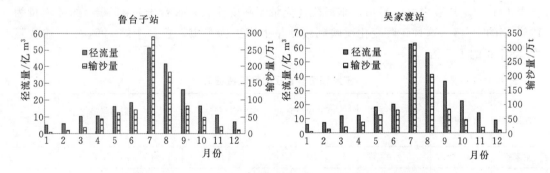

图 1.4-1　鲁台子站、吴家渡站多年月平均径流量和输沙量

文献 [3] 利用逐年代统计、指数平滑及聚类分析三种方法分析了鲁台子、吴家渡两站（1950—2007 年）径流、泥沙变化趋势，得出：在径流量未出现显著增大或减少的情况下，两站含沙量与输沙量均呈明显下降的趋势，从 1995 年起，降低的趋势开始减缓，在最近十几年内鲁台子站年均含沙量基本维持在 0.13kg/m³，年均输沙量基本维持在 237万 t；吴家渡的年均含沙量基本维持在 0.17kg/m³，年均输沙量基本维持在 450 万 t。与1950 年代相比，减少了 7 成以上。

1.4.3　吴家渡至洪泽湖出口段

不考虑测站未控区间的来水来沙，以淮河干流小柳巷、怀洪新河峰山、徐洪河金锁镇、池河明光、新汴河团结闸、老濉河泗洪、濉河泗洪等测站的水沙资料来初步分析洪泽湖多年平均来水来沙组成。以三河闸、二河闸和高良涧站的水沙资料来初步分析出湖水沙的分配。为避免系列不同步给统计造成的误差，统一采用1983—2005年的资料系列分析洪泽湖入出湖多年平均径流量和输沙量。计算中对缺测的资料进行了相关的插补，具体结果见表1.4-5及表1.4-6。

表1.4-5 　　　　　　　　洪泽湖多年平均入湖水沙分布

入湖河流	淮河干流（小柳巷）	怀洪新河（峰山）	徐洪河（金锁镇）	池河（明光）	新汴河（团结闸）	老濉河（泗洪）	濉河（泗洪）	总计
多年平均年入湖水量/亿 m^3	271.80	17.85	4.24	7.27	7.33	0.74	5.05	314.28
占入湖总水量比例/%	86.48	5.68	1.35	2.31	2.33	0.24	1.61	100.00
多年平均年入湖沙量/万 t	559.39	8.09	7.02	34.40	29.66	1.13	13.72	653.42
占入湖总沙量比例/%	85.61	1.24	1.07	5.27	4.54	0.17	2.10	100.00

表1.4-6 　　　　　　　　洪泽湖多年平均出湖水沙分布[3]

出湖通道及控制闸门	淮河入江水道	淮河入海水道	分淮入沂工程	苏北灌溉总渠	总计
	三河闸	二河闸		高良涧	
多年平均年出湖水量/亿 m^3	173.00	80.86		34.03	287.89
占出湖水量比例/%	60.09	28.09		11.82	100.00
多年平均年出湖沙量/万 t	228.58	71.85		25.77	326.20
占出湖沙量比例/%	70.08	22.03		7.90	100.00

从表1.4-5可以看出，1983—2005年洪泽湖多年平均年入湖水量314.28亿 m^3，其中淮河干流（以小柳巷站计算）多年平均年来水量为271.80亿 m^3，占洪泽湖总入流的86.5%。同期洪泽湖多年平均年入湖沙量653.42万 t，其中淮河干流（以小柳巷计算）多年平均年来沙量为559.39万 t，占洪泽湖总来沙的85.6%。以上分析知进入洪泽湖的水沙主要来源于淮河干流。

从表1.4-6可以看出，1983—2005年洪泽湖多年平均年出湖水量287.89亿 m^3，其中淮河入江水道（以三河闸计算）多年平均年出湖水量为173.00亿 m^3，占洪泽湖总出流的60%。同期洪泽湖多年平均年出湖沙量326.20万 t，其中淮河入江水道（以三河闸计算）多年平均年出湖沙量为228.58万 t，占洪泽湖总出沙的70%。以上分析知洪泽湖六成以上的水沙通过三河闸泄入长江。

1.5 平面形态和纵剖面形态

根据中游河道形态特征和水动力特性，将洪河口至老子山约472km的河道划分为二段：河道段和入湖段。河道段从洪河口到洪山头，长约428.5km，根据支流入汇情况，又进一步划分为洪河口至润河集、润河集至鲁台子、鲁台子至蚌埠闸和蚌埠闸至洪山头4段。洪山头至老子山为入湖河段，全长约43.5km，属于分汊型河道，汊道2～4股，河底呈平缓的倒比降[3]。

1.5.1　平面形态

王家坝至正阳关段河道河型较复杂，有顺直微弯型、弯曲型、分汊型，局部河道还出现急弯。在堤防退建、行洪区调整完成之后，本段堤距一般在 1500～2000m。该段主要汇入支流有史河、漂河、洪河分洪道、谷河、润河和沙颍河等。沿程分布有南润段、邱家湖、姜唐湖等 3 处行洪区和濛洼、城西湖和城西湖等 3 处蓄洪区。此外，两岸河滩地上还分布有郎河湾圩、东湖闸圩等多个生产圩。

正阳关至峡山口段属顺直微弯河型，近年来该段实施了部分退堤、切岗工程，正阳关至涧沟口河段堤距一般在 1500～3000m，涧沟口至焦岗闸河段堤距一般在 1000～1500m，焦岗闸至峡山口河段堤距较窄，一般为 500～700m；峡山口至凤台大桥段属弯曲河型，由两个连续的反向弯道组成，曲率半径为 1500～2000m，曲折系数在 2.0 左右，该段有峡山口和黑龙潭两处天然卡口，堤距在 400～700m 之间；凤台大桥至田家庵段属分汊河型，主要可分为左右两汊，左汊（支汊）经灯草窝生产圩及六坊堤行洪区北侧至下六坊堤下口，平均堤距 700m，右汊（主汊）经超河及六坊堤行洪区南侧至下六坊堤下口，平均堤距 600m；田家庵至蚌埠段以顺直微弯河型和弯曲河型为主，其中田家庵至窑河口段，现状堤距 500～1000m，随着石姚段和洛河洼退堤工程的完成，该段堤距将达 1100～1900m；窑河口至蚌埠段，堤距一般在 450～1000m，荆山口附近相对较窄。

蚌埠闸至浮山为河道段，以顺直微弯河型和弯曲河型为主，堤距 800～1000m；浮山至老子山为入湖河段，其中洪山头以下为分汊河型，汊道 2～4 股，洪水水面宽度达 5～6km；老子山至洪泽湖出口为湖区段，湖岸弯曲，形似展翅欲飞的天鹅。

1.5.2　纵剖面形态

淮河干流王家坝至鲁台子段河道纵剖面形态如图 1.5-1 所示。由图可以看出，王家

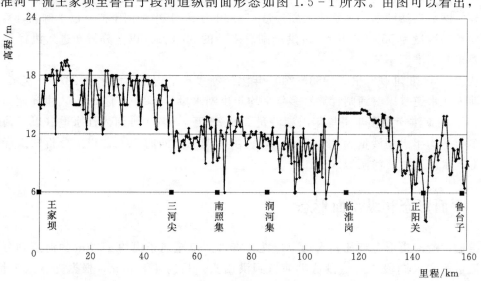

图 1.5-1　淮河干流王家坝至鲁台子段河道纵剖面

注：王家坝至三河尖采用 1999 年实测资料，三河尖至鲁台子采用 2008 年实测资料

坝至三河尖段河道平均深泓高程 16.00m，三河尖至临淮岗段河道平均深泓高程约 10.90m，临淮岗引河为人工开挖河道平均深泓高程 14.20m，正阳关至鲁台子段河道平均深泓高程 9.80m。本段深泓高低起伏变化十分剧烈，最高点 19.60m 位于张湾右汊，最低点 3.10m 位于正阳关附近，三河尖是该段深泓高程变化的节点。

2008 年淮河干流正阳关至蚌埠段河道纵剖面形态如图 1.5-2 所示。由图可以看出，

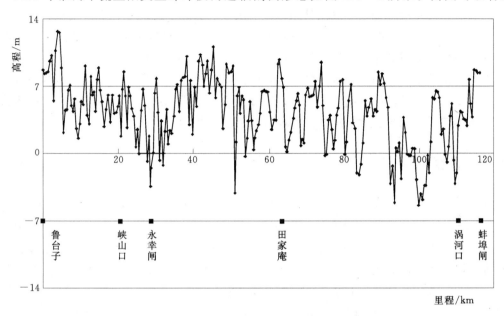

图 1.5-2　2008 年淮河干流正阳关至蚌埠段河道纵剖面

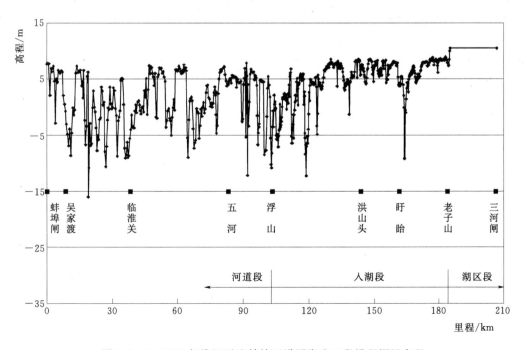

图 1.5-3　2008 年淮河干流蚌埠至洪泽湖出口段沿程深泓高程

正阳关附近平均深泓高程约 8.20m，吴家渡附近平均深泓高程约 1.30m，河段总体比降为 $0.46×10^{-4}$，趋势相对较缓。另外，本段深泓高低起伏变化十分剧烈，沙颍河入淮处为 13.9m，吴家渡断面为 $-8.60m$，两者相差 22.50m。

蚌埠至洪泽湖出口段河道纵剖面形态如图 1.5-3 所示。由图可以看出，河道段蚌埠闸至洪山头深泓高程一般在 $-8.00～8.00m$，最低处信家湾深泓高程 $-15.95m$，为淮河中游的最深点，本段最浅处与最深处深泓高程相差较大，纵剖面变化十分剧烈；入湖河段深泓高程一般在 $5.00～8.00m$，河道深泓高程起伏不大，趋势平坦[2,5]；洪泽湖是呈西北高东南低的蝶状宽浅湖盆，河底高程一般 $10.00～11.00m$。总体而言，蚌埠至洪泽湖出口端纵剖面为下凹形，总的趋势是以浮山为转折点，蚌埠至浮山段，平均深泓沿程降低，呈正比降；浮山至洪泽湖出口段，平均深泓沿程增大，呈负比降。纵剖面的急剧变化主要与河型、河床边界、堤距、行蓄洪区分布以及支流入汇等因素有关[5]。

1.6　行蓄洪区

淮河干流现有行蓄洪区 21 处，总面积 $3148km^2$，蓄滞洪容积 127 亿 m^3，内有耕地 265 万亩，人口 134 万人。其中行洪区 17 处，即南润段、邱家湖、姜唐湖、寿西湖、董峰湖、上六坊堤、下六坊堤、石姚段、洛河洼、汤渔湖、荆山湖、方邱湖、临北段、花园湖、香浮段、潘村洼和鲍集圩，面积 $1295km^2$，耕地 122 万亩，区内人口 59 万人；蓄洪区 4 处，即濛洼、城西湖、城东湖、瓦埠湖蓄洪区，面积 $1853km^2$，耕地 143 万亩，区内人口 75 万人[4]。行蓄洪区基本情况见表 1.6-1。

表 1.6-1　　　　　　　　　　淮河干流行蓄洪区基本情况[4]

类　别	序号	行蓄洪区名称	面积 /km²	容积 /亿 m³	人口 /万人	耕地 /万亩
蓄洪区	1	濛洼	180.40	7.50	15.74	18.00
	2	城西湖	517.00	28.80	16.62	40.70
	3	城东湖	380.00	15.30	8.41	25.00
	4	瓦埠湖	776.00	11.50	34.44	60.20
	小计		1853.40	63.10	75.21	143.90
行洪区	1	南润段	10.70	0.64	0.98	1.16
	2	邱家湖	36.97	1.67	2.66	3.66
	3	姜唐湖	145.80	7.60	10.24	11.67
	4	寿西湖	161.50	8.54	7.95	13.84
	5	董峰湖	40.10	2.26	1.57	4.89
	6	上六坊堤	8.80	0.46		1.00
	7	下六坊堤	19.20	1.10	0.16	2.10
	8	石姚段	21.30	1.16	0.70	2.68
	9	洛河洼	20.20	1.25		2.52

类　别	序号	行蓄洪区名称	面积/km²	容积/亿 m³	人口/万人	耕地/万亩
行洪区	10	汤渔湖	72.70	3.98	5.32	7.50
	11	荆山湖	72.10	4.75	0.70	8.60
	12	方邱湖	77.20	3.29	5.78	8.40
	13	临北段	28.40	1.08	1.85	3.00
	14	花园湖	218.30	11.07	8.79	15.60
	15	香浮段	43.50	2.03	2.38	5.80
	16	潘村洼	164.90	6.87	5.51	17.10
	17	鲍集圩	153.40	5.95	4.39	12.00
小计			1295.07	63.70	58.98	121.52
合计			3148.47	126.80	134.19	265.42

注　石姚段和洛河洼行蓄洪区已经调整为防洪保护区,南润段和邱家湖行洪区已经调整为蓄洪区。

淮河干流行洪区是干流泄洪通道的一部分,用于补充河道泄洪能力的不足,设计条件下如能充分运用,行洪流量占干流相应河段河道设计流量的 20%~40%。淮河干流 4 个蓄洪区有效蓄洪库容 63.1 亿 m³,占正阳关 50 年一遇 30d 洪水总量的 20%,对淮河干流蓄洪削峰作用十分明显。在淮河历次防洪规划中,行蓄洪区的作用已被计入防洪设计标准内的行蓄洪能力之中。只有行蓄洪区充分运用,才能保证淮北大堤保护区达到设计防洪标准。

行蓄洪区在历年大洪水中分洪削峰、有效降低河道洪水位、减轻淮北大堤、城市圈堤等重要防洪保护区的防洪压力,为淮河防洪安全发挥了重要作用。1991 年洪水中,淮河干流共启用了 17 个行蓄洪区(包括现已废弃的童园、黄郢、建湾、润赵段),濛洼共拦蓄洪水 6.9 亿 m³,城西湖也有效地分蓄了淮河洪水,对避免淮、淠洪峰遭遇、减轻正阳关洪水压力,保证淮北大堤安全起到重大作用。2003 年洪水中,淮河干流共启用了 9 处行蓄洪区,蓄洪区分蓄洪量 8.5 亿 m³,据初步分析,由于行蓄洪区的启用降低淮河干流正阳关洪峰水位 0.20~0.40m、淮南洪峰水位 0.20~0.40m、蚌埠洪峰水位 0.40~0.60m。2007 年洪水中,淮河干流共启用了 9 处行蓄洪区,蓄洪总量约 15 亿 m³,降低了润河集、正阳关、淮南、蚌埠站水位,最大降幅分别为 0.50m、0.29m、0.61m 和 0.46m。行蓄洪区的及时运用对降低干流洪峰水位,缩短高水位持续时间,保证淮北大堤等重要堤防的防洪安全发挥了重要作用。

淮河流域行蓄洪区虽然在保证防洪保护区安全方面起到了重要作用,但也带来了一系列的问题。如启用标准低、进洪频繁、社会影响大,区内群众生产、生活不安定,人与水争地、防洪与发展的矛盾十分突出。从 1991 年以来的三场大洪水中行蓄洪区运用情况来看,仍难以做到及时、有效地行洪、蓄洪。因此,行蓄洪区调整和建设势在必行[1-4]。

主 要 参 考 文 献

[1]　李燕,徐迎春.淮河行蓄洪区和易涝洼地水灾防治实践与探索 [M].北京:中国水利水电出版

社，2013.

[2]　水利部淮河水利委员会.淮河流域防洪规划 ［R］.水利部淮河水利委员会，2009.

[3]　刘玉年，何华松，虞邦义.淮河中游河道特性与整治研究 ［M］.北京：中国水利水电出版社，2012.

[4]　张学军，刘玲，余彦群，等.淮河干流行蓄洪区调整规划 ［R］.中水淮河规划设计研究有限公司，2008.

[5]　杨兴菊，虞邦义.淮河中游洪河口至浮山河段纵剖面演变分析 ［J］.水利水电技术，2009 （7）：107 - 110.

第 2 章 淮河中游河道一维、二维耦合水动力数学模型

2.1 洪水演进数学模型

随着计算机和计算技术的不断发展，水动力数学模型发展迅速，在工程上得到了广泛应用，能较好地模拟复杂边界条件下的水流运动，并与实体模型耦合运用相互验证，相互提供边界，可以较好地解决工程实际问题。

淮河中游河势复杂，有单一河道，有分汊河道，还有行洪区和湖泊。低水期时，水流主要在河道中运动。洪水期，随着水位的上升，上游来流超过河道泄流能力时，通过分洪、滞洪等措施，使水流通过闸门、口门、漫堤等方式进入到行洪区内。为了正确地模拟上述水流的运动情况，需要根据不同的水流特征采用不同的模拟方法，以达到提高精度和效率的目的：①蓄洪洼地由于流速较小，水面比降小，主要考虑其水量调蓄的作用，采用水库型水量平衡法；②干支流河道水流运动，需要计算水流的过流能力及水位，采用一维非恒定河网、堰闸联合模型求解；③行洪区及湖泊由于流速大小及流向随空间和时间变化，采用平面二维浅水方程求解。

2.1.1 一维水流数学模型

2.1.1.1 控制方程组及离散

河网一维水动力模型的控制方程为 Saint Venant 方程组。

连续方程：

$$\frac{\partial Q}{\partial x} + B\frac{\partial Z}{\partial t} = q \tag{2.1-1}$$

动量方程：

$$\frac{\partial Q}{\partial t} + \frac{\partial}{\partial x}\left(\frac{Q^2}{A}\right) + gA\left(\frac{\partial Z}{\partial x} + \frac{Q|Q|}{K^2}\right) = 0 \tag{2.1-2}$$

$$K = AC\sqrt{R} = A\frac{1}{n}R^{2/3}$$

式中：t 为时间坐标；x 为河道沿程坐标；Q 为流量；Z 为水位；A 为过水断面的面积；B 为水面宽度；K 为流量模数；g 为重力加速度；q 为旁侧入流流量；n 为河道糙率系数；R 为水力半径。

利用 Abbott 六点隐式差分格式离散上述控制方程组，该离散格式在每个网格点并不同时计算水位和流量，而是按顺序交替计算水位和流量，分别称为 h 点和 Q 点，如图 2.1-1 所示。该格式无条件稳定，可以在相当大的 Courant 数下保持稳定，可以取较长的时间步长以节约计算时间[1-7]。

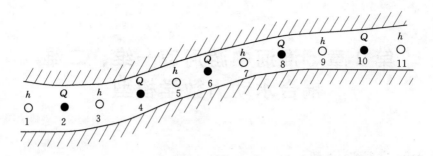

图 2.1-1　Abbott 六点隐式差分格式水位点、流量点交替布置图

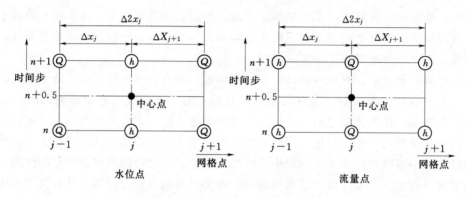

图 2.1-2　Abbott 六点隐式差分格式

采用如图 2.1-2 所示的 Abbott 六点隐式差分格式，连续性方程中的各项可以写为

$$\frac{\partial h}{\partial t} = \frac{h_j^{n+1} - h_j^n}{\Delta t}$$

于是连续性方程可以写为

$$q_j = B \frac{h_j^{n+1} - h_j^n}{\Delta t} + \left[\frac{1}{2}(Q_{j+1}^n + Q_{j+1}^{n+1}) - \frac{1}{2}(Q_{j-1}^n + Q_{j-1}^{n+1}) \right] / (x_{j+1} - x_{j-1}) \qquad (2.1-3)$$

同样动量方程中各项可以写为

$$\frac{\partial Q}{\partial t} = \frac{Q_j^{n+1} - Q_j^n}{\Delta t}$$

$$\frac{\partial h}{\partial x} = \frac{1}{x_{j+1} - x_{j-1}} \left[\frac{1}{2}(h_{j+1}^{n+1} + h_{j+1}^n) - \frac{1}{2}(h_{j-1}^{n+1} + h_{j-1}^n) \right]$$

$$Q|Q| = Q_j^{n+1} |Q_j^n|$$

于是动量方程在流量点上的差分格式为

$$\frac{\partial Q}{\partial t} = \frac{Q_j^{n+1} - Q_j^n}{\Delta t} + \frac{[Q^2/A]_{j+1}^{n+1/2} - [Q^2/A]_{j-1}^{n+1/2}}{x_{j+1} - x_{j-1}} + \left[\frac{g}{C^2 AR} \right]_j^{n+1} Q_j^{n+1} |Q_j^n|$$

$$+ [gA]_j^{n+1} \frac{\frac{1}{2}(h_{j+1}^{n+1} + h_{j+1}^n) - \frac{1}{2}(h_{j-1}^{n+1} + h_{j-1}^n)}{x_{j+1} - x_{j-1}} \qquad (2.1-4)$$

式 (2.1-3) 整理后可记为

$$\alpha_j Q_{j-1}^{n+1} + \beta_j h_j^{n+1} + \gamma_j Q_{j+1}^{n+1} = \delta_j \qquad (2.1-5)$$

式（2.1-4）整理后可记为

$$\alpha_j h_{j-1}^{n+1} + \beta_j Q_j^{n+1} + \gamma_j h_{j+1}^{n+1} = \delta_j \qquad (2.1-6)$$

以上式中：α_j、β_j、γ_j、δ_j 分别为离散方程的系数。

2.1.1.2　定解条件

初始条件：给定初始时刻 $t=0$ 时，所有计算节点 Q 和 h 值。非恒定流数值计算表明，初始条件对于计算的初期阶段会显示影响，但这种影响将随着计算时间的延伸逐步消失。

边界条件分三类：

（1）水位边界条件：边界处水位 $h=h(t)$。

（2）流量边界条件：边界处流量 $Q=Q(t)$。

（3）水位—流量关系边界条件：边界处 $Q=f(h)$ 给定。

2.1.1.3　求解方法

如前所述，河道内任一点的水力参数 Z（水位 h 或流量 Q）与相邻的网格点的水力参数的关系可以表示为统一的线性方程：

$$\alpha_j Z_{j-1}^{n+1} + \beta_j Z_j^{n+1} + \gamma_j Z_{j+1}^{n+1} = \delta_j \qquad (2.1-7)$$

上式中的系数可分别由式（2.1-5）或式（2.1-6）计算。

假设一河道有 n 个网格点，因为河道的首末网格点总是水位点，所以 n 是奇数。对于河网的所有网格点写出式（2.1-7），可以得到 n 个线性方程：

$$\alpha_1 H_{us}^{n+1} + \beta_1 h_1^{n+1} + \gamma_1 Q_2^{n+1} = \delta_1$$
$$\alpha_2 h_1^{n+1} + \beta_2 Q_2^{n+1} + \gamma_2 h_3^{n+1} = \delta_2$$
$$\alpha_{n-1} h_{n-2}^{n+1} + \beta_{n-1} Q_{n-1}^{n+1} + \gamma_{n-1} h_n^{n+1} = \delta_{n-1}$$
$$\alpha_n h_{n-1}^{n+1} + \beta_n h_n^{n+1} + \gamma_n H_{ds}^{n+1} = \delta_n \qquad (2.1-8)$$

其中第一个方程的 H_{us} 和最后一个方程中 H_{ds} 分别是上、下游汊点的水位。某一河道第一个网格点的水位等于与之相连河段上游汊点的水位：$\alpha_1=-1$，$\beta_1=1$，$\gamma_1=0$，$\delta_1=0$。同样，$\alpha_1=0$，$\beta_1=1$，$\gamma_1=-1$，$\delta_1=0$。

对于单一河道，只要给出上下游水位边界，即 H_{us} 和 H_{ds} 为已知，就可用消元求解方程组式（2.1-8）。对于河网问题，由方程组式（2.1-8），通过消元法可以将河道内任意点的水力参数（水位或流量）表示为上下游汊点水位的函数：

$$Z_j^{n+1} = c_j - a_j H_{us}^{n+1} - b_j H_{ds}^{n+1} \qquad (2.1-9)$$

只要先求河网各汊点的水位，就可用式（2.1-9）求解河段任意网格点的水力参数。

图 2.1-3 为河网汊点方程示意图，围绕汊点的控制体连续方程为

$$\frac{H^{n+1} - H^n}{\Delta t} A_{ft} = \frac{1}{2}(Q_{A,n-1}^n + Q_{B,n-1}^n - Q_{C,2}^n) + \frac{1}{2}(Q_{A,n-1}^{n+1} + Q_{B,n-1}^{n+1} - Q_{C,2}^{n+1}) \qquad (2.1-10)$$

将式（2.1-10）右边第二式的三项分别以式（2.1-9）替代，可以得到

$$\frac{H^{n+1} - H^n}{\Delta t} A_{ft} = \frac{1}{2}(Q_{A,n-1}^n + Q_{B,n-1}^n - Q_{C,2}^n) + \frac{1}{2}(c_{A,n-1} - a_{A,n-1} H_{A,us}^{n+1} - b_{A,n-1} H^{n+1} + c_{B,n-1}$$
$$- a_{B,n-1} H_{B,us}^{n+1} - b_{B,n-1} H^{n+1} - c_{C,2} + a_{C,2} H^{n+1} + b_{C,2} H_{C,ds}^{n+1})$$

$$(2.1-11)$$

式中：H 为该汊点的水位；$H_{A,us}$、$H_{B,us}$ 分别为支流 A、B 上游端汊点水位；$H_{C,ds}$ 为支流

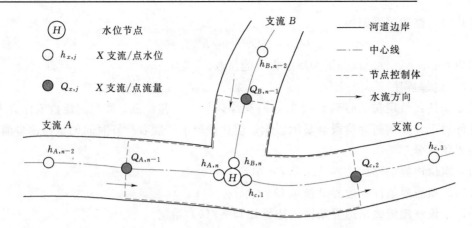

图 2.1-3　河网汉点方程示意图（以三汉点为例）

C 下游端汉点水位。

在式（2.1-11）中，将某个汉点水位表示为与之直接相连的河道汉点水位的线性函数。同样，对于河网所有汉点（假设为 N 个），可以得到 N 个类似的方程（汉点方程组）。在边界水位或流量为已知的情况下，可以利用高斯消元法直接求解汉点方程组，得到各个汉点的水位，进而同代式（2.1-9）求解河道任意网格点的水位和流量。

大型稀疏矩阵求解计算时间主要取决于矩阵主对角线非零元素的宽度，可通过对河网节点进行优化编码的方法来降低汉点方程组系数矩阵的带宽，使之称为主对角元素占优的矩阵，从而方便了方程组的求解，并大大减少了计算时间。

若在河道边界节点上给出水位的时间变化过程，即 $h=h(t)$，此时，假设边界所在河道编号为 j，则边界上的汉点方程为

$$h_{j,1}^{n+1} = H_{us}^{n+1} \quad 或 \quad h_{j,n}^{n+1} = H_{us}^{n+1} \tag{2.1-12}$$

若在河道边界节点上给出流量的时间变化过程，即 $Q=Q(t)$。

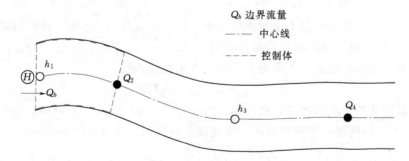

图 2.1-4　流量边界示意图

对如图 2.1-4 所示的控制体，应用连续方程可以得到：

$$\frac{H^{n+1}-H^n}{\Delta t}A_{ft} = \frac{1}{2}(Q_b^n - Q_2^n) + \frac{1}{2}(Q_b^{n+1} - Q_2^{n+1}) \tag{2.1-13}$$

将 Q_2^{n+1} 以式（2.1-9）代入式（2.1-13），可以得到

$$\frac{H^{n+1}-H^n}{\Delta t}A_{ft} = \frac{1}{2}(Q_b^n - Q_2^n) + \frac{1}{2}(Q_b^{n+1} - c_2 + a_2 H^{n+1} + b_2 H_{ds}^{n+1}) \tag{2.1-14}$$

若在河道边界节点上给出的是水位流量关系 $Q=Q(h)$，其处理方法同流量边界，得到与式（2.1-14）类似的方程，只是方程中的 Q_b^n 和 Q_b^{n+1} 由水位流量关系计算得到。

平原河网大多有堰、闸等水工建筑物，此时 Saint Venant 方程已经不再适用，必须根据堰、闸的水力学特性作特殊处理。在模型中堰、闸通常作为流量点处理，根据相邻水位点水位关系采用宽顶堰或孔口出流计算过闸流量，得到式（2.1-6）类似的方程[1-4]。

2.1.2 平面二维水流数学模型

2.1.2.1 基本方程

大部分河流湖泊都是浅水水流，满足以下假定：①具有自由表面；②以重力为主要的驱动力，以水流和固体边界之间及水流内部摩阻力为主要的耗散力；③水平流速沿水深近似成均匀分布；④垂向流速和垂向加速度可忽略，水压接近静压分布。基于以上假定，对三维水流的运动方程沿水深进行积分，可得二维浅水水流控制方程。

连续性方程：

$$\frac{\partial \xi}{\partial t}+\frac{\partial (hu)}{\partial x}+\frac{\partial (hv)}{\partial y}=q \tag{2.1-15}$$

动量方程：

$$\frac{\partial (hu)}{\partial t}+\frac{\partial}{\partial x}(huu)+\frac{\partial}{\partial y}(hvu)=\frac{\partial}{\partial x}\left(hE_x\frac{\partial u}{\partial x}\right)+\frac{\partial}{\partial y}\left(hE_x\frac{\partial u}{\partial y}\right)+fhv$$
$$-gH\frac{\partial \xi}{\partial x}-\frac{1}{\rho}(\tau_{bx}-\tau_{sx})+qu^* \tag{2.1-16}$$

$$\frac{\partial (hv)}{\partial t}+\frac{\partial}{\partial x}(huv)+\frac{\partial}{\partial y}(hvv)=\frac{\partial}{\partial x}\left(HE_y\frac{\partial v}{\partial x}\right)+\frac{\partial}{\partial y}\left(HE_y\frac{\partial v}{\partial y}\right)-fhu$$
$$-gH\frac{\partial \xi}{\partial y}-\frac{1}{\rho}(\tau_{by}-\tau_{sy})+qv^* \tag{2.1-17}$$

式中：ξ 为水位；h 为水深，$h=\xi-Z_b$，Z_b 为河床底高程；u、v 分别为 x，y 方向的垂向平均流速；f 为科氏力系数，$f=2\omega\sin\varphi$，ω 为地球自转的角速度，φ 为计算水域的地理纬度；τ_{bx}、τ_{by} 分别为 x 方向和 y 方向的底部摩阻，$\tau_{bx}=\dfrac{n^2\rho gu\sqrt{u^2+v^2}}{h^{1/3}}$，$\tau_{by}=\dfrac{n^2\rho gv\sqrt{u^2+v^2}}{h^{1/3}}$，$n$ 为曼宁系数；τ_{sx}、τ_{sy} 分别为风对自由表面 x 方向和 y 方向的剪切力，$\tau_{sx}=c_d\rho_a u_w\sqrt{u_w^2+v_w^2}$，$\tau_{sx}=c_d\rho_a v_w\sqrt{u_w^2+v_w^2}$，$c_d$ 为风阻力系数，ρ_a 为空气密度，u_w，v_w 为 x 方向和 y 方向的风速；ρ 为水密度；E_x、E_y 分别为 x 方向和 y 方向的水流紊动黏性系数；q 为源或汇单位面积的流量，源取正，汇取负；u^*、v^* 分别为源或汇输入输出时在 x 和 y 方向的流速。

上述二维浅水方程可以写成如下统一的形式：

$$\frac{\partial q}{\partial t}+\frac{\partial F(q)}{\partial x}+\frac{\partial G(q)}{\partial y}=b(q) \tag{2.1-18}$$

式中：

$$q=(h, hu, hv)$$

$$F(q) = (hu, hu^2 + gh^2/2, huv)$$

$$G(q) = (hv, huv, hv^2 + gh^2/2)$$

$$b(q) = (b_1, b_2, b_3)$$

$$b_1 = q$$

$$b_2 = \frac{\partial}{\partial x}\left(HE_x \frac{\partial u}{\partial x}\right) + \frac{\partial}{\partial y}\left(HE_y \frac{\partial u}{\partial y}\right) + fhv - gh\frac{\partial Z_b}{\partial x} - \frac{1}{\rho}(\tau_{bx} - \tau_{sx}) + qu^*$$

$$b_3 = \frac{\partial}{\partial x}\left(H\Gamma_\phi \frac{\partial v}{\partial x}\right) + \frac{\partial}{\partial y}\left(H\Gamma_\phi \frac{\partial v}{\partial y}\right) - fhu - gh\frac{\partial Z_h}{\partial y} - \frac{1}{\rho}(\tau_{by} - \tau_{sy}) + qv^*$$

2.1.2.2　定解条件

初始条件：给定初始时刻 $t = 0$ 时，计算域内所有计算变量（u，v，ζ）的初始值。

$$u(x, y, t)_{t=0} = u_0(x, y)$$

$$v(x, y, t)_{t=0} = v_0(x, y)$$

$$\xi(x, y, t)_{t=0} = \xi_0(x, y)$$

边界条件：包括固壁边界和开边界。

（1）固壁边界：近壁区因为分子黏性较大，雷诺数较低，为避免在壁面处加密网格，通常采用壁面函数法和滑移边界来处理近壁处的流速。壁面函数法通过一组半经验公式直接将壁面上的物理量与湍流核心区内待求的未知量直接联系起来；滑移边界条件，即 $\frac{\partial u}{\partial n} = 0$。本文计算采用滑移边界条件处理固壁边界。

（2）开边界：可以给定水位、流量或流速的过程。

给定水位边界：$\xi = \xi(t)$；

给定流量边界：$Q = Q(t)$；

给定法向流速过程：$u_n = u_n(t)$。

2.1.2.3　离散方法

Mike21 FM 采用非结构有限体积法离散控制方程[1-4]。有限体积法中使用的非结构网格通常由三角形或四边形网格构成，为了准确的逼近水下地形，这里仅采用三角形网格。

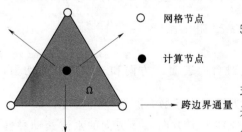

图 2.1-5　控制体节点布置

采用网格中心式布置计算节点，见图 2.1-5。将式（2.1-18）在控制体上进行积分得：

$$\iint_\Omega \frac{\partial q}{\partial t}dA + \iint_\Omega \left[\frac{\partial F(q)}{\partial x} + \frac{\partial G(q)}{\partial y}\right]dA = \iint_\Omega b(q)dA$$

式中：Ω 为控制体平面域；dA 为面积分微元。采用高斯格林公式将面积分化为沿其周界的线积分，得

$$A\frac{\partial \overline{q}}{\partial t} + \oint_{\partial\Omega}[F(q)n_x + G(q)n_y]dS = A\,\overline{b}(q)$$

$$(2.1-19)$$

$$\overline{q} = \frac{1}{A}\iint_\Omega qdA, \overline{b}(q) = \frac{1}{A}\iint_\Omega b(q)dA$$

式中：$\partial\Omega$ 为控制体周界（逆时针方向）；dS 为线积分微元；n_x、n_y 为周界上外法向单位

向量；$\overline{q}$、$\overline{b}(q)$ 分别为守恒物理量、源汇项在控制体内平均，当精度小于或等于二阶时，它们分别等于变量和源、汇项在三角形形心处的值。

记跨控制体边界的法向通量 $F_n(q) = F(q)n_x + G(q)n_y$，考虑到本次计算采用三角网格，故式（2.1-19）又可写为

$$A\frac{\partial \overline{q}}{\partial t} = -\sum_{j=1}^{3} F_n(q)_j L_j + A\overline{b}(q) \tag{2.1-20}$$

式中：L_j 为第 j 边的边长；$F_n(q)_j$ 为第 j 边平均法向数值通量。

由于 $F_n(q)$ 沿控制体边界一般为非线性分布，用数值求积公式计算可取得较高的精度。因此式（2.1-20）可写为

$$A\frac{\partial \overline{q}}{\partial t} = -\sum_{j=1}^{3} L_j \sum_{k=1}^{n} \omega_k F_n(q_{j,k}) + A\overline{b}(q) \tag{2.1-21}$$

式中：$\sum\limits_{k=1}^{n} \omega_k F_n(q_{j,k})$ 为数值求积公式计算的第 j 边的平均法向数值通量 $F_n(q_{j,k})$；ω_k 为积分权；n 为积分权总数；$q_{j,k}$ 为守恒物理量在 j 边，第 k 积分点的值。

对于空间离散后得到的常微分方程，本文采用以下两种常微分方程解算器进行时间离散。记式（2.1-21）等号右端项为 $L(q)$，则式（2.1-21）可写为

$$A\frac{\partial \overline{q}}{\partial t} = L(q)$$

（1）一阶显格式：

$$\frac{(\overline{q}A)^{n+1} - (\overline{q}A)^n}{\Delta t} = L(q) \tag{2.1-22}$$

式中：$\overline{q}$ 为控制体内守恒物理量的平均值，q 由 $\overline{q}$ 重构的控制体内守恒物理量，为 (x, y) 的函数。

（2）二阶 Runge-kutta 法：

$$\left.\begin{array}{l} \overline{q}^* = \overline{q}^n + \Delta t L[q^{(n)}] \\ \overline{q}^{(n+1)} = \dfrac{\overline{q}^n}{2} + \dfrac{1}{2}\{\overline{q}^* + \Delta t L[q^{(n)}]\} \end{array}\right\} \tag{2.1-23}$$

至此，所有问题归结为如何求解跨界面处的数值通量。目前常用的途径是基于间断的思想，认为在控制体界面两侧的物理量存在间断，这样在每个控制界面处可以形成一个黎曼问题。可将 $F(q_n)$ 取为图 2.1-6 所示的一维黎曼问题的解。这样一维黎曼问题可以表示为

$$\frac{\partial q_n}{\partial t} + \frac{\partial F(q_n)}{\partial x} = 0$$

初始条件为

$$\begin{cases} q_n = q_L & (x < 0) \\ q_n = q_R & (x > 0) \end{cases}$$

其中 q_L 和 q_R 分别为间断左右的物理量值。

Mike21 FM 采用 Roe 格式求解以上黎曼问题，为避免数值振荡，使用了二阶 TVD 限制器。

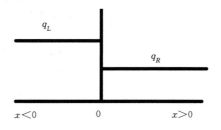

图 2.1-6 一维黎曼问题

2.1.3　一维、二维耦合水流数学模型

一维模型计算简便，适合模拟河道内水流运动情况；二维模型需要占用更多的计算资源，适合模拟行洪区和湖泊内水流运动情况。通过建立一维、二维耦合水流数学模型，将上述两种模型连成一体，联合求解，既可以发挥出一维模型快速方便的特点，同时又能获得局部范围的细部信息。Mikeflood 包括以下三种类型的连接方式：

（1）标准连接。标准连接主要用于将一个或多个二维网格单元连接到一个一维模型的末端。这种连接方式适用于河口复杂水流的计算中，具体应用如图 2.1-7 所示。

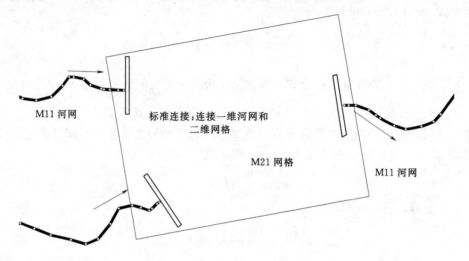

图 2.1-7　标准连接的应用

（2）侧向连接。侧向连接主要用于一串二维网格侧向连接到一维河道中（一部分河道或整条河道）。这种连接方式适用于模拟水流从河道进入行洪区的过程，具体应用如图 2.1-8 所示。

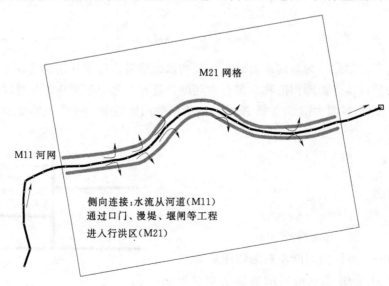

图 2.1-8　侧向连接的应用

（3）结构物连接。结构物连接主要应用于将两个分开的二维网格通过一维结构物连接成一个整体。这种连接方式适用于在二维网格中模拟结构物对水流的影响，具体应用如图2.1-9所示。

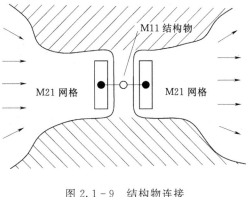

图2.1-9 结构物连接

对于上述连接方式，由于连接点不属于边界点，因此不论对于一维问题、还是二维问题都缺少边界条件，无法独立求解。需要通过在连接点处补充物理量之间的关系（水位、流量相等），从而实现一维、二维模型的耦合。

按照耦合求解方式的不同，将其分为两大类。标准连接和侧向连接采用交替计算的方法，该方法是在一个时步内把一个模型计算出来的物理量（水位或流量）作为另一个模型的边界条件，两模型交替计算，互赋边界的方法完成整个计算过程，这种方式在时间步长不大时，省去了迭代的过程，节省了计算的时间；结构物连接是采用直接求解的方法，该方法将连接点处的连接条件作为定解条件引入方程组中，通过补充迭代关系式，从而实现一维、二维的耦合计算。这种方式每一时步都需完成迭代计算，计算量大但稳定性较高，可以适用较大的时间步长。

2.2 王家坝至鲁台子河段一维、二维耦合水动力数学模型

2.2.1 模型范围及资料选择

2.2.1.1 模型范围的选定

淮河干流王家坝至鲁台子段河道全长约161km，区间集水面积5.8万km²。该段主要支流有史河、淠河、洪河分洪道、谷河、润河和沙颍河等。沿程分布有南润段、邱家湖和姜唐湖等3处行洪区（其中南润段和邱家湖行洪区规划调整为蓄洪区）和濛洼、城西湖和城东湖等3处蓄洪区。此外，两岸河滩地上还分布有郎河湾圩、汲河圩等多个生产圩，洪水时漫溢与行洪区一起辅助行洪，是淮河干流行洪通道的一部分。研究区域概况如图2.2-1所示。

针对研究范围内河道特点，对淮河干流王家坝至鲁台子段、濛河分洪道、沙颍河阜阳闸至沫河口段采用一维方法模拟；对分布在河道两侧3处行洪区（南润段、邱家湖、姜唐湖）及3处蓄洪区（濛洼、城西湖、城东湖）采用二维方法模拟。

2.2.1.2 基础资料

（1）水文资料：选择2003年、2005年、2007年和2008年共4年的水文资料对模型进行率定与验证。其中，2005年和2008年属中小洪水年，沿程各个蓄洪区均未启用，但洪水均已上滩，可用来进行平槽和漫滩洪水级的验证；2003年和2007年属大洪水年，南润段、邱家湖、姜唐湖等行洪区参与行洪，可用来进行大洪水级的验证。上述年份已收集到的水文资料见表2.2-1。

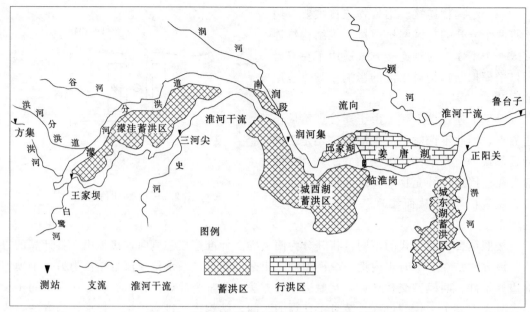

图 2.2-1 淮河干流王家坝至鲁台子段河势图

表 2.2-1 王家坝至鲁台子河段水文资料表

类别	测站	所属河流	中小洪水年		大洪水年	
			2005 年	2008 年	2003 年	2007 年
水文站	王家坝	淮河干流	●	●	●	●
	润河集		●	●	●	●
	鲁台子		●	●	●	●
	王家坝（钐岗）	濛河分洪道	●	●	●	●
	地理城	洪河分洪道	●	●	●	●
	蒋家集	史河	●	●	●	●
	横排头	淠河	●	●	●	●
	阜阳闸	沙颍河	●	●	●	●
	王家坝闸	濛洼蓄洪区			●	●
	曹台子闸				●	●
	姜唐湖闸	姜唐湖行洪区				●
	东湖闸	城东湖蓄洪区			●	
水位站	三河尖	淮河干流	○	○	○	○
	南照集		○	○	○	○
	临淮岗闸		○	○	○	○
	正阳关		○	○	○	○

注 ●表示有水位、流量资料；○表示有水位资料。

（2）地形资料：本次研究主要收集了1992—2010年间模型范围内所测淮河干流、行蓄洪区及支流的地形资料，见表2.2-2。

（3）工程资料：1991—2015年，王家坝至鲁台子段河道已实施的影响河道泄流能力的整治工程共计9项，见表2.2-3。

表 2.2-2 王家坝至鲁台子河段地形资料表

序号	河段	资料单
地形 1	淮河干流	1992 年王家坝至鲁台子段河道横断面图
地形 2		1999 年王家坝至鲁台子段河道横断面图
地形 3		2004 年汪集至临淮岗引河口段河道疏浚断面
地形 4		2001 年临淮岗引河设计断面
地形 5		2008 年三河尖至鲁台子段航道地形图
地形 6	行蓄洪区	1999 年沿淮行蓄洪区航测地形图
地形 7	濛河分洪道	1999 年沿淮行蓄洪区航测地形图
地形 8	沙颍河	2010 年阜阳闸至沫河口段河道横断面图

表 2.2-3 王家坝至鲁台子河段工程资料

序号	项目名称	主要建设内容	年份
工程 1	陈族湾、大港口圩区治理工程	退建淮河右岸堤防；实施分洪道上下堵口	2000—2003
工程 2	童元、黄郢、建湾 3 个行洪区废弃工程	行洪区铲堤	1990—1995
工程 3	濛洼蓄洪区尾部退建工程	退建后该段淮河干流堤距 1500～2000m	1995—1999
工程 4	南润段退堤工程	退建后该段淮河干流堤距 1500～2100m	1995—1999
工程 5	润赵段行洪区废弃工程	退建后该段淮河干流堤距 1500～1700m	1993—1996
工程 6	邱家湖退堤工程	退建后该段淮河干流堤距 1800～2000m	1991—1996
工程 7	城西湖退堤工程	退建后该段淮河干流堤距 1600～2000m	1993—1999
工程 8	汪临段疏浚工程	疏浚底宽 190～220m，高程 14.9～15.8m	2004—2006
工程 9	临淮岗洪水控制工程	加固 49 孔浅水闸，新建 12 深水闸、新建 14 孔姜唐湖进洪闸及主、副坝工程等	2001—2006

各年份验证计算所选用的淮河干流王家坝至鲁台子段地形资料组合见表 2.2-4；各年份验证计算所选用的行蓄洪区、濛河分洪道、沙颍河的地形资料依次为地形 6、地形 7 和地形 8。上述地形与水文资料基本同步，结合该段工程整治资料，可作为模型验证计算的地形条件。

表 2.2-4 淮河干流王家坝至鲁台子河段验证地形资料组合

验证年份	淮河干流王家坝至鲁台子段验证地形资料组合				
	王家坝至三河尖	三河尖至汪集	汪集至临淮岗上引河口	临淮岗上引河口至鲁台子	临淮岗枢纽
2003	地形 2	地形 5	地形 3 疏浚前	地形 2＋地形 4＋地形 5	浅孔闸＋深孔闸＋老河道
2005	地形 2	地形 5	地形 3 疏浚后	地形 5	浅孔闸＋深孔闸
2007	地形 2	地形 5	地形 3 疏浚后	地形 5	浅孔闸＋深孔闸＋姜唐湖进洪闸
2008	地形 2	地形 5	地形 3 疏浚后	地形 5	浅孔闸＋深孔闸

（4）行洪区调度资料：2003 年、2007 年本段行洪区实际开启数量、顺序、时机、口门的位置、宽度、底坎高程主要参考文献 [8, 9] 及文献 [10, 11]。

（5）实体模型资料：临淮岗洪水控制工程浅孔闸、深孔闸过闸落差及分流比验证参考文献［12，13］，姜唐湖退洪闸过闸落差参考文献［14］模型试验成果。

2.2.2 模型的定解条件

（1）边界条件：模型拥有 7 个进口和 1 个出口。具体边界设置见表 2.2-5。

表 2.2-5 模型的边界条件

进出口边界	序号	边界名称	边界类型	边界条件
进口边界	1	淮河干流王家坝	开边界	给定淮干王家坝流量过程
	2	王家坝闸	开边界	给定王家坝闸流量过程
	3	濛河分洪道钐岗	开边界	给定钐岗流量过程
	4	沙颍河阜阳闸	开边界	给定阜阳闸流量过程
	5	洪河分洪道地理城	源	给定地理城流量过程
	6	史河蒋家集	源	给定蒋家集流量过程
	7	淠河横排头	源	给定横排头流量过程
出口边界	1	淮河干流鲁台子	开边界	给定鲁台子水位过程

（2）初始条件：对于淮河干流、濛河分洪道和沙颍河等一维模型，以计算起始时前三天进出口边界条件的平均值计算出模型各断面的初始水位；对于行洪区二维模型，给定各网格点初始水位低于区域内河床的最低点，即作为干河床启动。

2.2.3 模型参数和特殊问题的处理

2.2.3.1 计算时间步长和空间步长

（1）空间步长：一维模型根据断面资料采用不等间距的节点布置，淮河干流平均计算步长约为 500m，沙颍河、濛河分洪道等支流平均计算步长为 800～1000m；二维模型采用非结构网格剖分计算区域，网格空间步长取 200～400m，地形复杂处及建筑物附近适当加密。

（2）时间步长：MikeFlood 标准连接和侧向连接均采用显格式进行一维、二维模型的耦合计算，时间步长受柯朗条件的限制，为满足稳定性和精度要求，本次计算 $\Delta t = 3s$。

2.2.3.2 计算时段的选取

选取 2003 年、2005 年、2007 年和 2008 年洪水从起涨至峰顶到回落的整个过程作为计算时段，具体见表 2.2-6。

表 2.2-6 模型的计算时段

洪水级	年份	起始 /（年-月-日 时：分）	结束 /（年-月-日 时：分）	计算天数 /d
中等洪水	2005	2005-07-09 20：00	2005-09-16 20：00	69
	2008	2008-07-24 20：00	2008-08-28 20：00	35
大洪水年	2003	2003-06-28 08：00	2003-08-30 20：00	64
	2007	2007-06-29 08：00	2007-08-29 08：00	62

2.2.3.3 糙率的取值

本段一维、二维模型中糙率的取值以沿程各站实测水文资料为依据，淮河干流河道主槽的糙率为0.025~0.028，滩地的糙率为0.036~0.045；濛河分洪道糙率为0.04；沙颍河河道主槽糙率为0.025~0.035，滩地的糙率为0.038~0.045；行洪区及圩区糙率为0.05。各段糙率取值详见表2.2-7。

表 2.2-7　　　　　　　　　　　王家坝至鲁台子河段糙率取值

河　　流	河　　段	主　　槽	滩　　地
淮河干流	王家坝至三河尖	0.025~0.026	0.036~0.04
	三河尖至润河集	0.025~0.028	0.036~0.045
	润河集至临淮岗	0.025~0.026	0.036~0.04
	临淮岗至鲁台子	0.024~0.025	0.036~0.04
沙颍河	阜阳闸至颍上闸	0.025	0.038
	颍上闸至沫河口	0.035	0.4
濛河分洪道		0.04	
行蓄洪区		0.05	

2.2.3.4 涡黏系数的取值

二维模型控制方程中的涡黏系数由紊流模型确定，涡黏性系数的大小和网格的尺度、水深和摩阻流速有关，在宽阔水域或流速较低的计算中其值主要考虑数值计算的稳定性，黏性系数变化对水流模型并不敏感。

本次计算使用 Smagorinsky 公式[5-6]，将涡黏系数当做是应变率的函数：

$$E = C_s^2 l^2 \sqrt{\frac{1}{2}\left(\frac{\partial u}{\partial x}\right)^2 + \left(\frac{\partial u}{\partial y} + \frac{\partial v}{\partial x}\right)^2 + \frac{1}{2}\left(\frac{\partial v}{\partial y}\right)^2} \tag{2.2-1}$$

式中：u、v 分别为 x、y 方向的垂线平均流速；l 代表特征长度；C_s 为计算参数，一般取 $0.25 \leqslant C_s \leqslant 1.0$，本次计算 C_s 取 0.28。以下各段模型的涡黏系数均由此方法计算。

2.2.3.5 动边界的处理

目前，国内外最为广泛采用的动边界处理方法为干湿网格法和窄缝法。本次计算基于赵棣华[7]的处理方式。将控制体分为湿单元、干单元和半干半湿单元三种。当单元处于干状态，该控制体不参加计算；当控制体为半干半湿状态时，用简化的方法进行计算；当单元为湿控制体时，用黎曼近似解来计算。具体操作如下：

（1）满足下面两个条件单元边界被定义为淹没边界：首先单元的一边水深必须小于 h_{dry}，且另一边水深必须大于 h_{flood}。再者，水深小于 h_{dry} 单元的静水深加上另一单元表面高程水位必须大于零。

（2）满足下面两个条件单元会被定义为干单元：首先单元中的水深必须小于干水深 h_{dry}，另外该单元的三个边界中没有一个是淹没边界。被定义为干的单元在计算中会被忽略不计。

（3）单元被定义为半干：如果单元水深介于 h_{dry} 和 h_{wet} 之间，或是当水深小于 h_{dry} 但有一个边界都是淹没边界。此时动量通量被设定为0，只有质量通量会被计算。

（4）单元会被定义为湿：如果单元水深大于 h_{wet}。此时动量通量和质量通量都会在计算中被考虑。

本次计算各水深阈值的取值分别为：$h_{dry}=0.005\text{m}$，$h_{flood}=0.05\text{m}$，$h_{wet}=0.1\text{m}$。数值计算表明该法能有效处理计算中出现的动边界问题。

2.2.3.6 临淮岗枢纽过流计算

1. 临淮岗枢纽概况

临淮岗洪水控制工程位于淮河干流正阳关以上 28km 处，集水面积 4.22 万 km^2，是控制淮河中游洪水的战略性骨干工程。工程主体包括主坝、副坝、上下游引河、12孔深水闸、49孔浅水闸、姜唐湖进洪闸及2座船闸。临淮岗工程始建于 1958 年，1962 年停建时仅完成 49孔浅水闸、10孔深水闸、500t级船闸及坝体工程，不能完全发挥整体防洪效益。续建工程于 2001 年开工建设，2006 年建成，完成了 49孔浅水闸加固工程、新建12孔深水闸、姜唐湖进洪闸及主副坝工程等[12-13]。临淮岗洪水控制工程枢纽布置如图 2.2-2 所示。

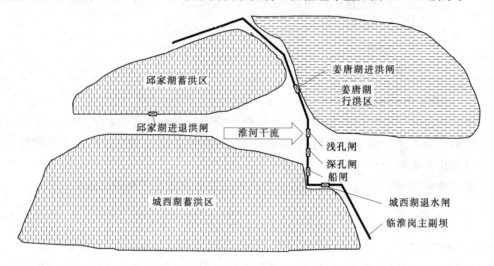

图 2.2-2 临淮岗枢纽工程布置图

2. 临淮岗枢纽河网概化

临淮岗枢纽泄水建筑物主要由 12孔深水闸、49孔浅水闸和姜唐湖进洪闸组成，各闸设计参数见表 2.2-8，临淮岗枢纽河网概化图如图 2.2-3 所示。

表 2.2-8 临淮岗枢纽泄水建筑物参数[13]

泄水建筑物	设计流量 /(m³/s)	设计水位/m		孔数 /个	孔宽 /m	闸底板高程 /m
		闸上	闸下			
12孔深孔闸	共同承泄 7000	26.90	26.70	12	8	14.90
49孔浅孔闸				49	9.8	20.50
姜唐湖进洪闸	2400	26.90	26.70	14	12	19.70

3. 堰闸流量计算

堰闸过流的状态可分为自由堰流、淹没堰流、自由孔流和淹没孔流 4 种，不同流态采

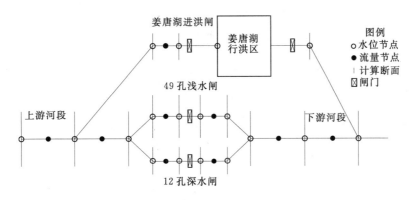

图 2.2-3 临淮岗枢纽河网概化图

用不同的计算公式。

（1）自由堰流：对于自由出流的宽顶堰与实用堰，取堰上游和堰顶处断面，建立能量方程如下：

$$\left(h_1+\frac{Q_s^2}{2gA_1^2}\right)-\left(h_s+\frac{Q_s^2}{2gA_s^2}\right)=\xi_1\frac{Q_s|Q_s|}{2gA_s} \tag{2.2-2}$$

式中：h_1、h_s 分别为堰上游及堰顶断面处水位；A_1、A_s 分别为堰上游及堰顶断面处的面积；Q_s 为通过堰顶的流量；ξ_1 为进口局部损失系数。

$$\xi_1=\xi_{自由}\left(1-\frac{A_s}{A_1}\right) \tag{2.2-3}$$

式中：$\xi_{自由}$ 为进口收缩段自由出流系数。

综合式（2.2-2）和式（2.2-3），自由堰流的流量计算公式如下：

$$Q_s=(h_1-h_s)\sqrt{\frac{2g}{(h_1-h_2)\left[\dfrac{\xi_{自由}(1-A_s/A_1)}{A_s^2}-\dfrac{1}{A_1^2}+\dfrac{1}{A_2^2}\right]}} \tag{2.2-4}$$

（2）淹没堰流：对于淹没出流的宽顶堰与实用堰，取堰上、下游断面，建立能量方程如下：

$$\left(h_1+\frac{Q_s^2}{2gA_1^2}\right)-\left(h_2+\frac{Q_s^2}{2gA_2^2}\right)=\xi\frac{Q_s|Q_s|}{2gA_s} \tag{2.2-5}$$

式中：h_1、h_2 分别为堰上、下游断面处水位；A_1、A_s、A_2 分别为堰上游、堰顶、堰下游断面处的面积；Q_s 为通过堰顶的流量；ξ 为局部损失系数，为进口段和出口段局部水头损失系数之和。

$$\xi=\xi_1+\xi_2 \tag{2.2-6}$$

$$\xi_1=\xi_{in}\left(1-\frac{A_s}{A_1}\right) \tag{2.2-7}$$

$$\xi_2=\xi_{out}\left(1-\frac{A_s}{A_2}\right)^2 \tag{2.2-8}$$

式（2.2-6）~式（2.2-8）中：ξ_1、ξ_2 分别为进口段、出口段水头损失系数；ξ_{in}、ξ_{out} 分别为进口收缩和出口扩大系数。

淹没堰流的流量计算公式为

$$Q_s = (h_1 - h_2) \sqrt{\dfrac{2g}{(h_1 - h_2)\left(\dfrac{\xi_{in}(1 - A_s/A_1) + \xi_{out}(1 - A_s/A_2)^2}{A_s^2} - \dfrac{1}{A_1^2} + \dfrac{1}{A_2^2}\right)}} \qquad (2.2-9)$$

（3）自由孔流：对于自由出流的闸孔，采用水力学公式[1-4]计算流量：

$$Q_s = C_d b w \sqrt{2g y_1} \qquad (2.2-10)$$

式中：Q_s 为流量；b 为闸门宽度；y_1 为堰上水头；C_d 为自由孔口流量系数，采用式（2.2-10）计算。

$$C_d = \dfrac{C_c}{\sqrt{1 + C_c \dfrac{w}{y_1}}} \qquad (2.2-11)$$

式中：w 为闸门开度；C_c 为收缩系数，与弧形闸门的开度有关。

（4）淹没孔流：对于淹没出流的闸孔，其流量的计算公式[1-4]为

$$Q_s = \mu C_d w b \sqrt{2g(y_1 - y_2)} \qquad (2.2-12)$$

式中：μ 为淹没出流系数；y_1、y_2 为堰顶上游、下游的水深。

2.2.3.7 行洪区口门的开启及过流计算

1. 行洪区口门的开启

在验证年份的洪水中，除 2007 年荆山湖行洪区通过进、退洪闸进行行洪、蓄洪外，其他行洪区均为破口行洪。由于破口后口门上下水头差较大，所形成的水流强度也较大，在强水流的冲刷作用下，口门不断地冲刷和坍塌直至达到最终的宽度和底坎高程，在这一过程中行洪区的流量也逐步增大。为模拟行洪区溃口的过程，计算中将破口行洪的行洪区口门的宽度、底坎高程设为时间的函数：

$$B_t = B_{最终} / t_{总} \times t \qquad (2.2-13)$$

$$Z_t = Z_{初始} - (Z_{初始} - Z_{最终}) / t_{总} \times t \qquad (2.2-14)$$

式中：B_t、$B_{最终}$ 分别为计算时刻和最终稳定时口门的宽度；$Z_{初始}$、Z_t、$Z_{最终}$ 分别为初始状态、计算时刻和最终稳定时口门底坎的高程；$t_{总}$ 为口门开启到口门底坎冲刷和横向展宽达到稳定状态的时间，一般根据观测或试验资料反求得到[15-16]。

经过上述处理后，行洪区口门可以逐步冲刷发展，这样既符合口门实际启用的实际情况，又避免了因口门突然打开出现的突变和由此产生的数值振荡现象，使模型计算更加稳定[17-19]。

2. 行洪区与干流的衔接及过流计算

行洪区和干流河道之间是通过闸门和口门进行水量的交换，为了反映闸门的启闭与口门的变化对过流量的影响，本次研究将行洪区的闸门和口门作为连接单元，采用 Mike-Flood 标准连接实现行洪区二维和淮河干流一维之间的耦合计算。

连接单元的过流计算分两种情况：对于行洪区的闸门，主要根据过闸堰流或孔流的计算公式确定；对于行洪区的口门，则根据计算时刻口门的宽度、底坎高程及口门两侧的水位等因素，按照堰流的公式进行计算。

当行洪区的水位在短时间内出现较大变化时，可能会使连接单元流量的计算发生振

荡，为避免行洪区水位波动对过流量计算产生影响，需要对二维模型与一维模型之间水位的传递进行延迟处理[1-4]，即适当减缩本时间层与上一层次水位计算结果的差值，以利于非线性迭代过程的收敛，具体的计算公式如下：

$$H_{1维}^n = (1-a)H_{1维}^{n-1} + aH_{2维}^n \qquad (2.2-15)$$

式中：$H_{1维}^{n-1}$、$H_{1维}^n$ 分别为 $n-1$ 及 n 时刻一维模型的水位；$H_{2维}^n$ 为 n 时刻二维模型的水位；a 为延迟系数，本次计算取 0.2。

数值计算表明，引入延迟系数后可有效地避免由于行洪区水位波动导致的计算振荡甚至失耦等问题。

2.2.3.8 重点圩区过流计算

沿淮的重点圩区与干流河道之间主要通过漫堤的方式进行水量交换，为反映这种特点，本次研究将圩区堤防作为溢流构筑物，采用 MikeFlood 侧向连接实现重点圩区二维和淮河干流一维之间的耦合计算。

溢流构筑物的过流主要根据堤防过水宽度、堤顶高程及堤两侧的水位等因素，将其概化为宽顶堰，按照 Villemonte 公式[1-4]计算：

$$Q = Cb(H_{us} - H_w)^k \left[1 - \left(\frac{H_{ds} - H_w}{H_{us} - H_w}\right)^k\right]^{0.385} \qquad (2.2-16)$$

式中：Q 为流量；C 为堰流系数；b 为宽度；k 为堰流指数；H_{us} 为堰上游水位；H_{ds} 为堰下游水位；H_w 为堰顶高程。

当圩区两侧的水位相差较小时，可能会使溢流构筑物中的水流方向不断地发生改变，为避免这种情况对模型稳定性的影响，需要设置一个水位差阈值 D_t。当 $H_{us} - H_w < D_t$ 时，对流量计算值 Q 进行平滑处理，当 $H_{us} - H_w \geqslant D_t$ 时，对流量计算值 Q 不进行平滑处理。本次计算 D_t 取 0.1m。

2.2.4 模型率定与验证

在对实测资料进行分析的基础上，利用中等洪水 2005 年、2008 年及大洪水 2003 年、2007 年的洪水过程对模型的参数进行率定和验证，以检验模型的适用性、稳定性及计算的精度。

2.2.4.1 2005 年洪水过程复演

1. 2005 年实测洪水过程

2005 年 7 月 9 日至 9 月 16 日期间，润河集站总洪量为 145.91 亿 m³，其中淮河干流王家坝总（淮河王家坝、官沙湖分洪道钐岗、洪河分洪道地理城、濛洼蓄洪区王家坝闸之和，下同）来水量为 121.86 亿 m³，占 83.5%；史河蒋家集站来水量 16.19 亿 m³，占 11.1%；未控区间来水量为 7.86 亿 m³，占 5.4%。

鲁台子站总洪量为 210.18 亿 m³，其中淮河干流润河集站总来水量为 145.91 亿 m³，占 69.4%；浕河横排头来水量 14.58 亿 m³，占 7.4%；沙颍河阜阳闸来水量 32.44 亿 m³，占 15.4%；未控区间来水量为 16.35 亿 m³，占 7.8%。详见表 2.2-9 和表 2.2-10。

淮河干流王家坝、润河集和鲁台子站都有两次洪水过程，最大流量分别为 3530m³/s、5560m³/s、6680m³/s，最高水位分别为 29.03m、26.60m、25.37m；北部支流沙颍河阜

表 2.2－9　　　　　　　　　　2005 年润河集站洪量的来水组成

时段 /（月-日）	上游及区间来水量				润河集
	测　站	王家坝总	蒋家集	未控区间	
07－09—09－16	集水面积/km²	30630	5930	3800	40360
	占鲁台子比例/%	75.9	14.7	9.4	100
	洪量/亿 m³	121.86	16.19	7.86	145.91
	占鲁台子比例/%	83.5	11.1	5.4	100

表 2.2－10　　　　　　　　　　2005 年鲁台子站洪量的来水组成

时段 /（月-日）	上游及区间来水量				鲁台子
	测　站	润河集	横排头	阜阳闸	未控区间	
07－09—09－16	集水面积/km²	40360	4920	35246	8104	88630
	占鲁台子比例/%	45.5	5.6	39.8	9.1	100
	洪量/亿 m³	145.91	15.48	32.44	16.35	210.18
	占鲁台子比例/%	69.4	7.4	15.4	7.8	100

阳闸最大流量为 1777m³/s，闸下最高水位 27.97m；南部支流史河和淠河在 9 月 3 日至 9 月 5 日有一次较大的洪水过程，蒋家集和横排头坝下最大流量分别为 2830m³/s 和 5540m³/s。各站实测水位—流量过程如图 2.2－4～图 2.2－9 所示。

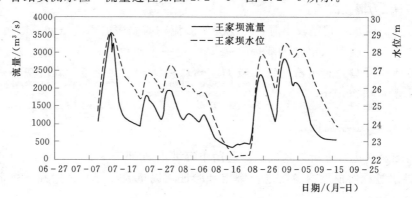

图 2.2－4　2005 年王家坝站 7 月 8 日至 9 月 16 日实测水位—流量过程

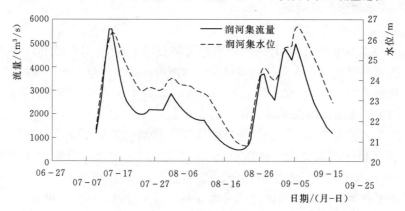

图 2.2－5　2005 年润河集站 7 月 8 日至 9 月 16 日实测水位—流量过程

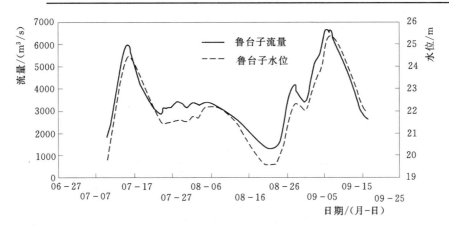

图 2.2-6 2005 年鲁台子站 7 月 8 日至 9 月 16 日实测水位—流量过程

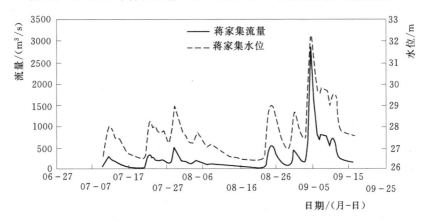

图 2.2-7 2005 年蒋家集站 7 月 8 日至 9 月 16 日实测水位—流量过程

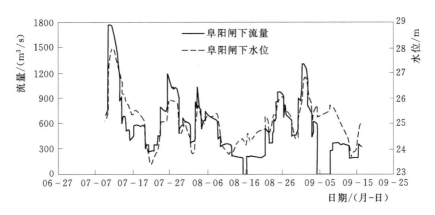

图 2.2-8 2005 年阜阳闸站 7 月 8 日至 9 月 16 日实测水位—流量过程

2. 复演验证成果

2005 年本河段沿程王家坝、润河集、临淮岗闸上、临淮岗闸下、正阳关等站计算水位过程线与实测水位过程线比较如图 2.2-10～图 2.2-14 所示；润河集和鲁台子站计算流量过程线与实测流量过程线比较如图 2.2-15、图 2.2-16 所示。

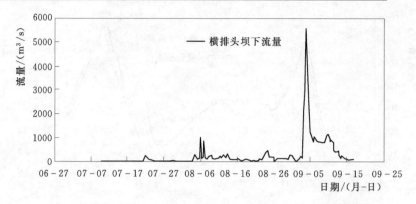

图 2.2-9　2005 年横排头站 7 月 8 日至 9 月 16 日实测流量过程

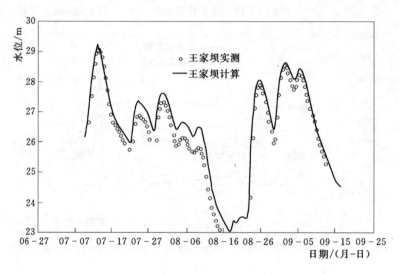

图 2.2-10　2005 年王家坝站水位计算值与实测值对比

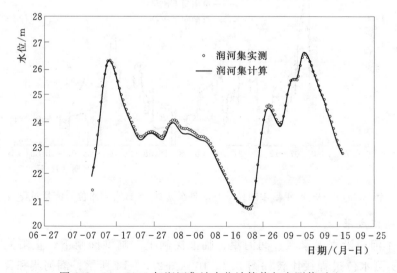

图 2.2-11　2005 年润河集站水位计算值与实测值对比

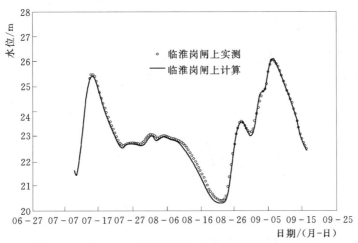

图 2.2-12 2005 年临淮岗闸上水位计算值与实测值对比

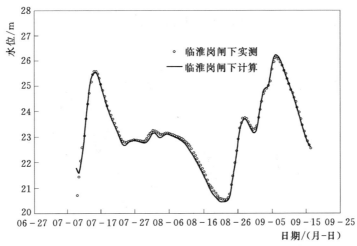

图 2.2-13 2005 年临淮岗闸下水位计算值与实测值对比

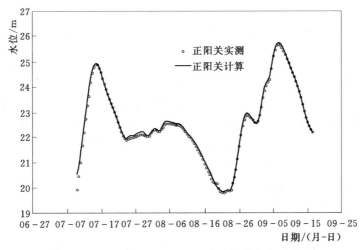

图 2.2-14 2005 年正阳关站水位计算值与实测值对比

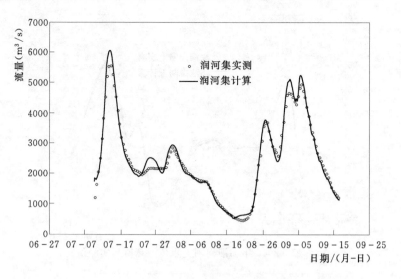

图2.2-15　2005年润河集站流量计算值与实测值对比

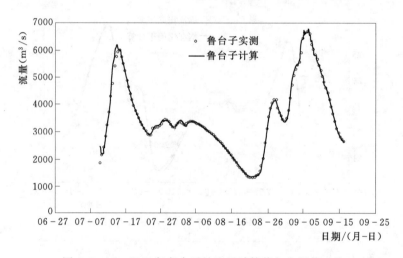

图2.2-16　2005年鲁台子站流量计算值与实测值对比

从图2.2-10～图2.2-14中可以看出，各测站计算水位过程与实测水位过程一致性良好，峰值水位计算值与实测值之间的差值均在5.00～10.00cm。王家坝站在低水位时，计算与实测差值较大是因为王家坝至三河尖段河道采用1999年和1992年的组合地形，人工采沙等原因导致该地形与2005年洪水地形有一定差异，对低洪水位计算影响大；从图2.2-15、图2.2-16中可以看出，润河集和鲁台子站峰值流量计算值与实测值相差均在5%以内。模型较好的重现了2005年洪水演进的过程。

2.2.4.2　2008年洪水过程复演

1. 2008年实测洪水过程

2008年是中小洪水年份，在7月24日至8月28日期间，润河集总洪量为54.66亿m³，其中淮河干流王家坝总来水量为48.03亿m³，占87.9%；史河蒋家集来水量4.58亿m³，占8.4%；未控区间来水量为2.05亿8m³，占3.8%。

鲁台子总洪量为 74.35 亿 m³，其中淮河干流润河集总来水量为 54.66 亿 m³，占 73.5％；洤河横排头来水量 5.32 亿 m³，占 7.2％；沙颍河阜阳闸来水量 10.23 亿 m³，占 13.8％；未控区间来水量为 4.73 亿 m³，占 5.6％。详见表 2.2-11 和表 2.2-12。

表 2.2-11　　　　　　　　　　2008 年润河集站洪量的来水组成

时　段 /（月-日）	上游及区间来水量				润河集
	测　站	王家坝总	蒋家集	未控区间	
07-24—08-28	集水面积/km²	30630	5930	3800	40360
	占润河集比例/%	75.9	14.7	9.4	100
	洪量/亿 m³	48.03	4.58	2.05	54.66
	占润河集比例/%	87.9	8.4	3.8	100

表 2.2-12　　　　　　　　　　2008 年鲁台子站洪量的来水组成

时　段 /（月-日）	上游及区间来水量					鲁台子
	测　站	润河集	横排头	阜阳闸	未控区间	
07-24—08-28	集水面积/km²	40360	4920	35246	8104	88630
	占鲁台子比例/%	45.5	5.6	39.8	9.1	100
	洪量/亿 m³	54.66	5.32	10.23	4.73	74.35
	占鲁台子比例/%	73.5	7.2	13.8	5.6	100

淮河干流王家坝、润河集和鲁台子站都有两次洪水过程，最大流量分别为 2900m³/s、3717m³/s、3740m³/s，最高水位分别为 28.37m、24.53m、21.71m；北部支流沙颍河阜阳闸最大流量为 1433m³/s，闸下最高水位 26.5m；南部支流史河和洤河流量较小，蒋家集和横排头坝下最大流量分别为 920m³/s 和 1140m³/s。各站实测水位—流量过程如图 2.2-17～图 2.2-22 所示。

2. 复演验证成果

2008 年本河段沿程主要测站计算水位过程线与实测水位过程线比较如图 2.2-23～图 2.2-27 所示，鲁台子站计算流量过程线与实测流量过程线比较如图 2.2-28 所示。

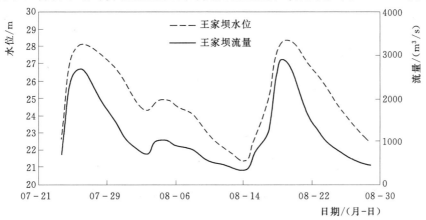

图 2.2-17　2008 年王家坝站 7 月 24 日至 8 月 28 日实测水位—流量过程

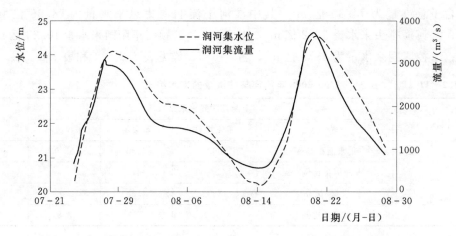

图 2.2-18　2008 年润河集站 7 月 24 日至 8 月 28 日实测水位—流量过程

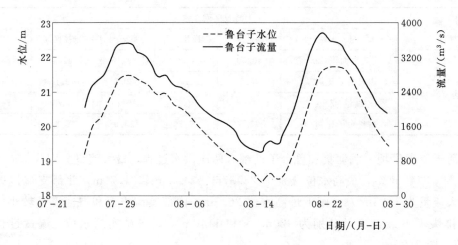

图 2.2-19　2008 年鲁台子站 7 月 24 日至 8 月 28 日实测水位—流量过程

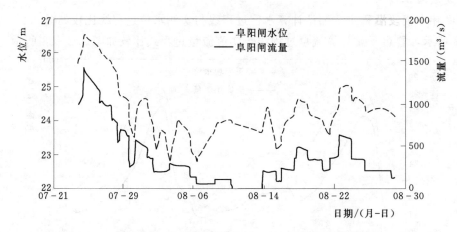

图 2.2-20　2008 年阜阳闸站 7 月 24 日至 8 月 28 日实测水位—流量过程

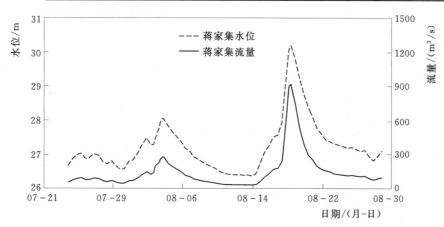

图 2.2-21 2008 年蒋家集站 7 月 24 日至 8 月 28 日实测水位—流量过程

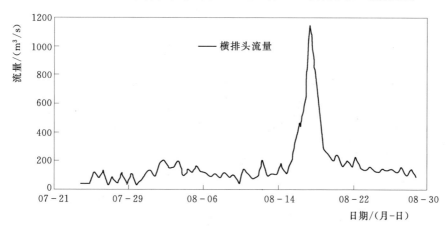

图 2.2-22 2008 年横排头站 7 月 24 日至 8 月 28 日实测流量过程

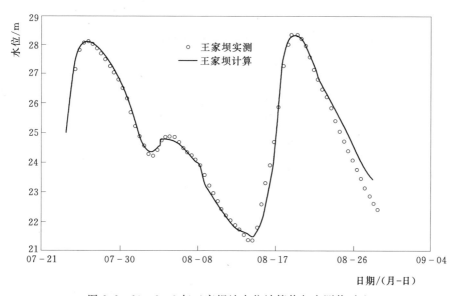

图 2.2-23 2008 年王家坝站水位计算值与实测值对比

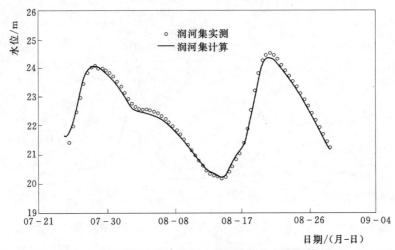

图 2.2 - 24　2008 年润河集站水位计算值与实测值对比

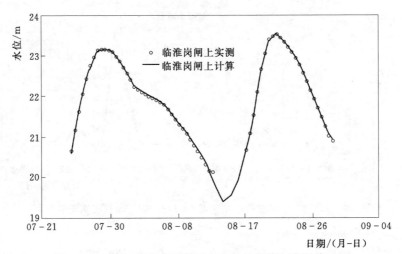

图 2.2 - 25　2008 年临淮岗闸上水位计算值与实测值对比

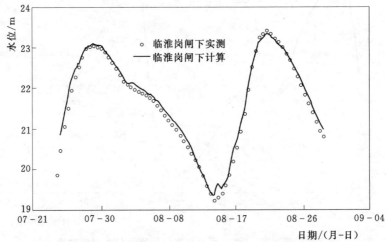

图 2.2 - 26　2008 年临淮岗闸下水位计算值与实测值对比

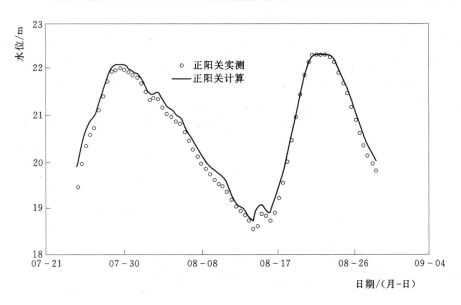

图 2.2-27　2008 年正阳关站水位计算值与实测值对比

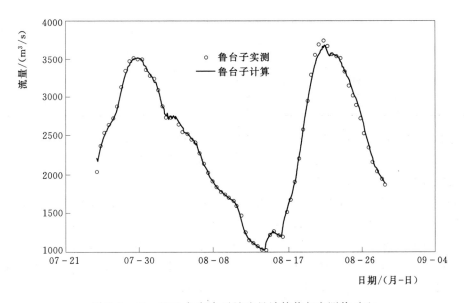

图 2.2-28　2008 年鲁台子站流量计算值与实测值对比

从图 2.2-23～图 2.2-27 中可以看出，各测站计算水位过程与实测水位过程一致性良好，峰值水位计算值与实测值之间的差值均在 5.00～10.00cm，王家坝站在低水位时，计算与实测差值较大，原因同 2005 年洪水计算；从图 2.2-28 中可以看出，鲁台子站峰值流量计算值与实测值相差均在 5% 以内。模型较好的重现了 2008 年洪水演进的过程。

2.2.4.3　2003 年洪水过程复演

1. 2003 年实测洪水过程

2003 年 6 月 28 日至 8 月 30 日期间，润河集总洪量为 145.98 亿 m³，其中淮河干流王家坝总来水量为 98.9 亿 m³，占 67.7%；史河蒋家集来水 23.26 亿 m³，占 15.9%；未控区间来水量为 23.82 亿 m³，占 16.3%。

鲁台子总洪量为 223.44 亿 m³，其中淮河干流润河集总来水量为 145.98 亿 m³，占 65.3%；淠河横排头来水量 17.03 亿 m³，占 7.6%；沙颍河阜阳闸来水量 30.82 亿 m³，占 13.8%；未控区间来水量为 29.61 亿 m³，占 13.3%。详见表 2.2 - 13 和表 2.2 - 14。

表 2.2 - 13　　　　　　　　　2003 年润河集站洪量的来水组成

时　段 /（月-日）	上游及区间来水量				润河集
	测　　站	王家坝	蒋家集	未控区间	
06 - 28—08 - 30	集水面积/km²	30630	5930	3800	40360
	占润河集比例/%	75.9	14.7	9.4	100
	洪量/亿 m³	98.9	23.26	23.82	145.98
	占润河集比例/%	67.7	15.9	16.3	100

表 2.2 - 14　　　　　　　　　2003 年鲁台子站洪量的来水组成

时　段 /（月-日）	上游及区间来水量					鲁台子
	测　　站	润河集	横排头	阜阳闸	未控区间	
06 - 28—08 - 30	集水面积/km²	40360	4920	35246	8104	88630
	占鲁台子比例/%	45.5	5.6	39.8	9.1	100
	洪量/亿 m³	145.98	17.03	30.82	29.61	223.44
	占鲁台子比例/%	65.3	7.6	13.8	13.3	100

淮河干流王家坝至鲁台子段出现三次较大的洪水过程，如图 2.2 - 29～图 2.2 - 35 所示。

（1）第一次洪水过程，持续时间为 6 月 21 日至 7 月 7 日[8]。

王家坝站从 6 月 29 日 23 时起涨，30 日 17 时超过警戒水位。在上游支流白鹭河、洪汝河同时来水的情况下，7 月 2 日 14 时水位达 28.95m（超保证水位 0.06m），相应王家坝总流量为 6390m³/s。3 日 1 时王家坝水位达 29.28m，濛洼蓄洪区启用，4 时王家坝站出现 2003 年最高水位 29.31m，相应王家坝总流量为 7610m³/s，5 日 6 时，王家坝闸关闭停止分洪。

润河集站从 6 月 27 日 8 时起涨，7 月 1 日 17 时水位达 24.15m，相应流量 3130m³/s，3 日 23 时水位 26.96m（超保证水位 0.01m），相应流量 6920m³/s。6 月 2 日出现洪峰水位 27.16m，相应流量 7170m³/s。6 日 23 时水位落至保证水位以下。

正阳关 6 月 21 日 8 时起涨水位为 17.97m，鲁台子相应为 315m³/s。在上游润河集及支流颍河、淠河来水的共同影响下，7 月 2 日 22 时正阳关水位涨至 24.01m（超警戒水位 0.12m），鲁台子相应流量 5380m³/s。在 2 日 20 时 36 分沙颍河启用茨淮新河分洪，4—5 日洛河洼、上下六坊堤、石姚段行洪区先后启用，4 日 18 时正阳关水位涨至 26.06m 后，涨幅减缓并出现小的起伏。6 日 4 时，正阳关水位达到保证水位 26.39m，6 日 15 时出现洪峰水位 26.44m，超过保证水位 0.05m，受唐垛湖分洪影响，正阳关水位迅速下降，6 日 17 时降至保证水位以下，7 日 2 时降至 25.31m。

鲁台子站 7 月 5 日 14 时出现年洪峰流量 7890m³/s，7 月 6 日 15 时水位升至 26.17m。

（2）第二次洪水过程，持续时间为7月8—15日[8]。

王家坝站7月8日20时水位27.43m起涨，11日2时，王家坝水位达到28.76m，濛洼蓄洪区再度启用，最大分洪流1370m³/s，王家坝总流量4870m³/s。

润河集站7月8日20时水位从26.33起涨，11日2时水位达27.09m。在王家坝闸第二次开启分洪、邱家湖行洪区破口行洪、城东湖蓄洪区开闸分洪共同影响下，11日17时出现当年最高水位27.51m，相应流量6940m³/s，之后水位开始回落。

正阳关水位7月9日18时从25.78m开始起涨，11日8时达到26.42m，超过保证水位0.02m，鲁台子相应流量为7120m³/s。在邱家湖行洪区和城东湖蓄洪区分洪的影响下，正阳关站11日18时水位涨至26.67m后回落，鲁台子流量7620m³/s。正阳关12日18时出现当年最高水位26.70m。14日14时落至保证水位以下。

鲁台子站11日18时出现洪峰流量7620m³/s，12日18时出现当年最高水位26.38m。淮南水位站本次洪水过程中7月13日20时出现洪峰水位24.08m。

（3）第三次洪水过程，持续时间为7月19—25日[8]。

王家坝站7月21日3时起涨，24日4时洪峰水位28.53m，洪峰流量5429m³/s。

润河集站7月24日20时出现洪峰水位26.51m，洪峰流量5810m³/s。

正阳关站7月21日8时起涨水位为24.89m，25日10时出现洪峰水位25.67m；鲁台子站24日20时出现洪峰流量6060m³/s，25日8时出现洪峰水位25.38m。

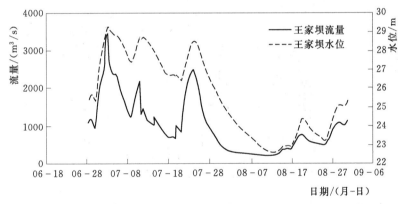

图2.2-29　2003年王家坝站6月28日至8月30日实测水位—流量过程

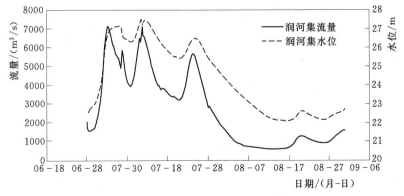

图2.2-30　2003年润河集站6月28日至8月30日实测水位—流量过程

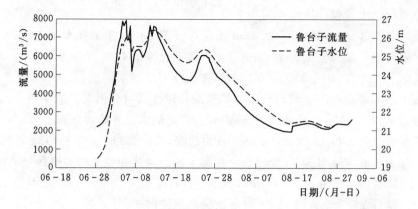

图 2.2 - 31　2003 年鲁台子站 6 月 28 日至 8 月 30 日实测水位—流量过程

　　本段河道主要支流河道水位—流量过程，如图 2.2 - 32～图 2.2 - 34 所示。

　　1）沙颍河：第一次洪水持续时间为 6 月 19 日至 7 月 13 日，阜阳闸 7 月 3 日 21 时全开泄洪，7 月 3 日最大泄量为 2480m³/s，为 2003 年最大流量，阜阳闸下 7 月 6 日 17 时出现最高水位 29.31m，11 日 7 时关闭。第二次洪水持续时间为 7 月 19—25 日，阜阳闸 7 月 20 日 17 时开闸泄洪，22 日 9 时，下泄流量为 2170m³/s，阜阳闸下 22 日 18 时出现洪峰水位 28.77m。

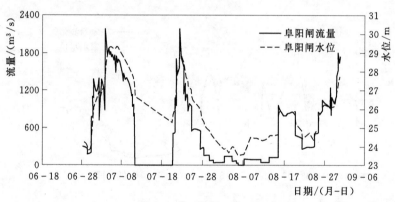

图 2.2 - 32　2003 年阜阳闸 6 月 28 日至 8 月 30 日实测水位—流量过程

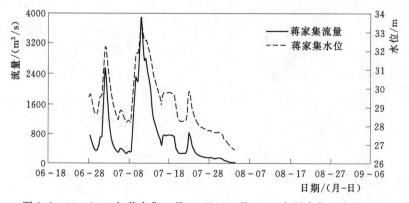

图 2.2 - 33　2003 年蒋家集 6 月 28 日至 8 月 30 日实测水位—流量过程

2）史灌河：蒋家集站出现两次较大洪水过程。第一次洪峰过程，6月29日20时蒋家集水位从28.5m起涨，7月2日4时出现洪峰水位32.13m，相应流量2550m³/s。第二次洪峰过程，7月8日10时蒋家集水位从28.13m再次起涨，11日4时出现最高水位32.28m，相应洪峰流量3880m³/s。

3）淠河：横排头站出现一次较大的洪水过程，横排头坝下最高水位50.39m，相应流量3250m³/s。

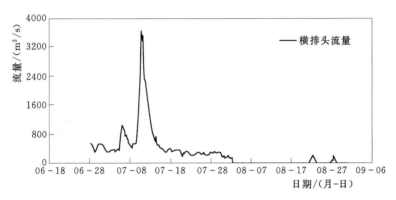

图2.2-34　2003年横排头6月28日至8月30日实测水位—流量过程

2. 复演验证成果

2003年本河段主要测站计算水位过程线与实测水位过程线如图2.2-35～图2.2-41所示；鲁台子站计算流量过程线与实测流量过程线比较如图2.2-38所示。

从图2.2-35～图2.2-37中可以看出，淮河干流测站计算水位过程与实测水位过程一致性良好，峰值水位计算值与实测值之间的差值均在1～10cm，王家坝站在低水位时，计算与实测差值较大，是因为王家坝至三河尖段河道采用1999年和1992年的组合地形，

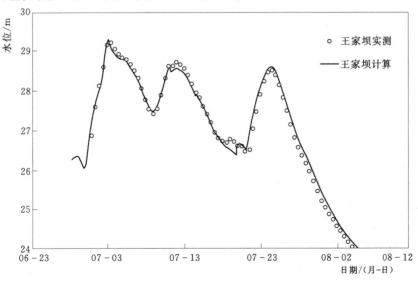

图2.2-35　2003年王家坝水位计算值与实测值对比

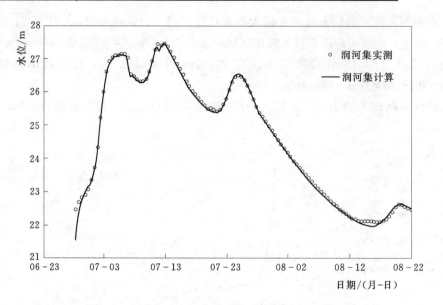

图 2.2-36　2003 年润河集水位计算值与实测值对比

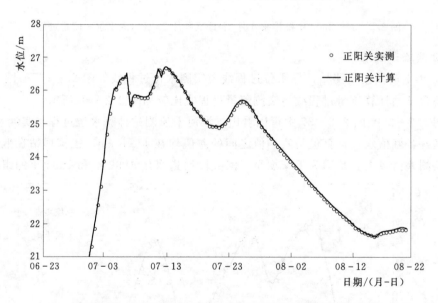

图 2.2-37　2003 年正阳关水位计算值与实测值对比

人工采砂等原因导致该地形与 2003 年洪水地形有一定差异，对低洪水位计算影响较大；由图 2.2-38 可以看出，鲁台子站峰值流量计算值与实测值相差在 5% 以内。模型较好地重现了 2003 年洪水演进的过程。

2.2.4.4　2007 年洪水过程复演

1. 2007 年实测洪水过程

2007 年淮河流域干支流洪水并发，淮河上游和淮北来水大，淮南来水少，其中淠河最大流量 471m³/s，洪量仅占鲁台子站的 0.92%[9]。

在 6 月 29 日至 8 月 29 日期间，润河集总洪量为 137.85 亿 m³，其中淮河干流王家坝

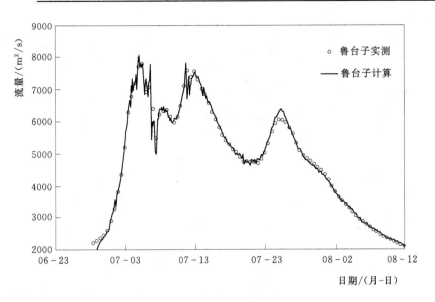

图 2.2-38 2003 年鲁台子流量计算值与实测值对比

总来水量为 116.25 亿 m³，占 84.3%；史河蒋家集来水 10.78 亿 m³，占 7.8%；未控区间来水量为 10.82 亿 m³，占 7.8%。

鲁台子总洪量为 198 亿 m³，其中淮河干流润河集总来水量为 137.85 亿 m³，占 69.6%；湄河横排头来水量 1.82 亿 m³，0.92%；沙颍河阜阳闸来水量 40.54 亿 m³，占 20.5%；未控区间来水量为 17.79 亿 m³，占 9.0%。详见表 2.2-15 和表 2.2-16。

表 2.2-15　　　　　　　　　　2007 年润河集站洪量的来水组成

时　段 /(月-日)	上游及区间来水量				润河集
	测　　站	王家坝	蒋家集	未控区间	
06-29—08-29	集水面积/km²	30630	5930	3800	40360
	占润河集比例/%	75.9	14.7	9.4	100
	洪量/亿 m³	116.25	10.78	10.82	137.85
	占润河集比例/%	84.3	7.8	7.8	100

表 2.2-16　　　　　　　　　　2007 年鲁台子站洪量的来水组成

时　段 /(月-日)	上游及区间来水量					鲁台子
	测　　站	润河集	横排头	阜阳闸	未控区间	
06-29—08-29	集水面积/km²	40360	4920	35246	8104	88630
	占鲁台子比例/%	45.5	5.6	39.8	9.1	100
	洪量/亿 m³	137.85	1.82	40.54	17.79	198
	占鲁台子比例/%	69.6	0.92	20.5	9.0	100

淮河干流王家坝至鲁台子段各站水位—流量过程，如图 2.2-39～图 2.2-41 所示。

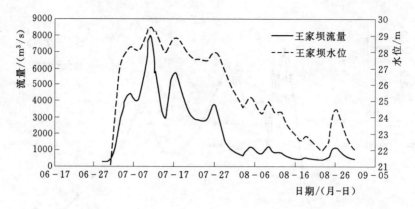

图 2.2 - 39　2007 年王家坝站 6 月 29 日至 8 月 29 日实测水位—流量过程

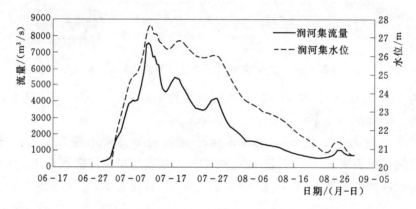

图 2.2 - 40　2007 年润河集站 6 月 29 日至 8 月 29 日实测水位—流量过程

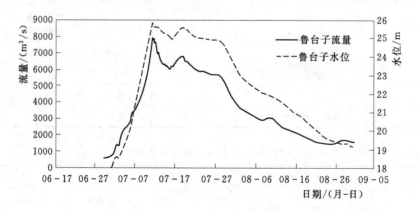

图 2.2 - 41　2007 年鲁台子站 6 月 29 日至 8 月 29 日实测水位—流量过程

王家坝站 7 月出现 4 次较大的洪峰，6 月 30 日 8 时王家坝水位从 20.41m（相应流量 252m³/s）起涨，7 月 3 日 20 时水位达 27.4m，超警戒水位 0.01m。7 月 6 日 8 时出现第一次洪峰，水位 28.29m，相应王家坝总流量 4210m³/s。10 日 10 时水位达到保证水位 29.20m，12 时水位涨至 29.37m，相应总流量为 5860m³/s，濛洼蓄洪区王家坝闸开闸蓄洪，16 时出现 2007 年最大洪峰，总流量为 8020m³/s，11 日 3 时出现最高水位 29.48m，之后水位开始回落。15日0时水位从27.94m（相应总流量2650m³/s）起涨，17日9时出现第三次洪峰，水位为28.84m，相应洪峰总流量为5130m³/s。27日0时出现第四次洪峰，水位27.93m，相应总流量为3290m³/s。8月初至9月初出现4次小洪水过程，洪峰流量均在1000m³/s左右。

润河集站7月出现3次较大洪峰，6月28日18时水位从18.49m（相应流量310m³/s）起涨，7月5日20时水位达警戒水位24.15m。11日12时，水位27.64m，上游南润段行洪区破堤行洪，下游姜唐湖和邱家湖也分别于15时和16时行洪。11日15时出现2007年最大洪峰，水位27.67m，相应洪峰流量为7520m³/s，之后水位开始回落。18日14时出现第二次洪峰，水位26.81m，相应流量5460m³/s。27日5时，出现第三次洪峰，水位26.04m，相应流量4180m³/s。

正阳关站2007年出现两次洪峰。6月28日20时正阳关起涨水位为17.76m，相应鲁台子流量为595m³/s，7月9日5时正阳关水位涨至23.90m（超警戒水位0.01m），鲁台子流量相应为4790m³/s。11日15时正阳关出现2007年最大洪峰，水位26.29m（超保证水位0.1m），相应鲁台子流量为7970m³/s，15日15时姜唐湖行洪区开闸进洪，16时邱家湖行洪区破堤行洪，正阳关水位有所回落。16日正阳关水位从25.37m再次起涨，18时23分出现第二次洪峰，水位25.94m，相应鲁台子流量为6830m³/s。随后正阳关水位缓慢回落，8月下旬末才退尽。

本段河道主要支流当年水位—流量过程，如图2.2-42～图2.2-44所示。

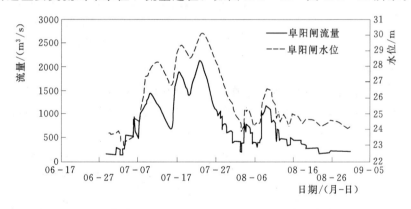

图2.2-42 2007年阜阳闸站6月29日至8月29日实测水位—流量过程

（1）沙颍河：第一次洪水持续时间为6月29日至7月15日，阜阳闸7月11日2时出现洪峰流量为1430m³/s，23时出现洪峰水位为27.27m；第二次洪水持续时间为7月16—20日，阜阳闸7月17日14时出现洪峰流量为1890m³/s，23时出现洪峰水位为29.35m（超警戒水位0.91m）；第三次洪水持续时间为7月20—25日，阜阳闸7月23日2时出现洪峰流量为2120m³/s，14时出现洪峰水位为30.11m（超警戒水位1.63m）。

（2）史灌河：7月10日9时出现2007年最大洪峰，蒋家集站水位32.87m，超警戒水位0.86m，相应洪峰流量3110m³/s，12日以后洪峰流量均在500m³/s以下。

（3）淠河：横排头站2007年没有发生洪水，最大流量471m³/s。

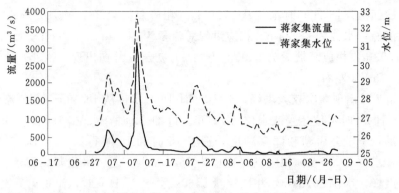

图 2.2-43　2007 年蒋家集站 6 月 29 日至 8 月 29 日实测水位—流量过程

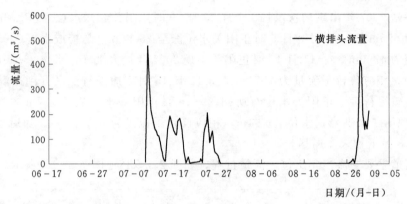

图 2.2-44　2007 年横排头站 6 月 29 日至 8 月 29 日实测流量过程

2. 复演验证成果

2007 年本河段主要测站计算水位过程线与实测水位过程线比较如图 2.2-45~图 2.2-49 所示。鲁台子站计算流量过程线与实测流量过程线比较如图 2.2-50 所示。

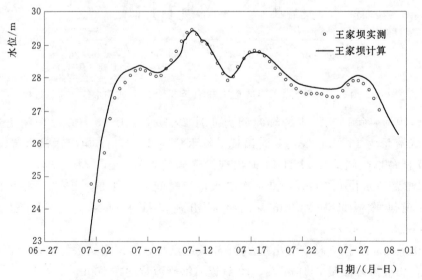

图 2.2-45　2007 年王家坝站水位计算值与实测值对比

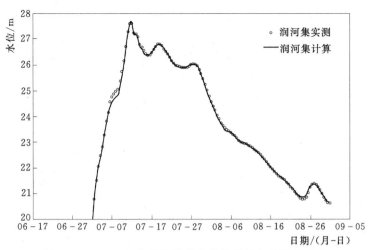

图 2.2-46 2007 年润河集站水位计算值与实测值对比

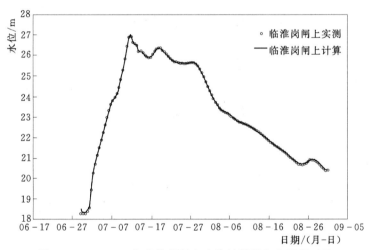

图 2.2-47 2007 年临淮岗闸上水位计算值与实测值对比

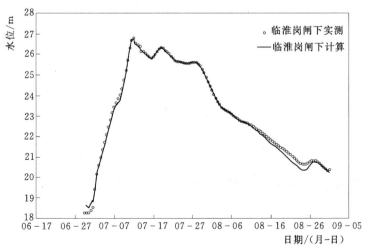

图 2.2-48 2007 年临淮岗闸下水位计算值与实测值对比

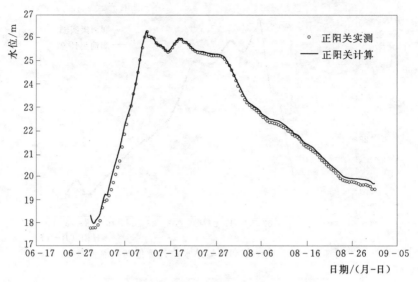

图 2.2 - 49　2008 年正阳关站水位计算值与实测值对比

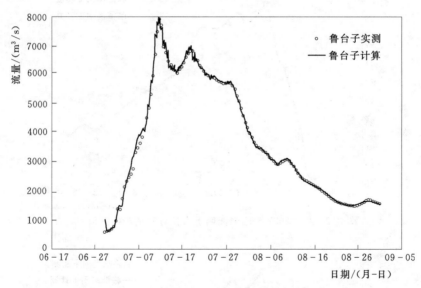

图 2.2 - 50　2007 年鲁台子站流量计算值与实测值对比

从图 2.2 - 45～图 2.2 - 49 中可以看出，各测站计算水位过程与实测水位过程一致性良好，峰值水位计算值与实测值之间的差值均在 1.00～8.00cm，王家坝站在低水位时，计算与实测差值较大，原因同 2003 年洪水计算；图 2.2 - 50 中，鲁台子站峰值流量计算值与实测值相差均在 5% 以内。模型较好的重现了 2007 年洪水演进的过程。

2.2.5　临淮岗洪水控制工程泄水建筑物泄流能力计算验证

采用临淮岗洪水控制工程枢纽深孔闸和浅孔闸水工模型试验成果[12]，对枢纽数学模型的概化方式及各堰闸流量系数的取值进行进一步验证。具体的边界条件和两种模拟方法成果比较见表 2.2 - 17。

表 2.2 - 17　　　　　临淮岗洪水控制工程数学模型与水工模型结果对比表

总流量 /(m³/s)	临淮岗闸下 /m	模拟方法	深孔闸流量 /(m³/s)	浅孔闸流量 /(m³/s)	深孔闸落差 /m	浅孔闸落差 /m
1090	20.66	物模	1090	0	0.15	
		数模	1090	0	0.152	
		差值	0	0	-0.002	
5000	25.51	物模	1682	3318	0.11	0.07
		数模	1666	3334	0.109	0.09
		差值	16	-16	0.001	-0.02
7000	26.70	物模	2155	4845	0.15	0.11
		数模	2115	4885	0.151	0.13
		差值	40	-40	-0.001	-0.02

对比三个流量级的模拟成果可以看出，深孔闸水工模型（物模）与数学模型（数模）过闸落差的差值均在 0.01m 以内，浅孔闸水工模型与数学模型过闸落差的差值 0.02m，各闸过闸流量差别一般在 3% 以内。两种模拟方法得出的成果基本一致。

2.3　正阳关至吴家渡段一维、二维耦合水动力数学模型

2.3.1　模型范围及资料选择

2.3.1.1　模型范围的选定

淮河干流正阳关至吴家渡河段全长约 150km，区间集水面积（包括沙颍河水系）共 7.2 万 km²。该段北岸为广阔的淮北平原，淮北大堤为其防洪屏障，主要入汇支流有沙颍河、西淝河、茨淮新河和涡河等。南岸为丘陵岗地，筑有淮南、蚌埠城市防洪圈堤，主要入汇支流有东淝河和窑河等。在淮北大堤与南岸岗地之间，沿程分布有寿西湖、董峰湖、上六坊堤、下六坊堤、石姚段、汤渔湖、洛河洼和荆山湖等 8 处行洪区和瓦埠湖蓄洪区。此外，两岸河滩地上还分布有东淝闸右圩、靠山圩和老婆家圩等 14 个生产圩，高水位时，漫溢行洪，是淮河干流行洪通道的一部分。

模型的计算范围包括淮河干流正阳关至吴家渡河段和沿淮两侧的行洪区、生产圩以及区间的入汇支流。

模型的结构如图 2.3 - 1 所示，瓦埠湖蓄洪区、焦岗湖作为水量调蓄单元，采用零维模型进行计算；淮河干流正阳关至吴家渡 150km 河段、沙颍河阜阳闸至入淮河口 123km 河段，涡河蒙城闸至入淮河口 85km 河段，采用一维模型进行计算，其他支流（西淝河、窑河等）以集中旁侧入流的方式作为一维模型的源项参与计算；沿淮两侧的行洪区及河滩地上重点圩区（靠山圩、老婆家圩、魏郢子圩、灯草窝圩，程小湾圩、天河圩）采用二维模型计算，其他圩区（新城口圩、黄瞳窑圩等）根据其实际过流能力和调蓄能力进行概化，采用一维模型进行计算。行洪区、重点圩区的二维模型与淮河干流河道的一维模型之

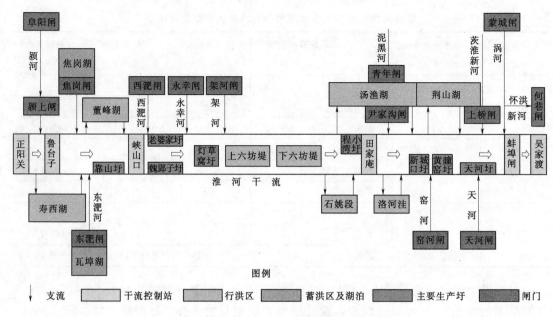

图 2.3-1　淮河干流正阳关至吴家渡河段模型概化图

间的耦合分别采用 MikeFlood 标准连接及侧向连接实现。

模型进口有淮河干流鲁台子水文站、沙颍河阜阳闸水文站、茨淮新河上桥闸水文站、涡河蒙城闸水文站用以控制入淮流量；模型出口有淮河干流吴家渡水文站、怀洪新河何巷闸水文站用以控制出淮流量；此外本段沿程还分布有颍上闸、焦岗闸、东淝闸、峡山口、西淝闸、永幸闸、架河闸、田家庵、尹家沟闸、窑河闸、天河闸、上桥闸、蚌埠闸上和蚌埠闸下共 14 个水位测点，可满足模型率定与验证的需要。

2.3.1.2　基础资料

（1）水文资料：选择 2003 年、2005 年、2007 年和 2008 年共 4 年的水文资料对模型进行率定与验证。其中，2005 年和 2008 年属中等洪水年，沿程各行蓄洪区均未启用，但洪水均已上滩，可用来进行平槽和漫滩洪水级的验证；2003 年和 2007 年属大洪水年，沿程启用了上六坊堤和下六坊堤等 5 处行洪区，河滩地上的生产圩也全部参与行洪，可用来进行大洪水级的验证。上述年份已收集到的水文资料见表 2.3-1。

表 2.3-1　　　　　　　　　　淮河干流正阳关至吴家渡河段水文资料表

类别	测站	所属河流	中等洪水年		大洪水年	
			2005 年	2008 年	2003 年	2007 年
水文站	鲁台子	淮河干流	●	●	●	●
	吴家渡		●	●	●	●
	阜阳闸	沙颍河	●	●	●	●
	蒙城闸	涡河	●	●	●	●
	上桥闸	茨淮新河	●	●	●	●
	何巷闸	怀洪新河			●	●

类别	测站	所属河流	中等洪水年		大洪水年	
			2005 年	2008 年	2003 年	2007 年
水位站	正阳关	淮河干流	○	○	○	○
	峡山口		○	○	○	○
	田家庵		○	○	○	○
	蚌埠闸上		○	○	○	○
	蚌埠闸下		○	○	○	○
沿淮涵闸	颍上闸	沙颍河	○	○	○	○
	焦岗闸	焦岗湖	○	○	○	○
	东淝闸	东淝河	○	○	○	○
	西淝闸	西淝河	○	○	○	○
	永幸闸	永幸河	○	○	○	○
	尹家沟闸	泥黑河	○	○	○	○
	窑河闸	窑河		○	○	○

注 ●表示有水位、流量资料；○表示有水位资料。

（2）地形资料：考虑到验证洪水的年份均在 2000 年以后，因此，本次研究主要收集了1992—2010 年间模型范围内所测淮河干流、行蓄洪区及支流的地形资料，见表 2.3 - 2。

（3）工程资料：1992—2015 年，正阳关至吴家渡河段已实施的河道整治及堤防加固工程共计 9 项，见表 2.3 - 3。

表 2.3 - 2　　　　　　　　正阳关至吴家渡河段地形资料表

序号	河段	资料单
地形 1	淮河干流	1992 年正阳关至吴家渡段河道横断面图
地形 2		2005 年鲁台子至新城口段河道横断面图
地形 3		2008 年正阳关至吴家渡段航道地形图
地形 4		2008 年蚌埠闸至吴家渡段河道横断面图
地形 5	行蓄洪区	1999 年沿淮行蓄洪区航测地形图
地形 6	涡河	2010 年蒙城闸至涡河口段河道横断面图
地形 7	沙颍河	2010 年阜阳闸至沫河口段河道横断面图

表 2.3 - 3　　　　　　　　正阳关至吴家渡河段工程资料

序号	项目名称	主要建设内容	时间
工程 1	寿西湖行洪堤退建及涧沟口切岗工程	退堤长 16.63km，最大退距 800m；切岗至21.9m，最大切长 1000m，切宽 780m	1998—2004 年
工程 2	峡山口拓宽工程	拓宽长 1956m，底高程 13.90m	1991—1994 年
工程 3	黑龙潭段河道疏浚	疏浚河道长 2km，底宽 250m，底高程 9.00m	2004—2005 年
工程 4	石姚段行洪区退堤	退建堤防长 9.1km，最大退距 1000m	2009—2012 年

序号	项目名称	主要建设内容	时间
工程5	洛河洼行洪区退堤	退建堤防长7.4km，最大退距800m	2009—2012年
工程6	荆山湖行洪区退堤	退建长15.5km，最大退距600m	2009—2012年
工程7	蚌埠闸扩建	新建12孔泄洪闸	2000—2003年
工程8	宋家滩疏浚扩挖工程	疏浚长5.48km，最大切宽80m，疏浚河道底宽280m，底高程8.00m	2000—2004年
工程9	小蚌埠切滩工程	切滩长3.51km，平切高程14.00m	1995—1999年

表2.3-4　　　　　　　　　　　淮河干流正阳关至吴家渡段验证地形资料组合

验证年份	验证地形资料组合（正阳关—吴家渡）							
	正阳关—鲁台子	鲁台子—黑龙潭	黑龙潭段	黑龙潭—新城口	新城口—蚌埠闸	蚌埠闸	宋家滩段	小蚌埠段
2003	地形3	地形2	地形1	地形2	地形3	老闸＋工程7	工程8	工程9
2005	地形3	地形2			地形3	老闸＋工程7	工程8	工程9
2007	地形3					老闸＋工程7	地形4	
2008	地形3					老闸＋工程7	地形4	

模型验证需要地形资料与水文资料尽可能同步，结合本段工程项目资料，各年份验证计算所选用的淮河干流正阳关至吴家渡段地形资料组合见表2.3-4；各年份验证计算所选用的行蓄洪区、涡河、沙颍河的地形资料依次为地形5、地形6和地形7。上述地形与水文资料基本同步，可作为模型验证计算的基础。

（4）行洪区调度资料：2003年、2007年本段行洪区实际开启数量、顺序、时机主要参考主要参考文献[8-9]及文献[10-11]。

（5）实体模型资料：目前，淮河干流水文资料的观测还不够系统和全面，尤其是河道与行洪区口门的流量、行蓄洪区内水位和流速的观测，还十分缺乏，利用已开展的实体模型试验成果，可为数学模型提供所需的率定参数和水力连接条件，从而提高数学模型计算的精度。本次研究主要参考文献[15-23]，利用上述试验资料可以验证行洪区口门的过流量、行洪区区内流态和流速分布、蚌埠闸过闸落差及老闸、新闸、分洪道的分流比等。

2.3.2　模型的定解条件

边界条件：模型拥有4个进口和2个出口。进口边界淮河干流正阳关给定流量过程、沙颍河阜阳闸给定实测流量过程、涡河蒙城闸给定实测流量过程、茨淮新河上桥闸作为源，给定实测流量并加入到淮河干流相应的断面中。出口边界淮河干流吴家渡给定实测水位过程，怀洪新河何巷闸作为汇，给定实测出流过程并加入到涡河相应的断面中。

表2.3-5中淮河干流正阳关作为模型的进口边界，并无实测流量资料，考虑到验证年份中寿西湖行洪区均未启用，正阳关流量过程可根据水量平衡条件得出：

$$Q_{正阳关} = Q_{鲁台子} - Q^*_{阜阳闸} \qquad (2.3-1)$$

表 2.3 - 5 模型的边界条件

进出口边界	序号	边界名称	边界类型	边界条件
进口边界	1	淮河干流正阳关	开边界	给定正阳关流量过程
	2	沙颍河阜阳闸	开边界	给定阜阳闸实测流量过程
	3	涡河蒙城闸	开边界	给定蒙城闸实测流量过程
	4	茨淮新河上桥闸	源	给定上桥闸实测流量过程
出口边界	1	淮河干流吴家渡	开边界	给定吴家渡实测水位过程
	2	怀洪新河何巷闸	汇	给定何巷闸实测出流过程

式中：$Q_{正阳关}$ 为淮河干流正阳关的计算流量；$Q_{鲁台子}$ 为淮河干流鲁台子的实测流量；$Q^*_{阜阳闸}$ 为通过沙颍河一维模型得出的阜阳闸演算至入淮口沫河口的流量。

（2）初始条件：对于淮河干流、沙颍河和涡河的一维模型，以计算起始时前三天进出口边界条件的平均值计算出模型各断面的初始水位；对于行洪区和重点圩区的二维模型，给定各网格点初始水位低于区域内河床的最低点，即作为干河床启动。

2.3.3 模型参数和特殊问题的处理

2.3.3.1 计算时间步长和空间步长

（1）空间步长：一维模型根据断面资料采用不等间距的节点布置，淮河干流平均计算步长为 500m，沙颍河、涡河平均计算步长为 800~1000m；二维模型采用非结构网格剖分计算区域，网格空间步长取 300~500m，地形复杂处及建筑物附近适当加密。二维模型包括网格节点 4847 个，计算单元 8617 个，具体网格布置如图 2.3 - 2 所示。

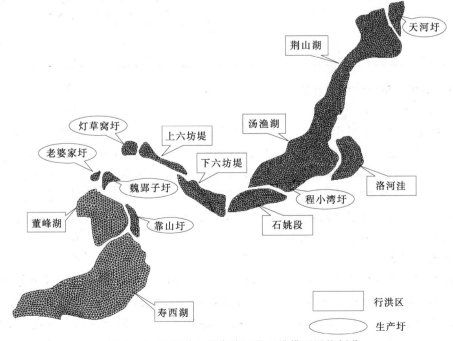

图 2.3 - 2 正阳关至吴家渡河段二维模型网格划分

（2）时间步长：MikeFlood 标准连接和侧向连接均采用显格式进行一、二维模型的耦合计算，时间步长受柯朗条件的限制，为满足稳定性和精度要求，本次计算 $\Delta t = 3\text{s}$。

2.3.3.2　计算时段的选取

选取 2003 年、2005 年、2007 年和 2008 年洪水从起涨至峰顶到回落的整个过程作为计算时段，具体见表 2.3-6。

表 2.3-6　　　　　模 型 的 计 算 时 段

洪水级	年份	起始 /（年-月-日 时：分）	结束 /（年-月-日 时：分）	计算天数 /d
中等洪水	2005	2005-07-09 20：00	2005-09-30 20：00	83
	2008	2008-07-24 20：00	2008-08-28 20：00	35
大洪水年	2003	2003-06-28 8：00	2003-08-29 20：00	63
	2007	2007-06-29 8：00	2007-08-28 8：00	60

2.3.3.3　糙率的取值

本段一维、二维模型中糙率的取值以沿程各站实测水文资料为依据，采用试错法确定。率定的结果表明淮河干流河道主槽的糙率为 0.025～0.027，滩地的糙率为 0.038～0.042；沙颍河河道主槽糙率为 0.025，滩地的糙率为 0.038～0.040；涡河河道主槽糙率为 0.026，滩地为 0.04；行洪区及圩区糙率为 0.05。各段糙率取值详见表 2.3-7。

表 2.3-7　　　　　　　正阳关至吴家渡河段糙率取值

河段	淮河干流					沙颍河		涡河	行洪区及圩区
	鲁台子至峡山口	峡山口至凤台	凤台至田家庵	田家庵至蚌埠闸	蚌埠闸至吴家渡	阜阳闸至颍上闸	颍上闸至沫河口	蒙城闸至涡河口	
主槽	0.025	0.027	0.025	0.26	0.025	0.025	0.026	0.026	0.05
滩地	0.038	0.042	0.038	0.039	0.04	0.038	0.040	0.04	

2.3.3.4　蚌埠闸枢纽过流的计算

1. 蚌埠闸枢纽概况

蚌埠闸枢纽位于淮河干流涡河口以下蚌埠市西郊，是一座具有防洪、蓄水灌溉、航运、发电、城市供水等多种功能的大型水利枢纽工程。蚌埠闸于 1958 年开工，1963 年基本竣工，1970—1973 年增建南岸分洪道，1984—1987 年续建水电站二期工程，2000—2003 年扩建 12 孔新节制闸，2007—2010 年兴建复线船闸。目前，蚌埠闸枢纽工程沿闸轴线方向从左至右的主要建筑物依次为：12 孔新节制闸、28 孔老节制闸、水电站、老船闸、新船闸及分洪道，如图 2.3-3 所示。

2. 蚌埠闸的河网概化

蚌埠闸枢纽的泄水建筑物主要由老节制闸、新节制闸和分洪道组成，其中老节制闸总宽度 336m，共 28 孔，每孔净宽 10m、扇弧形钢闸门、开敞式结构，驼峰堰型，堰顶高程 11.89m；新闸总宽度 142m，共 12 孔，每孔净宽 10m、扇弧形钢闸门、开敞式结构，宽顶堰型，堰顶高程 9.02m；分洪道进口高程 19.0m，渠底高程 17.5～18.0m，渠底宽

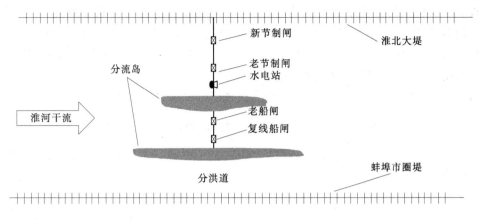

图 2.3-3 蚌埠闸枢纽工程布置图

330m，长约 1500m，分洪道为自然漫滩溢洪式，当闸上水位超过 19.0m，分洪道过水行洪。

根据蚌埠闸及上下游河段的实际情况，河网可以概化为：①7个子河段，分别为上游连接段、闸前过渡段、新闸河段、老闸河段、分洪道河段、闸后过渡段、下游连接段；②22个水位节点（计算断面布置在水位节点上）、14个流量节点；③4个汊点，用于各子河段之间水位和流量的传递；④2个节制闸和1个虚拟的宽顶堰，分别用于控制新闸、老闸和分洪道的过流量。蚌埠闸河网概化图如图 2.3-4 所示。

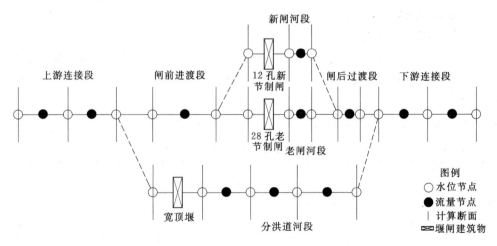

图 2.3-4 蚌埠闸河网概化图

蚌埠闸枢纽的老节制闸，新节制闸的过流状态为自由孔流、淹没孔流和淹没堰流，分洪道过流状态为自由堰流和淹没堰流，分别计算过流流量[1-4]。

2.3.3.5 无资料地区径流处理

在本段模型的研究范围内，除了已考虑的有测站的主要支流外，还有一些无水文资料的小支流入汇，其总集水面积占淮河干流吴家渡控制面积的 9.6%。统计分析验证年份中 4场洪水的来水组成资料可知，本段无资料区间来水占吴家渡水量的 10.4%～12.9%，比重较大，在计算中必须加以考虑。

设上游淮河干流鲁台子站来流量为 $Q_{鲁台子}$，茨淮新河上桥闸来流量为 $Q_{上桥闸}$，涡河蒙城闸来流量为 $Q_{蒙城闸}$，无资料未控区间来流量 $Q_{无资料}$，行洪区流量为 $Q_{行洪区}$（进为正，出为负），下游怀洪新河何巷闸出流量 $Q_{何巷闸}$，淮河干流吴家渡出流量为 $Q_{吴家渡}$，$W_{河道}$ 为淮河干流河道的槽蓄量，$W_{行洪区}$ 为行洪区的库容。

对于 2005 年、2008 年洪水，行洪区没有启用，根据水量平衡原理可得：

$$Q_{鲁台子}＋Q_{上桥闸}＋Q_{蒙城闸}＋Q_{无资料}－Q_{吴家渡}=\frac{\Delta W_{河道}}{\Delta t} \qquad (2.3-2)$$

对于 2003 年、2007 年洪水，行洪区和怀洪新河的运用改变了下游出口断面的流量组成，相应有：

$$Q_{鲁台子}＋Q_{上桥闸}＋Q_{蒙城闸}＋Q_{无资料}－Q_{何巷闸}－Q_{吴家渡}=\frac{\Delta W_{河道}}{\Delta t}＋\frac{\Delta W_{行洪区}}{\Delta t} \qquad (2.3-3)$$

上式中行洪区的库容 $W_{行洪区}$ 可根据行洪区水位与地形计算得出；河道槽蓄量 $W_{河道}$ 则可根据控制站的水位与断面计算得出。

由上述方法求出 $Q_{无资料}$ 后，再根据未控面积的大小，分配到东淝河、西淝河、窑河等区间支流中去。

2.3.4　模型率定与验证

在对实测资料进行分析的基础上，利用中等洪水 2005 年和 2008 年及大洪水 2003 年和 2007 年的洪水过程对模型的参数进行率定和验证，以检验模型的适用性、稳定性及计算的精度。

2.3.4.1　2005 年洪水过程复演

1. 2005 年实测洪水过程

2005 年是中等洪水年份，在 7 月 9 日至 9 月 30 日期间，吴家渡站总洪量为 296.5 亿 m³。其中淮河干流鲁台子站来水量为 235.6 亿 m³，占 79.5％；涡河蒙城闸来水量 10.6 亿 m³，占 3.6％；茨淮新河上桥闸来水量为 19.6 亿 m³，占 6.6％；未控区间（没有测站控制的支流及沿淮排涝）来水量为 30.7 亿 m³，占 10.4％。详见表 2.3-8。

表 2.3-8　　　　　　　　　　2005 年吴家渡站洪量的来水组成

时段 /（月-日）	上游及区间来水量					吴家渡 （含何巷闸）
	测　　站	鲁台子	蒙城闸	上桥闸	未控区间	
07-09—09-30	集水面积/km²	88630	15475	5581	11644	121330
	占吴家渡比例/%	73.0	12.8	4.6	9.6	100
	洪量/亿 m³	235.6	10.6	19.6	30.7	296.5
	占吴家渡比例/%	79.5	3.6	6.6	10.4	100

淮河干流鲁台子站有两次洪水过程，最大流量 6680m³/s，最高水位 25.37m；吴家渡站有两次洪水过程，最大流量 6481m³/s，最高水位 20.93m。主要支流沙颍河阜阳闸最大流量为 1777m³/s，闸下最高水位 27.97m；茨淮新河上桥闸最大流量为 2611m³/s，闸下最高水位 21.80m；涡河蒙城闸最大流量为 1450m³/s，闸下最高水位 24.94m。主要站实测水位—流量过程如图 2.3-5～图 2.3-9 所示。

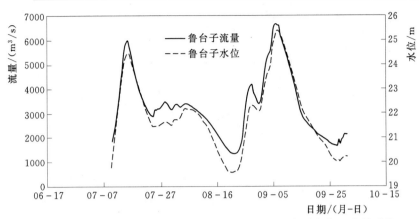

图 2.3-5　2005 年鲁台子站 7 月 8 日至 9 月 30 日实测水位—流量过程

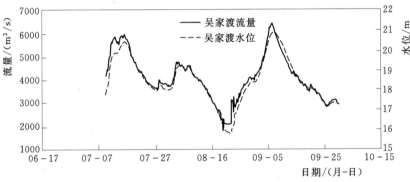

图 2.3-6　2005 年吴家渡站 7 月 8 日至 9 月 30 日实测水位—流量过程

2. 复演验证成果

2005 年本河段沿程主要测站计算水位过程线与实测水位过程线如图 2.3-7~图 2.3-12 所示；鲁台子站和吴家渡站计算流量过程线与实测流量过程线如图 2.3-13~图 2.3-14 所示。

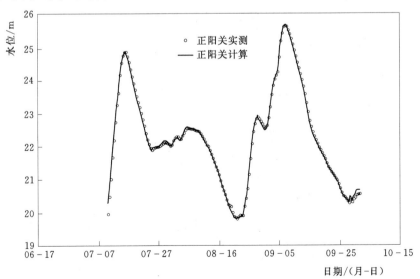

图 2.3-7　2005 年正阳关站水位计算值与实测值对比

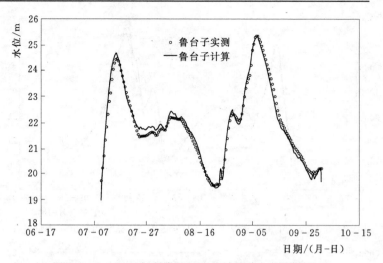

图 2.3 - 8 2005 年鲁台子站水位计算值与实测值对比

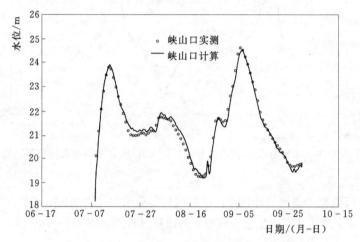

图 2.3 - 9 2005 年峡山口站水位计算值与实测值对比

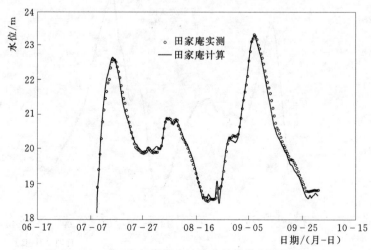

图 2.3 - 10 2005 年田家庵站水位计算值与实测值对比

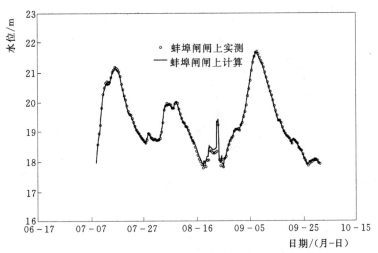

图 2.3 - 11　2005 年蚌埠闸闸上水位计算值与实测值对比

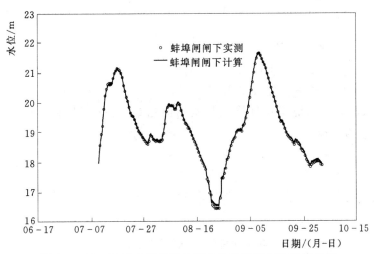

图 2.3 - 12　2005 年蚌埠闸闸下水位计算值与实测值对比

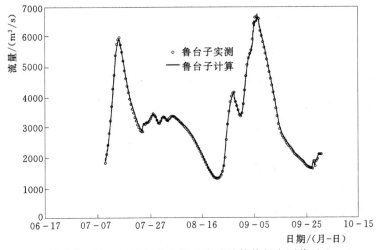

图 2.3 - 13　2005 年鲁台子站流量计算值与实测值对比

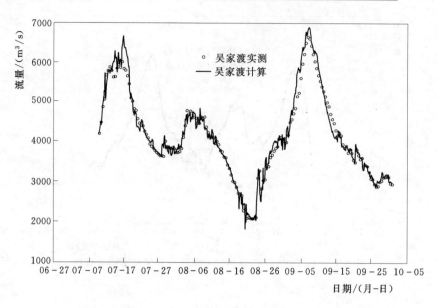

图 2.3-14　2005 年吴家渡站流量计算值与实测值对比

从图 2.3-7～图 2.3-12 中可以看出，各测站计算水位过程与实测水位过程一致性良好，峰值水位计算值与实测值之间的差值均在 5.00～10.00cm；图 2.3-13、图 2.3-14 中，鲁台子和吴家渡站峰值流量计算值与实测值相差均在 5％以内。模型较好地重现了 2005 年洪水演进的过程。

3. 生产圩区过流能力分析

2005 年淮河干流正阳关至吴家渡段行蓄洪区均未启用，部分圩区漫堤行洪，其中行洪能力较强的 3 个圩区，自上游而下依次是靠山圩、魏郢子圩和天河圩。各圩区行洪流量见表 2.3-9。

表 2.3-9　　　　　　　　　　　2005 年各生产圩区行洪流量表

生产圩区	圩顶高程 /m	圩区面积 /km²	临近测站及其最高水位 /m		行洪流量 /(m³/s)
靠山圩	24.6～25.0	3.5	东淝河闸闸下	24.90	300～400
魏郢子圩	23.0～23.5	3.0	西淝河闸闸下	24.60	500～600
天河圩	20.5～21.5	4.7	上桥闸闸下	21.80	500～600

靠山圩处淮河干流水位略高于靠山圩堤防高程，靠山圩局部溃堤，行洪流量为 300～400m³/s；魏郢子圩处淮河干流水位高出魏郢子圩堤防高程 1.10～1.60m，行洪流量为 500～600m³/s；天河圩处淮河干流水位高出天河圩堤防高程 0.30～1.30m，行洪流量为 500～600m³/s；其他圩区行洪流量较小。2005 年洪水过程中，大多数生产圩区进洪，但是行洪能力均较小。

2.3.4.2　2008 年洪水过程复演

1. 2008 年实测洪水过程

2008 年是中等洪水年份，在 7 月 24 日至 8 月 28 日期间，吴家渡站总洪量为 101.6 亿

m³。其中淮河干流鲁台子站来水量为 74.3 亿 m³，占 73.1%；涡河蒙城闸来水量 7.1 亿 m³，占 7.0%；茨淮新河上桥闸来水量为 7.1 亿 m³，占 7.0%；未控区间来水量为 13.1 亿 m³，占 12.9%。详见表 2.3－10。

表 2.3－10   2008 年吴家渡站洪量的来水组成

时段 /（月-日）	上游及区间来水量					吴家渡（含何巷闸）
	测　　站	鲁台子	蒙城闸	上桥闸	未控区间	
07－24—08－28	集水面积/km²	88630	15475	5581	11644	121330
	占吴家渡比例/%	73.0	12.8	4.6	9.6	100
	洪量/亿 m³	74.3	7.1	7.1	13.1	101.6
	占吴家渡比例/%	73.1	7.0	7.0	12.9	100

淮河干流鲁台子站有两次洪水过程，最大流量 3740m³/s，最高水位 21.71m；吴家渡站有两次洪水过程，最大流量 4470m³/s，最高水位 18.19m。主要支流沙颍河阜阳闸最大流量为 1433m³/s，闸下最高水位 26.50m；茨淮新河上桥闸最大流量为 1101m³/s，闸下最高水位 19.05m；涡河蒙城闸最大流量为 1220m³/s，闸下最高水位 24.30m。各站实测水位—流量过程如图 2.3－15、图 2.3－16 所示。

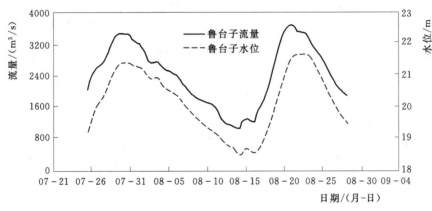

图 2.3－15　2008 年鲁台子站 7 月 24 日至 8 月 29 日实测水位—流量过程

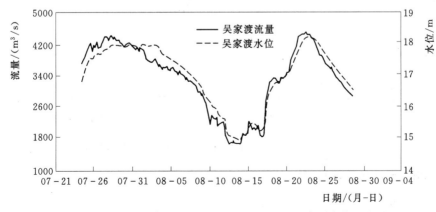

图 2.3－16　2008 年吴家渡站 7 月 24 日至 8 月 29 日实测水位—流量过程

2. 模型验证成果

以正阳关站计算水位过程线与实测水位过程线比较，如图 2.3-17 所示；吴家渡站计算流量过程与实测流量过程线比较，如图 2.3-18 所示，计算过程与实测过程一致性较好。

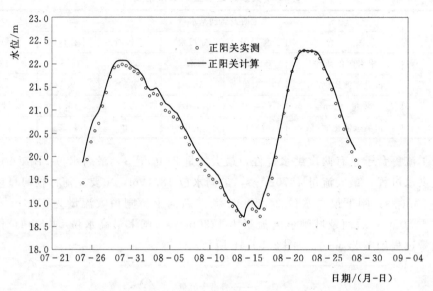

图 2.3-17　2008 年正阳关站水位计算值与实测值对比

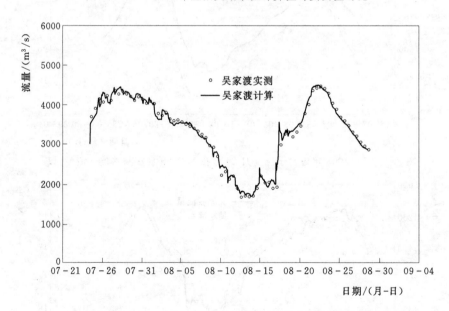

图 2.3-18　2008 年吴家渡站流量计算值与实测值对比

2.3.4.3　2003 年洪水过程复演

1. 2003 年实测洪水过程

2003 年淮河流域暴雨过程多、间隔时间短、强度大、范围广，形成流域性大洪水。

洪水出现时间主要在 6 月下旬至 10 月上旬，洪水范围广，干支流洪水并发；洪水水位高、量级大、持续时间长[8]。

在 6 月 28 日至 8 月 30 日期间，吴家渡站（包括何巷闸出流）总洪量为 305 亿 m³。其中淮河干流鲁台子站来水量为 222.5 亿 m³，占 73%；涡河蒙城闸来水量 14.7 亿 m³，占 4.8%；茨淮新河上桥闸来水量为 31.2 亿 m³，占 10.2%；未控区间来水量为 36.6 亿 m³，占 12%。详见表 2.3-11。

表 2.3-11　　　　　　　　　　2003 年吴家渡站洪量的来水组成

时段 /（月-日）	上游及区间来水量					吴家渡 （含何巷闸）
	测　　站	鲁台子	蒙城闸	上桥闸	未控区间	
06-28—08-30	集水面积/km²	88630	15475	5581	11644	121330
	占吴家渡比例/%	73.0	12.8	4.6	9.6	100
	洪量/亿 m³	222.5	14.7	31.2	36.6	305
	占吴家渡比例/%	73	4.8	10.2	12	100

淮河干流正阳关至吴家渡段有三次较大的洪水过程，如图 2.3-19、图 2.3-20 所示。

（1）第一次洪水过程，持续时间为 6 月 21 日至 7 月 7 日。

正阳关 6 月 21 日 8 时起涨水位为 17.97m，鲁台子相应为 315m³/s。在淮河上游润河集及支流颍河、淠河来水的共同影响下，7 月 2 日 22 时正阳关水位涨至 24.01m（超警戒水位 0.12m），鲁台子相应流量 5380m³/s。在 2 日 20 时 36 分沙颍河启用茨淮新河分洪，4—5 日洛河洼、上下六坊堤、石姚段行洪区先后启用，4 日 18 时正阳关水位涨至 26.06m后，涨幅减缓并出现小的起伏。6 日 4 时，正阳关水位达到保证水位 26.39m，6 日 15 时出现洪峰水位 26.45m，超过保证水位 0.05m，受唐垛湖分洪影响，正阳关水位迅速下降，6 日 17 时降至保证水位以下，7 日 2 时降至 25.31m。

鲁台子站 7 月 5 日 14 时出现年洪峰流量 7890m³/s，7 月 6 日 15 时水位升至 26.17m。

淮南（田家庵）水位站本次洪水过程中受洛河洼、上下六坊堤、石姚段行洪区的影响，水位出现几次起伏，7 月 6 日 19 时出现年最高水位 24.27m。

吴家渡站 6 月 30 日 11 时 36 分从水位 16.28m（相应流量 1920m³/s）起涨，7 月 3 日下午超过警戒水位（20.14m）。7 月 4 日 10 时 30 分水位涨至 21.38m，相应流量 8450m³/s。为减轻蚌埠以下的洪水压力，4 日 10 时怀洪新河何巷闸首次开启分洪，6 日 10 时最大分洪流量 1590m³/s，受其影响，吴家渡站水位从 4 日 21 时回落至 21.12m（相应流量 7200m³/s），其后吴家渡水位又涨。6 日 22 时，出现 2003 年最高水位 21.94m（超警戒水位 1.80m，低于保证水位 0.54m），相应最大流量 8620m³/s。6 月 19 日荆山湖上口门漫堤行洪，吴家渡水位 7 月 7 日 0 时开始缓落，至 7 日 21 时水位落至 20.72m。

（2）第二次洪水过程，持续时间为 7 月 8—15 日。

正阳关水位 7 月 9 日 18 时从 25.78 开始起涨，11 日 8 时达到 26.42m，超过保证水位 0.03m，鲁台子相应流量为 7120m³/s。在邱家湖行洪区和城东湖蓄洪区的影响下，正阳关站 11 日 18 时水位涨至 26.67m 后回落，鲁台子流量 7620m³/s。正阳关 12 日 18 时出现年最高水位 26.70m。14 日 14 时落至保证水位以下。

鲁台子站 11 日 18 时出现洪峰流量 7620m³/s，12 日 18 时出现年最高水位 26.38m。淮南水位站本次洪水过程中 7 月 13 日 20 时出现洪峰水位 24.08m。

吴家渡站 7 月 7 日 21 时起涨时水位为 20.72m。受怀洪新河何巷闸 9 日 12 时第二次分洪的影响，吴家渡站 9 日 14 时水位涨至 21.65m 后，曾有几次微小的起伏。9 日 8 时出现最大流量 7920m³/s，14 日 2 时出现洪峰水位 21.74m。

（3）第三次洪水过程，持续时间为 7 月 19—25 日。

正阳关站 7 月 21 日 8 时起涨水位为 24.89m，25 日 10 时出现洪峰水位 25.67m；鲁台子站 24 日 20 时出现洪峰流量 6060m³/s，25 日 8 时出现洪峰水位 25.38m；淮南（田家庵）7 月 22 日 21 时出现洪峰水位 23.21m。

吴家渡站 7 月 22 日 7 时出现最高水位 21.53m，22 日 2 时出现洪峰流量 7430m³/s。在此期间，怀洪新河何巷闸 7 月 22 日 2 时第三次开启分洪，23 日 14 时 30 分最大分洪流量为 1510m³/s，明显影响吴家渡站的洪水过程。

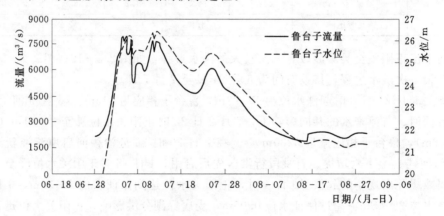

图 2.3-19　2003 年鲁台子站 6 月 28 日至 8 月 30 日实测水位—流量过程

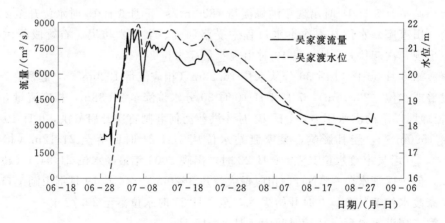

图 2.3-20　2003 年吴家渡站 6 月 28 日至 8 月 30 日实测水位—流量过程

本段河道主要支流及分洪河道 2003 年水位—流量过程，如图 2.3-21～图 2.3-24 所示。

1）沙颍河：第一次洪水持续时间为 6 月 19 日至 7 月 13 日，阜阳闸 7 月 3 日 21 时全

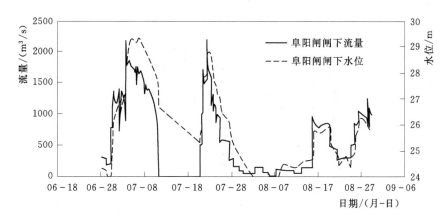

图 2.3-21 2003年阜阳闸闸下 6 月 28 日至 8 月 30 日实测水位—流量过程

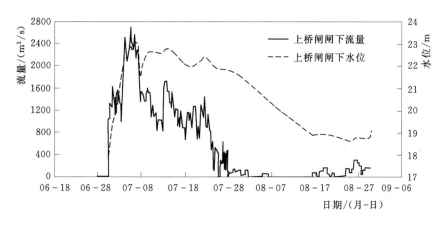

图 2.3-22 2003年上桥闸闸下 6 月 28 日至 8 月 30 日实测水位—流量过程

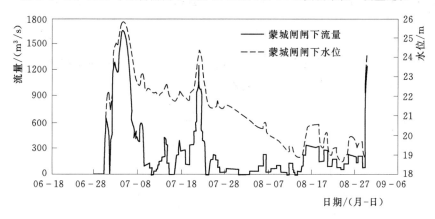

图 2.3-23 2003年蒙城闸闸下 6 月 28 日至 8 月 30 日实测水位—流量过程

开泄洪，7 月 3 日最大泄量为 2480m³/s，为 2003 年最大流量，阜阳闸下 7 月 6 日 17 时出现最高水位 29.31m，11 日 7 时关闭。第二次洪水持续时间为 7 月 19—25 日，阜阳闸 7 月 20 日 17 时开闸泄洪，22 日 9 时，下泄流量为 2170m³/s，阜阳闸下 22 日 18 时出现洪峰水位 28.77m。

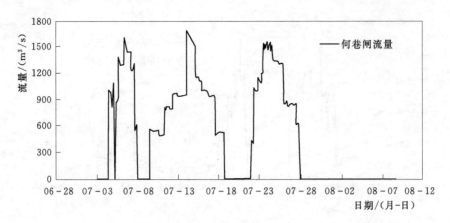

图 2.3 - 24　2003 年何巷闸 6 月 28 日至 8 月 30 日实测流量过程

2）茨淮新河：茨河铺闸三次分洪，最大分洪流量 1580m³/s；上桥闸 6 月 30 日 9 时开闸泄洪，7 月 5 日 17 时出现 2003 年最大流量 2700m³/s，6 日 22 时闸下出现 2003 年最高水位 23.06m。

3）涡河：出现两次洪水过程。第一次洪水过程中，蒙城闸 7 月 2 日全部提出水面，4 日 18 时，闸下出现最高水位 25.81m，相应洪峰流量 2030m³/s；第二次洪水过程中，22 日 5 时蒙城闸下水位 24.48m，22 日 2 时最大洪峰流量 1300m³/s。

4）怀洪新河：何巷闸三次分洪，最大分洪流量分别为 1590m³/s、1670m³/s、1510m³/s。

2. 复演验证成果

2003 年本河段沿程主要站点计算水位过程线与实测水位过程线如图 2.3 - 25～图 2.3 - 28 所示；吴家渡站计算流量过程线与实测流量过程线如图 2.3 - 29 所示。

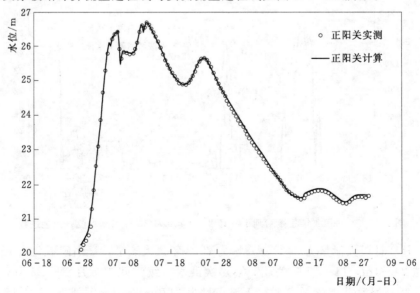

图 2.3 - 25　2003 年正阳关站水位计算值与实测值对比

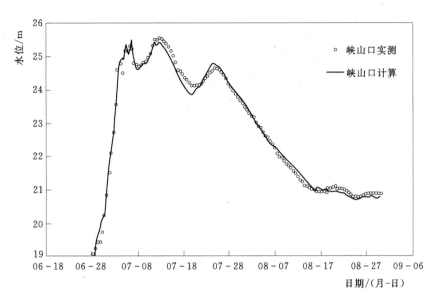

图 2.3-26　2003 年峡山口站水位计算值与实测值对比

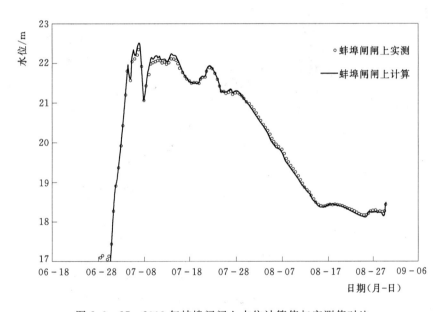

图 2.3-27　2003 年蚌埠闸闸上水位计算值与实测值对比

从图 2.3-25～图 2.3-29 中可以看出，各测站计算水位过程与实测水位过程一致性良好，峰值水位计算值与实测值之间的差值均在 5.00～10.00cm 以内；吴家渡站峰值流量计算值与实测值相差在 5% 以内。模型较好的重现了 2003 年洪水演进的过程。

3．2003 年行洪区及生产圩区运用情况

2003 年洪水过程中，本段河道共启用行洪区 5 处，按上、下游顺序依次是上六坊堤、下六坊堤、石姚段、洛河洼和荆山湖行洪区。此外，沿程分布 14 个生产圩全部漫堤行洪。

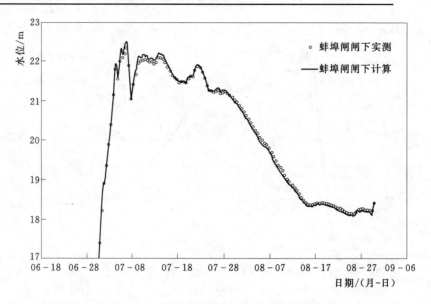

图 2.3 - 28　2003 年蚌埠闸闸下水位计算值与实测值对比

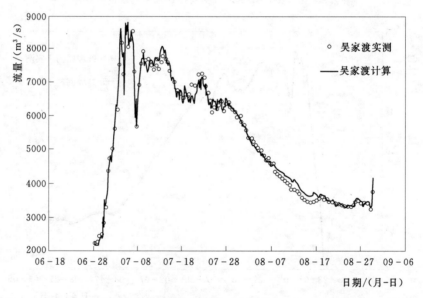

图 2.3 - 29　2003 年吴家渡站流量计算值与实测值对比

根据文献 [8，10] 等资料，整理各行洪区的口门位置如图 2.3 - 30 和图 2.3 - 31 所示，运用情况及口门特征见表 2.3 - 12。

（1）上六坊堤行洪区于 7 月 4 日 12 时破堤进行，上口门一处，下口门两处。行洪后上口门宽度 120m，最大冲坑深度约 11.43m；下口门两处宽度分别为 40m 和 93m，最大冲坑深度分别为 5.0m 和 5.1m；其他零星破口 28 处。

（2）下六坊堤行洪区 7 月 4 日 12 时破堤进行，行洪口门上、下各一处。行洪过后上口门宽度 215m，最大冲坑深度为 13.98m；下口门宽度 190m，最大冲坑深度为 3.89m；其他零星破口 41 处。

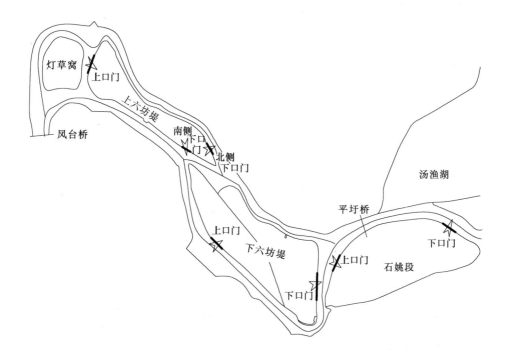

图 2.3 - 30　2003 年六坊堤、石姚段行洪区口门位置图

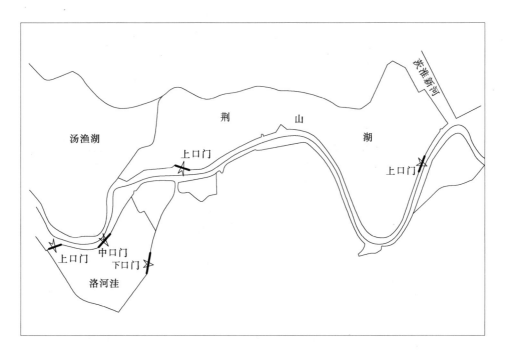

图 2.3 - 31　2003 年洛河洼、荆山湖行洪区口门位置图

表 2.3－12　　　　　　　2003 年各行洪区口门运用情况及口门特征资料

行洪区	行洪口门	行洪方式	启用时间/（月-日 时：分）	口门宽度/m	平均冲坑深度/m
上六坊堤	上口门	人工开挖	07－04 12：00	120.00	7.02
	南侧下口门	人工开挖	07－04 12：00	40.00	1.93
	北侧下口门	人工开挖	07－04 12：00	93.00	
下六坊堤	上口门	人工开挖	07－04 12：00	215.00	6.67
	下口门	人工开挖	07－04 12：00	190.00	1.59
石姚段	上口门	人工开挖	07－05 13：00	246.00	7.77
	下口门	人工开挖	07－05 13：00	140.00	6.34
	下口门	人工开挖	07－05 13：00	77.00	
洛河洼	上口门	人工开挖	07－04 8：30	33.00	4.40
	中口门	人工开挖	07－04 8：30	380.00	4.50
	下口门	人工开挖	07－04 8：30	298.00	5.00
荆山湖	上口门	漫决	07－06 19：00	364.00	8.03
	下口门	爆破	07－07 11：26	330.00	5.47

（3）石姚段行洪区于 7 月 4 日 13 时破堤进行，上口门一处，下口门两处。行洪后上口门宽度 246m，最大冲坑深度约 12.1m；下口门两处宽度分别为 140m 和 77m，最大冲坑深度分别为 8.2m 和 8.5m；其他零星破口 9 处。

（4）洛河洼行洪区 7 月 4 日 8 时 30 分破堤进行，破口较多，概化为上口门一处宽度 33m，中口门一处宽度 380m，下口门一处宽度 298m，其他零星破口 32 处。

（5）荆山湖行洪区上口门漫决时间为 7 月 6 日 19 时，行洪过后的口门宽度为 364m，最大冲坑深度为 12.79m；下口门 7 月 7 日 11 时 26 分爆破，宽度 330m，最大冲坑深度为 8.52m。

4．2003 年行洪区及生产圩区计算分析

（1）各行洪区行洪流量分析。行洪区的作用体现在槽蓄洪水和扩大河道过水断面面积，提高河道行洪能力。受多种因素的影响，行洪区行洪能力计算比较复杂。在行洪初期，洪水通过口门迅速涌入行洪区，短时间内进洪流量较大，随着行洪区蓄水量增加和口门形态逐渐稳定，行洪区作为河道的过水面积的一部分，相应增加河道下泄流量。

文献［8］假定行洪稳定时口门流速接近主槽流速，采用控制站点实测最大流速 1.24～1.58m/s 作为行洪口门平均流速。经推算，各行洪区行洪流量在 500～2300m³/s 之间，占河道流量的 5%～30%。

文献［23］对 2003 年 7556m³/s 流量级洪水进行验证，模型实测上六坊堤行洪流量为 670m³/s、下六坊堤行洪流量为 750m³/s、石姚段行洪流量为 900m³/s。

在 2003 年洪水过程中，各行洪区口门形态稳定以后，数学模型计算各行洪区最大行洪流量为上六坊堤 640m³/s、下六坊堤 800m³/s、石姚段 1200m³/s、洛河洼 1200m³/s、荆山湖 2100m³/s，详见表 2.3－13。

表 2.3-13　　　　　　　　　　2003 年各行洪区行洪流量对比表　　　　　　　　单位：m³/s

行洪区	《2003 年淮河暴雨洪水》分析流量	河工模型试验流量	数学模型计算流量
上六坊堤	899	670	640
下六坊堤	483	750	820
石姚段	1590	900	1200
洛河洼	820		1050
荆山湖	2380		2100

由表 2.3-13 可以看出，数学模型计算上六坊堤行洪流量与河工模型试验接近，略低于文献 [8] 分析流量；下六坊堤行洪流量与模型试验接近，略高于文献 [8] 分析流量；石姚段行洪流量介于模型试验和文献 [8] 分析流量之间；洛河洼行洪流量高于分析流量；荆山湖略低于分析流量。总体来说，三种计算方法结果较接近。

（2）各行洪区流态及流速分布。行洪区口门稳定后，行洪区内流速均较小，见表 2.3-14。主流区流速在 0.05～0.25m/s 之间，以荆山湖行洪区流速最大，最大流速为 0.25m/s。

表 2.3-14　　　　　　　　　　　　　2003 年各行洪区流速表

行 洪 区	流速值/(m/s)	行 洪 区	流速值/(m/s)
上六坊堤	0.15～0.2	洛河洼	0.05～0.1
下六坊堤	0.1～0.15	荆山湖	0.15～0.25
石姚段	0.05～0.11		

7 月 12 日 9 时，上六坊堤行洪流量 640m³/s，下六坊堤行洪流量 820m³/s，石姚段行洪流量为 1200m³/s，洛河洼行洪流量 1050m³/s，流态如图 2.3-32 和图 2.3-33 所示。

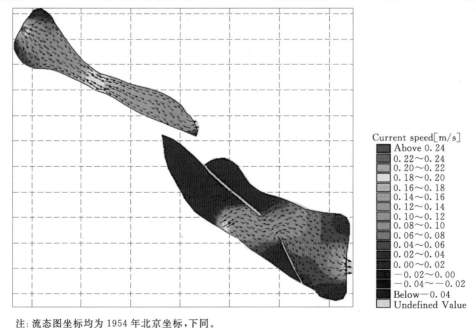

注：流态图坐标均为 1954 年北京坐标，下同。

图 2.3-32　上、下六坊堤行洪区流态图

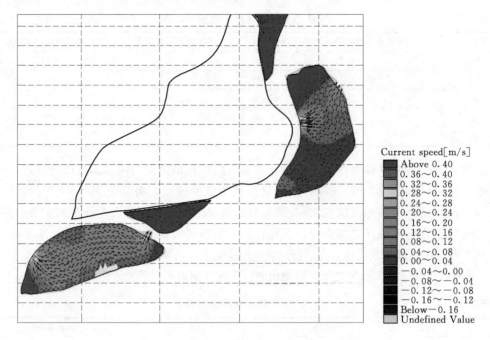

图 2.3-33　石姚段和洛河洼行洪区流态图

（3）荆山湖行洪区泄洪过程分析。2003 年荆山湖行洪区上口门于 7 月 6 日 19 时开始漫堤行洪，刚开始漫堤时流量较小，随着行洪口门宽度和深度的增加，进洪流量迅速增加，最大流量约 2790m³/s，之后进洪流量开始减少。下口门于 7 月 7 日 11 时爆破，开始方向进洪，反向进洪最大流量约为 1140m³/s，之后方向进洪流量逐渐减少。7 月 10 日 20 日后，荆山湖行洪区上、下口门行洪流量基本平衡，稳定后最大行洪流量约为 2100m³/s。进出流过程如图 2.3-34 所示。

2003 年荆山湖行洪区洪水波从上口门传播至下口门约需要 15h，上口门行洪时间为 7

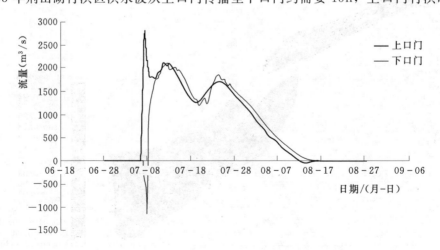

图 2.3-34　2003 年荆山湖行洪区行洪流量过程线

注：上口门正流量表示从淮干流进行洪区，下口门正流量表示从行洪区流进淮干。

月 6 日 19 时，下口门爆破时间为 7 日 11 时，下口门比上口门迟 16h，即上口门洪水到达下口门位置时，下口门开始爆破。荆山湖行洪区开启后不同时刻流态图如图 2.3-35～图 2.3-37 所示。

行洪区内张家沟附近湖面最窄，流速最大，流速约为 0.25m/s。

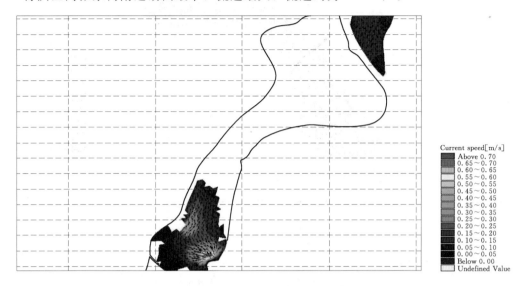

图 2.3-35 上口门开启 5h 后流态图

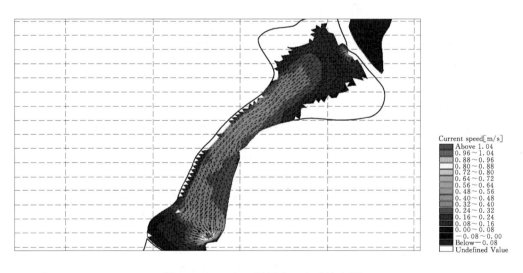

图 2.3-36 上口门开启 16h 后流态图

（4）生产圩区过流能力分析。2003 年洪水过程中行洪能力较强 5 个生产圩区，自上游而下依次是靠山圩、魏郢子圩、灯草窝圩、陈小湾圩和天河圩。数学模型计算出的各生产圩区行洪流量见表 2.3-15。

魏郢子圩和天河圩处河道水位高出圩区堤顶高程较多，且均在河道急弯处，由于弯曲河道"小水坐弯，大水趋直"的过流特性，所以行洪能力较强。

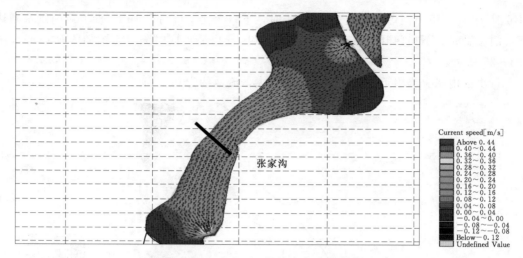

图 2.3 - 37　上、下口门均稳定时刻流态图

表 2.3 - 15　　　　　2003 年各生产圩区行洪流量表

生产圩区	圩顶高程 /m	圩区面积 /km²	临近测站及其最高水位 /m		行洪流量 /(m³/s)
靠山圩	24.80～25.00	3.5	东淝河闸闸下	25.84	600～800
魏郢子圩	23.00～23.50	3.0	西淝河闸闸下	25.59	1000～1200
灯草窝圩	22.50～24.00	4.3	永幸闸闸下	24.86	500～600
陈小湾圩	23.60～25.50	4.5	田家庵站	24.26	200～300
天河圩	20.50～21.50	4.7	上桥闸闸下	23.06	1300～1500

2.3.4.4　2007 年洪水过程复演

1. 2007 年实测洪水过程

2007 年淮河流域暴雨过程多、间隔时间短、降雨历时长、强度大、笼罩范围广，空间分布有利于形成流域性大洪水。洪水出现时间主要在 6 月下旬至 10 月上旬，干支流洪水并发，洪水组合遭遇恶劣；淮河干流洪水来势凶猛、高水位持续时间长[9]。

在 6 月 29 日至 8 月 29 日期间，吴家渡站（包括何巷闸出流）总洪量为 267.1 亿 m³。其中淮河干流鲁台子站来水量为 198 亿 m³，占 75.7%；涡河蒙城闸来水量 15.2 亿 m³，占 5.8%；茨淮新河上桥闸来水量为 16.3 亿 m³，占 6.2%；未控区间来水量为 32.2 亿 m³，占 12.3%。详见表 2.3 - 16。

表 2.3 - 16　　　　　2007 年吴家渡站洪量的来水组成

时段 /(月-日)	上游及区间来水量					吴家渡 （含何巷闸）
	测　　站	鲁台子	蒙城闸	上桥闸	未控区间	
06-29—08-29	集水面积/km²	88630	15475	5581	11644	121330
	占吴家渡比例/%	73.0	12.8	4.6	9.6	100
	洪量/亿 m³	198	15.2	16.3	32.2	261.7
	占吴家渡比例/%	75.7	5.8	6.2	12.3	100

淮河干流正阳关至吴家渡段各站水位—流量过程，如图2.3-38、图2.3-39所示。

正阳关站2007年出现两次洪峰。6月28日20时正阳关起涨水位为17.76m，相应鲁台子流量为595m³/s，7月9日5时正阳关水位涨至23.90m（超警戒水位0.01m），鲁台子流量相应为4790m³/s。11日15时正阳关出现2007年最大洪峰，水位26.29m（距保证水位0.10m），相应鲁台子流量为7970m³/s，15日15时姜唐湖蓄洪区开闸进洪，16时邱家湖行洪区破堤行洪，正阳关水位有所回落。16日正阳关水位从25.37m再次起涨，18时23分出现第二次洪峰，水位25.94m，相应鲁台子流量为6830m³/s。随后正阳关水位缓慢回落，8月下旬末才退尽。

淮南站出现一次洪峰，7月19日11时出现2007年最高水位23.612m，受来水和行洪区运用影响，在洪峰前后水位出现起伏。

吴家渡站6月30日8时起涨水位为12.36m，至7月9日20时水位达20.20m，超过警戒水位0.06m，相应流量6680m³/s，11日21时30分水位涨至20.76m，受上游行洪区运用影响，水位小幅回落0.10m，12日4时水位落至20.66m后回涨并出现起伏。13日4时水位上涨到20.91m后，再次缓慢起伏回落。16日8时水位退至20.76m后开始回涨，20日9时42分出现2007年最高水位21.22m（超警戒水位1.08m），相应洪峰流量为7520m³/s。随后洪水缓慢下落，30日20时水位退至警戒水位以下。

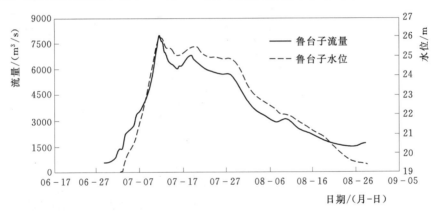

图2.3-38 2007年鲁台子站6月28日至8月28日实测水位—流量过程

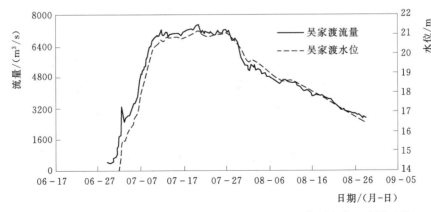

图2.3-39 2007年吴家渡站6月28日至8月28日实测水位—流量过程

本段河道主要支流及分洪河道 2007 年水位—流量过程，如图 2.3-40～图 2.3-43 所示。

（1）沙颍河：第一次洪水持续时间为 6 月 29 日至 7 月 15 日，阜阳闸 7 月 11 日 2 时出现洪峰流量为 $1430\text{m}^3/\text{s}$，23 时出现洪峰水位为 27.27m；第二次洪水持续时间为 7 月 16—20 日，阜阳闸 7 月 17 日 14 时出现洪峰流量为 $1890\text{m}^3/\text{s}$，23 时出现洪峰水位为 29.35m（超警戒水位 0.91m）；第三次洪水持续时间为 7 月 20—25 日，阜阳闸 7 月 23 日 2 时出现洪峰流量为 $2120\text{m}^3/\text{s}$，14 时出现洪峰水位为 30.11m（超警戒水位 1.63m）。

（2）茨淮新河：茨河铺闸未分洪；上桥闸 7 月 4 日 11 时开闸泄洪，9 日 1 时出现第一次洪峰 $1226\text{m}^3/\text{s}$，相应闸下水位 20.66m，21 日 20 时出现第二次洪峰 $1370\text{m}^3/\text{s}$，相应闸下水位 21.91m。

（3）涡河：蒙城闸 7 月 3 日 9 时开闸，6 日 9 时出现 2007 年最大流量 $1150\text{m}^3/\text{s}$，7 日 11 时蒙城闸下出现 2007 年最高水位 24.05m。

（4）怀洪新河：何巷闸 7 月 29 日 12 时 15 分开启，8 月 1 日 7 时 54 分关闸，最大分洪流量 $1130\text{m}^3/\text{s}$。

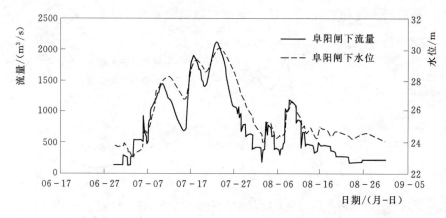

图 2.3-40　2007 年阜阳闸闸下 6 月 28 日至 8 月 28 日实测水位—流量过程

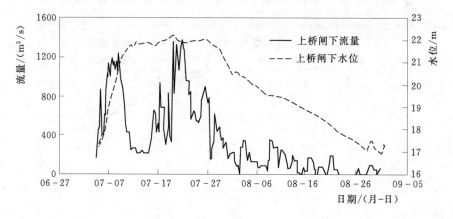

图 2.3-41　2007 年上桥闸闸下 6 月 28 日至 8 月 28 日实测水位—流量过程

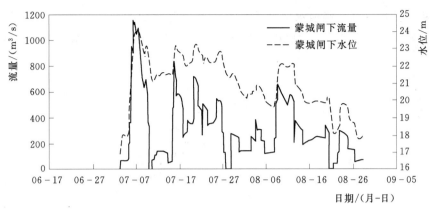

图 2.3-42 2007 年蒙城闸下 6 月 28 日至 8 月 28 日实测水位—流量过程

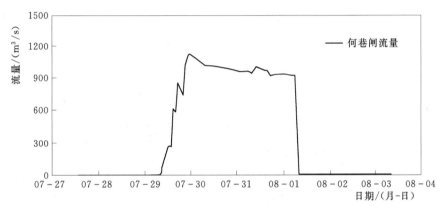

图 2.3-43 2007 年何巷闸 6 月 28 日至 8 月 28 日实测流量过程

2. 复演验证成果

以正阳关站和吴家渡站为例，如图 2.3-44、图 2.3-45，各测站计算水位过程与实

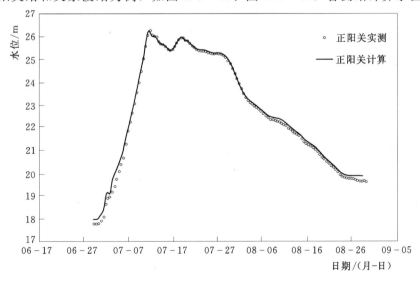

图 2.3-44 2007 年正阳关站水位计算值与实测值对比

测水位过程一致性良好，峰值水位计算值与实测值之间的差值在 5～10cm 以内；峰值流量计算值与实测值相差均在 5% 以内。模型较好的重现了 2007 年洪水演进的过程。

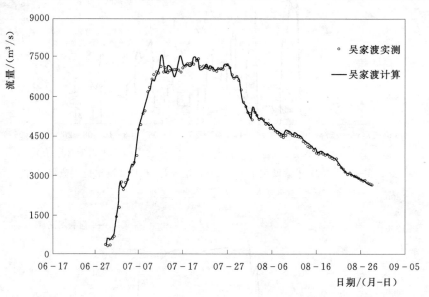

图 2.3-45　2007 年吴家渡站流量计算值与实测值对比

3. 2007 年行洪区及生产圩区运用情况

2007 年洪水过程中，本段河道共启用行洪区 5 处，按上、下游顺序依次是上六坊堤、下六坊堤、石姚段、洛河洼和荆山湖行洪区。此外，沿程分布的 14 处生产圩全部漫堤行洪。

根据文献 [9, 11] 等资料，整理各行洪区的口门位置如图 2.3-46 和图 2.3-47 所示，运用情况及口门特征见表 2.3-17。

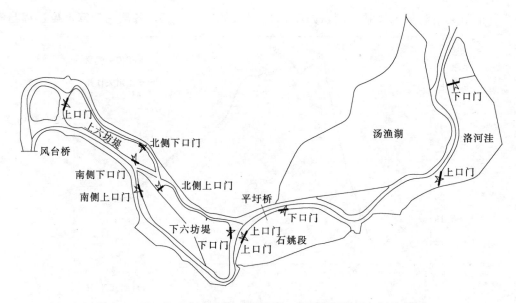

图 2.3-46　2007 年六坊堤、石姚段、洛河洼行洪区口门位置图

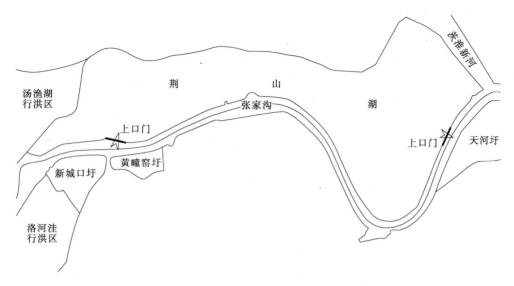

图 2.3-47　荆山湖行洪区进、退洪闸位置图

表 2.3-17　　　　　2007 年各行洪区口门运用情况及口门特征资料统计

行洪区	行洪口门	行洪方式	启用时间 /（月-日 时：分）	口门宽度 /m	平均冲坑深度 /m
上六坊堤	上口门	人工开挖	07-11 12：00	270	4.64
	南侧下口门	人工开挖	07-11 12：00	8	1.74
	北侧下口门	人工开挖	07-11 12：00	32	
下六坊堤	南侧上口门	人工开挖	07-11 12：00	70	8.83
	北侧上口门	人工开挖	07-11 12：00	110	
	下口门	人工开挖	07-11 12：00	145	2.19
石姚段	上口门	人工开挖	07-12 19：30	263	5.08
	下口门	人工开挖	07-12 19：30	114	3.69
洛河洼	上口门	人工开挖	07-15 16：00	196	5.64
	下口门	人工开挖	07-15 16：00	41	2.35

（1）上六坊堤行洪区于 7 月 11 日 12 时人工扒口行洪，上口门一处，下口门两处。行洪后上口门宽度 270m，最大冲坑深度约 10.36m；下口门两处宽度分别为 8m 和 32m，最大冲坑深度分别为 2m。

（2）下六坊堤行洪区 7 月 11 日 12 时人工扒口行洪，上口门两处、下口门一处。行洪过后上口门宽度分别为 110m、70m，最大冲坑深度 7.0m、13.35m；下口门宽度 145m，最大冲坑深度为 6.08m。

（3）石姚段行洪区 7 月 12 日 19 时 30 分人工扒口行洪，上、下口门各一处。行洪后上口门宽度 263m，最大冲坑深度约 6.39m；下口门宽度 114m，最大冲坑深度 5.92m。

（4）洛河洼行洪区 7 月 15 日 16 时破人工扒口行洪，上、下口门各一处。上口门宽度 196m，最大冲坑深度 6.82m；下口门宽度 41m，最大冲坑深度 5.69m。

（5）荆山湖行洪区已经建成进、退洪闸，行洪区有闸控制，未采用破堤行洪。

4. 2007 年行洪区及生产圩区计算分析

（1）各行洪区行洪流量分析。文献［9］中假定行洪稳定时口门流速接近主槽流速，采用控制站点实测最大流速 1.50～1.79m/s 作为行洪口门平均流速。经推算，各行洪区行洪能力在 170～660m³/s，占河道流量的 2.7%～9.5%。

在 2007 年洪水过程中，各行洪区口门形态稳定以后，各行洪区最大行洪流量见表 2.3-18。

表 2.3-18　　　　　　　　2007 年各行洪区行洪流量表　　　　　　　　单位：m³/s

行洪区	文献［9］分析行洪流量	模型计算行洪流量
上六坊堤	177	240
下六坊堤	260	800
石姚段	660	540
洛河洼	236	280

上六坊堤行洪区为 240m³/s、下六坊堤行洪区为 800m³/s、石姚段行洪区为 540m³/s、洛河洼行洪区为 280m³/s，荆山湖行洪区没有起到行洪作用。

模型计算结果可以看出，两种计算方法，下六坊堤行洪流量差距较大，其他行洪区行洪流量相差较小。上六坊堤和洛河洼行洪区行洪流量较小，因为其上、下口门宽度差距较大，上六坊堤下口门两处宽度仅为 32m 和 8m，洛河洼下口门宽度仅 41m，行洪流量受较小口门制约。2007 年各行洪区行洪流量均小于 2003 年行洪流量，是由于相应行洪区口门宽度和深度均比 2003 年小，且该段淮河干流 2007 年沿程水位低于 2003 年沿程水位。荆山湖行洪区在 2003 年洪水过程，稳定状态最大行洪流量 2100m³/s；在 2007 年洪水过程中，受进、退洪闸调度控制，只有蓄洪削峰作用，没有实质行洪作用。

（2）各行洪区流态及流速分布。行洪区口门稳定后，行洪区内流速均较小，主过流区域流速在 0.05～0.18m/s 之间，见表 2.3-19。

表 2.3-19　　　　　　　　　2007 年各行洪区行洪流速表

行洪区	行洪区流速/(m/s)	行洪区	行洪区流速/(m/s)
上六坊堤	0.04～0.08	石姚段	0.04～0.10
下六坊堤	0.01～0.18	洛河洼	0.02～0.08

7 月 19 日 20 时，上六坊堤行洪流量 200m³/s，下六坊堤行洪流量 790m³/s，石姚段行洪流量 500m³/s，洛河洼行洪流量 260m³/s。流态如图 2.3-48 和图 2.3-49 所示。

（3）荆山湖行洪区。2007 年洪水过程中，新建成的荆山湖进洪闸、退洪闸首次使用。进洪闸首次启用时间为 7 月 19 日 22 时 20 分，21 日 15 时 35 分关闸，22 日 20 时 5 分再次启用，至 23 日 8 时关闸，期间最大进洪流量为 1867m³/s；退洪闸首次启用为反向进洪，开启时间为 20 日 13 时 14 分，23 日 0 时 50 分关闸停止进洪，期间最大进洪流量为 1060m³/s；退洪闸于 7 月 30 日 16 时 40 分开始退洪，退洪期间最大退洪流量为 611m³/s。

2007年荆山湖行洪区的使用，有效地降低了淮河干流水位，但是行洪区没有发挥行洪作用，只有蓄洪作用，共调蓄淮河干流洪水约3.5亿 m³。荆山湖进洪闸、退洪闸泄流过程如图2.3-50所示。

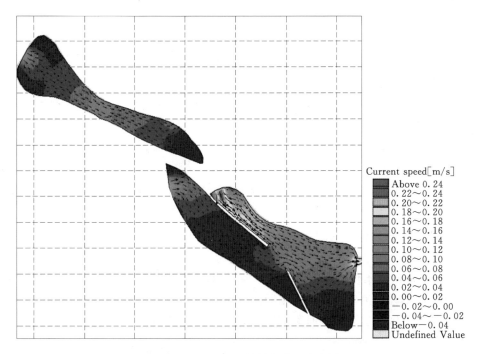

图2.3-48 上下六坊堤行洪区流态图

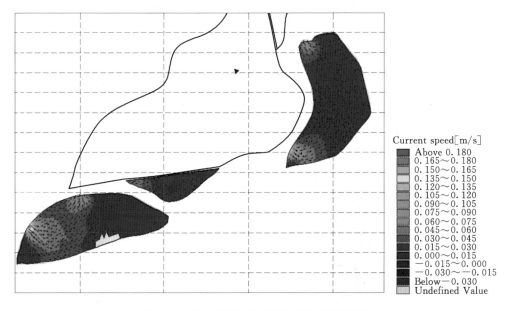

图2.3-49 石姚段和洛河洼行洪区流态图

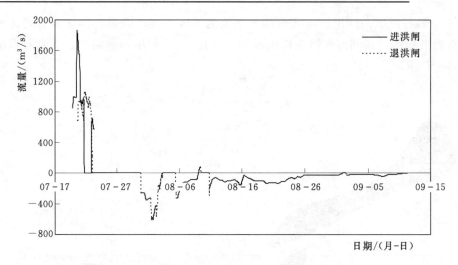

图 2.3-50　荆山湖行洪区进、退洪闸流量过程

注："十"表示洪水从淮干进入行洪区；"一"表示洪水从行洪区进入淮干。

2007 年荆山湖行洪区洪水波从上口门传播至下口门约需要 16h，2007 年进洪闸启用时间为 7 月 19 日 22 时 20 分，退洪闸启用时间为 20 日 13 时 14 分，退洪闸启用时间比进洪闸迟 15h，进洪闸洪水传播至退洪闸上游时，退洪闸开始启用。荆山湖行洪区在使用过程中经过进洪闸单独进洪，进、退洪闸共同进洪，退洪闸单独进洪、退洪闸单独退洪四个阶段。荆山湖行洪区开启后不同时刻流态图如图 2.3-51～图 2.3-54 所示。

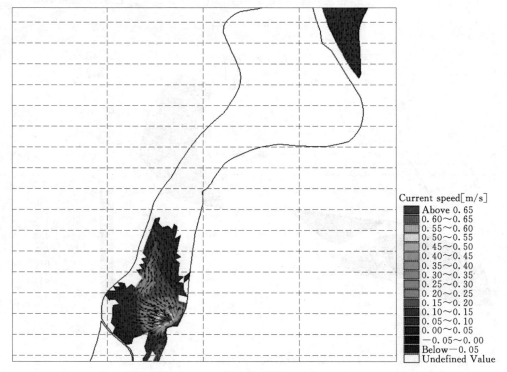

图 2.3-51　荆山湖进洪闸开启 5h 后

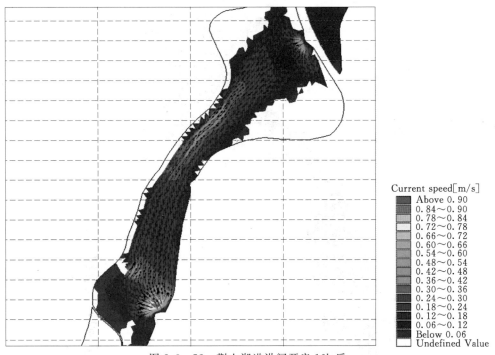

图 2.3 - 52　荆山湖进洪闸开启 16h 后

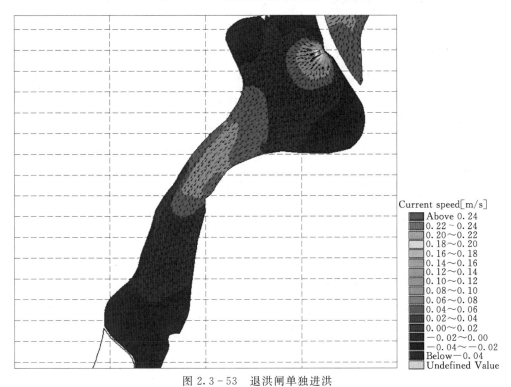

图 2.3 - 53　退洪闸单独进洪

7 月 23 日 0 时 50 分至 7 月 30 日 16 时 40 分荆山湖行洪区进、退洪闸均关闭，期间湖内水位约 22.77m，水深 1.0～6.5m。

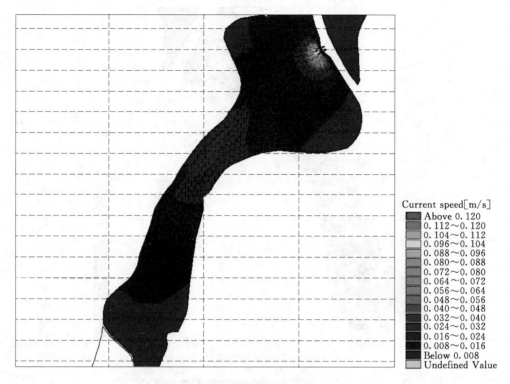

图 2.3 - 54　退洪闸单独退洪

（4）生产圩区过流能力分析。2007 年洪水过程中行洪能力较强的 5 个圩区，自上游而下依次是靠山圩、魏郢子圩、灯草窝圩、陈小湾圩和天河圩，行洪流量见表 2.3 - 20。

表 2.3 - 20　　　　　　　　　　2007 年各生产圩区行洪流量表

生产圩区	圩顶高程 /m	圩区面积 /km²	临近测站及其最高水位 /m		行洪流量 /(m³/s)
靠山圩	24.80～25.00	3.5	东淝河闸闸下	25.19	600～700
魏郢子圩	23.00～23.50	3.0	西淝河闸闸下	24.89	900～1000
灯草窝圩	22.50～24.00	4.3	永幸闸闸下	24.38	200～300
陈小湾圩	23.60～25.50	4.5	田家庵站	23.61	100～200
天河圩	20.50～21.50	4.7	上桥闸闸下	22.20	900～1000

魏郢子圩和天河圩处河道水位高出圩区堤顶高程较多，且均在河道急弯处，由于弯曲河道"小水坐弯，大水趋直"的过流特性，所以行洪能力较强；陈小湾圩过流能力最小。

2.3.5　数学模型计算与河工模型试验成果对比分析

利用文献 [15，23] 等河工模型试验实测资料，对所建数学模型计算结果进行补充验证。

为方便对比，数学模型中所采用的地形、边界条件均与河工模型的现状试验条件保持一致。具体条件如下：

（1）地形条件：采用 2005 年实测地形资料，其中寿西湖行洪堤已退建（工程于 1998 年完成），峡山口已拓宽（工程于 1996 年完成），靠山圩维持现状。

（2）边界条件：上边界涧沟口给定不同流量级（3000m³/s、5000m³/s、7000m³/s、8000m³/s、10000m³/s），下边界峡山口给定整治工程实施后的规划水位，见表 2.3 - 21。

表 2.3 - 21　　　　　河 工 模 型 试 验 条 件

工程措施	来流量/(m³/s)	峡山口水位/m	边　界　条　件
峡山口以下按规划实施整治	3000	20.32	堤内行水，东淝闸右圩、靠山圩不过水
	5000	22.60	
	7000	24.68	堤内行水，东淝闸右圩、靠山圩按历年实际破圩情况概化
	8000	24.98	
	10000	25.54	按规划启用寿西湖和董峰湖行洪区

由表 2.3 - 21 可见，当来流量小于 5000m³/s 时，采用堤内行水的方式；当来流量在 5000~8000m³/s 之间时，东淝闸右圩和靠山圩破圩行洪，具体破圩尺寸可参考历年实际情况概化模拟；当来流量大于 8000m³/s 时，董峰湖与寿西湖行洪区分别通过设计行洪流量 2500m³/s 和 2000m³/s。

现状试验条件下两种模拟方法的成果对比见表 2.3 - 22，从表中可以看出，各流量级沿程节点水位相差均在 0.05m 以内，数学模型的计算精度与河工模型（物模）的试验精度基本相当。

表 2.3 - 22　　　现状试验条件下数学模型计算与河工模型试验沿程水位对比

流量级/(m³/s)	模拟方法	水位/m						
		寿上口	鲁台子	焦岗闸	董上口	寿下口	董下口	峡山口
3000	物理	21.00	20.92	20.71	20.68	20.60	20.35	20.32
	数模	21.05	20.96	20.74	20.73	20.63	20.35	20.32
	差值	−0.05	−0.04	−0.03	−0.05	−0.03	0	0
5000	物理	23.45	23.36	23.16	23.10	23.02	22.64	22.60
	数模	23.48	23.38	23.16	23.13	23.00	22.66	22.60
	差值	−0.03	−0.02	0	−0.03	0.02	−0.02	0
7000	物理	25.57	25.50	25.25	25.22	25.11	24.73	24.68
	数模	25.59	25.49	25.27	25.23	25.09	24.75	24.68
	差值	−0.02	0.01	−0.02	−0.01	0.02	−0.02	0
8000	物理	26.08	25.96	25.68	25.63	25.50	25.05	24.98
	数模	26.05	25.94	25.68	25.63	25.48	25.07	24.98
	差值	0.03	0.02	0	0	0.02	−0.02	0
10000	物理	26.38	26.30	26.10	26.07	25.98	25.65	25.54
	数模	26.39	26.29	26.07	26.03	25.97	25.65	25.54
	差值	−0.01	0.01	0.03	0.04	0.01	−0	0

2.3.6　数学模型计算与蚌埠闸水工模型的试验成果对比分析

采用蚌埠闸枢纽新闸、老闸联合运用时的水工模型（物模）试验成果[20]，对蚌埠闸数学模型的概化方式及各堰闸流量系数的取值进行进一步验证。具体的边界条件和两种模拟方法成果比较见表 2.3 - 23。

表 2.3 - 23　　　　　　　蚌埠闸数学模型与水工模型对比表

边界条件			成果比较			
总流量 /(m³/s)	蚌埠闸下 /m	模拟方法	过闸落差 /m	老闸流量 /(m³/s)	新闸流量 /(m³/s)	分洪道流量 /(m³/s)
6000	20.56	物模	0.042	4050	1620	330
		数模	0.039	4003	1691	306
		差值	0.003	47	−71	24
8000	21.62	物模	0.056	5322	2064	614
		数模	0.053	5281	2138	581
		差值	0.003	41	−74	33
10000	22.37	物模	0.080	6591	2604	805
		数模	0.071	6596	2604	800
		差值	0.009	−5	0	5
13080	22.99	物模	0.120	8610	3410	1060
		数模	0.110	8591	3362	1127
		差值	0.010	19	48	−67

对比四个流量级的模拟成果可以看出，水工模型与数学模型过闸落差的差值均在 1cm 以内，各泄水建筑物分流比差别一般在 5% 以内。两种模拟方法得出的成果基本一致。

2.4　蚌埠至浮山段一维、二维耦合水动力数学模型

2.4.1　模型范围及资料选择

2.4.1.1　模型范围的选定

淮河干流蚌埠至浮山河段长约 104km，1950 年代实施五河内外水分流工程后，该段没有大的支流入汇，区间集水面积仅为 2620km²。分布在本段的 4 处行洪区（方邱湖、临北段、花园湖、香浮段）1956 年后均未启用，所以验证阶段暂不考虑行洪区的影响。模型的范围选定为蚌埠闸下至浮山（下边界根据验证的需要延至小柳巷）的淮河干流河段。

本段沿程分布有蚌埠闸下水位站、吴家渡水文站、临淮关水位站、五河水位站、浮山水位站和小柳巷水文站，如图 2.4 - 1 所示。图中使用 1954 北京平面坐标系（下同）。

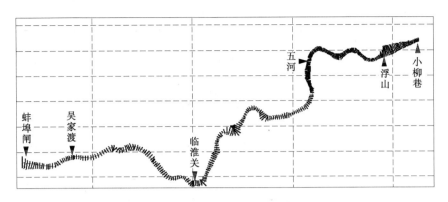

图 2.4-1 蚌埠闸下至小柳巷沿程水文站分布

2.4.1.2 基础资料选取

（1）水文资料：蚌埠闸下至小柳巷段 2003 年、2007 年汛期洪水要素资料（包括蚌埠闸下水位过程线、吴家渡水位、流量过程线、临淮关水位过程线、五河水位过程线、浮山水位过程线、小柳巷水位、流量过程线）。

（2）地形资料：淮河干流蚌埠至小柳巷河道横断面图（中水淮河规划设计研究有限公司，2001 年）；淮河干流蚌埠至方邱湖进口河道横断面图（中水淮河规划设计研究有限公司，2008 年）；淮河干流方邱湖进口至香庙河道横断面图（中水淮河规划设计研究有限公司，2009 年）；淮河干流香庙至浮山河道横断面图（安徽省水利水电勘测设计院，2008 年）。

（3）工程项目资料：1983 年至今，蚌埠闸下至小柳巷河段已实施的河道整治及堤防加固工程项目共计 7 项，见表 2.4-1。

表 2.4-1 蚌埠闸下至小柳巷段已实施的河道整治项目[25-30]

编号	项目名称	主 要 建 设 内 容	时 间
1	宋家滩疏浚扩挖工程	切滩疏浚长 5.48km，最大切宽 80m，疏浚河底宽 280m，底高程 8.0m	2000—2004 年
2	小蚌埠退堤切滩工程	退堤长 5km，退堤后堤距 800m 以上；切滩长 3.51km，平切高程 14.0m	退堤：1983—1988 年
			切滩：1995—1999 年
3	吴家渡至方邱湖进口疏浚退堤工程	疏浚底宽 330m，底高程 8.0m；方邱湖上段行洪堤退建	1999—2004 年
4	方邱湖进口至临北进口退堤疏浚工程	疏浚底宽 330m，底高程 8.0m；孙嘴段和赵拐段堤防退建	2004—2007 年
5	姚湾段退堤	退堤长 2.7km，最大退距 450m	2009—2010 年
6	临北缕堤梅家园段退建	退堤长度 3.5km，退建后堤距约为 1000m	1995—1996 年
7	香庙切嘴工程	切嘴边线长 1.1km，最大切宽 110m，切嘴底高程 13.0m	2006 年 11 月至 2007 年 4 月

模型验证需要地形资料与水文资料尽可能同步，结合本段工程项目资料，本次验证计算所选用的水文资料和地形资料见表 2.4-2。

表 2.4 - 2　　　　　　　　　　　　　　验 证 计 算 采 用 资 料

验证年份	水文资料	地 形 资 料
2003 年洪水	2003 年汛期洪水要素	方邱湖进口至小柳巷段（2001 年测量 HD59～HD720）
		宋家滩疏浚扩挖工程（设计断面）
		吴家渡至方邱湖进口疏浚退堤工程（设计断面）
2007 年洪水	2007 年汛期洪水要素	蚌埠闸至方邱湖进口段（2008 年测量 C180～C213）
		方邱湖进口至香庙段（2009 年测量 2008 年 HD59～HD487）
		香庙至浮山段（2008 年测量 2008 年 HD1～HD88）
		浮山至小柳巷段（2001 年测量 2001 年 HD676～HD720）

从表 2.4 - 2 可知：①采用 2001 年蚌埠闸至小柳巷测量断面成果结合宋家滩疏浚扩挖工程及吴家渡至方邱湖进口疏浚退堤工程资料作为 2003 年洪水的验证地形；②采用 2008 年蚌埠闸下至方邱湖进口测量断面、2009 年方邱湖进口至香庙测量断面、2008 年香庙至浮山测量断面及 2001 年浮山至小柳巷测量断面作为 2007 年洪水的验证地形。上述地形与水文资料基本同步，可作为模型验证计算的基础。

2.4.2　模型的定解条件

（1）边界条件：模型以蚌埠闸下为上边界，给定吴家渡实测流量过程，以小柳巷为下边界，给定小柳巷实测水位过程。

（2）初始条件：以计算起始时前三天吴家渡平均流量和小柳巷平均水位计算出各断面的初始流量和初始水位，即以恒定流启动。计算表明，计算启动经若干时段初始条件的影响即渐趋消失。

2.4.3　模型参数和特殊问题的处理

2.4.3.1　计算的时间步长和空间步长

（1）空间步长：本段实测断面间距为 200～500m，为满足计算精度要求，对计算节点进行适当加密，空间最大步长选取 $\Delta s = 100m$。

（2）时间步长：如前所述，Mike11 采用的 Abbott 格式虽然具有无条件稳定，在实际运用的情况下时间步长还是会受到一定的限制，考虑到水深变化和断面间距，为满足稳定性及精度的要求，本次计算选取 $\Delta t = 600s$。

2.4.3.2　计算时段的选取

选取 2003 年、2007 年洪水从起涨至峰顶到回落的整个过程作为计算时段。2003 年计算期为 2003 年 6 月 28 日 8 时至 8 月 28 日 20 时，2007 年计算期为 2007 年 6 月 29 日 8 时至 8 月 28 日 8 时。

2.4.3.3　河道糙率的取值

淮河干流蚌埠闸下至小柳巷河道，一般主槽糙率 $n_{主} = 0.0215$，滩地糙率 $n_{滩} = 0.0335$。本次计算参考了这一研究成果，并以蚌埠闸下、吴家渡、临淮关、五河、浮山、小柳巷断面的实测水文资料为依据，做进一步的率定，结果表明主槽糙率为 0.021～

0.025，滩地糙率为 0.030～0.042，与淮河中游干流河道多次率定的取值基本一致。各段糙率取值详见表 2.4－3。

表 2.4－3 蚌埠闸至小柳巷各段糙率取值

河 段	主 槽	滩 地
蚌埠闸下至吴家渡	0.024～0.025	0.04～0.042
吴家渡至临淮关	0.024～0.025	0.04～0.042
临淮关至五河	0.022～0.023	0.032～0.040
五河至浮山	0.021	0.030
浮山至小柳巷	0.021	0.030

2.4.3.4 跨河建筑物的处理

淮河干流蚌埠闸下至小柳巷河段有六处跨河建筑，自上而下依次为：蚌埠市朝阳路公路桥、京沪铁路淮河双线桥、蚌埠市淮河公路桥、京沪铁路郑家渡桥、南洛高速淮河大桥、五河淮河公路大桥。沿用前人的做法，在桥梁上下游 100m 的范围内，按河道糙率的 2 倍取值[24]。

2.4.4 模型的验证

在对实测资料进行分析的基础上，利用典型年 2003 年、2007 年洪水过程对模型的参数进行率定和验证，以检验模型的适应性、稳定性和模拟的精度。

2.4.4.1 2003 年洪水过程复演

1. 2003 年洪水过程

2003 年 6 月下旬至 7 月底的洪水，本段吴家渡站和小柳巷站有三次明显的洪水过程[8]，如图 2.4－2 及图 2.4－3 所示。

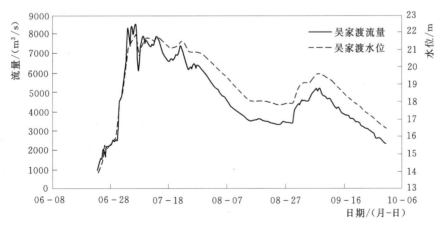

图 2.4－2 2003 年吴家渡站 6 月 1 日至 9 月 30 日实测洪水过程线

（1）第一次洪水。吴家渡站 6 月 30 日 11 时 36 分从水位 16.28m（相应流量 1920m³/s）起涨，7 月 3 日下午超过警戒水位（20.14m）。7 月 4 日 10 时 30 分水位涨至 21.38m，相应流量 8450m³/s。为减轻蚌埠以下的洪水压力，4 日 10 时怀洪新河何巷闸首次开启分

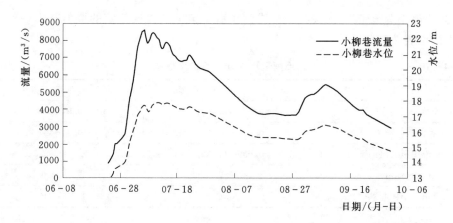

图 2.4-3　2003 年小柳巷站 6 月 23 日至 9 月 30 日实测洪水过程线

洪，6 日 10 时最大分洪流量 1590m³/s。受其影响，吴家渡站水位 4 日 21 时，回落至 21.07m（相应流量 7200m³/s）。其后吴家渡水位又涨；6 日 22 时，出现 2003 年最高水位 21.94m（超警戒水位 1.80m，低于保证水位 0.54m），相应最大流量 8620m³/s。6 月 19 日荆山湖上口门漫堤行洪，吴家渡水位 7 月 7 日 0 时开始缓落，至 7 日 21 时水位落至 20.67m。

小柳巷站从 6 月 23 日 20 时水位 12.86m（相应流量为 900m³/s）起涨，7 月 7 日 2 时出现洪峰水位 17.71m，相应洪峰流量为 8600m³/s。

（2）第二次洪水。吴家渡站 7 月 7 日 21 时起涨时水位为 20.67m。受怀洪新河何巷闸 9 日 12 时第二次分洪的影响，吴家渡站 9 日 14 时水位涨至 21.60m 后，曾有几次微小的起伏。9 日 8 时出现最大流量 7920m³/s，14 日 1 时 30 分出现洪峰水位 21.69m。

小柳巷站 7 月 8 日 10 时水位从 17.29m（相应流量 7860m³/s）回涨后，9 日 23 时出现洪峰流量 8440m³/s，11 日 11 时 45 分出现 2003 年最高水位 17.88m。

（3）第三次洪水。吴家渡站 7 月 22 日 7 时出现最高水位 21.48m，22 日 2 时出现洪峰流量 7430m³/s。在此期间，怀洪新河何巷闸 7 月 22 日 2 时第三次开启分洪，23 日 14 时 30 分最大分洪流量为 1510m³/s，明显影响吴家渡站的洪水过程。

小柳巷站 7 月 20 日 14 时从水位 17.46m（相应流量 6780m³/s）起涨后，22 日 10 时出现洪峰水位 17.61m，洪峰流量为 7140m³/s。

2. 复演验证成果

对 2003 年蚌埠闸下、吴家渡、临淮关、五河、浮山五个站瞬时计算水位过程线与实测水位过程线进行了对比，其中蚌埠闸下、吴家渡、浮山三个站水位过程线比较如图 2.4-4～图 2.4-6 所示，小柳巷瞬时计算流量过程线与实测流量过程线比较如图 2.4-7 所示。

从图 2.4-4～图 2.4-7 中可以看出，各测站计算水位、流量过程与实测过程一致性良好，沿程各站峰值水位计算值与实测值之间的差值均在 5～10cm 范围内，小柳巷站峰值流量计算值与实测值相差在 5% 以内。模型较好的重现了 2003 年本段洪水演进的过程。

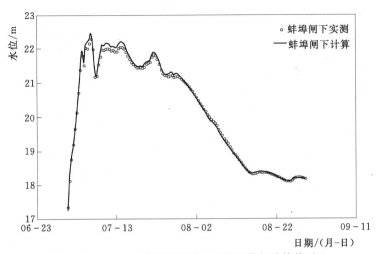

图 2.4-4 2003 年蚌埠闸下水位实测值与计算值对比

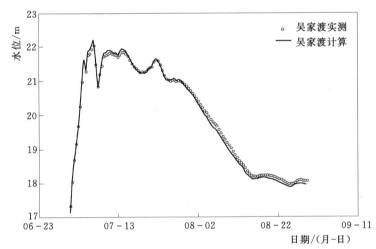

图 2.4-5 2003 年吴家渡水位实测值与计算值对比

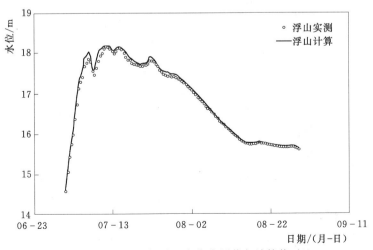

图 2.4-6 2003 年浮山水位实测值与计算值对比

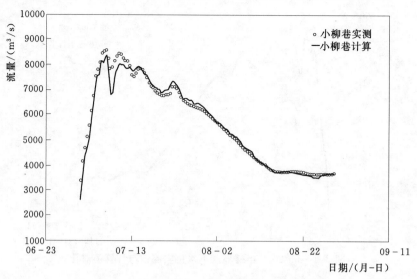

图 2.4-7　2003 年小柳巷流量实测值与计算值对比

2.4.4.2　2007 年洪水过程复演

1. 2007 年洪水过程

2007 年洪水，本段吴家渡站和小柳巷站出现一次水位高、持续时间长的洪水过程，受来水和工程运用的影响，在洪峰前后水位出现起伏[9]，如图 2.4-8 及图 2.4-9 所示。

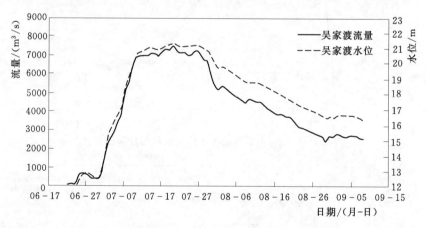

图 2.4-8　2007 年吴家渡站 6 月 21 日至 9 月 30 日实测洪水过程线

吴家渡站 6 月 30 日 8 时起涨水位为 12.36m，至 7 月 9 日 20 时水位达 20.20m，超过警戒水位 0.06m，相应流量 6680m³/s，11 日 21 时 30 分水位涨至 20.76m，受上游行洪区运用影响，水位小幅回落 0.10m，12 日 4 时水位落至 20.66m 后回涨并出现起伏。13 日 4 时水位上涨到 20.91m 后，再次缓慢起伏回落。16 日 8 时水位退至 20.76m 后开始回涨，20 日 9 时 42 分出现 2007 年最高水位 21.22m（超警戒水位 1.08m），相应洪峰流量为 7520m³/s。随后洪水缓慢下落，30 日 20 时水位退至警戒水位以下。

小柳巷站 6 月 29 日 20 时起涨水位 12.13m，相应流量为 800m³/s，至 7 月 20 日 16 时出现洪峰水位 17.61m，相应洪峰流量 8000m³/s，也是 2007 年最高水位和最大流量。

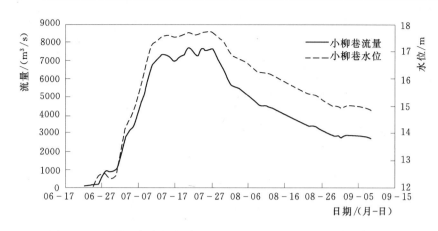

图 2.4 - 9　2007 年小柳巷站 6 月 29 日至 9 月 30 日实测洪水过程线

2. 复演验证成果

对 2007 年蚌埠闸下、吴家渡、临淮关、五河、浮山等五个站瞬时计算水位过程线与实测水位过程线比较，其中蚌埠闸下、吴家渡、浮山等三个站水位过程线比较如图 2.4 - 10～图 2.4 - 12 所示，小柳巷瞬时计算流量过程线与实测流量过程线比较如图 2.4 - 13 所示。

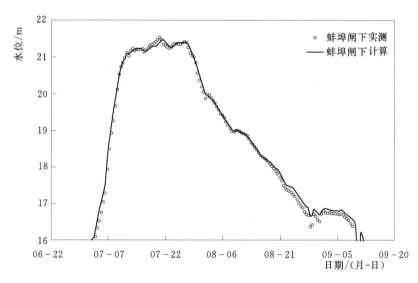

图 2.4 - 10　2007 年蚌埠闸下水位实测值与计算值对比

从图 2.4 - 10～图 2.4 - 13 中可以看出，各测站计算水位、流量过程与实测过程一致性良好，峰值水位计算值与实测值之间的差值均在 5cm 以内，小柳巷站峰值流量计算值与实测值相差在 5% 以内。模型较好的重现了 2007 年本段洪水演进的过程。

此外，对比两个典型年的验证成果可以看出，2003 年计算水位较实测水位偏高，相对误差大于 2007 年。经初步分析，可能是 2001—2003 年之间河道违禁采砂，使得实际断面较 2001 年测量断面大，从而导致验证断面较实际断面偏小，验证水位偏高。

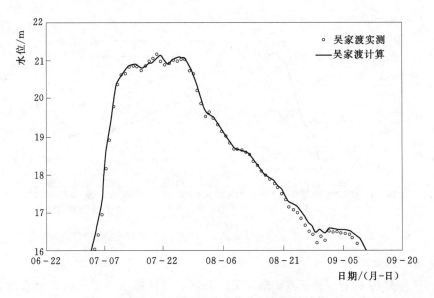

图 2.4 - 11　2007 年吴家渡水位实测值与计算值对比

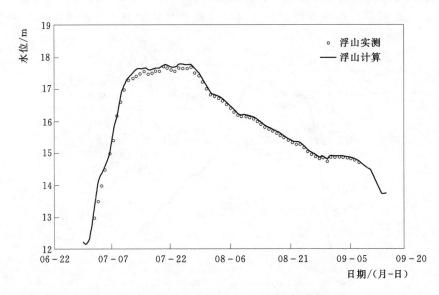

图 2.4 - 12　2007 年浮山水位实测值与计算值对比

2.4.4.3　1991 年洪水过程复演

采用 1992 年实测河道地形建立蚌埠闸至老子山段一维水动力数学模型，并利用 1991 年洪水资料对模型进行验证。

1. 资料选取

（1）地形资料：中水淮河规划设计研究有限公司 1992 年实测蚌埠闸至洪山头河道横断面图（C180～C464）及洪山头至老子山河道横断面图（D0～D86）。

（2）水文资料：蚌埠闸至老子山段 1991 年汛期洪水实测资料（包括蚌埠闸下水位过程线、吴家渡水位与流量过程线、临淮关水位过程线、五河水位过程线、浮山水位过程

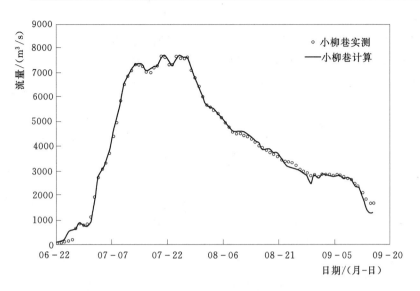

图 2.4-13 2007 年小柳巷流量实测值与计算值对比

线、小柳巷水位线、盱眙水位过程线、老子山水位过程线)。

2. 定解条件

(1) 边界条件:模型以蚌埠闸下为上边界,给定吴家渡实测流量过程线,以老子山为下边界,给定老子山实测水位过程线。支流池河作为旁侧入流,给定明光站的入流过程。

(2) 初始条件:首先以计算起始时前三天吴家渡、明光平均流量和老子山平均水位计算出各断面的初始流量和初始水位,即以恒定流启动。

3. 模型参数

空间最大步长:$\Delta s = 100\text{m}$;时间步长:$\Delta t = 600\text{s}$;计算时段:选取 1991 年洪水从起涨至峰顶到回落的整个过程作为计算时段,计算期为 1991 年 6 月 11 日 8 时至 9 月 17 日 8 时;河段糙率:模型糙率的取值见表 2.4-4,其中蚌埠闸至老子山段取值与前文一致。

表 2.4-4　　　　　　　　　　蚌埠闸至老子山各段糙率取值

河 段	主 槽	滩 地
蚌埠闸下至吴家渡	0.024~0.025	0.04~0.042
吴家渡至临淮关	0.024~0.025	0.04~0.042
临淮关至五河	0.022~0.023	0.035~0.04
五河至浮山	0.021	0.030
浮山至小柳巷	0.021	0.030
小柳巷至盱眙	0.021~0.022	0.032
盱眙至老子山	0.022~0.023	0.033

4. 验证成果

比较了 1991 年蚌埠闸下、吴家渡、临淮关、五河、浮山、小柳巷和盱眙等 7 个站点计算水位过程线与实测水位过程线，其中蚌埠闸下、吴家渡、浮山、盱眙等站如图 2.4 - 14～图 2.4 - 18 所示。

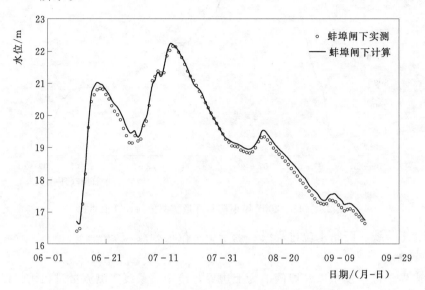

图 2.4 - 14　1991 年蚌埠闸下水位实测值与计算值对比

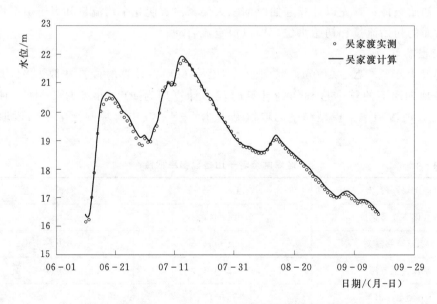

图 2.4 - 15　1991 年吴家渡水位实测值与计算值对比

从图 2.4 - 14～图 2.4 - 18 中可以看出，盱眙计算水位较实测水位偏高，这可能与盱眙至老子山段河道左岸存在与洪泽湖连通的狭窄水道，沿程水量并不守恒有关。除此之外，其他各测站计算水位过程与实测过程一致性良好，峰值水位计算值与实测值之间的差值一般在 5.00～10.00cm。模型较好的重现了 1991 年本段洪水演进的过程。

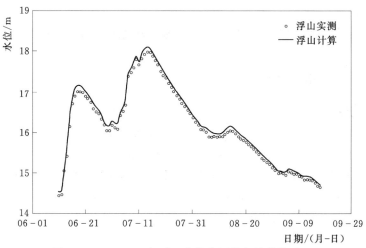

图 2.4-16　1991 年浮山水位实测值与计算值对比

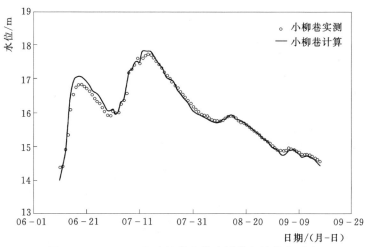

图 2.4-17　1991 年小柳巷水位实测值与计算值对比

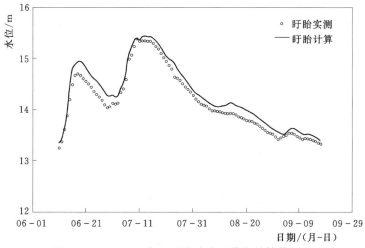

图 2.4-18　1991 年盱眙水位实测值与计算值对比

2.5　浮山至洪泽湖出口段一维、二维耦合水动力数学模型

2.5.1　模型范围及资料选择

2.5.1.1　模型范围的选定

淮河干流浮山至洪泽湖出口段长约 103km，区间集水面积 34210km²。主要的入湖河道有 7 条，包括淮河干流以及南北区间的 6 条支流。淮北区间较大的支流有怀洪新河、新汴河、濉河、老濉河和徐洪河；淮南区间较大的支流有池河。主要的出湖河道有淮河入江水道、苏北灌溉总渠、淮河入海水道和分淮入沂工程。分布在本段 2 处行洪区（潘村洼、鲍集圩）和洪泽湖周边滞洪圩区自 1956 年后均未启用，所以验证阶段暂不考虑行洪区和滞洪圩区的影响[30-34]。

模型的计算范围包括浮山至洪泽湖出口段的淮河干流及南北区间 6 条支流，如图 2.5-1 所示。

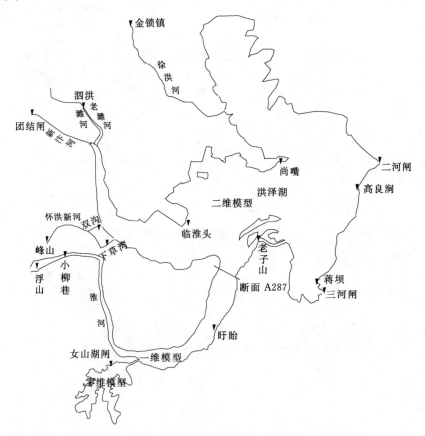

图 2.5-1　浮山至洪泽湖出口段模型范围

模型的结构如图 2.5-1 所示，对于淮河干流采用两种方法模拟，以 A287 断面为界，淮河干流浮山至 A287 断面河段采用一维非恒定河网模型计算；淮河干流 A287 断面至洪

泽湖出口河段,考虑到计算区域的平面尺度及流速大小和流向随时空变化,采用平面二维模型计算。一维、二维模型的耦合计算通过在 A287 断面处采用 MikeFlood 标准连接实现。对于南北区间的 6 条支流的入汇,也采用两种方法模拟,考虑到池河女山湖闸以下七里湖调蓄作用,采用零维模型(水库型水量平衡法)计算,其他支流(怀洪新河、新汴河、濉河、老濉河和徐洪河)以集中旁侧入流方式作为二维模型的源项参与计算[35]。

从图 2.5-1 还可以看出,本段洪泽湖以西分布有淮河干流小柳巷水文站、池河女山湖闸、怀洪新河下草湾及双沟水文站、濉河泗洪水文站、老濉河泗洪水文站、新汴河团结闸、徐洪河金锁镇水文站可以控制入湖流量;洪泽湖的东侧分布有三河闸水文站、二河闸水文站、高良涧水文站可以控制出湖流量;此外,淮河干流和洪泽湖周边还分布有浮山、盱眙、老子山、临淮头、尚咀、蒋坝 6 个水位测站,可以满足模型验证计算的需要。

2.5.1.2 基础资料

(1)水文资料:浮山至洪泽湖出口段(包括淮河干流及区间 6 条支流)2003 年、2007 年汛期洪水要素资料[8-9],详见表 2.5-1。

表 2.5-1　　　　　　　　　浮山至洪泽湖出口河段验证水文资料情况

类别	测站	所属河流	入湖/出湖	资料情况
水文站	小柳巷	淮河干流	入湖	2003 年、2007 年汛期水位、流量过程
	女山湖闸	池河	入湖	2003 年、2007 年汛期流量过程
	下草湾	怀洪新河	入湖	2003 年、2007 年汛期流量过程
	双沟		入湖	2003 年、2007 年汛期流量过程
	团结闸	新汴河	入湖	2003 年、2007 年汛期流量过程
	泗洪	濉河	入湖	2003 年、2007 年汛期流量过程
	泗洪	老濉河	入湖	2003 年、2007 年汛期流量过程
	金锁镇	徐洪河	入湖	2003 年、2007 年汛期流量过程
	三河闸	淮河入江水道	出湖	2003 年、2007 年汛期水位、流量过程
	二河闸	淮河入海水道	出湖	2003 年、2007 年汛期水位、流量过程
		分淮入沂		
	高良涧	苏北灌溉总渠	出湖	2003 年、2007 年汛期水位、流量过程
水位站	浮山	淮河干流		2003 年、2007 年汛期水位过程
	盱眙			
	老子山	洪泽湖		
	尚咀			
	临淮头			
	蒋坝			

(2)风场资料:2003 年和 2007 年洪泽站的风速和风向资料。从典型年洪泽站风玫瑰图(图 2.5-2、图 2.5-3)可知,洪泽湖汛期盛行风为东南风。

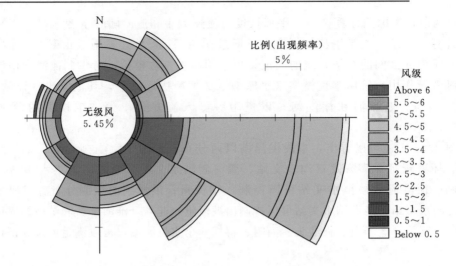

图 2.5 - 2　2003 年 6—9 月洪泽站风玫瑰

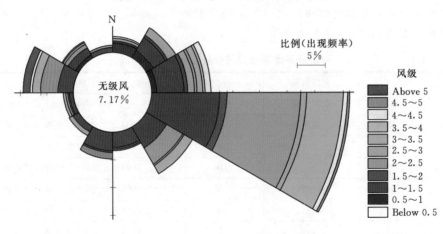

图 2.5 - 3　2007 年 6—9 月洪泽站风玫瑰

（3）地形资料：淮河干流浮山至老子山河道横断面图（中水淮河规划设计研究有限公司，2001 年）；洪泽湖 1∶10000 地形图（江苏省工程勘测设计院，1992 年）。

一维模型地形采用浮山至 A287 河道横断面资料，断面间距约 200m，共布设 358 个断面。二维模型地形考虑到洪泽湖周边圩区的影响，在通过调研和实地考察初步确定 2003 年、2007 年洪水实际淹没范围后，对模型的地形进行了适当的修正，修正后的二维模型地形如图 2.5 - 4 所示。

2.5.2　模型的定解条件

（1）边界条件：模型拥有 8 个进口和 3 个出口。进口边界淮河干流浮山给定小柳巷实测流量过程，池河女山湖闸给定实测出流过程，其余洪泽湖周边支流（包括怀洪新河、濉河、老濉河、新汴河、徐洪河）作为源，给定各控制站的实测出流过程并加入到相应的二维模型网格单元中。出口边界三河闸给定实测水位过程线、二河闸和高良涧作为汇，给定实测出流过程并加入相应的二维模型网格单元中。模型边界条件详见表 2.5 - 2。

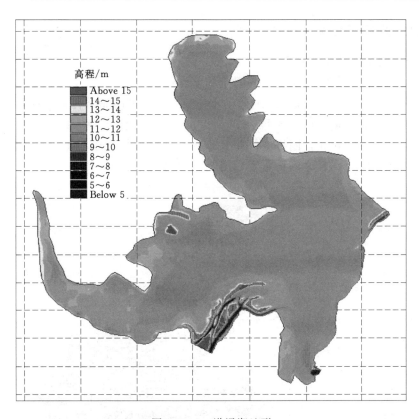

图 2.5-4 洪泽湖地形

表 2.5-2　　　　　　　　　　　　　模 型 边 界 条 件

进出口边界	序号	边 界 名 称	边界类型	边 界 条 件
进口边界	1	淮河干流浮山	开边界	给定小柳巷实测流量过程
	2	池河女山湖闸	开边界	给定女山湖闸实测流量过程
	3	怀洪新河下草湾	源	给定下草湾实测流量过程
	4	怀洪新河双沟	源	给定双沟实测流量过程
	5	新汴河团结闸	源	给定团结闸实测流量过程
	6	濉河泗洪	源	给定濉河泗洪实测流量过程
	7	老濉河泗洪	源	给定老濉河泗洪实测流量过程
	8	徐洪河金锁镇	源	给定金锁镇实测流量过程
出口边界	1	三河闸	开边界	给定三河闸闸上实测水位过程
	2	二河闸	汇	给定二河闸实测出流过程
	3	高良涧	汇	给定高良涧实测出流过程

　　（2）初始条件：首先以计算起始时前三天进出口边界条件的平均值计算出一维模型各断面的初始水位及二维模型各网格点的初始流速和水位，即模型以恒定流启动。

2.5.3　模型参数和特殊问题的处理

2.5.3.1　计算时间步长和空间步长

（1）空间步长：一维模型实测断面间距约 200m，为满足计算精度要求，对计算节点进行适当加密，空间最大步长选取 $\Delta s = 100m$。二维模型采用非结构三角网格，考虑到洪泽湖湖底地势平坦，网格空间步长取 $400 \sim 600m$；淮河干流入湖河口段及三河闸附近等处，地形复杂，高程变化大，网格空间步长取 $100 \sim 200m$。二维模型包括网格节点 7069个，计算单元 13537 个，具体网格布置如图 2.5-5 所示。

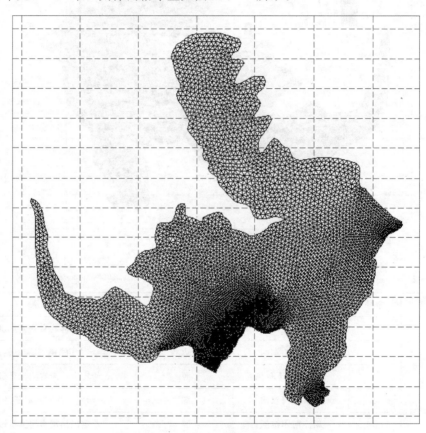

图 2.5-5　二维模型网格划分

（2）时间步长：MikeFlood 标准连接采用显格式进行一、二维模型的耦合计算，时间步长受柯朗条件的限制，为满足稳定性及精度的要求，本次计算选取 $\Delta t = 60s$。

2.5.3.2　计算时段的选取

选取 2003 年、2007 年洪水从起涨至峰顶到回落的整个过程作为计算时段。2003 年计算期为 2003 年 6 月 28 日 8 时至 2003 年 8 月 29 日 20 时，2007 年计算期为 2007 年 6 月 29日 8 时至 2007 年 8 月 28 日 8 时。

2.5.3.3　糙率的取值

本段一、二维模型中糙率的取值以沿程各站实测水文资料为依据，采用试错法率定。

率定的结果表明河道主槽糙率为 $0.020\sim0.023$，河道滩地糙率为 $0.03\sim0.04$，洪泽湖湖区糙率为 $0.020\sim0.022$。各段糙率取值详见表 2.5 - 3。

表 2.5 - 3   浮山至洪泽湖出口各段糙率取值

河 段	主 槽	滩 地
浮山至小柳巷	0.021	0.030
小柳巷至盱眙	$0.021\sim0.022$	0.032
盱眙至老子山	$0.022\sim0.023$	0.033
洪泽湖湖区	$0.020\sim0.022$	

2.5.3.4 风阻力系数的取值

风阻力系数可以被设定为一个常数或依风速设定。本次计算参考 Wu[6] 的经验公式：

$$c_d = \begin{cases} c_a & w_{10} < w_a \\ \dfrac{c_b - c_a}{w_b - w_a}(w_{10} - w_a) & w_a \leqslant w_{10} \leqslant w_a \\ c_b & w_{10} > w_b \end{cases} \qquad (2.5-1)$$

上式中各参数的取值分别为：$c_a = 1.255 \times 10^{-3}$，$c_b = 2.425 \times 10^{-3}$，$w_a = 7\text{m/s}$，$w_b = 25\text{m/s}$。

2.5.3.5 无资料地区径流的处理

在研究范围内还有占洪泽湖出口（中渡）控制面积 4.2% 的滨湖区间尚无径流资料，如何得出该范围入湖流量的大小及过程对模型验证的精度起重要的作用。本次计算根据水量平衡原理（进入洪泽湖的净水量等于洪泽湖蓄量的变化）得出：

$$\left. \begin{aligned} \sum Q_{\text{入湖}} - \sum Q_{\text{出湖}} &= \frac{\text{d}V}{\text{d}t} \\ \sum Q_{\text{入湖}} &= Q_{\text{淮干}} + Q_{\text{池河}} + Q_{\text{怀洪新河}} + Q_{\text{濉河}} + Q_{\text{老濉河}} + Q_{\text{新汴河}} + Q_{\text{徐洪河}} + Q_{\text{区间}} \\ \sum Q_{\text{出湖}} &= Q_{\text{三河闸}} + Q_{\text{二河闸}} + Q_{\text{高良涧}} \end{aligned} \right\} \qquad (2.5-2)$$

式中：$\sum Q_{\text{入湖}}$ 为入湖总流量过程，由入湖控制站淮河干流小柳巷 $Q_{\text{淮干}}$、池河女山湖闸 $Q_{\text{池河}}$、怀洪新河双沟及下草湾 $Q_{\text{怀洪新河}}$、濉河泗洪 $Q_{\text{濉河}}$、老濉河泗洪 $Q_{\text{老濉河}}$、新汴河团结闸 $Q_{\text{新汴河}}$、徐洪河金锁镇 $Q_{\text{徐洪河}}$ 和无资料未控区间 $Q_{\text{区间}}$ 流量过程叠加而成；$Q_{\text{出湖}}$ 为出湖总流量过程，由出湖控制站三河闸 $Q_{\text{三河闸}}$、二河闸 $Q_{\text{二河闸}}$、高良涧 $Q_{\text{高良涧}}$ 流量过程叠加而成；V 为洪泽湖的库容，可通过表 2.5 - 4 计算得出。

表 2.5 - 4   洪泽湖库容特征参数表[32]

水位/m	11.00	11.50	12.00	12.50	13.00	13.50	14.00	14.50	15.00
库容/亿 m³	5.54	11.5	18.25	25.75	33.35	41.29	49.23	57.39	65.55
面积/km²	896	1220	1364	1508	1520	1588	1588	1632	1632
平均水深/m	0.62	0.94	1.34	1.71	2.19	2.60	3.10	3.52	4.02

通过式（2.5 - 2）推求出无资料区间 $Q_{\text{区间}}$ 的入流过程后，为方便起见，本次计算按未控面积分配到各入湖控制站中。

2.5.4　模型的率定及验证

在对实测资料进行分析的基础上，利用典型年 2003 年、2007 年洪水过程对模型的参数进行率定和验证，以检验模型的适应性、稳定性和模拟的精度。

2.5.4.1　2003 年洪水过程复演

1. 2003 年洪水过程

2003 年 6 月下旬到 7 月底的洪水，造成淮河干流和洪泽湖出现年最大洪峰流量和最高水位，入湖大部分支流也在本次洪水中出现 2003 年最大洪水[8]。

入湖河道各控制站洪水过程：

（1）淮河干流：小柳巷站在本时段有三次明显的洪水过程，数据分析见 2.4.4 节。

（2）怀洪新河：双沟、下草湾站 6 月 30 日 0 时，流量从 0 开始起涨。7 月 7 日 10 时出现 2003 年最大流量 3160m³/s（双沟、下草湾流量分别为 1860m³/s 和 1300m³/s，相应洪峰水位分别为 15.83m 和 15.55m），随后稍有起伏，21 日 14 时流量减到 1640m³/s 后再次上涨。25 日 6 时出现第二次洪峰，流量为 2131m³/s（双沟、下草湾流量分别为 1250m³/s 和 881m³/s），双沟、下草湾相应洪峰水位分别为 15.10m（7 月 23 日 14 时）和 14.93m（7 月 23 日 17 时）。至 8 月 9 日洪水退尽流量为 0。双沟、下草湾站实测流量过程如图 2.5-6 所示。

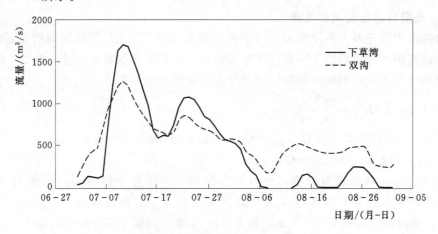

图 2.5-6　2003 年怀洪新河双沟、下草湾站流量过程线

（3）池河：女山湖闸 7 月 4 日 8 时，流量从 0 开始起涨。7 月 11 日 20 时出现最大洪峰 1246m³/s，之后受淮河干流水位顶托影响，致女山湖内水一度无法排出，7 月 14 日流量再次回涨，7 月 15 日 0 时出现第二次洪峰，洪峰流量 1161m³/s。8 月 11 日 20 时，流量降至 200m³/s 以下。女山湖闸实测出流过程如图 2.5-7 所示。

（4）新汴河：宿县闸大洪水主要出现在 8 月 27 日至 9 月 15 日之间。宿县闸实测出流过程如图 2.5-8 所示。

（5）濉河：濉河泗洪站 6 月 30 日开始起涨，7 月 5 日 2 时出现最高水位 16.92m，相应洪峰流量为 757m³/s。7 月 11 日洪水退尽后，13 日又再次起涨，14、18 和 23 日先后出现 3 次洪峰，其中 23 日 0 时最大洪峰流量 497m³/s，到 7 月 25 日流量退至 0。濉

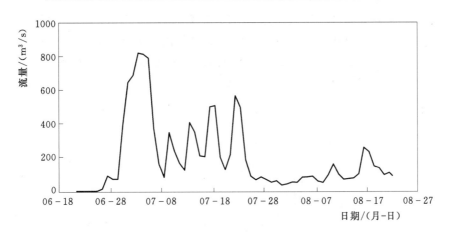

图 2.5 - 7 2003 年池河女山湖闸流量过程线

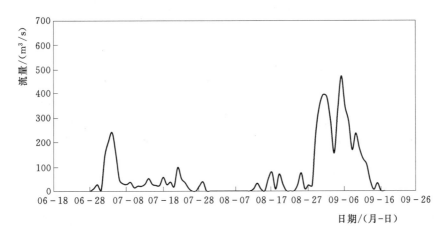

图 2.5 - 8 2003 年新汴河宿县闸流量过程线

河泗洪站的实测流量过程如图 2.5 - 9 所示。

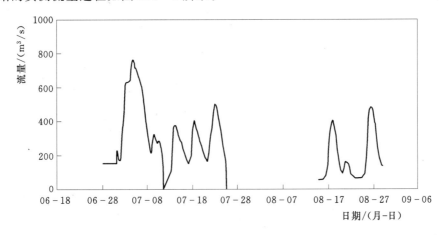

图 2.5 - 9 2003 年濉河泗洪站流量过程线

（6）老濉河：老濉河泗洪站从 6 月 30 日开始起涨到 7 月 28 日洪水退尽，共出现 5 次大于 150m³/s 的洪峰，其中 7 月 4 日、9 日、22 日的洪峰流量均超过 200m³/s，7 月 5 日 2 时，出现 2003 年最高水位 16.57m。老濉河泗洪站的实测流量过程如图 2.5-10 所示。

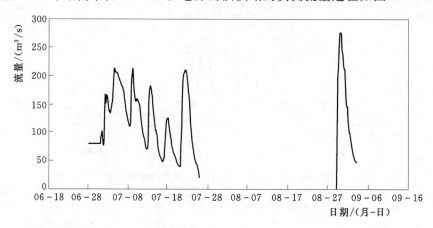

图 2.5-10　2003 年老濉河泗洪站流量过程线

（7）徐洪河：徐洪河金锁镇站在此期间出现多个洪峰。6 月 29 日 20 时起涨水位 12.61m，相应流量 71.2m³/s。7 月 3 日 8 时出现 2003 年最高水位 16.00m，相应的洪峰流量为 815m³/s。7 月 8 日流量落至 82.6m³/s 后，又在 9 日、13 日、18 日和 22 日依次出现流量为 346m³/s、405m³/s、504m³/s 和 562m³/s 的 4 次洪峰。徐洪河金锁镇实测流量过程如图 2.5-11 所示。

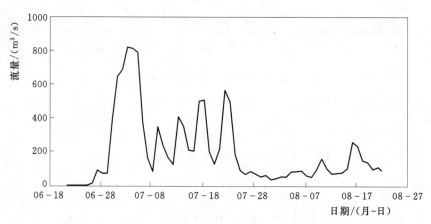

图 2.5-11　2003 年徐洪河金锁镇流量过程线

出湖河道各控制站：

（1）淮河入江水道：三河闸于 6 月 28 日 6 时开闸后，除在 7 月 24 日和 7 月 27 日控制下泄外，均为敞开泄洪，7 月 17 日 16 时最大泄洪流量 8940m³/s，如图 2.5-12 所示。

（2）淮河入海水道及分淮入沂：二河闸于 7 月 4 日 23 时 48 分开始分泄洪泽湖洪水（在此之前是为灌溉、供水开闸泄水），7 月 11 日 17 时 48 分最大泄洪流量达 3250m³/s，超过设计流量 250m³/s。二河闸以下二河新闸于 7 月 4 日 23 时 48 分首次开闸启用，7 月

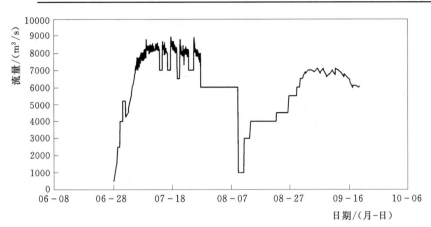

图 2.5-12 2003 年三河闸流量过程线

16 日 14 时最大泄洪流量为 1870m³/s；淮沭河淮阴闸 2003 年是 1991 年以来第二次用于分泄淮河洪水，7 月 11 日 23 时淮阴闸最大泄洪流量 1440m³/s，如图 2.5-13 所示。

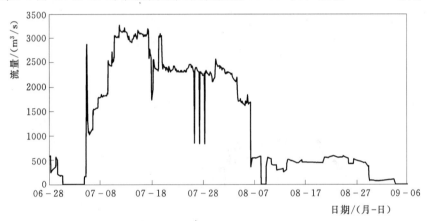

图 2.5-13 2003 年二河闸流量过程线

（3）苏北灌溉总渠：高良涧闸在 7 月 5 日开始分泄洪泽湖洪水，7 月 11 日最大下泄流量为 731m³/s，如图 2.5-14 所示。

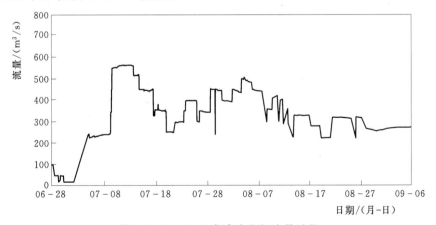

图 2.5-14 2003 年高良涧闸流量过程

洪泽湖洪水过程：蒋坝站水位在洪泽湖多种工程调蓄的影响下基本呈现为一次洪水过程。蒋坝站水位 7 月 2 日 8 时从 12.12m 开始上涨，7 月 14 日 15 时 30 分出现 2003 年的最高水位 14.19m。到 7 月 26 日水位降至 13.81m 以下。蒋坝实测水位过程如图 2.5-15 所示。

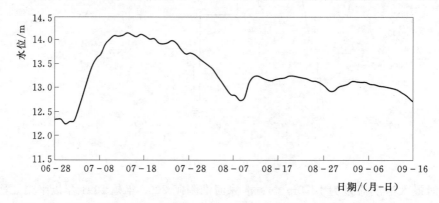

图 2.5-15　2003 年洪泽湖蒋坝站水位过程

通过计算分析，2003 年洪泽湖最大入湖流量（入湖各控制站及未控区间流量合成）为 14500m³/s，出现在 7 月 9 日。洪泽湖最大出湖流量（三河闸、二河闸、高良涧闸合成）为 12700m³/s，出现在 7 月 12 日，如图 2.5-16 所示。

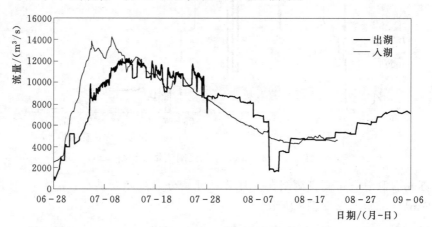

图 2.5-16　2003 年洪泽湖入湖、出湖流量过程

2. 复演验证成果

2003 年浮山、小柳巷、盱眙、老子山、临淮头、尚嘴、蒋坝计算水位过程线与实测水位过程线如图 2.5-17～图 2.5-23 所示；三河闸计算流量过程线与实测流量过程线如图 2.5-24 所示。

从图 2.5-17～图 2.5-24 中可以看出，浮山、小柳巷洪峰水位较实测水位略高，经调研核实，2003 年 7 月 12 日上午 9 时 30 分左右，江苏省盱眙县团结河东大堤被洪水冲破，近 5000 亩圩区被淹，这使得盱眙以上的实测洪峰水位有所降低。其余各测站计算水位、流量过程与实测过程一致性良好，沿程各站峰值水位计算值与实测值之间的差值均在 5～10cm 以内，三河闸峰值流量计算值与实测值相差在 5% 以内。此外，从 2003 年洪泽

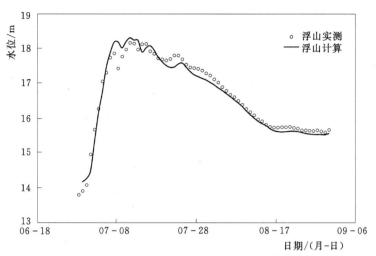

图 2.5-17　2003 年浮山水位实测值与计算值对比

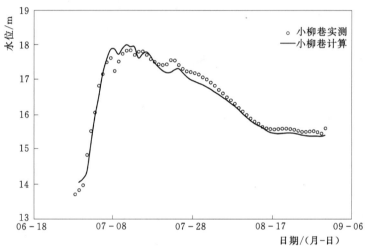

图 2.5-18　2003 年小柳巷水位实测值与计算值对比

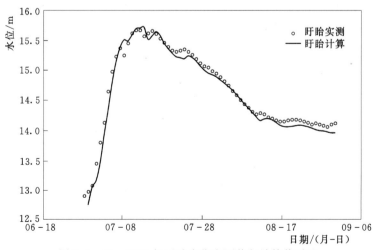

图 2.5-19　2003 年盱眙水位实测值与计算值对比

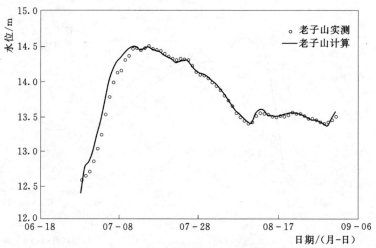

图 2.5 - 20　2003 年老子山水位实测值与计算值对比

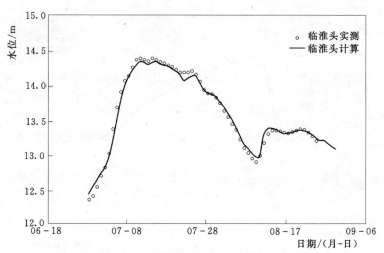

图 2.5 - 21　2003 年临淮头水位实测值与计算值对比

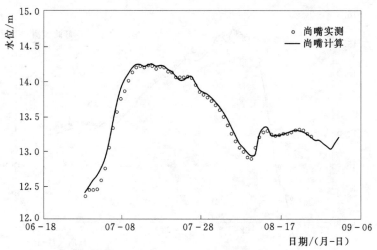

图 2.5 - 22　2003 年尚嘴水位实测值与计算值对比

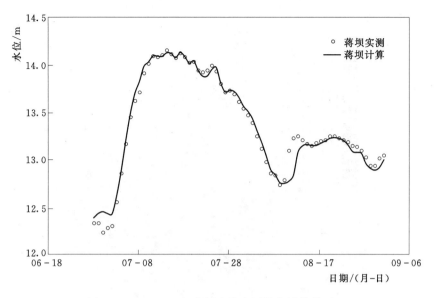

图 2.5-23　2003 年蒋坝水位实测值与计算值对比

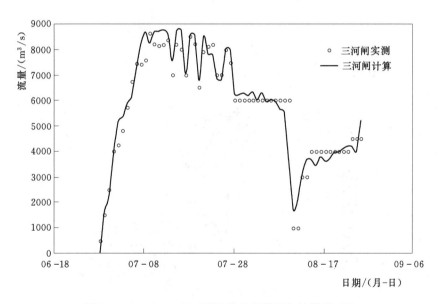

图 2.5-24　2003 年三河闸流量实测值与计算值对比

湖二维计算的成果来看（图 2.5-25～图 2.5-29），在沿淮河口绕老子山至三河闸一线形成以吞吐流为主的高流速带，在成子湖相对封闭的区域形成以风生环流为主的低流速带，溧河洼一带流速介于两者之间，上述流态基本反映了洪泽湖天然流场的特征。由此可见，模型较好的重现了 2003 年本段洪水演进的过程。

2.5.4.2　2007 年洪水过程复演

1. 典型年 2007 年本段洪水过程

2007 年 6 月底到 9 月中旬的多次暴雨，在本段形成一场复式大洪水过程[9]。

入湖河道各控制站洪水过程如下：

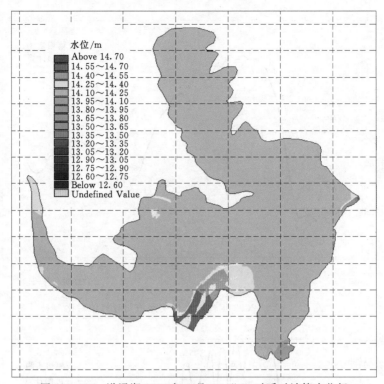

图 2.5 - 25　洪泽湖 2003 年 7 月 17 日 20 时瞬时计算水位场

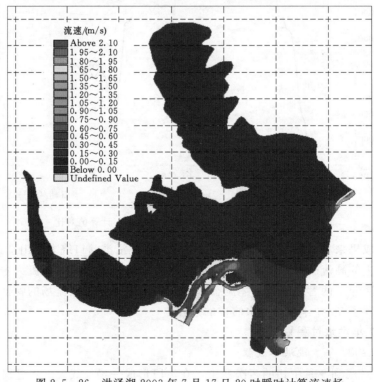

图 2.5 - 26　洪泽湖 2003 年 7 月 17 日 20 时瞬时计算流速场

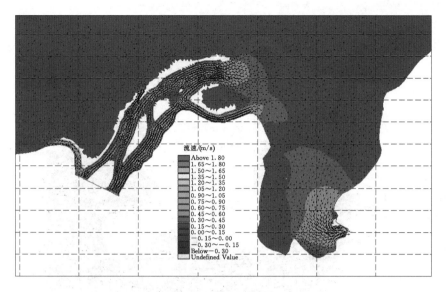

图 2.5-27　老子山至三河闸 2003 年 7 月 17 日 20 时瞬时计算流速矢量场

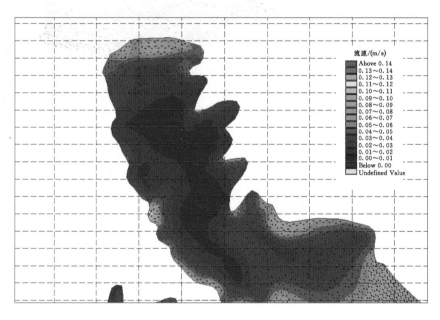

图 2.5-28　成子湖 2003 年 7 月 17 日 20 时瞬时计算流速矢量场

（1）淮河干流：小柳巷站出现一次水位高、持续时间长的洪水过程，数据分析见 2.4.4 节。

（2）怀洪新河：由于何巷闸和区间来水，2007 年双沟及下草湾出现两次较为明显的洪水过程。双沟站 7 月 1 日 6 时 30 分开始起涨，起涨流量为 0。10 日 14 时出现年最大流量 2980m³/s（双沟、下草湾流量分别为 1700m³/s 和 1280m³/s），随后缓慢回落至 17 日 6 时 31 分的 1276m³/s 后再次起涨。23 日 14 时出现第二次洪峰，流量为 1935m³/s（双沟、下草湾流量分别为 1080m³/s 和 855m³/s），至 8 月 6 日 5 时 30 分流量退尽，如图 2.5-30 所示。

115

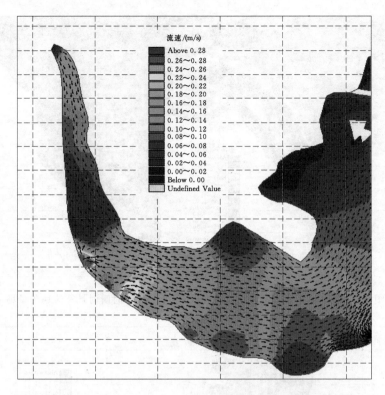

图 2.5 - 29 溧河洼 2003 年 7 月 17 日 20 时瞬时计算流速矢量场

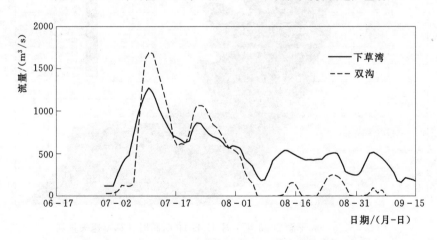

图 2.5 - 30 2007 年怀洪新河双沟、下草湾站流量过程线

（3）池河：女山湖闸 7 月 9 日 8 时，流量从 0 开始起涨，7 月 14 日出现洪峰流量 170m³/s，至 8 月 10 日，流量一直维持在 160m³/s 上下。女山湖闸实测出流过程如图 2.5 -31 所示。

（4）新汴河：新汴河团结闸 7 月 5 日开闸，至 7 月底基本上都开闸泄洪。7 月 7 日 12 时最大下泄流量为 714m³/s，团结闸实测出流过程如图 2.5 - 32 所示。

（5）濉河：濉河泗洪站出现 4 次较为明显的洪水过程，其中第 2 次、第 3 次过程为复

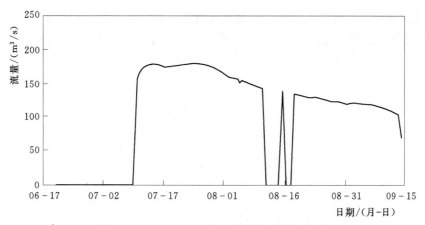

图 2.5-31　2007 年池河女山湖闸流量过程线

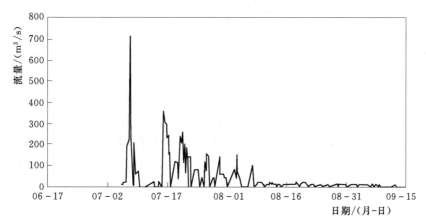

图 2.5-32　2007 年新汴河团结闸实测流量过程线

式峰。7 月 3 日 8 时 40 分开始起涨，起涨流量为 0。7 日 16 时出现第一次也是 2007 年最大洪峰，水位为 16.75m，相应洪峰流量 930m³/s，为历史最大流量。第 2 次、第 3 次、第 4 次洪峰流量分别为 690m³/s、735m³/s 和 561m³/s，分别出现在 7 月 16 时 10 时、8 月 9 日 8 时和 9 月 1 日 16 时 30 分。濉河泗洪实测出流过程如图 2.5-33 所示。

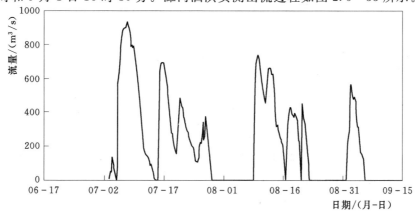

图 2.5-33　2007 年濉河泗洪站实测流量过程线

（6）老濉河：老濉河泗洪站出现 3 次洪水过程，其中第 1 次过程较小。第 2 次过程于 7 月 3 日 8 时开始起涨，起涨流量为 0，7 日 16 时 20 分出现洪峰，水位为 16.59m，相应洪峰流量为 183m³/s，为 2007 年最大。第 3 次洪峰水位 15.59m 出现于 21 日 2 时，相应洪峰流量 109m³/s，如图 2.5 - 34 所示。

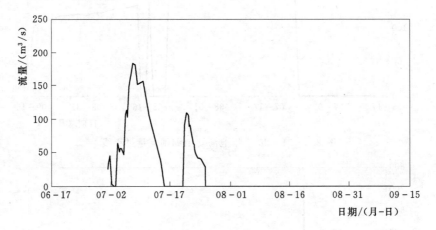

图 2.5 - 34　2007 年老濉河泗洪站实测流量过程线

（7）徐洪河：金锁镇站 7 月 3 日 12 时起涨水位 12.38m，相应流量 47.5m³/s，6 日 15 时出现第一次洪峰，流量为 1040m³/s，19 时出现最高水位 16.10m。随后又出现多次洪水，其中 7 月 16 日 5 时、8 月 8 日 20 时、9 月 1 日 9 时 30 分和 20 日 20 时的洪峰流量分别为 640m³/s、794m³/s、452m³/s 和 795m³/s。金锁镇实测出流过程见图 2.5 - 35。

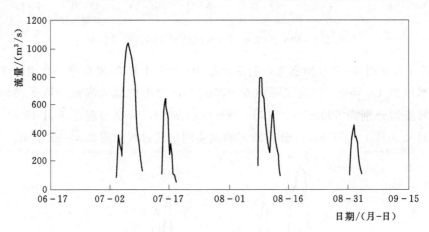

图 2.5 - 35　2007 年徐洪河金锁镇实测流量过程线

出湖河道各控制站洪水过程如下：

（1）淮河入江水道：三河闸于 7 月 4 日开闸泄洪，7 月 11 日 14 时最大泄洪流量 8500m³/s，如图 2.5 - 36 所示。

（2）淮河入海水道及分淮入沂：二河闸于 7 月 9 日开闸泄洪，7 月 11 日 20 时最大泄洪流量 2510m³/s，如图 2.5 - 37 所示。

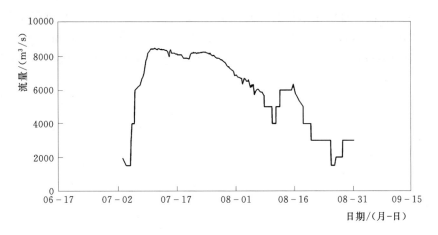

图 2.5-36　2007 年三河闸实测流量过程线

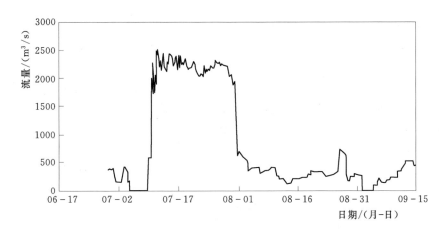

图 2.5-37　2007 年二河闸实测流量过程线

（3）苏北灌溉总渠：高良涧在 7 月 2 日开闸泄洪，7 月 29 日 10 时最大下泄流量为 607m³/s，如图 2.5-38 所示。

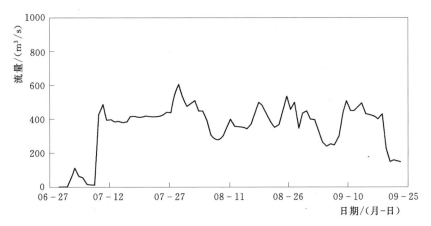

图 2.5-38　2007 年高良涧实测流量过程线

　　洪泽湖洪水过程：蒋坝站水位自 6 月 30 日开始起涨。7 月 3 日超过汛限水位，7 月 9 日达到警戒水位 13.31m，15 日 13 时 6 分出现 2007 年最高水位 13.71m，此后水位有涨有落，29 日退至警戒水位以下。2007 年洪水蒋坝站超警戒水位历时 21d。蒋坝实测水位过程如图 2.5-39 所示。

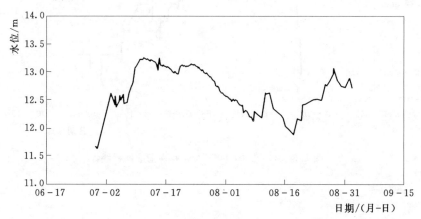

图 2.5-39　2007 年蒋坝实测水位过程线

　　通过计算分析，洪泽湖最大入湖日流量（入湖各控制站及未控区间流量合成）为 14200m³/s，出现在 7 月 9 日。洪泽湖最大出湖流量（三河闸、二河闸、高良涧闸合成）为 11300m³/s，出现在 7 月 12 日，详见图 2.5-40。

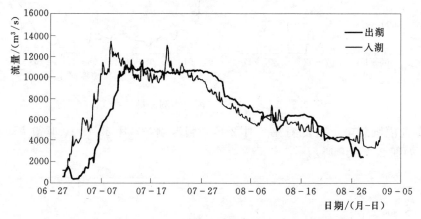

图 2.5-40　2007 年洪泽湖入湖、出湖流量过程

2. 复演验证成果

　　2007 年浮山、小柳巷、盱眙、老子山、临淮头、尚嘴和蒋坝计算水位过程线与实测水位过程线如图 2.5-41～图 2.5-47 所示，三河闸计算流量过程线与实测流量过程线比较如图 2.5-48 所示。

　　从图 2.5-41～图 2.5-48 中可以看出，各测站计算水位、流量过程与实测过程一致性良好，沿程各站峰值水位计算值与实测值之间的差值均在 5cm 左右，三河闸站峰值流量计算值与实测值相差在 5% 以内。二维计算的流态也基本反映了洪泽湖天然流场的特征，如图 2.5-49～图 2.5-52 所示。由此可见，模型较好的重现了 2007 年本段洪水演进的过程。

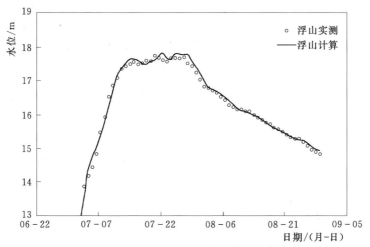

图 2.5-41 2007 年浮山水位实测值与计算值对比

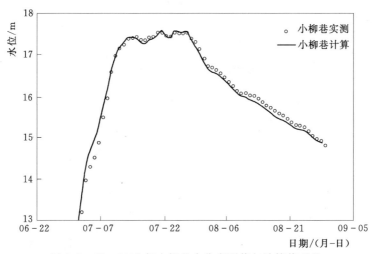

图 2.5-42 2007 年小柳巷水位实测值与计算值对比

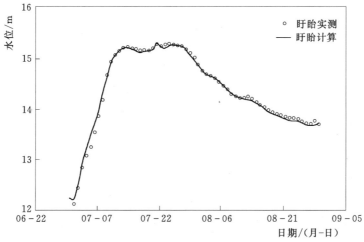

图 2.5-43 2007 年盱眙水位实测值与计算值对比

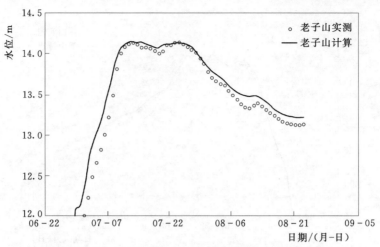

图 2.5-44　2007 年老子山水位实测值与计算值对比

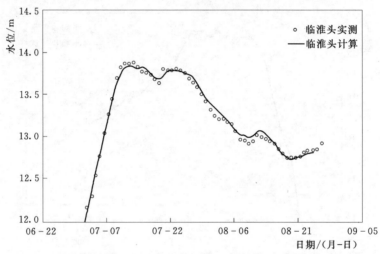

图 2.5-45　2007 年临淮头水位实测值与计算值对比

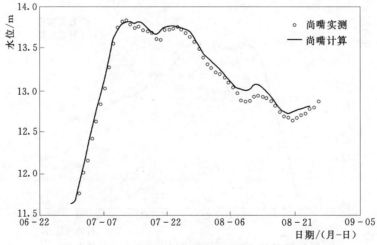

图 2.5-46　2007 年尚嘴水位实测值与计算值对比

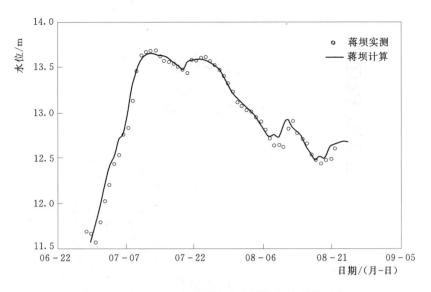

图 2.5-47　2007 年蒋坝水位实测值与计算值对比

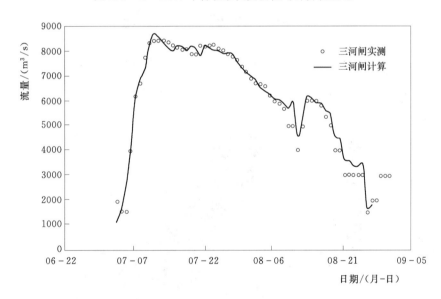

图 2.5-48　2007 年三河闸流量实测与计算对比

2.5.5　入湖河段二维水动力数学模型

入湖河段（浮山至 A287 断面）河道分汊，洲滩棋布。由于一维模型无法得到各汊的分流比及局部流态等水力要素，因此，本节尝试建立本段二维水动力数学模型。

2.5.5.1　模型的建立

二维模型地形采用 2001 年河道实测资料，与一维模型相同。网格划分根据河道地形的复杂程度选择不同的网格尺寸，其中，浮山至洪山头河道段，网格长度为 80～120m；洪山头至 A287 段分汊河道主槽网格长度为 50～120m，河心洲滩地网格长度为 200～

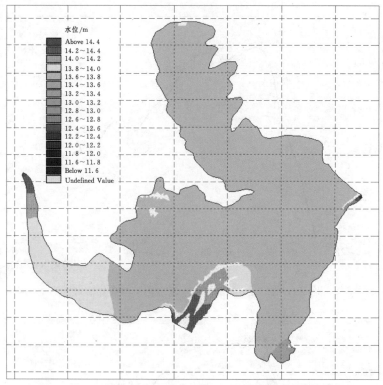

图 2.5－49　洪泽湖 2007 年 7 月 17 日 16 时瞬时计算水位场

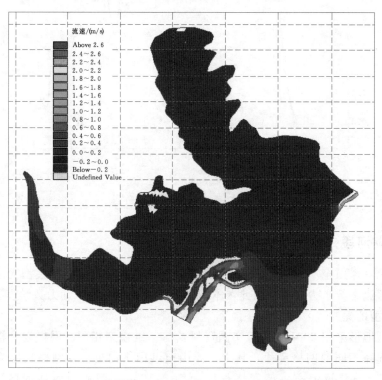

图 2.5－50　洪泽湖 2007 年 7 月 17 日 16 时瞬时计算流速场

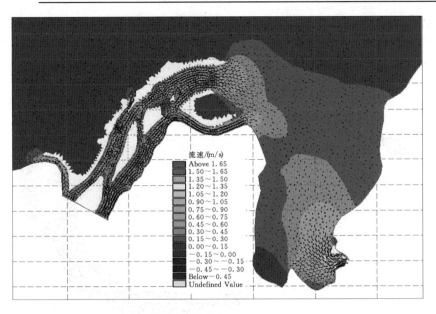

图 2.5-51 老子山至三河闸 2007 年 7 月 17 日 16 时瞬时计算流速矢量图

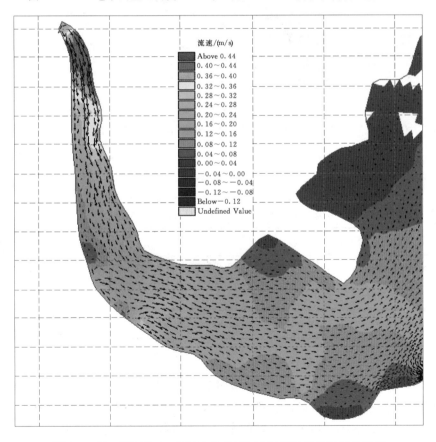

图 2.5-52 溧河洼 2007 年 7 月 17 日 16 时瞬时计算流速矢量图

300m；池河七里湖网格长度为 400～600m。模型共计有 13528 个计算节点，25547 个网格单元，具体的网格布置如图 2.5-53 所示。模型的上边界浮山给定小柳巷实测流量过程，女山湖闸给定实测出流过程，模型的下边界 A287 断面给定水位过程，其值由浮山至洪泽湖出口段一、二维耦合模型计算得出。

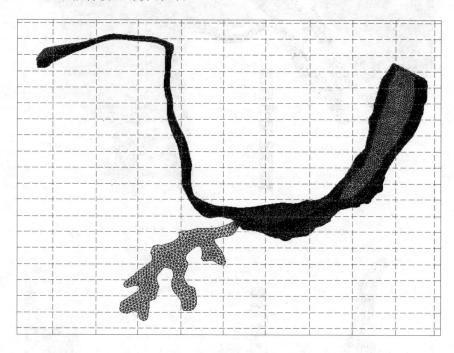

图 2.5-53　浮山至 A287 断面计算网格示意图

2.5.5.2　模型参数

浮山至 A287 断面二维模型主要参数糙率的取值见表 2.5-5。

表 2.5-5　　　　　　　　　　浮山至 A287 断面二维模型各段糙率取值

河段	主槽	滩地
浮山至小柳巷	0.020	0.027
小柳巷至盱眙	0.020	0.030
盱眙至 A287	0.021	0.033

2.5.5.3　二维模型与一维模型计算结果的比较

利用所建二维模型计算 2003 年和 2007 年洪水，图 2.5-54～图 2.5-59 给出本段沿程主要测站浮山、小柳巷、盱眙的二维模型的水位计算结果。通过与实测值及一维模型的计算值对比可以看出：①二维模型各站的水位计算过程与实测过程基本上是吻合的；②两种模型计算精度相当，但在峰值水位的计算成果上，二维模型的计算精度略低于一维模型，原因可能与河道两岸附近干湿边界处理方法的精度不高有关。

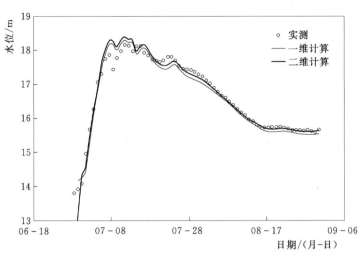

图 2.5-54　2003 年浮山水位计算值与实测值对比

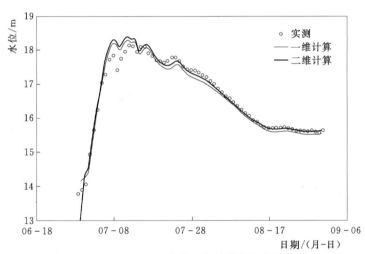

图 2.5-55　2003 年小柳巷水位计算值与实测值对比

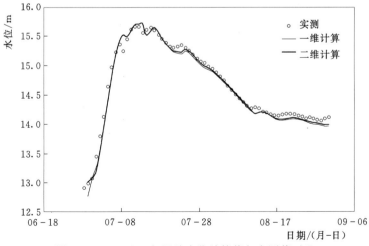

图 2.5-56　2003 年盱眙水位计算值与实测值对比

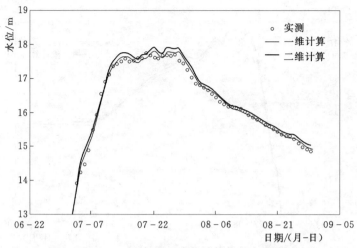

图 2.5-57　2007 年浮山水位计算值与实测值对比

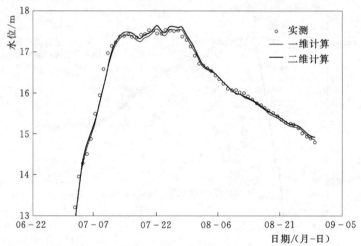

图 2.5-58　2007 年小柳巷水位计算值与实测值对比

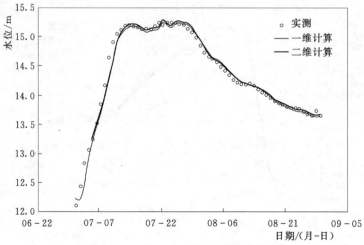

图 2.5-59　2007 年盱眙水位计算值与实测值对比

主 要 参 考 文 献

［1］ Danish Hydraulic Institute（DHI），MIKE11：A Modelling System for River and Channels Refer-enceManual ［R］. DHI，2009.

［2］ Danish Hydraulic Institute（DHI），MIKE11：A Modelling System for River and Channels User – Guide Manual ［R］. DHI，2009.

［3］ Danish Hydraulic Institute（DHI），MIKE21 Flow model FM Hydrodynamic Module User – Guide Manual ［R］. DHI，2009.

［4］ Danish Hydraulic Institute（DHI），MIKEFLOOD 1D – 2D Modelling User Manual ［R］，DHI，2009.

［5］ Smagorinsky J. General Circulation Experiment with Primitive Equations，Monthly Weather Review ［J］. 91，No. 3，99 – 164.

［6］ Wu Jin，Wind – stress coefficients over sea surface and near neutral condition – A revist，Journal of Physical，Oceanography ［J］. 10，727 – 740.

［7］ Zhao D H，Shen H W，Tabios G Q，et al. Finite volume two dimensional unsteady flow model for river basins，Journal of Hydraulic Engineering ［J］，ASCE，1994，120，No. 7，833 – 863.

［8］ 水利部水文局，水利部淮河水利委员会. 2003 年淮河暴雨洪水 ［M］. 北京：中国水利水电出版社，2006.

［9］ 水利部水文局，水利部淮河水利委员会. 2007 年淮河暴雨洪水 ［M］. 北京：中国水利水电出版社，2010.

［10］ 夏广义，韩士标，刘四中，等. 淮南市行洪区堵口复堤初步设计 ［R］. 安徽省水利水电勘测设计院，2003.

［11］ 汪凌，王鑫焱，刘四中，等. 安徽省 2007 年灾后重建行蓄洪区堵口复堤工程初步设计 ［R］. 安徽省水利水电勘测设计院，2007.

［12］ 王久晟，虞邦义，西汝泽. 大型水利枢纽总布置优化研究 ［M］. 郑州：黄河水利出版社，2010.

［13］ 水利部淮委临淮岗洪水控制工程建设管理局. 临淮岗洪水控制工程竣工验收文件汇编 ［R］. 水利部淮委临淮岗洪水控制工程建设管理局，2007.

［14］ 虞邦义，杨兴菊，李燕，等. 姜唐湖退水闸工程水工模型试验报告 ［R］. 安徽省·水利部淮委水利科学研究院，2003.

［15］ 虞邦义，杨兴菊，吴兰英，等. 淮河干流正阳关至峡山口段行洪区调整和建设工程河工模型试验研究报告 ［R］. 安徽省·水利部淮委水利科学研究院，2012.

［16］ 杨兴菊，虞邦义，贲鹏，等. 淮河干流淮南（平圩）至蚌埠（闸）段河道整治及行洪区调整河工模型试验研究报告 ［R］. 安徽省·水利部淮委水利科学研究院，2012.

［17］ 贲鹏，虞邦义，杨兴菊. 淮河干流峡山口至蚌埠段行洪区调整与河道整治研究 ［J］. 泥沙研究，2013（5）：58 – 63.

［18］ 贲鹏，虞邦义，杨兴菊. 淮河干流正阳关至峡山口段河道整治研究 ［J］. 水利水电技术，2013，44（9）：55 – 58.

［19］ 贲鹏，虞邦义，倪晋，等. 淮河干流正阳关至吴家渡段水动力数学模型及应用 ［J］. 水利水电科技进展，2013，33（5）：42 – 26.

［20］ 虞邦义，葛国兴，左敦厚，等. 蚌埠闸扩建工程水工模型试验报告 ［R］. 安徽省·水利部淮委水利科学研究院，1999.

［21］ 虞邦义，葛国兴，吴其保，等. 淮河干流荆山湖进洪闸工程水工模型试验报告 ［R］. 安徽省·水

利部淮委水利科学研究院，2004.

[22]　虞邦义，吴其保，李燕，等. 淮河干流荆山湖退洪闸工程水工模型试验报告［R］. 安徽省·水利部淮委水利科学研究院，2004.

[23]　虞邦义，杨兴菊，吴其保，等. 淮河干流正阳关至淮南（田家庵）段河工模型试验研究报告［R］. 安徽省·水利部淮委水利科学研究院，2005.

[24]　陈先朴. 淮河蚌埠段水力特性数学模型研究［R］. 安徽省·水利部淮委水利科学研究院，1998 年.

[25]　水利部淮河水利委员会. 淮河流域防洪规划［R］. 蚌埠：水利部淮河水利委员会，2009.

[26]　张学军，刘玲，余彦群，等. 淮河干流行蓄洪区调整规划［R］. 中水淮河规划设计研究有限公司，2008 年.

[27]　张学军，刘福田，冯治刚，等. 淮河干流蚌埠至浮山段行洪区调整和建设工程可行性研究总报告（修订）［R］. 中水淮河规划设计研究有限公司，安徽省水利水电勘测设计院，2009.

[28]　刘玉年. 淮河中游河道整治及其效果评价［J］. 人民长江，2008（8）：1-4.

[29]　刘玉年，何华松，虞邦义，等. 淮河中游河道整治研究［R］. 中水淮河规划设计研究有限公司，安徽省·水利部淮委水利科学研究院，2010.

[30]　虞邦义，杨兴菊，淮河干流蚌埠闸至浮山河段近期演变分析［R］. 安徽省·水利部淮委水利科学研究院，2010.

[31]　何孝光，张飞，董礼翠，等. 洪泽湖周边滞洪区建设规划［R］. 江苏省水利水电勘测设计研究院有限公司，2006.

[32]　韩爱民，武淑华，高军. 用数字地图计算洪泽湖库容等特征参数的方法初探［J］. 水文，2001，（5）：35-37.

[33]　何孝光，周东泉，徐刚. 降低洪泽湖设计水位必要性和措施研究［C］//中国科学技术学会. 淮河流域综合治理与开发科技论坛文集. 北京：中国科学技术出版社，2010.

[34]　虞邦义，郁玉锁，洪泽湖泥沙淤积分析［J］. 泥沙研究，2010（6）：36-41.

[35]　虞邦义，倪晋，杨兴菊，等. 淮河干流浮山至洪泽湖出口段水动力数学模型研究［J］. 水利水电技术，2011，42（8）：38-42.

第3章　淮河中游河道二维水动力数学模型及应用

淮河干流正阳关至浮山河段河势复杂，沿程分布多个行洪区及生产圩区，整治工程组合多。为了研究不同整治方案的效果，分段建立了正阳关至峡山口段、峡山口至田家庵段、平圩至蚌埠段、临淮关至浮山段共四段二维水动力数学模型，利用所建模型对整治方案进行计算分析，并与同河段已开展工作的实体模型试验结果进行比较分析。

3.1　正阳关至峡山口段二维水动力数学模型

3.1.1　研究范围及资料选取

模型的计算范围包括洄沟口至峡山口段（简称正峡段）的淮河干流、寿西湖行洪区、董峰湖行洪及靠山圩和东淝河右圩圩区。模型进口为洄沟口，出口为峡山口。本段河道河势及工程布置如图3.1-1所示。

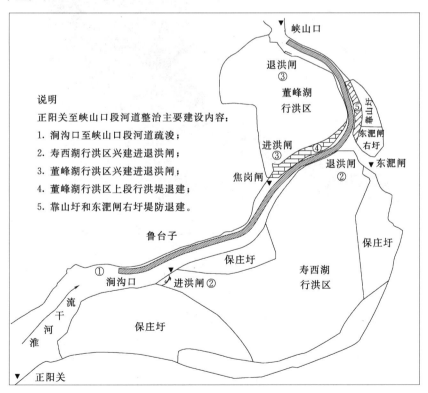

图3.1-1　正阳关至峡山口段河势图

河道地形采用 2005 年涧沟口至峡山口实测断面图，行洪区采用 1999 年航测图，寿西湖、董峰湖进退洪闸采用文献［1］中资料，数学模型与实体模型使用的地形资料相同。

水文资料采用 2003 年、2005 年和 2007 年共 3 年该河段鲁台子、焦岗闸、东淝河闸、峡山口站实测水位资料和鲁台子站实测流量资料，数学模型与实体模型使用的验证资料相同[1]。

3.1.2　模型网格及参数

本段二维模型采用非结构三角网格，河道主槽网格空间步长 40～60m，滩地空间步长 60～120m；行洪区内地势平坦，网格空间步长取 150～250m，靠山圩和东淝闸右圩圩区 60～150m；行洪区进、退洪闸附近地形复杂，高程变化大，为了较好地拟合闸上下游地形，网格空间步长取 20～50m。二维模型包括网格节点 12960 个，计算网格单元 24902 个，具体网格布置如图 3.1-2 所示。

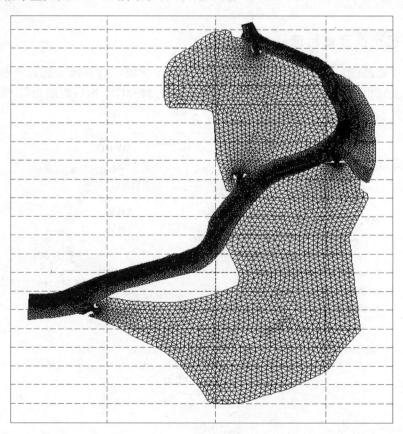

图 3.1-2　正峡段模型计算区域及网格

模型中糙率的取值以沿程各站实测水文资料为依据，采用试错法率定。率定的结果表明河道主槽糙率为 0.022～0.024，河道滩地糙率为 0.036～0.04，行洪区和圩区糙率为 0.05[4]。

3.1.3　模型率定与验证

在对实测资料进行分析的基础上,利用典型年 2003 年、2005 年和 2007 年洪水过程对模型的参数进行率定和验证,以检验模型的适应性、稳定性和模拟的精度。

3.1.3.1　恒定流验证

(1)平槽流量级,验证主槽糙率。选定 2003 年 9 月 6 日实测资料,进口流量 4097m³/s;2005 年 8 月 4 日实测资料,进口流量 3370m³/s;2007 年 8 月 7 日实测资料,进口流量 2950m³/s。

(2)漫滩流量级,验证滩地糙率。选定 2003 年 7 月 12 日实测资料,进口流量 7550m³/s;2005 年 9 月 5 日实测资料,进口流量 6659m³/s;2007 年 7 月 12 日实测资料,进口流量 7687m³/s。

2003 年、2005 年和 2007 年各流量级洪水恒定流验证结果见表 3.1-1。

表 3.1-1　　　　　　　　　　　恒定流验证计算结果表　　　　　　　　　　单位:m

2007 年						
节点	$Q=7687$m³/s(落峰) (7 月 12 日 0 时)			$Q=2950$m³/s(落水) (8 月 7 日 20 时)		
	原型	数模	原型—数模	原型	数模	原型—数模
鲁台子	25.71	25.71	0.00	22.11	22.06	0.05
焦岗闸	25.44	25.45	−0.01	21.94	21.90	0.04
峡山口	24.78	24.78	0.00	21.65	21.65	0.00

2005 年						
节点	$Q=6659$m³/s(峰顶) (9 月 5 日 8 时)			$Q=3370$m³/s(峰顶) (8 月 4 日 8 时)		
	原型	数模	原型—数模	原型	数模	原型—数模
鲁台子	25.25	25.29	−0.04	22.19	22.23	−0.04
焦岗闸	25.03	25.07	−0.04	22.02	22.07	−0.05
峡山口	24.53	24.53	0.00	21.74	21.74	0.00

2003 年						
节点	$Q=7550$m³/s(峰顶) (7 月 12 日 18 时)			$Q=4097$m³/s(峰顶) (9 月 6 日 8 时)		
	原型	数模	原型—数模	原型	数模	原型—数模
鲁台子	26.37	26.31	0.06	22.82	22.88	−0.06
焦岗闸		26.09			22.72	
峡山口	25.54	25.54	0.00	22.30	22.30	0.00

恒定流计算结果表明,在平槽流量级和漫滩流量级条件下,模型计算水位与实测水位差值在 0.06m 内,模拟精度较好。

3.1.3.2　非恒定流验证

采用 2007 年实测水位—流量过程对模型进行验证,上边界给定鲁台子流量过程,下边界给定峡山口水位过程。鲁台子和焦岗闸计算水位过程与实测水位过程线比较如图 3.1-3 和图 3.1-4 所示。

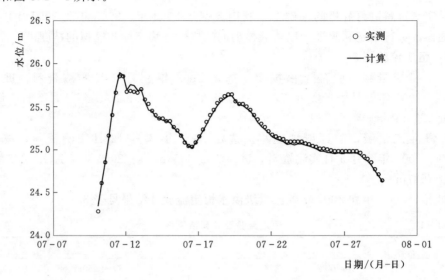

图 3.1-3　2007 年洪水鲁台子计算与实测水位过程线比较

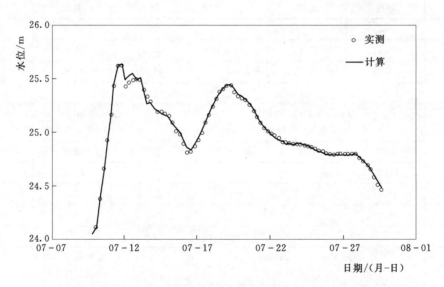

图 3.1-4　2007 年洪水焦岗闸计算与实测水位过程线比较

　　非恒定流计算结果表明，鲁台子和焦岗闸计算水位与实测水位差值基本在 0.05m 以内。恒定流和非恒定流计算均表明模型具有较高的计算精度，可以对该河段进行方案模拟计算。

3.1.4　方案计算

　　根据淮河干流行蓄洪区调整规划[2]，结合河道整治与行洪区调整，规划董峰湖和寿西湖行洪区新建进、退洪闸各一座，改建为有闸控制的行洪区；退建董峰湖行洪堤上段局部束水河段,并疏浚涧沟口至峡山口段干流河道,扩大中等洪水泄洪通道。

规划方案的具体措施为:①退建董峰湖上段行洪堤,最大退距600m;②新建寿西湖、董峰湖进洪闸和退洪闸各一座,设计流量分别为2000m³/s、2500m³/s;③疏浚涧沟口至峡山口段24.8km河道,疏浚底宽330m,底高程12.00~10.00m;④靠山圩圩堤退建,最大退建450m,堤顶高程24.00m。

3.1.4.1 规划条件下沿程水位

在规划方案条件下,结合正阳关至峡山口段河工模型试验[1],进行各流量级计算。进口涧沟口给定总流量3000m³/s、5000m³/s、7000m³/s、8000m³/s、10000m³/s,出口峡山口给定相应的规划整治水位,具体边界条件见表3.1-2,数学模型计算和河工模型试验的沿程水位见表3.1-3,过闸及行洪区落差见表3.1-4。

表3.1-2　　　　　河工模型试验和数学模型计算边界条件表[1]

进口流量/(m³/s)	峡山口水位/m	过水边界
3000	20.32	堤内行水,东淝闸右圩、靠山圩不过水
5000	22.60	
7000	24.68	堤内行水,东淝闸右圩、靠山圩漫堤行洪
8000	24.98	
10000	25.54	按规划启用寿西湖和董峰湖行洪区

注　表中峡山口水位为峡山口以下河道按规划实施整治后的成果。

表3.1-3　　　　　规划条件下数学模型计算与河工模型试验沿程水位表

流量级/(m³/s)	水位测点	水位/m						
		寿上口	鲁台子	焦岗闸	董上口	寿下口	董下口	峡山口
3000	河工模型	20.65	20.62	20.48	20.47	20.44	20.33	20.32
	数学模型	20.71	20.65	20.51	20.49	20.46	20.34	20.32
	差值	−0.06	−0.03	−0.03	−0.02	−0.02	−0.01	0
5000	河工模型	23.08	23.01	22.86	22.84	22.79	22.65	22.6
	数学模型	23.14	23.04	22.87	22.85	22.8	22.63	22.6
	差值	−0.06	−0.03	−0.01	−0.01	−0.01	0.02	0
7000	河工模型	25.21	25.15	24.99	24.96	24.89	24.72	24.68
	数学模型	25.24	25.15	24.99	24.97	24.91	24.72	24.68
	差值	−0.03	0	0	−0.01	−0.02	0	0
8000	河工模型	25.64	25.55	25.37	25.34	25.25	25.05	24.98
	数学模型	25.66	25.54	25.35	25.33	25.26	25.04	24.98
	差值	−0.02	0.01	0.02	0.01	−0.01	0.01	0
10000	河工模型	26.07	26.02	25.87	25.87	25.83	25.63	25.54
	数学模型	26.1	26.03	25.87	25.88	25.86	25.62	25.54
	差值	−0.03	−0.01	0.00	−0.01	−0.03	0.01	0

表 3.1-4　　　　　　　　　　　　　　过闸落差及行洪区内水位落差表

总流量/(m³/s)	控制建筑物	河工模型试验/m			数学模型计算/m		
		行洪区流量	过闸落差	行洪区落差	行洪区流量	过闸落差	行洪区落差
10000	寿西湖进洪闸	2000	0.08	0.08	2024	0.08	0.06
	寿西湖退洪闸	2000	0.08		2024	0.09	
	董峰湖进洪闸	2500	0.09	0.04	2460	0.07	0.04
	董峰湖退洪闸	2500	0.09		2460	0.08	

根据数学模型计算，在规划方案条件下，当河道总流量为 8000m³/s 时，鲁台子水位达 25.54m，较规划水位 25.59m 低 0.05m；当河道总流量为 10000m³/s，鲁台子水位达 26.03m，较规划水位为 26.00m 高 0.03m；寿西湖、董峰湖设计流量下的过闸落差与行洪区内落差较略小于规划值。

此外，从表 3.1-3 和表 3.1-4 还可以看出，数学模型和实体模型两种方法在模拟淮河干流沿程水位、过闸落差及行洪区区内落差等方面相差不大，得出的结论也基本一致：河道疏浚、退堤及行洪区调整基本满足规划要求。

采用数学模型计算规划与现状两种地形条件下干流的沿程水位见表 3.1-5。由表 3.1-5 可知，规划方案实施后，各流量级沿程水位显著降低。当总来流为 8000m³/s 时，鲁台子水位较现状降低 0.39m；当总来流为 10000m³/s 时，鲁台子水位较现状降低 0.26m。

表 3.1-5　　　　　　　　　　　　　规划方案降低淮干水位值表

节点	流量级/(m³/s)	3000	5000	7000	8000	10000	备注
	距离/km	水位/m					
寿上口	164.8	21.02	23.53	25.61	26.07	26.39	现状地形条件（数学模型）
鲁台子	167.9	20.93	23.40	25.49	25.93	26.29	
焦岗闸	175.5	20.71	23.15	25.25	25.66	26.07	
董上口	176.4	20.68	23.12	25.20	25.60	26.07	
寿下口	179.6	20.62	23.01	25.10	25.48	25.97	
董下口	187.2	20.36	22.64	24.72	25.04	25.64	
峡山口	189.1	20.32	22.60	24.68	24.98	25.54	
寿上口	164.8	20.71	23.15	25.24	25.66	26.10	规划地形条件（数学模型）
鲁台子	167.9	20.65	23.04	25.15	25.54	26.03	
焦岗闸	175.5	20.51	22.87	24.99	25.35	25.87	
董上口	176.4	20.49	22.85	24.97	25.33	25.88	
寿下口	179.6	20.46	22.80	24.91	25.26	25.86	
董下口	187.2	20.34	22.63	24.72	25.04	25.62	
峡山口	189.1	20.32	22.60	24.68	24.98	25.54	

节点	流量级/(m³/s)	3000	5000	7000	8000	10000	备注
	距离/km	水位/m					
寿上口	164.8	0.31	0.38	0.37	0.41	0.29	水位效益 （数学模型）
鲁台子	167.9	0.28	0.36	0.34	0.39	0.26	
焦岗闸	175.5	0.20	0.28	0.26	0.31	0.20	
董上口	176.4	0.19	0.27	0.23	0.27	0.19	
寿下口	179.6	0.16	0.21	0.19	0.22	0.11	
董下口	187.2	0.02	0.01	0.00	0.00	0.01	
峡山口	189.1	0	0	0	0	0	
寿上口	164.8	0.35	0.37	0.36	0.44	0.31	水位效益 （河工模型）
鲁台子	167.9	0.30	0.35	0.35	0.41	0.28	
焦岗闸	175.5	0.23	0.30	0.26	0.31	0.23	
董上口	176.4	0.21	0.26	0.26	0.29	0.20	
寿下口	179.6	0.16	0.23	0.22	0.25	0.15	
董下口	187.2	0.02	−0.01	0.01	0.00	0.02	
峡山口	189.1	0.00	0.00	0.00	0.00	0.00	

此外，从表 3.1-5 还可以看出，各工况（流量级）数学模型计算得出的水位降低效益与河工模型试验得出的水位效益相当[1]，鲁台子差值在 0.02m 之内。

3.1.4.2 规划条件下行洪区优化调度方案

为了进一步研究寿西湖、董峰湖行洪区调整后的调度运用方案，针对中等洪水，分以下两种工况条件计算：

（1）总来流 8500m³/s，峡山口以下河道为现状地形条件，即控制峡山口水位 25.54m，只使用寿西湖或董峰湖行洪区行洪，计算结果见表 3.1-6。

表 3.1-6　　　　控制峡山口水位 25.54m，沿程计算水位比较　　　单位：m

测针位置	距离/km	开启寿西湖（$Q_总$=8500m³/s）		开启董峰湖（$Q_总$=8500m³/s）		差　值	
		河工模型	数学模型	河工模型	数学模型		
		(1)	(2)	(3)	(4)	(1)−(3)	(2)−(4)
寿上口	164.83	26.05	26.05	26.06	26.08	−0.01	−0.03
鲁台子	167.94	26.03	26	25.98	25.97	0.05	0.03
焦岗闸	175.48	25.9	25.88	25.81	25.8	0.09	0.08
董上口	176.38	25.89	25.87	25.81	25.8	0.08	0.07
寿下口	179.65	25.83	25.83	25.76	25.76	0.07	0.07
董下口	188.21	25.59	25.59	25.61	25.6	−0.02	−0.01
峡山口	189.05	25.54	25.54	25.54	25.54	0	0

（2）总来流 8500m³/s，峡山口以下河道为规划地形条件，即控制峡山口水位 25.14m，只使用寿西湖或董峰湖行洪区行洪，计算结果见表3.1－7。

由于两个行洪区进洪闸的位置不同以及进洪闸的进洪流量也有差别，因此开启不同进洪闸，其降低沿程水位的效果也不同。

表3.1－6和表3.1－7为上述不同工况下计算的河道沿程水位，并与河工模型实测值进行比较。由表可以看出，若来流超过 8000m³/s，首先开启董峰湖行洪区，对降低整个河段水位效益更佳；若来流超过 8500m³/s，须同时开启寿西湖、董峰湖行洪区辅助行洪。

表 3.1－7　　　　控制峡山口水位 25.14m，沿程计算水位比较　　　　单位：m

测针位置	距离 /km	开启寿西湖（$Q_总 = 8500$m³/s）		开启董峰湖（$Q_总 = 8500$m³/s）		差　值	
		河工模型	数学模型	河工模型	数学模型		
		(1)	(2)	(3)	(4)	(1)－(3)	(2)－(4)
寿上口	164.83	25.71	25.71	25.71	25.74	0.00	−0.03
鲁台子	167.94	25.68	25.65	25.62	25.62	0.06	0.03
焦岗闸	175.48	25.55	25.52	25.44	25.42	0.11	0.1
董上口	176.38	25.53	25.51	25.43	25.42	0.1	0.09
寿下口	179.65	25.47	25.46	25.38	25.38	0.09	0.08
董下口	188.21	25.23	25.2	25.22	25.2	0.01	0
峡山口	189.05	25.14	25.14	25.14	25.14	0	0

3.1.4.3　规划条件下流态及流速分布

1. 典型断面流速分布

选取三个典型断面计算的流速分布，分别为 HE10（鲁台子）、HE33（董峰湖行洪区原上口门）和 HE42（靠山圩）断面，这些断面需实施堤防退建或河道疏浚。8000m³/s 流量级，整治前后典型断面流速变化如图3.1－5所示。

鲁台子断面（HE10），河道右侧疏浚，主槽最大流速从 1.54m/s 降至 1.44m/s，滩地流速变化不大，为 0.4～0.5m/s，主流向右偏移；董上口至寿下口（HE33）左侧董峰湖退堤，河道疏浚，主槽最大流速从 1.65m/s 降至 1.23m/s，退堤前该段河道基本无滩地，退堤后滩地流速为 0.3～0.4m/s，主流向左偏移；靠山圩断面（HE42），靠山圩退堤，河道两侧疏浚，主槽最大流速从 1.60m/s 降至 1.28m/s，滩地流速变化不大，为 0.2～0.4m/s，主流位置基本不变。整治后主槽最大流速显著下降，但由于主槽面积增加较多，主槽的过流能力增加明显。

2. 行洪区平面流态

当总来流 10000m³/s，控制峡山口为规划水位 25.54m，寿西湖和董峰湖行洪区同时启用，计算该河段流态及流速分布。

由图3.1－6和图3.1－7可以看出寿西湖行洪区口门附近流速较大，约 0.5～1.5m/s；行洪区内流速较小，为 0.1～0.3m/s，最开阔处平均流速仅约 0.05m/s。湖区内没有明显大范围回流区，但非主流区流速很小，基本处于静水状态。

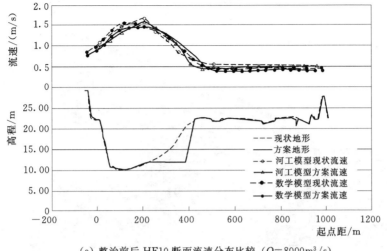

(a) 整治前后 HE10 断面流速分布比较（$Q=8000\,\text{m}^3/\text{s}$）

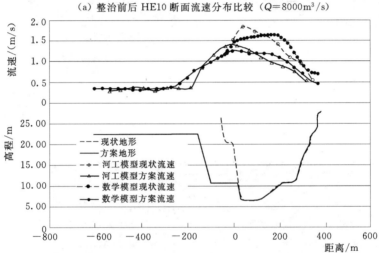

(b) 整治前后 HE33 断面流速分布比较（$Q=8000\,\text{m}^3/\text{s}$）

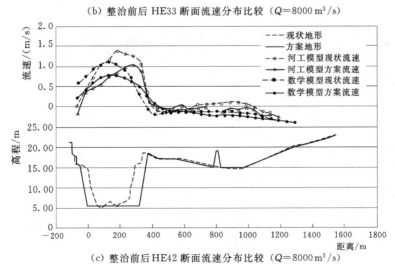

(c) 整治前后 HE42 断面流速分布比较（$Q=8000\,\text{m}^3/\text{s}$）

图 3.1-5　三个典型断面整治前后流速变化图

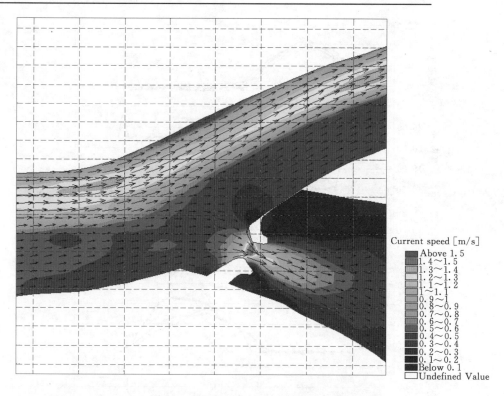

图 3.1-6　寿西湖行洪区进洪闸流态图

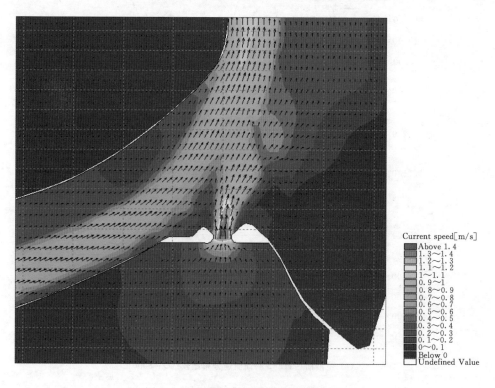

图 3.1-7　寿西湖行洪区退洪闸流态图

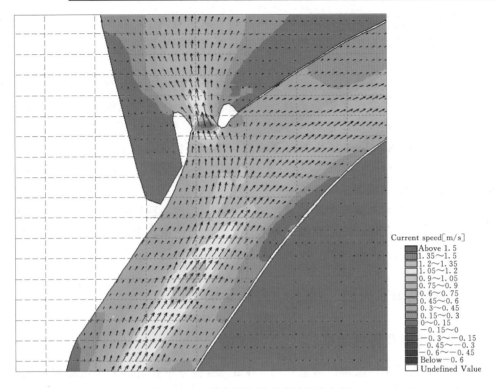

图 3.1 - 8 董峰湖行洪区进洪闸流态图

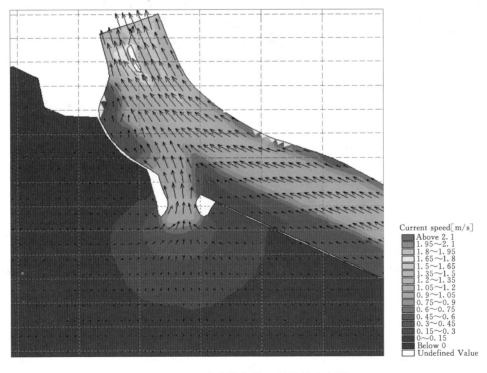

图 3.1 - 9 董峰湖行洪区退洪闸流态图

　　寿西湖进洪闸进、出流流态较平顺。闸前行进流速右侧小，左侧大，行进水流流向与闸轴线交角较大，导致进闸流量右侧小于左侧；闸下左侧出现回流区。这与河工模型试验观测数据与分析结论基本一致。

　　退洪闸湖区侧进流条件较好，流态平顺；出口为东淝河右圩和靠山圩，东淝河右圩为静水区，闸出流流向在淮干来流的影响下向右偏转，淮干泄流与退洪闸泄水相互挤压，不利于泄洪，退洪闸的轴线应作适当调整。

　　由图 3.1-8 和图 3.1-9 可以看出董峰湖行洪区闸门附近流速较大，为 0.5～1.5m/s；行洪区内流速较小，为 0.1～0.3m/s，最开阔处平均流速仅为 0.05m/s，董岗保庄圩北部湖区基本处于静水状态。

　　董峰湖进洪闸淮河左侧有焦岗闸及焦岗湖外圩，滩地高程较高，流速较小，影响进洪闸流态，闸前应适当疏浚，闸后左侧为静水区，右侧有回流；退洪闸出口为峡山口，该处河道狭窄，流速较大，阻水明显，影响闸出流流态，出流流向向左偏移严重。

3.2　峡山口至田家庵段二维水动力数学模型

3.2.1　研究范围及资料选取

　　淮河干流峡山口至田家庵段河道长约 43km，沿程分布有上、下六坊堤和石姚段行洪区，以及老婆家圩、魏郢子圩、灯草窝圩等生产圩区。

　　模型的计算范围为淮河干流峡山口至田家庵段河道，本段行洪区及生产圩区。模型进口为峡山口，给定流量边界；模型出口为田家庵，给定水位边界[5]。

　　本河段沿程分布有峡山口、西淝河闸闸下、永幸闸闸下及田家庵等水位站，鲁台子水文站位于峡山口上游 21km 处，河道边界、水文测站及主要控制节点位置如图 3.2-1 所示。

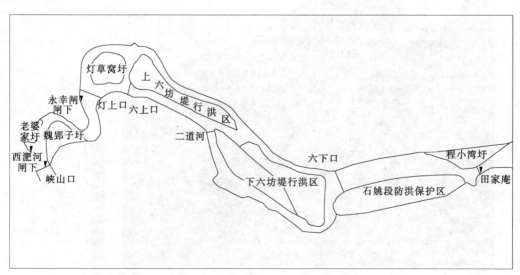

图 3.2-1　淮河干流峡山口至田家庵段河道平面示意图

（1）水文资料：2005 年和 2008 年为中小洪水年，本段行洪区均没有启用，部分生产圩区参与行洪，可以进行平槽与漫滩级洪水计算，对河道滩槽糙率进行率定和验证。

（2）地形资料：淮河干流峡山口至田家庵段河道采用 2008 年实测断面；上、下六坊堤行洪区和生产圩区采用 1999 年航测地形。

3.2.2　模型网格及参数

（1）空间步长：模型采用非结构三角网格，河道主槽网格空间步长取 40～50m，滩地取 50～80m；行洪区及生产圩区取 50～100m。模型共有 27084 个网格节点，53119 个计算单元。

（2）时间步长：为满足稳定性及精度的要求，本次计算选取 $\Delta t=60\mathrm{s}$。

二维模型中糙率的取值以沿程各站实测水文资料为依据，采用试错法进行率定。率定的结果表明河道主槽糙率为 0.02～0.021，河道滩地糙率为 0.035～0.036，行洪区及圩区糙率取 0.045。

3.2.3　模型率定与验证

在 2005 年和 2008 年洪水过程中，选取 5 组相对稳定的时刻的流量、水位值，采用恒定流方式对河道主槽和滩地的糙率进行率定，以检验模型的适应性、稳定性和模拟的精度。各流量级计算水位与实测水位的对比见表 3.2-1。

表 3.2-1　　　　　　　　　　　计算水位与实测水位对比

测站	$Q=5300\mathrm{m^3/s}$（2005 年 7 月 16 日）			$Q=3040\mathrm{m^3/s}$（2005 年 8 月 9 日）		
	实测水位	计算水位	水位差	实测水位	计算水位	水位差
峡山口	23.74	23.78	−0.04	21.65	21.62	0.03
西淝河闸下	23.72	23.77	−0.05	21.63	21.61	0.02
永幸闸闸下	23.37	23.41	−0.04	21.37	21.37	0.0
田家庵	22.56			20.74		

测站	$Q=5900\mathrm{m^3/s}$（2005 年 9 月 8 日）					
	实测水位	计算水位	水位差			
峡山口	24.39	24.35	0.04			
西淝河闸下	24.37	24.32	0.05			
永幸闸闸下	23.87	23.97	−0.10			
田家庵	23.09					

测站	$Q=2700\mathrm{m^3/s}$（2008 年 8 月 3 日）			$Q=3350\mathrm{m^3/s}$（2008 年 8 月 23 日）		
	实测水位	计算水位	水位差	实测水位	计算水位	水位差
峡山口	20.55	20.58	−0.03	21.20	21.29	−0.09
西淝河闸下	20.53	20.57	−0.04	21.18	21.28	−0.1
永幸闸闸下	20.25	20.32	−0.07	20.87	20.95	−0.08
田家庵	19.51			19.98		

注　表中 Q 是鲁台子站流量。

从表 3.2-1 可以看出，2005 年峡山口计算水位与实测水位的最大差值为 0.04m，2008 年峡山口计算水位与实测水位的最大差值为 0.09m，二维模型具有较高的精度及稳定性，可以用于该段河道及水流模拟计算。

3.2.4 方案计算

3.2.4.1 初拟方案和计算条件

峡山口至田家庵段河道河势复杂，尤其是上、下六坊堤段河道整治工程方案组合多，工程量大，采用二维水动力数学模型对该段河道整治方案进行模拟计算。

采用 2008 年河道实测地形及 1999 年行洪区实测地形。在下六坊堤出口至汤渔湖段河道按规划实施以下整治工程（包括石姚段行洪区堤防退建，改为防洪保护区；汤渔湖行洪区堤防退建，并建闸控制，行洪流量 2000m³/s；汤渔湖行洪区上口至田家庵段河道疏浚；程小湾圩铲平等）基础上，分析灯草窝及上、下六坊堤整治方案。

各整治方案工程措施见表 3.2-2。

表 3.2-2   灯草窝及上下六坊堤行洪区整治方案

方案	工 程 措 施	疏浚土方/万 m³	备注
1	灯草窝、六坊堤南汊、二道河及下六坊堤北汊进行疏浚，底宽 300m，高程 9.00m，原行洪区及圩区侧保留 300m 滩地，疏浚土方充填至未退出部分	3200	充填区域不过流
2-1	灯草窝、六坊堤南汊、二道河及下六坊堤北汊进行疏浚，底宽 260m，底高程 10.50m；控制河道堤距 1~1.2km，取消行洪区	2300	充填区域过流
2-2	疏浚土方充填至未退出部分，充填区域成河道高滩，充填区过水高程灯草窝 22.32m，上六坊堤 21.99m，下六坊堤 20.64m		充填区域不过流
3	灯草窝及上、下六坊堤行洪区行洪堤铲至地面高程，河道不疏浚		

3.2.4.2 水位和水面比降计算

各整治方案的沿程计算水位和水面比降见表 3.2-3 和表 3.2-4。

表 3.2-3   模拟方案沿程水位值

节 点		六下口 (C52)	二道河 (C21)	六上口 (C8)	灯上口 (C2)	峡山口 (B256)
设计洪水 10000m³/s	规划水位/m	24.71	24.91	25.09	25.17	25.54
	方案 1	24.71	24.97	25.1	25.2	25.81
	方案 2-1	24.71	24.91	25.05	25.13	25.75
	方案 2-2	24.71	24.94	25.09	25.18	25.78
	方案 3-1（数学模型）	24.71	24.97	25.13	25.21	25.83
	方案 3-2（河工模型）	24.71	24.96	25.11	25.2	25.80
中等洪水 8000m³/s	规划水位/m	24.27	24.4	24.57	24.62	24.98
	方案 1	24.27	24.47	24.56	24.64	25.11
	方案 2-1	24.27	24.43	24.54	24.59	25.05
	方案 2-2	24.27	24.45	24.56	24.62	25.09
	方案 3-1（数学模型）	24.27	24.47	24.59	24.65	25.14

注 六下口、六上口和灯上口分别是指上六坊堤行洪区上口门处、下六坊堤行洪区下口门处和灯草窝圩区上口。

表 3.2 - 4 各模拟方案水面比降

流量级	方　案	水面比降/（×10⁻⁴）		
		峡山口至灯上口	灯上口至六下口	六下口至田家庵
设计洪水 10000m³/s	方案 1	0.71	0.26	0.24
	方案 2 - 1	0.74	0.21	0.24
	方案 2 - 2	0.72	0.24	0.24
	方案 3 - 1（数学模型）	0.70	0.28	0.24
	方案 3 - 2（河工模型）	0.70	0.26	0.24
中等洪水 8000m³/s	方案 1	0.55	0.20	0.19
	方案 2 - 1	0.56	0.16	0.19
	方案 2 - 2	0.57	0.18	0.19
	方案 3 - 1（数学模型）	0.56	0.21	0.19

　　灯上口设计洪水规划水位25.17m，中等洪水规划水位24.62m。从表3.2-3可以看出，方案1至方案3的灯上口计算水位略高于规划水位，方案2-1的灯上口计算水位较规划水位低0.04m，方案2-2的灯上口计算水位与规划水位一致。方案3为原推荐方案，数学模型计算结果和河工模型试验结果基本一致，方案2的效果优于方案1和方案3。

　　从表3.2-4可以看出，沿程水面比降分布不均，峡山口至永幸闸水面比降约为永幸闸至下六坊出口段的3倍，峡山口至永幸闸段河道为阻水河段，沿程水面线如图3.2-2和图3.2-3所示。

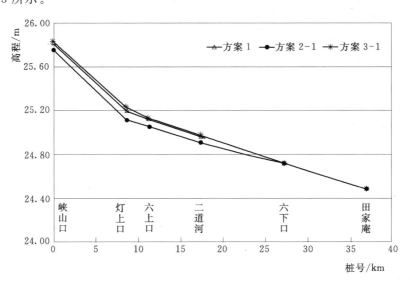

图 3.2 - 2　峡山口至田家庵段河道设计洪水水面线
（$Q = 10000$m³/s）

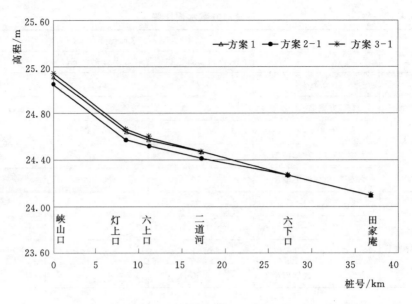

图 3.2 - 3 峡山口至田家庵段河道中等洪水水面线 ($Q=8000\text{m}^3/\text{s}$)

3.3 平圩至蚌埠段二维水动力数学模型

3.3.1 研究范围及资料选取

淮河干流平圩至蚌埠闸段河道长约 60.5km，区间主要支流有窑河、天河、茨淮新河和涡河等；沿程分布有石姚段、洛河洼、汤渔湖和荆山湖等 4 个行洪区；以及程小湾圩、新城口圩、黄疃窑圩和天河圩等生产圩区。本段河道河势及工程布置如图 3.3-1 所示。

模型计算范围为淮河干流平圩至蚌埠闸段河道、行洪区及生产圩区。模型有 3 个进口分别为淮河干流平圩、茨淮新河口和涡河口，给定流量边界；一个出口为淮河干流蚌埠闸，给定水位边界，另一出口为何巷闸，给定分洪流量[6]。

本段河道分布的水文测站有茨淮新河上桥闸水文站、涡河蒙城闸水文站可以控制入流流量，淮河干流吴家渡水文站、怀洪新河何巷闸水文站可以控制出流流量；此外还有田家庵、尹家沟闸、窑河闸、天河闸、上桥闸和蚌埠闸上等 6 个水位测点。

（1）水文资料：选择 2003 年、2005 年和 2007 年共 3 年的水文资料对模型进行率定与验证。2005 年为中小洪水年，可以进行平槽与漫滩级洪水验证；2003 年和 2007 年为大洪水年，行洪区和生产圩区参与行洪，可以进行大流量级洪水验证。

（2）地形资料：淮河干流平圩大桥至新城口河道采用 2005 年实测地形，平圩至蚌埠闸段河道采用 2008 年实测地形；行洪区和生产圩区采用 1999 年航测地形。

3.3.2 模型网格及参数

（1）空间步长：模型采用非结构三角网格，河道主槽网格空间步长取 50～60m，滩地取 60～120m；行洪区内地势相对平坦，网格空间步长取 200～250m；行洪区进、退洪闸，

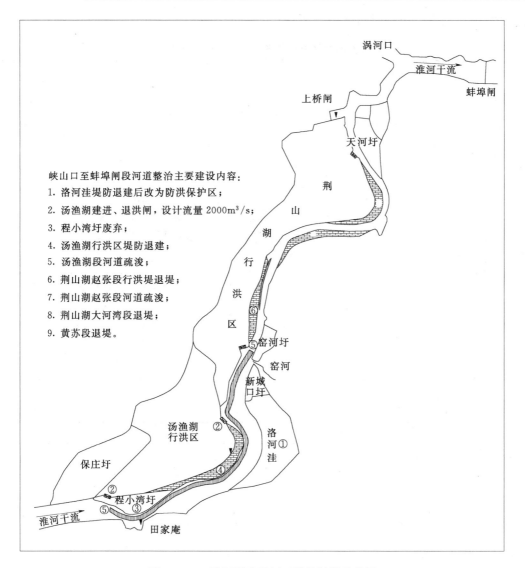

图 3.3-1 淮河干流平圩至蚌埠闸段示意图

生产圩区堤防等处地形复杂，网格空间步长取 20～50m。模型共有 23756 个网格节点，45788 个计算单元。

（2）时间步长：为满足稳定性及精度的要求，本次选取 $\Delta t = 60\text{s}$。

二维模型中糙率的取值以沿程各站实测水文资料为依据，采用试错法进行率定。率定的结果表明河道主槽糙率为 0.022～0.024，河道滩地糙率为 0.035～0.038，行洪区及圩区糙率取 0.05。

3.3.3 模型率定与验证

在 2003 年、2005 年和 2007 年洪水过程中，选取 6 组相对稳定的时刻的流量、水位值，采用恒定流方式对河道主槽和滩地的糙率进行率定，以检验模型的适应性、稳定性和模拟的精度。不同流量下计算水位与实测水位的对比见表 3.3-1。

表 3.3-1　　　　　　　　　不同流量下计算水位与实测水位对比

日　　期	$Q=3450\text{m}^3/\text{s}$（2003-08-24）			$Q=6920\text{m}^3/\text{s}$（2003-07-20）		
测站	实测	计算	差值	实测	计算	差值
田家庵	19.78	19.77	-0.01	22.99	22.98	-0.01
尹家沟	19.63	19.48	-0.15	22.78	22.65	-0.13
上桥闸	18.75	18.62	-0.13	22.18	22.1	-0.08
蚌埠闸上	18.27			21.67		
日　　期	$Q=3141\text{m}^3/\text{s}$（2005-09-29）			$Q=6433\text{m}^3/\text{s}$（2005-09-06）		
测站	实测	计算	差值	实测	计算	差值
田家庵	18.81	18.8	-0.01	23.28	23.20	-0.08
尹家沟				22.96	22.85	-0.11
上桥闸	18.04	17.92	-0.12	21.76	21.67	-0.09
蚌埠闸上	17.59			21.21		
日　　期	$Q=7044\text{m}^3/\text{s}$（2007-07-14）			$Q=7037\text{m}^3/\text{s}$（2007-07-24）		
测站	实测	计算	差值	实测	计算	差值
田家庵	23.38	23.42	0.04	23.27	23.3	0.03
尹家沟	23.04	23.04	0.00	23.01	23	-0.01
上桥闸	21.87	21.84	-0.03	21.98	21.94	-0.04
蚌埠闸上	21.32			21.47		

注　表中 Q 是吴家渡站流量。

从表 3.3-1 可以看出，大流量级洪水计算水位与实测水位的差值较小。2003 年和 2005 年计算水位比实测水位低，是由于本段河道违规采沙严重，模型计算采用 2005 年和 2008 年组合地形，河道断面比 2003 年和 2005 年洪水时大，导致计算水位偏低。

3.3.4　方案计算

3.3.4.1　计算条件

2008—2012 年，本段已完建和正在实施工程包括：石姚段行洪区堤防退建，改为一般堤防保护区；洛河洼行洪区堤防退建，改为一般堤防保护区；荆山湖行洪区堤防赵张段、大河湾等两段堤防退建。

（1）规划河道整治工程：汤渔湖行洪区堤防退建加固，汤渔湖新建进、退洪闸各一座，设计流量为 2000m³/s；程小湾圩废弃，新城口圩堤防退建；汤渔湖进口至荆山湖进洪闸段、常坟码头至张家沟段河道疏浚；黄苏段退堤等。

（2）设计洪水：淮河干流平圩至茨淮新河口段河道设计流量 10000m³/s，茨淮新河设计入淮流量 2000m³/s，涡河设计入淮流量 1000m³/s，涡河口至吴家渡段河道设计流量 13000m³/s，其中汤渔湖、荆山湖行洪区设计分洪流量分别为 2000m³/s、3500m³/s，各生产圩区全部启用，沿程各控制节点规划水位见表 3.3-2。

（3）中等洪水：淮河干流平圩至茨淮新河口段河道设计流量 8000m³/s，茨淮新河设计入淮流量 1000m³/s，涡河设计入淮流量 1500m³/s，涡河口至吴家渡段河道设计流量 10500m³/s，行洪区均不启用，部分生产圩区参与行洪。

在规划条件下，沿程各控制节点规划流量和水位见表 3.3-2。

表 3.3-2　　　　　　　　淮河干流平圩至蚌埠闸段河道设计水位表

工　况		汤渔湖上口门	淮南	汤渔湖下口门	荆山湖上口门	荆山湖下口门	茨淮新河入淮口	涡河入淮口	吴家渡
设计洪水	水位/m	24.51	24.48	24.33	24.25	23.85	23.75	23.39	22.48
	流量/(m³/s)	10000					12000		13000
中等洪水	水位/m	24.21	24.16	23.97	23.83	23.27	23.2	22.92	22.15
	流量/(m³/s)	8000					9000		10500

3.3.4.2　规划条件下沿程水位及比降

模型控制涡河口水位为规划水位，河道滩槽糙率为率定值，行洪区和生产圩区糙率考虑 0.05 和 0.0375 两种情况，计算边界条件见表 3.3-3，计算结果见表 3.3-4。

表 3.3-3　　　　　　　　　　模型计算边界条件

进口流量/(m³/s)		涡河口水位/m	边界条件
淮河干流	8000	22.92	河道滩槽行洪，部分生产圩区参与行洪
茨淮新河	1000		
涡河	1500		
淮河干流	10000	23.39	行洪区及生产圩区全部启用
茨淮新河	2000		
涡河	1000		

表 3.3-4　　　淮河干流平圩至蚌埠闸段河道水位计算值（涡河口水位控制）　　　　单位：m

控制点	中等洪水			设计洪水（行洪区及圩区糙率0.05）			设计洪水（行洪区及圩区糙率0.0375）		
	规划水位	计算水位	差值	规划水位	计算水位	差值	规划水位	计算水位	差值
田家庵	24.16	21.17	−0.01	24.48	24.68	−0.20	24.48	24.61	−0.13
汤渔湖下口门	23.97	23.96	0.01	24.33	24.48	−0.17	24.33	24.41	−0.08
荆山湖上口门	23.83	23.83	0	24.25	24.35	−0.10	24.25	24.28	−0.03
荆山湖下口门	23.27	23.31	−0.04	23.85	24.99	−0.14	23.85	23.96	−0.11
茨淮新河口	23.20	23.28	−0.08	23.75	23.93	−0.18	23.75	23.93	−0.18
涡河口	22.92	22.92	0	23.39	23.39	0	23.39	23.39	0
汤渔湖行洪区流量	0			1590m³/s			1650m³/s		
荆山湖行洪区流量	0			3080m³/s			3350m³/s		

由表 3.3-4 可以看出，中等洪水工况，田家庵计算水位与规划水位相当，河道滩槽

泄流基本满足规划要求；设计洪水工况，田家庵计算水位较规划水位高，汤渔湖和荆山湖行洪区计算行洪流量低于设计值，河道、行洪区及生产圩区总体泄流能力不满足要求。

控制涡河口为规划水位，茨淮新河口水位高出规划 0.18m，表明茨淮新河口至涡河口段河道水面比降较大，阻水严重。为了分析平圩至茨淮新河口段泄流能力，拟控制茨淮新河口为规划水位，计算结果见表 3.3-5。

表 3.3-5　淮河干流平圩至蚌埠闸段河道计算水位值（茨淮新河口水位控制）　　单位：m

控制点	中等洪水			设计洪水 （行洪区及圩区糙率 0.05）			设计洪水 （行洪区及圩区糙率 0.0375）		
	规划水位	计算水位	差值	规划水位	计算水位	差值	规划水位	计算水位	差值
田家庵	24.16	24.11	0.05	24.48	24.55	−0.07	24.48	24.48	0
汤渔湖下口门	23.97	23.91	0.06	24.33	24.35	−0.02	24.33	24.27	0.06
荆山湖上口门	23.83	23.77	0.06	24.25	24.21	0.04	24.25	24.13	0.12
荆山湖下口门	23.27	23.25	0.02	23.85	23.84	0.01	23.85	23.80	0.05
茨淮新河口	23.20	23.20	0	23.75	23.75	0	23.75	23.75	0
汤渔湖行洪区流量	0			1580m³/s			1640m³/s		
荆山湖行洪区流量	0			3040m³/s			3360m³/s		

由表 3.3-5 可以看出，在控制茨淮新河口水位为规划值条件下，中等洪水和设计洪水计算结果表明，田家庵至茨淮新河口段河道滩槽泄流能力满足要求；若行洪区及圩区糙率取值 0.0375，河道、行洪区及生产圩区总体泄流能力基本满足要求。

3.3.4.3　规划条件下行洪区过流能力及落差

汤渔湖和荆山湖行洪区进、退洪闸设计参数见表 3.3-6，模型计算过闸落差见表 3.3-7。

表 3.3-6　　　　　汤渔湖和荆山湖行洪区进、退洪闸设计参数

闸 名 称		水 位/m		水位差 /m	流量 /(m³/s)
		淮河侧	湖区侧		
汤渔湖行洪区	进洪闸	24.51	24.43	0.08	2000
	退洪闸	24.33	24.41	0.08	
	行洪区	24.43	24.41	0.02	
荆山湖行洪区	进洪闸	24.25	24.10	0.15	3500
	退洪闸	23.85	24.00	0.15	
	行洪区	24.10	24.00	0.10	

表 3.3-7　　　　设计条件下汤渔湖、荆山湖行洪区过流能力及过闸落差

糙率	行洪区	闸	分洪流量 /(m³/s)	测点位置	水位 /m	测点位置	水位 /m	落差 /m
0.0375	汤渔湖	进洪闸	1640	淮河侧 500m	24.56	湖区侧 300m	24.45	0.11
		退洪闸		湖区侧 300m	24.43	淮河侧 500m	24.32	0.11
		行洪区						0.02

糙率	行洪区	闸	分洪流量/(m³/s)	测点位置	水位/m	测点位置	水位/m	落差/m
0.0375	荆山湖	进洪闸	3350	淮河侧500m	24.13	湖区侧300m	24.02	0.11
		退洪闸		湖区侧300m	23.92	淮河侧500m	23.81	0.11
		行洪区						0.10
0.05	汤渔湖	进洪闸	1591	淮河侧500m	24.60	湖区侧300m	24.50	0.10
		退洪闸		湖区侧300m	24.47	淮河侧500m	24.36	0.11
		行洪区						0.03
	荆山湖	进洪闸	3085	淮河侧500m	24.20	湖区侧300m	24.09	0.11
		退洪闸		湖区侧300m	23.94	淮河侧500m	23.83	0.11
		行洪区						0.15

注 行洪区落差＝进洪闸湖区侧300m水位－退洪闸湖区侧300m水位。

由表 3.3-7 可以看出，汤渔湖行洪区泄流能力不足，进、退洪闸的过闸落差及行洪区落差均超过规划值；荆山湖行洪区泄流能力不足，进、退洪闸的过闸落差小于规划值，行洪区落差大于规划值。

3.3.4.4 规划条件下流态及流速分布

1. 汤渔湖行洪区

汤渔湖行洪区进洪闸位于河道转弯处的滩地上，距河道主槽较远，且闸中轴线与河道主流线夹角较大，约60°，河道主槽来流进入闸室的转角较大，导致闸前流态不顺，过流能力偏小。闸室流速 1.2～1.35m/s，河道主槽流速 1.0～1.2m/s，闸下有回流，如图 3.3-2 所示。

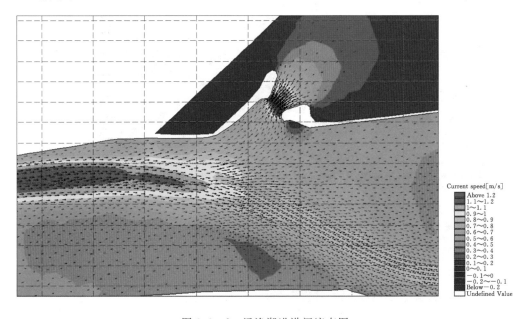

图 3.3-2 汤渔湖进洪闸流态图

退洪闸闸室流速 1.2～1.4m/s，闸下河道主槽流速 0.8～1.0m/s，进、出流流态均较好，如图 3.3-3 所示。

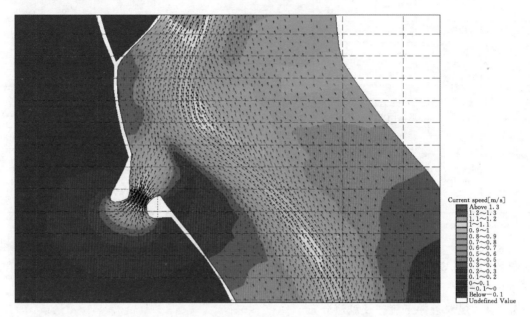

图 3.3-3　汤渔湖退洪闸流态图

行洪区流速较小，湖区内最大流速不超过 0.1m/s，尹家沟以北大部分区域为死水区。

2. 荆山湖行洪区

进洪闸闸室流速 1.4～1.9m/s，右侧流速略大于左侧流速，闸上河道主槽流速 1.2～1.4m/s。闸下左侧为死水区，有小范围回流，如图 3.3-4 所示。

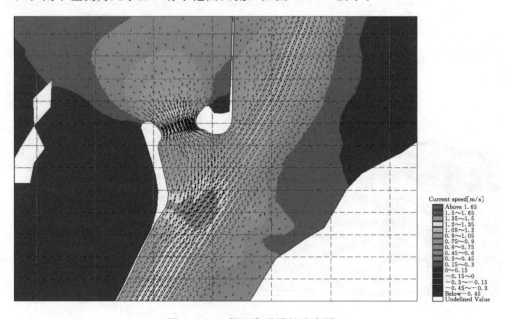

图 3.3-4　荆山湖进洪闸流态图

退洪闸闸室附近流速 1.4～1.7m/s，左侧流速略大于右侧流速，闸下河道主槽流速 0.8～1.2m/s。进闸流态较好，闸出流流向与淮干主流流向夹角约 70°，出闸流态受淮干来流和退洪闸出流共同影响，出流偏向左侧，淮干主流流向偏向天河圩侧，导致天河圩过流量增大，如图 3.3－5 所示。

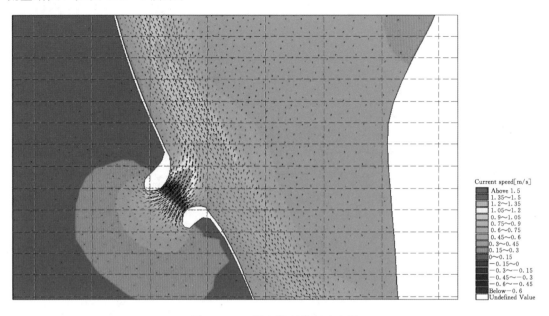

图 3.3－5 荆山湖退洪闸流态图

荆山湖行洪区呈狭长形，尤其在赵张段退堤后，该段最小行洪宽度仅 1.8km，最大流速约 0.3m/s；湖区流态平顺，进洪闸闸下左侧为死水区，退洪闸闸上大河湾段流速较小。

3.4 临淮关至浮山段二维水动力数学模型

3.4.1 研究范围及资料选取

淮河干流临北进口至小柳巷段河道长约 80.2km，20 世纪 50 年代实施五河内外水分流工程后，该段没有大的支流入汇。本段沿程分布有方邱湖、临北段、花园湖、香浮段等 4 个行洪区，在 1956 年后均未启用，所以模型验证阶段不考虑行洪区的影响。

模型的计算范围为淮河干流临北进口至小柳巷段河道、花园湖行洪区及生产圩区。模型进口为临北进口，给定流量边界；模型出口为小柳巷，给定水位边界。

本段沿程分布有临淮关水位站、五河水位站、浮山水位站、小柳巷水文站及河段上游吴家渡水文站，河道边界、水文测站及主要控制节点位置如图 3.4－1 所示。

（1）水文资料：选择 2007 年、2008 年和 2010 年共 3 年的水文资料对模型进行率定与验证。2008 年和 2010 年为中小洪水年，可以进行平槽与漫滩级洪水验证；2007 年为大洪水年，部分生产圩区参与行洪，可以进行大流量级洪水验证。

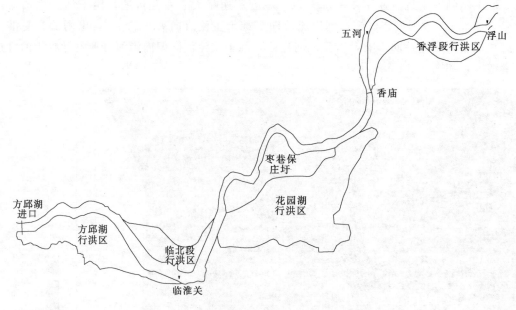

图 3.4-1　临北进口至小柳巷段河道平面示意图

（2）地形资料：淮河干流临北进口至小柳巷段河道采用 2009 年实测断面；花园湖行洪区采用 1999 年航测地形。

3.4.2　模型网格及参数

（1）空间步长：模型采用非结构三角网格，河道主槽网格空间步长取 50m，滩地取 50～80m；花园湖行洪区内地势相对平坦，网格空间步长取 200～250m；花园湖进、退洪闸附近地形复杂，网格空间步长取 20～50m。模型共有 31885 个网格节点，61760 个计算单元。

（2）时间步长：为满足稳定性及精度的要求，本次计算选取 $\Delta t = 60\text{s}$。

二维模型中糙率的取值以沿程各站实测水文资料为依据，采用试错法进行率定。率定的结果表明河道主槽糙率为 0.019～0.020，河道滩地糙率为 0.03～0.033，花园湖湖区糙率取规划值 0.0375。

3.4.3　模型率定与验证

在 2007 年、2008 年和 2010 年洪水过程中，选取 6 组相对稳定的时刻的流量、水位值，采用恒定流方式对河道主槽和滩地的糙率进行率定，以检验模型的适应性、稳定性和模拟的精度。各流量级计算水位与实测水位的对比见表 3.4-1。

表 3.4-1　　　　　　　　　　　计算水位与实测水位对比

测　站	$Q = 7320\text{m}^3/\text{s}$（2007 年 7 月 14 日）			$Q = 7580\text{m}^3/\text{s}$（2007 年 7 月 25 日）		
	实测水位	计算水位	水位差	实测水位	计算水位	水位差
临淮关	20.02	19.98	−0.04	20.17	20.15	−0.02
五河	18.39	18.41	0.02	18.51	18.55	0.04

测 站	$Q=7320\text{m}^3/\text{s}$（2007年7月14日）			$Q=7580\text{m}^3/\text{s}$（2007年7月25日）		
	实测水位	计算水位	水位差	实测水位	计算水位	水位差
浮山	17.51	17.54	0.03	17.68	17.70	0.02
小柳巷	17.40			17.52		

测 站	$Q=4630\text{m}^3/\text{s}$（2007年8月10日）			$Q=4100\text{m}^3/\text{s}$（2008年8月31日）		
	实测水位	计算水位	水位差	实测水位	计算水位	水位差
临淮关	18.02	17.98	−0.04	17.04	17.11	0.07
五河	16.80	16.76	−0.04	15.89	15.95	0.06
浮山	16.16	16.16	0.00	15.39	15.38	−0.01
小柳巷	16.07			15.32		

测 站	$Q=2850\text{m}^3/\text{s}$（2007年9月4日）			$Q=2370\text{m}^3/\text{s}$（2010年9月26日）		
	实测水位	计算水位	水位差	实测水位	计算水位	水位差
临淮关	16.02	16.02	0.00	15.34	15.40	0.06
五河	15.26	15.24	−0.02	14.71	14.68	−0.03
浮山	14.89	14.88	−0.01	14.39	14.38	−0.01
小柳巷	14.82			14.37		

注 表中 Q 是小柳巷站流量。

从表3.4-1可以看出，大流量级洪水计算水位与实测水位的最大差值为0.04m，二维模型计算结果较好地反映了实际情况，具有较高的精度及稳定性，可以用于花园湖行洪区调整水流模拟计算。

3.4.4 方案计算

3.4.4.1 计算条件

（1）规划工程：堤防退建工程包括临北段行洪区堤防退建、黄湾段堤防退建、巨湾段堤防退建、香浮段行洪区堤防退建等；临北进口至浮山段河槽疏浚；花园湖改为有闸控制的行洪区，新建退进、洪闸各一座，行洪流量3500m³/s。按照规划方案及相应的布置和地形进行方案计算。

（2）规划工况：淮河干流临北进口至浮山段河道设计行洪流量13000m³/s，其中花园湖行洪区设计分洪流量3500m³/s。沿程各控制节点规划水位见表3.4-2。

表 3.4-2　　　　　　　　　淮河干流临北进口至浮山段规划行洪能力

控制点	水位 /m	淮干河道流量 /(m³/s)	花园湖行洪流量 /(m³/s)	总流量 /(m³/s)
临淮关	21.23	13000		13000
临北段出口	20.92			
花园湖出口	20.24	9500	3500	13000
浮山	18.35	13000		13000

在行洪区不启用，淮河干流河道行洪流量为 10500m³/s 的条件下，沿程各控制节点规划水位见表 3.4-3。

表 3.4-3　　　　　　　淮河干流河道堤内行洪能力（行洪区不启用）

控制点	水位/m	堤内行洪流量/(m³/s)
临淮关	20.71	
花园湖进口	20.53	
临北段出口	20.46	10500
花园湖出口	19.64	
浮山	18.05	

3.4.4.2　规划条件下河道水位及比降

在规划地形条件下，进行各流量级方案计算。进口总流量为 10500m³/s、11000m³/s、12000m³/s、13000m³/s，控制浮山为规划水位。模型计算边界条件见表 3.4-4，沿程计算水位见表 3.4-5。

表 3.4-4　　　　　　　　模 型 计 算 边 界 条 件

进口流量/(m³/s)	浮山水位/m	边 界 条 件
10500	18.05	堤内行洪，花园湖行洪区不启用
11000	18.11（插值）	
12000	18.23（插值）	花园湖行洪区及圩区全部启用
13000	18.35	

表 3.4-5　　　　　　　各流量级淮河干流沿程计算水位

控制点	流 量 级/(m³/s)			
	10500	11000	12000	13000
临淮关	20.71	20.51	20.84	21.21
花园湖进口	20.55	20.33	20.65	20.94
临北段出口	20.50	20.32	20.65	20.94
花园湖出口	19.52	19.68	19.98	20.25
浮山	18.05	18.11	18.23	18.35

由表 3.4-5 可以看出，河道总流量 10500m³/s，临淮关计算水位 20.71m，与其规划相应水位一致；河道总流量 13000m³/s 时，临淮关计算水位 21.21m，与其规划相应水位 21.23 相当；河道总流量 13000m³/s 时，花园湖行洪区分泄流量为 3540m³/s。临淮关至浮山段堤防退建、河道疏浚及行洪区调整与建设工程总体满足规划要求。

由表 3.4-6 可以看出，花园湖出口至浮山段水面比降较大，超过 0.5×10^{-4}。

表 3.4-6 计算水面比降（×10^{-4}）

河　段	流　量　级/(m³/s)			
	10500	11000	12000	13000
临淮关至花园湖进口	0.25	0.28	0.29	0.42
花园湖进口至花园湖出口	0.35	0.22	0.23	0.24
花园湖出口至浮山	0.51	0.55	0.61	0.67

3.4.4.3 规划条件下行洪区过流能力及落差

淮河干流临北进口至浮山段规划行洪流量13000m³/s，花园湖行洪区规划行洪能力3500m³/s，进、退洪闸设计过闸落差均为0.14m，行洪区落差为0.44m，详细参数见表3.4-7，模型计算过闸落差见表3.4-8。

表 3.4-7 进、退洪闸设计行洪参数

闸名称	工况	水　位/m		水位差/m	流量/(m³/s)
		淮河侧	湖区侧		
进洪闸	设计行洪	20.96	20.82	0.14	3500
退洪闸	设计行洪	20.24	20.38	0.14	3500

表 3.4-8 进、退洪闸流量及水位计算值

闸名称	行洪流量/(m³/s)	测点位置	水位/m	测点位置	水位/m	水位差/m
进洪闸	3540	淮河侧500m	20.93	湖区侧300m	20.81	0.12
退洪闸	3540	淮河侧500m	20.26	湖区侧200m	20.40	0.14

由表3.4-7和表3.4-8可以看出，设计工况条件下，花园湖行洪区行洪流量3540m³/s，进洪闸计算过闸落差0.12m，退洪闸计算过闸落差0.14m，行洪区落差0.41m，花园湖行洪区过流能力，进、退洪闸过闸落差均满足规划要求。

淮河干流临北进口至浮山段总流量分别为11000m³/s和12000m³/s，闸门全开条件下，花园湖行洪区分泄流量分别为2630m³/s和3070m³/s。

3.4.4.4 规划条件下流态及流速分布

在规划条件下，淮河干流临北进口至浮山段行洪流量13000m³/s，花园湖行洪区规划分泄3500m³/s，淮河干流、花园湖行洪区及进、退洪闸流态及流速分布如下。

(1) 淮河干流流态及流速分布。本段淮河干流堤防退建和河道疏浚后，流态较好。临淮关至香庙段河道主槽流速一般为0.8~2.0m/s，香庙至浮山段河道主槽流速较大，一般为0.8~2.4m/s；浮山上游深潭处流速达2.8m/s；滩地流速0.3~0.8m/s。

(2) 花园湖行洪区流态及流速分布。进洪闸闸下（湖区侧）500m至退洪闸闸上（湖区侧）500m之间行洪区流速不超过0.5m/s。主流在行洪区北侧，进洪闸出流后沿地势低洼处呈S形流向退洪闸；行洪区南侧地势较高，流速较小，东南角为死水区。

(3) 进洪闸流态及流速分布。进洪闸存在偏流现象，闸室左侧流速大，平均值为1.9m/s，最大流速2.35m/s；右侧流速小，平均值为1.6m/s，进洪闸流态及流速分布如

图 3.4-2 所示。产生偏流的主要原因是，进洪闸闸轴线与淮河干流主流线夹角较大，上口门宽度偏小；湖区右侧地势高，左侧地势低。在上述因素的综合影响下，由于水流惯性作用造成主流偏向左侧。

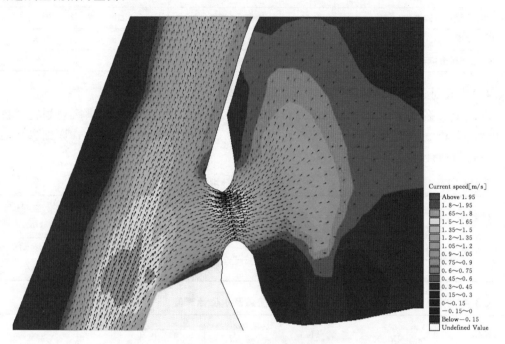

图 3.4-2　花园湖进洪闸流态图

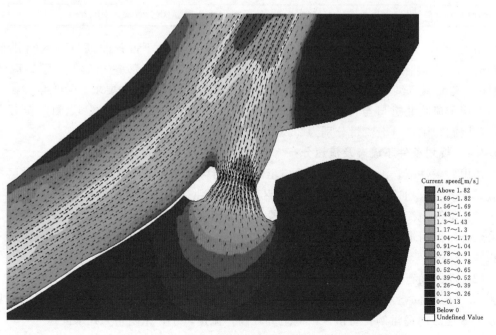

图 3.4-3　花园湖退洪闸流态图

（4）退洪闸流态及流速分布。退洪闸湖区侧和淮河侧流态均较好，闸上湖区右侧为死水区。退洪闸存在偏流，偏流程度较小，左侧平均流速 1.67m/s，右侧平均流速 1.78m/s。退洪闸流态及流速分布如图 3.4-3 所示。

主 要 参 考 文 献

[1] 虞邦义，杨兴菊，吴兰英，等. 淮河干流正阳关至峡山口段行洪区调整和建设工程河工模型试验研究报告 [R]. 安徽省·水利部淮委水利科学研究院，2012.

[2] 张学军，刘玲，余彦群，等. 淮河干流行蓄洪区调整规划 [R]. 中水淮河规划设计研究有限公司，2008.

[3] 杨兴菊，虞邦义，贲鹏，等. 淮河干流淮南（平圩）至蚌埠（闸）段河道整治及行洪区调整河工模型试验研究报告 [R]. 安徽省·水利部淮委水利科学研究院，2012.

[4] 贲鹏，虞邦义，杨兴菊. 淮河干流正阳关至峡山口段河道整治研究 [J]. 水利水电技术，2013，44（9）：55-58.

[5] 贲鹏，虞邦义，倪晋，等. 淮河干流正阳关至吴家渡段水动力数学模型及应用 [J]. 水利水电科技进展，2013，33（5）：42-26.

[6] 贲鹏，虞邦义，杨兴菊. 淮河干流峡山口至蚌埠段行洪区调整与河道整治研究 [J]. 泥沙研究，2013（5）：58-63.

第 4 章　淮河中游实测洪水调度研究

4.1　洪水调度实况分析

根据淮河干流 30d 还原洪水重现期分析成果[1-2]，2003 年淮河中游 30d 洪量重现期为 11～21 年，2007 年为 13～17 年。以 30d 还原洪量和最高水位、最大流量综合分析，不同节点洪水规模比较可以得出，正阳关以上洪水规模 2007 年大于 2003 年，正阳关以下 2007 年小于 2003 年，详见表 4.1-1 和表 4.1-2。

表 4.1-1　　　　2003 年、2007 年淮河干流主要节点洪水重现期成果表[1]

站名	2003 年		2007 年	
	最大 30d 还原洪量 /亿 m³	重现期 /年	最大 30d 还原洪量 /亿 m³	重现期 /年
王家坝	87.2	11	103.5	17
润河集	134.1	13	133.4	13
鲁台子	221.0	15	206.6	13
吴家渡	305.3	21	279.6	17

表 4.1-2　　　　2003 年、2007 年淮河干流主要节点洪水特征值统计表[1]

站名	2003 年		2007 年	
	最高水位/m	最大流量/(m³/s)	最高水位/m	最大流量/(m³/s)
王家坝	29.42	7610	29.59	8020
润河集	27.66	7170	27.82	7520
正阳关	26.80	7890	26.40	7970
吴家渡	22.05	8620	21.38	7520

从实测流量、水位分析，王家坝、润河集、鲁台子站 2007 年最大流量超过 2003 年最大流量 80～410m³/s；正阳关、淮南站及蚌埠站以下最高水位低于 2003 年、最大流量小于 2003 年。两个特征年最大 1d、3d、7d 洪量组成、过程变化各有特点，淮河流域 1991 年大规模治理以来，与现状工况最相近的大水年份，各种工况资料齐全，可回溯性强，因此选择 2003 年和 2007 年作为典型年进行调度分析。

4.1.1　2003 年洪水调度

2003 年汛期，淮河流域暴雨过程多、范围广、强度大、间隔时间短，导致淮河干流出现三场明显的洪水过程[1]。6月28日至7月5日淮河上游普降暴雨、大暴雨，王家坝以上流域面平均雨量187mm，润河集以上流域流量面平均雨量190mm，正阳关以上流域面平均雨量166mm，蚌埠以上流域面平均雨量160mm，造成淮河干流出现第一次洪水过程。王家坝站7月2日13时超过29.00m的保证水位并持续上涨。根据实时水情，王家坝闸于7月3日1时开闸蓄洪，开闸时王家坝水位29.39m，超过保证水位（也是当年规定的启用水位29.00m）0.39m；7月3日4时12分王家坝站出现最高水位29.42m，超保证水位0.42m；3日7时42分出现最大流量7610m³/s（总流量）；7月4日11时后王家坝水位回落至保证水位以下，7月5日6时30分王家坝闸关闭，本次开闸共53.5h，蓄洪2.182亿m³，7月3日15时45分最大进洪流量为1670m³/s。

为控制鲁台子至蚌埠段水位，扩大河道行洪能力，7月4—5日先后启用洛河洼、上下六坊堤、石姚段4个行洪区，行洪时实际水位分别超运用水位1.16m、1.12m和0.86m。7月6日11时唐垛湖下口门爆破行洪，行洪时正阳关站实际水位26.53m，超运用水位1.53m；同日19时50分，唐垛湖上口门爆破行洪，行洪时正阳关控制站水位26.06m。7月6日22时荆山湖上口门漫堤行洪，上口门行洪时淮南水位24.36m，超运用水位1.21m。7日11时26分，下口门爆破行洪。

为减轻淮河干流正阳关段、蚌埠段洪水压力，茨淮新河茨河铺闸7月2日20时36分至6日9时45分分洪，分洪水量2.11亿m³；怀洪新河何巷闸7月4日10时至7日20时分洪，分洪水量3.41亿m³。

在第一次洪水未退，淮河中游仍处于高水位情况下，7月7—17日淮河流域再次出现暴雨，王家坝以上流域面平均雨量105mm，润河集以上流域面平均雨量125mm，正阳关以上流域面平均雨量131mm，蚌埠以上流域面平均雨量115mm，淮河干流出现第二次洪水过程。王家坝站7月8日20时水位从27.54m再次回涨。同时大别山区史河、淠河出现较大洪水，与干流洪水遭遇。10日20时，润河集站水位涨至27.09m（接近保证水位27.10m），并以2~3cm/h的涨率持续上涨。为减轻淮河中游洪水压力，王家坝闸7月11日2时30分至14日12时39分再次开闸蓄洪。开闸时王家坝站水位28.87m（本次洪水的最高水位），最大分洪流量1370m³/s，实测进洪水量3.43亿m³。

在濛洼蓄洪区启用12h后，为控制正阳关水位持续上涨，先后启用邱家湖行洪区、城东湖蓄洪区。城东湖7月11日14时30分开闸蓄洪时淮河侧水位（闸下水位）26.86m，湖内侧水位（闸上水位）24.01m，控制站正阳关站水位26.72m。至14日20时42分关闸，分洪历时78h。最大进洪流量1500m³/s、进洪水量3.34亿m³。

7月11日12时30分邱家湖下口门开挖行洪。当时汪集站水位27.30m，超过规定行洪水位1.70m；同日19时45分，上口门爆破，相应汪集站水位27.29m。在7月12日19时正阳关站出现历史最高水位26.80m后，为了减轻洪水对淮河干流的压力，7月13—17日沙颍河阜阳闸全部关闭，茨淮新河茨河铺闸7月12日21时57分至17日8时15分开闸分泄沙颍河洪水。本次分洪水量为2.10亿m³，最大分洪流量1580m³/s。怀洪新河何巷7月9日12时至18日14时30分开闸分洪，分洪水量为8.48亿m³，最大分洪流量1670m³/s。

7月19—21日，淮河上游及淮北诸支流普降暴雨，王家坝以上流域面平均雨量

90mm，润河集以上流域流量面平均雨量 90mm，正阳关以上流域面平均雨量 62mm，蚌埠以上流域面平均雨量 56mm，淮河干流水位再次起涨，出现 6 月下旬至 7 月底的第三次洪水过程。王家坝至鲁台子河段最高水位明显低于第一、第二次洪水，由于没有再启用行蓄洪区，洪水过程比较平稳。淮河干流淮南以下河段受怀洪新河分洪等影响，没有出现明显的洪峰。为减轻淮干防洪压力，尽快下泄淮干洪水，茨淮新河 7 月 19 日 13 时 15 分至 20 日 17 时 18 分开闸分洪，分洪水量为 0.51 亿 m³，最大分洪流量 607m³/s。怀洪新河 7 月 22 日 2 时至 27 日 21 时 30 分开闸分洪，分洪水量为 5.29 亿 m³，最大分洪流量 1510m³/s。

王家坝站和鲁台子站降雨和洪水过程如图 4.1-1 和图 4.1-2 所示，行蓄洪区及分洪河道运用情况见表 4.1-3～表 4.1-6。

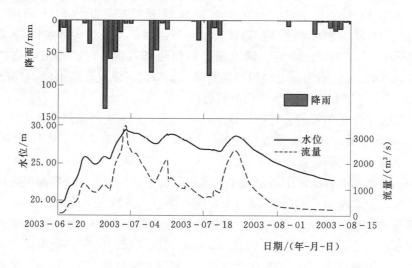

图 4.1-1　2003 年王家坝站降雨和洪水过程

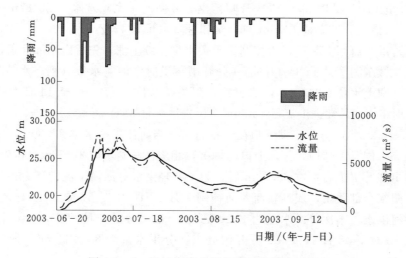

图 4.1-2　2003 年鲁台子站降雨和洪水过程

表 4.1-3   **2003 年沿淮蓄洪区运用情况统计表**[1]

| 蓄洪区名称 | 运用标准 | | 开闸蓄洪时控制站水情 | | | 关闸结束蓄洪控制站水情 | | | 最大进洪流量 /(m³/s) | 滞蓄水量 /(m³/s) |
	控制站	水位 /m	时间 /(月-日 时:分)	水位 /m	流量 /(m³/s)	时间 /(月-日 时:分)	水位 /m	流量 /(m³/s)		
濛洼	王家坝	29.00	07-03 1:00	29.39	6940	07-05 6:30	28.93	4760	1670	2.18
			07-11 2:30	28.87	4650	07-14 12:39	28.04	1930	1370	3.43
城东湖	正阳关	26.00	07-11 14:30	26.72	7470	07-14 20:42	26.39	6560	1500	3.34

表 4.1-4   **2003 年沿淮行洪区运用情况统计表**[1]

| 行洪区名称 | 运用标准 | | 行洪口门 | 行洪方式 | 时间 /(月-日 时:分) | 启用时控制站水情 | | 备注 |
	控制站	水位 /m				水位 /m	流量 /(m³/s)	
邱家湖	汪集	25.60	上口门	爆破	07-11 19:45	27.29		
			下口门	人工开挖	07-11 12:30	27.30		
唐垛湖	正阳关	25.00	上口门	爆破	07-06 19:50	26.06		
			下口门	爆破	07-06 15:20	26.55	7570	鲁台子站流量
上六坊堤	凤台	23.90	上口门	人工开挖	07-04 12:00	24.97		
			下口门	人工开挖	07-04 12:00	24.97		下口门二处
下六坊堤	凤台	23.90	上口门	人工开挖	07-04 12:00	24.97		
			下口门	人工开挖	07-04 12:00	24.97		
石姚段	淮南	23.20	上口门	人工开挖	07-05 13:00	24.00		
			下口门	人工开挖	07-05 13:00	24.00		下口门二处
洛河洼	淮南	22.50	上口门	人工开挖	07-04 8:30	23.62		上口门二处
			下口门	人工开挖	07-04 8:30	23.62		
荆山湖	淮南	23.150	上口门	爆破	07-06 19:00	24.36		
			下口门	爆破	07-07 11:26	23.51		

表 4.1-5   **2003 年汛期茨淮新河茨河铺闸分洪情况统计表**

| 分洪起止时间 /(月-日 时:分) | 最大分洪流量 /(m³/s) | 分洪水量 /亿 m³ | 分洪时下游控制站水情 | | | | | | |
| | | | 沙颍河阜阳闸 | | 淮河正阳关站 | | | | |
			开始流量 /(m³/s)	洪峰流量 /(m³/s)	开始水位 /m	开始流量 /(m³/s)	洪峰水位 /m	出现时间 /(月-日 时:分)	洪峰流量 /(m³/s)
07-02 20:36— 07-06 9:45	1240	2.11	1120	2480	24.03	5250	26.55	07-06 15:00	7890
07-12 21:57— 07-17 8:15	1580	2.10	阜阳闸关闭		26.80	7560	26.80	07-12 18:00	7620
07-19 13:15— 07-20 17:18	607	0.51	阜阳闸关闭		25.13	4850		持续回落	
10-13 14:09— 10-23 12:06	1440	4.29	1950	2070	21.30	2280	22.09	10-18 2:00	3020
备注	表中正阳关站洪峰流量为鲁台子站流量。								

表 4.1 - 6　　　　　　　　　2003 年汛期怀洪新河何巷闸分洪情况统计表

分洪起止时间 /(月-日 时：分)	最大流量 /(m³/s)	分洪水量 /亿 m³	分洪时淮河上下游控制站水情						
			淮南站		蚌埠（吴家渡）站				
			开始水位 /m	洪峰水位 /m	开始水位 /m	开始流量 /(m³/s)	洪峰水位 /m	洪峰水位出现时间 /(月-日 时：分)	洪峰流量 /(m³/s)
07 - 04　10：00— 07 - 07　20：00	1590	3.41	23.66	24.37	21.52	8410	22.05	07 - 06　22：00	8620
07 - 09　12：00— 07 - 18　14：30	1670	8.48	23.70	24.18	21.73	7900	21.85	07 - 14　1：30	7920
07 - 22　2：00— 07 - 27　21：30	1510	5.29	23.20	23.31	21.61	7430	21.64	07 - 22　7：00	7430
合计		17.18							

4.1.2　2007 年洪水调度

2007 年 6—9 月中旬淮河流域多次降暴雨，王家坝以上河段出现连续 4 次洪水，中游河段受行蓄洪区运用影响及沿程支流洪水汇入，形成自 6 月底至 9 月底的一场复式大洪水过程。王家坝至临淮岗河段出现 3 次洪峰，临淮岗至淮南段出现 2 次洪峰，淮南以下河段出现高水位持续时间长的单式洪峰[2]。

2007 年共启用濛洼蓄洪区，以及姜唐湖、荆山湖、南润段、邱家湖、洛河洼、上六坊堤、下六坊堤和石姚段 8 处行洪区滞蓄洪水，并启用怀洪新河分洪。

4.1.2.1　濛洼蓄洪

6 月 30 日开始，淮河上游淮南山区开始降雨，7 月 2 日雨区扩展至淮河北岸；7 月 4 日、5 日淮河上游南岸降雨略有减弱，北岸雨区主要位于班台以上流域。6 月 30 日至 7 月 5 日为王家坝以上流域第一次降雨过程，王家坝以上流域平均降雨 143mm；润河集以上流域平均降雨 144mm，正阳关以上流域平均降雨 112mm，蚌埠以上流域平均降雨 110mm。该次降雨致使王家坝 7 月 6 日 8 时 24 分出现第一次洪峰，水位达 28.16m，相应流量 4210m³/s。自 7 月 6 日开始，王家坝以上开始了第二轮降雨，至 7 月 9 日止，王家坝以上流域平均降雨 127mm；其中 7 月 8 日降雨最大，王家坝以上流域平均降雨 77mm。淮河流域第二轮降雨中，7 月 6—9 日，润河集以上流域平均降雨 131mm，正阳关以上流域平均降雨 88mm，蚌埠以上流域平均降雨 84mm。6 月 30 日至 7 月 9 日的两轮降雨造成王家坝出现两次洪水过程，由于降雨停歇间隔短，又受河道调蓄作用及区间降雨影响，王家坝两次洪水过程，传播至润河集时，两峰合并为一次洪峰向下游传播。

淮河上游第二轮降雨与第一轮降雨停歇间隔时间短，造成王家坝第一次洪水尚未退却，第二次洪水接踵而来。7 月 8 日 0 时王家坝站水位在落至 28.16m 时再度回涨，在上游及支流白露河、洪汝河同时来水的情况下，该站水位涨势迅猛，7 月 10 日 10 时 6 分达到保证水位 29.30m。10 日 12 时 28 分濛洼蓄洪区王家坝闸开闸蓄洪，开闸时闸上水位 29.48m，超过保证水位（也是规定的启用水位 29.30m）0.18m，最大进洪流量 1660m³/

s。受王家坝闸开闸蓄洪的影响，王家坝站水位短暂回落至 29.44m 时又开始回涨，7月11日3时42分出现当年最高洪峰水位 29.59m。12日7时23分王家坝闸开始减少泄量，12日9时52分关闸。濛洼蓄洪区本次开闸历时 45.4h，滞蓄淮河水量 2.44 亿 m^3。

4.1.2.2 行洪区行洪

在 2007 年淮河洪水中，为减轻淮河中游干流的防洪压力，控制正阳关水位，先后两次启用姜唐湖蓄洪区。

在淮河第二次洪水过程中，濛洼蓄洪区启用 27h 后，姜唐湖蓄洪区进洪闸和退洪闸相继启用。7月11日15时5分和15时16分姜唐湖退洪闸、进洪闸分别开启，开闸蓄洪时控制站正阳关站水位 26.40m。7月12日18时姜唐湖退洪闸关闭，13日14时43分姜唐湖进洪闸关闭，进洪总历时 47.5h。经推算进洪闸最大进洪流量 1210 m^3/s，退洪闸反向最大进洪流量 1140 m^3/s，合成最大进洪流量 2210 m^3/s，总进洪水量 2.11 亿 m^3。

在第二次降雨停歇三天后，7月13—14日，淮河流域再次降暴雨、大暴雨，造成王家坝出现第三次洪水过程。王家坝以上流域平均降雨 95mm，润河集以上流域平均降雨 83mm，正阳关以上流域平均降雨 70mm，蚌埠以上流域平均降雨 59mm。在淮河第三次洪水过程中，为减轻淮河中游正阳关段防洪压力，7月19日7时30分姜唐湖退洪闸开启，开闸蓄洪时控制站正阳关站水位 26.05m。7月19日19时10分姜唐湖退洪闸关闭，进洪总历时 11.7h。经推算退洪闸反向最大进洪流量 1010 m^3/s，总进洪水量 0.32 亿 m^3。

在 2007 年淮河洪水中，为减轻淮河干流淮南至蚌埠段的防洪压力，先后两次启用荆山湖蓄洪区。

在淮河的第三次洪水中，为减轻淮河干流淮南段的防洪压力，7月19日20时6分荆山湖进洪闸开启，开闸蓄洪时控制站淮南站水位 23.70m。为减轻淮河干流蚌埠段的防洪压力，7月20日12时，荆山湖退洪闸开启。7月21日17时35分荆山湖进洪闸关闭，历时 45.5h；23日0时50分荆山湖退洪闸关闭，历时 60.8h。经推算进洪闸最大进洪流量 1950 m^3/s，退洪闸反向最大进洪流量 1130 m^3/s，合成最大进洪流量 2730 m^3/s，总进洪水量 3.67 亿 m^3。为减轻淮河干流淮南段的防洪压力，7月22日20时5分至23日8时15分，荆山湖进洪闸再次进洪，历时 12.2h。经推算最大进洪流量 811 m^3/s，进洪水量 0.32 亿 m^3。

采用扒口行洪有南润段、邱家湖、上六坊堤、下六坊堤、石姚段和洛河洼 6 处。按启用时间的先后依次为南润段、上六坊堤、下六坊堤、邱家湖、石姚段和洛河洼。现以启用时间的先后分述各行洪区的运用情况。

王家坝、润河集、鲁台子和吴家渡降雨和洪水过程如图 4.1-3 和图 4.1-4 所示，行蓄洪区运用情况见表 4.1-7 和表 4.1-8。

表 4.1-7　　　　　　　　2007 年沿淮蓄、行洪区运用情况统计表[2]

蓄洪区名称	运用标准		开闸蓄洪时控制站水情			关闸结束蓄洪控制站水情			最大进洪流量/(m^3/s)	滞蓄水量/(m^3/s)
	控制站	水位/m	时间/（月-日 时：分）	水位/m	流量/(m^3/s)	时间/（月-日 时：分）	水位/m	流量/(m^3/s)		
濛洼	王家坝	29.30	07-10 12：28	29.48	6760	07-12 9：52	29.30	5730	1660	2.44
姜唐湖	正阳关	26.00	07-11 15：05	26.40		07-13 14：43	25.98		2210	2.11
			07-19 7：30	26.05		07-19 19：10	25.93		1010	0.32

续表

蓄洪区名称	运用标准		开闸蓄洪时控制站水情			关闸结束蓄洪控制站水情			最大进洪流量 /(m³/s)	滞蓄水量 /(m³/s)
	控制站	水位 /m	时间 /(月-日 时：分)	水位 /m	流量 /(m³/s)	时间 /(月-日 时：分)	水位 /m	流量 /(m³/s)		
荆山湖	淮南	23.15	07-19 20：06	23.70		07-23 0：50	23.30		2730	3.67
			07-22 20：05	23.34		07-23 8：15	23.32		811	0.32
合计										8.86

表 4.1-8　　　　　　　　　　　2007 年沿淮行洪区运用情况统计表

行洪区名称	运用标准		行洪口门	行洪方式	时间 /(月-日 时：分)	启用时控制站水情		备 注
	控制站	水位 /m				水位 /m	流量 /(m³/s)	
南润段	南照集	27.90	上口门	人工开挖	07-11 12：00	28.28		
			下口门	人工开挖	07-11 12：30	28.28		
邱家湖	汪集	25.6		人工开挖	07-11 16：10	27.45		
上六坊堤	凤台	23.90	上口门	人工开挖	07-11 12：00	25.03		
			下口门	人工开挖	07-13 8：00	24.80		
下六坊堤	凤台	23.90	上口门	人工开挖	07-11 12：00	25.03		上口门二处
			下口门	人工开挖	07-11 12：00	25.03		
石姚段	淮南	23.20	上口门	人工开挖	07-12 19：30	23.63		
			下口门	人工开挖	07-12 19：30	23.63		
洛河洼	淮南	22.50	上口门	人工开挖	07-15 16：00	23.42		
			下口门	人工开挖	07-15 16：00	23.42		

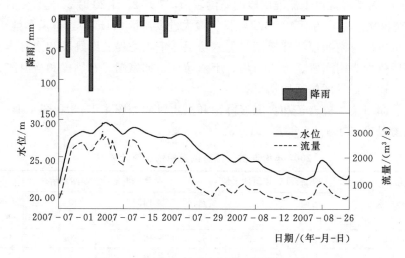

图 4.1-3　2007 年王家坝降雨和洪水过程

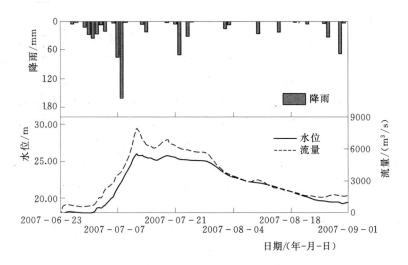

图 4.1-4 2007 年鲁台子降雨和洪水过程

4.1.2.3 分洪河道

自 2002 年 7 月 9 日起，淮河蚌埠及以下河段水位持续在警戒水位以上。至 20 日，蚌埠（吴家渡）、临淮关、五河、小柳巷等站相继出现最大洪峰。之后，淮河洪水呈全面回落态势，但蚌埠以下干流河段退水十分缓慢。为加快洪水下泄，尽快降低蚌埠以下河段水位，以减轻防洪压力，何巷闸于 7 月 29 日 12 时开启分洪闸。开闸时淮河蚌埠（吴家渡）水位 20.81m，相应流量 6530m³/s。开始分洪时何巷闸闸上水位 21.15m，闸下水位 16.54m，分洪时流量为 275m³/s。29 日 22 时 42 分，何巷闸最大分洪流量 1130m³/s。至 8 月 1 日 7 时 54 分关闸，分洪时间约 68h，分洪水量 2.283 亿 m³。

4.1.3 1954 年洪水调度

1954 年淮河流域发生了新中国成立以来最大洪水，具有暴雨范围广、历时长，峰高量大，高水位持续时间长的特点[4]。当年 5 月中下旬，全流域普降暴雨，雨区主要集中在上游及淮南山区，降雨抬高了淮干水位，导致淮干 5 月水位超过了历年汛前最高水位。进入 7 月，淮河上、中游连续发生 5 次暴雨过程。第一次过程 7 月 1—7 日，暴雨区位于息县以下沿淮两岸，暴雨中心王家坝站次降雨 526mm。第二次过程 9—11 日，暴雨强度最大，范围也广，淮北宿州周围、沙颍河中游、史灌河上游出现大暴雨，吴店最大一天降雨量为 422.6mm。第三次过程 15—17 日，暴雨区略北移且西伸至伏牛山区，中心区域为洪汝河上游及沙颍河中游。第四次过程 19—21 日，暴雨主要在沙颍河、涡河中下游及淮南山区。第五次过程 26—28 日，暴雨区在洪河、白露河及下游洪泽湖一带。淮河流域 7 月份平均降雨量达 529mm，暴雨中心吴店、临泉、宿县和王家坝 7 月月雨量分别达 1265.3mm、1074.9mm、963mm 和 923.8mm。

淮河干流水位自 7 月 3 日迅速上涨。王家坝站 7 月 3—6 日，水位由 22.0m 涨至 28.0m 以上。7 月 6 日 13 时，濛洼蓄洪，7 日 10 时王家坝水位达 29.07m，因濛洼蓄洪堤溃决，水位曾一度下落，7 月 24 日 0 时，王家坝水位达 29.59m。

王家坝至正阳关段之间南润段、润赵段、赵庙段（邱家湖）、姜家湖行洪区等于 7 月 6 日相继行洪。城西湖 7 月 7 日 8 时开启闸门蓄洪，因闸下静水池被冲坏旋即被迫关闭，7 月 11 日 13 时，在下游陈郢子扒城西湖堤进洪。7 月 9—10 日，庙垂段（颍右堤保护区）、正南洼和临王段相继破口进洪。城东湖于 7 月 12 日 1 时开闸蓄洪。由于洼地及行蓄洪区的行蓄洪应用，使得正阳关水位 12 日一度下降 0.4m，13 日又开始回涨。

正阳关以下，六坊堤行洪区于 7 月 8 日 21 时漫堤行洪，董峰湖、黑长段（现黑李上段一部分）、三芡缕堤（现荆山湖堤段一部分）、石姚段等行洪区也于 9—10 日相继行洪。7 月 20 日寿西湖在黑泥沟以下开口进洪，不久洪水又由寿西湖灌入瓦埠湖。7 月 21 日，城东湖闸由于内水来量大，发生漫堤外溢，造成河湖相平，失去控制。7 月 23 日，城西湖上格堤发生溃决，导致大量洪水进入湖内，使下格堤漫溢，城西湖也失去了控制。瓦埠湖在进洪前内水位已高达 23.29m，进洪后湖水位复行上涨，使寿县城受到极大威胁，遂于 23 日开放东淝闸放水，为保淮堤安全，该闸又于 26 日关闭，至 27 日 2 时禹山坝决口以前瓦埠湖内最高蓄洪水位达 25.92m，洪水漫过东淝闸及拦河坝，使该闸失去控制。7 月 26 日，正阳关水位达到 26.55m，最大洪峰流量为 12700m³/s（包括寿西湖及南岸漫岗流量）。

蚌埠以下方邱湖、花园湖行洪区于 7 月 17 日 2 时同时行洪，香浮段和浮山段以下淮河南岸（潘村洼行洪区）分别在 7 月 21 日和 27 日漫水行洪。在淮干行蓄洪区及非确保区全部运用情况下，淮北大堤仍然在 7 月 27 日和 7 月 31 日，分别于凤台县境的禹山坝和五河县境的毛滩两处决口。至 8 月 5 日 2 时，蚌埠吴家渡出现最高水位 22.18m，最大洪峰流量为 11600m³/s。

4.2　特征时段洪量与最高水位关系分析

4.2.1　特征洪量洪水调度的基本思路

淮河治理标准是依据各节点设计洪水确定的，即考虑了洪峰流量（最高水位同步），也考虑了洪水总量的安排，从宏观调度出发，对洪水规模考虑更多。传统洪水预报方法输出极值，如洪峰流量和最高水位，对基于宏观调度的依据——洪量，考虑不多[3-5]。根据实测资料分析，特征时段洪量与峰值关系较好，尤以短时段洪量为佳。从调度角度，应首先考虑是否能承受总洪量，再考虑承受极值。从预测预报及调度角度分析，1d、3d、7d 洪量属于短期洪水预报，具有一定的预报精度；7d 以上洪量受工程控制、天气变化等影响，预报预测精度较差，难以满足调度对洪水过程精度的要求。因此选择 1d、3d、7d 洪量做调度分析。

1951 年以来，淮河干流控制站王家坝、润河集、鲁台子和吴家渡有近 60 年连续完整的水位流量观测资料，资料精度较高。利用实测水位流量资料分析各控制站点特征洪量与最高水位之间的相关关系。分析表明，1d、3d、7d 年最大过洪量与最高水位相关度高，各控制站最高水位受 1d、3d、7d 洪量影响较大。

在实际的洪水调度中，行蓄洪区应用时间、分洪河道分洪时间基本控制在 7d 以内，并满足防御淮河干流中小洪水的要求。如在 1991 年、2003 年和 2007 年的实际洪水调度中，各蓄洪区一次运用历时 11.7～105.5h。其中濛洼蓄洪区 1991 年 7 月 7 日 7 时开始开闸蓄洪，至 11 日 16 时 33 分关闸，分洪历时 105.5h，累计进洪 4.133 亿 m^3，使王家坝由最高水位 29.03m 降至 28.62m，分洪效果明显。2007 年姜唐湖 7 月 19 日 7 时 30 分开闸进洪，至 19 日 19 时 10 分关闭，分洪历时 11.7h，累计进洪 0.32 亿 m^3，使正阳关由水位 26.05m 降至 25.93m。1991 年、2003 年和 2007 年各蓄洪区调度控制运用及蓄洪量详见表 4.2-1～表 4.2-3。故从控制总量和最高极值选择 1d、3d、7d 洪量进行调度分析基本满足实际调度的需要。

表 4.2-1　　　　　　　　　　1991 年沿淮蓄洪区运用情况表[6]

蓄洪区名称	运用标准		开闸蓄洪时控制站水情			关闸结束蓄洪控制站水情			进洪历时 /h	最大进洪流量 /(m³/s)	滞蓄水量 /亿 m³
	控制站	水位 /m	时间 /(月-日 时：分)	水位 /m	流量 /(m³/s)	时间 /(月-日 时：分)	水位 /m	流量 /(m³/s)			
濛洼	王家坝	28.30～28.66	06-15 7：12	29.31	6110	06-18 23：34	28.54	3080	88.4	1600	3.979
			07-7 7：00	29.03	4280	07-11 16：33	28.62	2670	105.5	1440	4.133
城西湖	润河集	27.10	07-11 15：00	27.38	5200	07-14 6：30	26.71	2460	64.5	2780	5.200
	正阳关	26.50									
城东湖	正阳关	25.50～26.00	07-10 10：24	26.26	7150	07-11 17：18	26.50	7450	30.9	500	0.540

表 4.2-2　　　　　　　　　　2003 年沿淮蓄洪区运用情况表

蓄洪区名称	运用标准		开闸蓄洪时控制站水情			关闸结束蓄洪控制站水情			进洪历时 /h	最大进洪流量 /(m³/s)	滞蓄水量 /亿 m³
	控制站	水位 /m	时间 /(月-日 时：分)	水位 /m	流量 /(m³/s)	时间 /(月-日 时：分)	水位 /m	流量 /(m³/s)			
濛洼	王家坝	29.00	07-03 1：00	29.39	6940	07-05 6：30	28.93	4760	53.5	1670	2.182
			07-11 2：30	28.87	4650	07-14 12：39	28.04	1930	82	1370	3.434
城东湖	正阳关	26.00	07-11 14：30	26.72	7470	07-14 20：42	26.39	6560	78	1500	3.335

表 4.2-3　　　　　　　　　　2007 年沿淮蓄洪区运用情况表

蓄洪区名称	运用标准		开闸蓄洪时控制站水情			关闸结束蓄洪控制站水情			进洪历时 /h	最大进洪流量 /(m³/s)	滞蓄水量 /亿 m³
	控制站	水位 /m	时间 /(月-日 时：分)	水位 /m	流量 /(m³/s)	时间 /(月-日 时：分)	水位 /m	流量 /(m³/s)			
濛洼	王家坝	29.30	07-10 12：28	29.48	6760	07-12 9：52	29.30	5730	45.4	1660	2.44
姜唐湖	正阳关	26.00	07-11 15：05	26.40		07-13 14：43	25.98		47.5	2210	2.11
			07-19 7：30	26.05		07-19 19：10	25.93		11.7	1010	0.32
荆山湖	淮南	23.15	07-19 20：06	23.70		07-23 0：50	23.30		45.5	2730	3.67
			07-22 20：05	23.34		07-23 8：15	23.32		12.2	811	0.32

4.2.2　淮河中游主要节点特征洪量与最高水位关系

4.2.2.1　王家坝站

王家坝站作为淮河中游第一站，是淮河中游汛情的风向标，水位的高低关联着淮河的防汛形势，关联着濛洼蓄洪区的调度运用（图 4.2-1）。

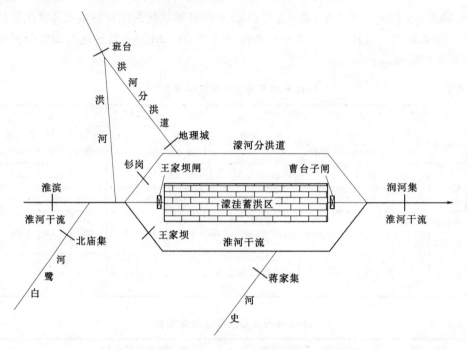

图 4.2-1　淮河王家坝站控制断面位置示意图

王家坝在一般年份有 3 个过水断面，即淮河干流断面、官沙分洪道钐岗断面、洪河分洪道地理城断面。当启用濛洼蓄洪区分洪时，王家坝拥有 4 个过水断面（淮河干流断面、官沙分洪道钐岗断面、洪河分洪道地理城和王家坝闸）。当淮干流量超过 300m³/s 时，官沙湖分洪道开始过水，水位在 26.30～27.00m 时漫滩。淮干、钐岗断面主要承泄淮河干流来水，地理城断面分洪道承泄洪河洪水。

由于王家坝过流断面复杂，将王家坝过洪量与最高水位相关分析分 4 种情况：①王家坝淮河干流、钐岗合并洪量与最高水位相关分析；②王家坝淮河干流、钐岗、王家坝闸合并洪量与最高水位相关分析；③王家坝淮河干流、钐岗、地理城合并洪量与最高水位相关分析；④王家坝 4 断面总洪量与最高水位相关分析。

分别点绘 4 种情况下 1d、3d、7d 最大过洪量与最高水位相关图，各组合情况特征时段洪量与最高水位关系如图 4.2-2～图 4.2-7 所示。在高水位部分，第②种情况洪量与水位的相关图点据相关性好。第①种情况高水部分受部分年份王家坝开闸分洪，洪水比降改变影响，出现点据分散现象。第③种情况考虑了洪河来水对王家坝洪水组成的影响。第④种情况考虑了 4 个断面总过洪量与最高水位的关系。4 种组合相比较，第③种情况（王家坝淮河干流、钐岗、地理城合并洪量与最高水位），当洪河洪水较大，洪水满溢出河道堤防

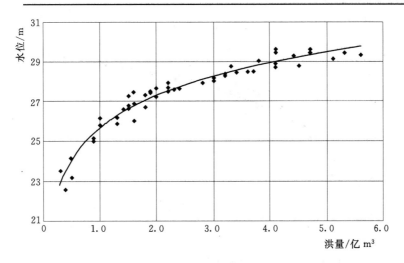

图 4.2 - 2　淮干＋钐岗最大 1d 过洪量与最高水位关系图

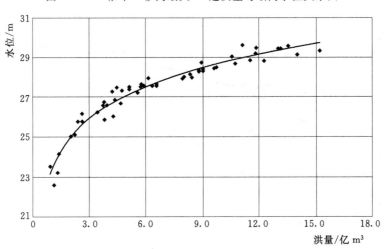

图 4.2 - 3　淮干＋钐岗最大 3d 过洪量与最高水位关系图

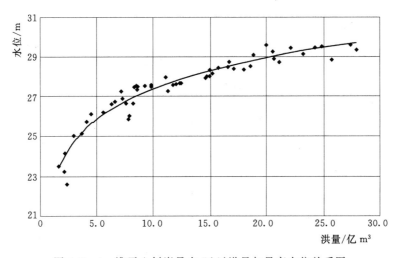

图 4.2 - 4　淮干＋钐岗最大 7d 过洪量与最高水位关系图

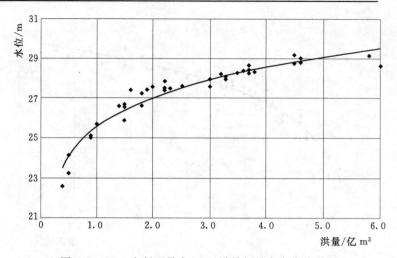

图 4.2 - 5　4 个断面最大 1d 过洪量与最高水位关系图

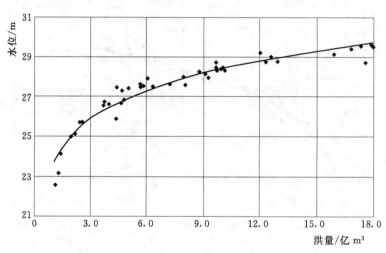

图 4.2 - 6　4 个断面最大 3d 过洪量与最高水位关系图

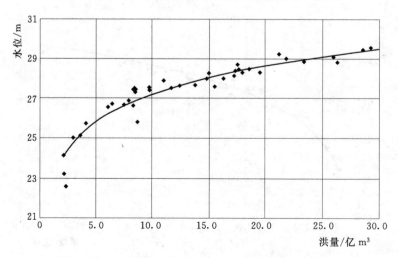

图 4.2 - 7　4 个断面最大 7d 过洪量与最高水位关系图

时，3个断面的合并洪量与最高水位相关关系较差。第④种情况的点据（总洪量与最高水位相关关系）较①、②种情况散乱。因此王家坝水位高低主要受淮河干流上游洪量大小影响。

受底水、连续洪水等因素影响，王家坝站相同水位级下的过洪能力略有不同。反映在1d、3d、7d洪量的组成方面，如2003年、2005年和2007年，仅以河道实际洪量分析，2005年1d、3d大于2003年和2007年；但从淮河干流上游来水（淮干＋钐岗＋闸）分析，1d、3d、7d洪量排序，2007年最大、2003年次之、2005年最小，见表4.2-4，反映在最高水位上的高低排序与洪量大小相同。

表4.2-4　　　　　　　王家坝典型年1d、3d、7d最大过洪量统计表

年份	统计时段 /d	年最高水位 /m	最大过洪量/亿 m³		
			淮干＋钐岗	淮干＋钐岗＋闸	淮干＋钐岗＋闸＋地理城
2003	1	29.42	4.7	5.6	6.3
	3		13.0	15.1	16.8
	7		24.3	26.5	30.1
2005	1	29.14	5.1	5.1	5.8
	3		14.0	14.0	16.0
	7		23.3	23.3	26.0
2007	1	29.59	4.7	6.0	6.7
	3		13.5	16.0	17.9
	7		27.5	29.9	33.4

根据淮干＋钐岗1d、3d、7d洪量与最高水位相关关系，在保证水位29.30m条件下，王家坝（淮干、钐岗）河道断面最大1d临界过洪量4.6亿 m³，最大3d临界过洪量12.5亿 m³，最大7d临界过洪量23.6亿 m³（见表4.2-5）。

表4.2-5　　　　王家坝河道（淮干＋钐岗）保证水位条件下临界过洪量

水位/m	临界过洪量		
	1d	3d	7d
29.30	4.6	12.5	23.6
29.40	4.7	13.0	24.5
29.50	4.9	13.5	25.5

在实际调度应用中，依托第①种情况王家坝淮河干流、钐岗合并洪量与最高水位相关关系，并结合最大1d、3d、7d洪量与最高水位关系，在王家坝出现超标洪水，根据控制目标水位，对1d、3d洪量进行蓄洪消减。根据相关关系，如预测1d洪量较大，查算最高水位高于3d、7d洪量对应的最高水位，调度时重点蓄洪消减最大1d洪量；如果根据相关关系3d、7d洪量相对较大，查算水位高于1d洪量查算水位，可根据相关关系重点蓄洪消减最大3d洪量。

4.2.2.2　润河集

润河集站于 1951 年 5 月由治淮委员会设立为二等水文站，位于颍上县润河集镇。1955 年后站址移至下游约 3.5km 的霍邱县李郢村鹦歌窝。1998 年 1 月，因城西湖大堤退建，该站迁至下游 2km 处的陈郢子。

润河集站来水由王家坝（淮河干流、官沙湖分洪道钐岗、洪河分洪道地理城）、史河蒋家集站，及区间（王家坝、蒋家集至润河集之间的流域面积，本节中以区间简称）汇入构成。区间控制面积占润河集站控制面积的 9.44%。区间干流河长 71km，比降为 0.04‰。区间内淮河南岸多为山地，植被良好，有史灌河汇入，洪水暴涨暴落；北岸为平原，植被覆盖较差，有谷河、润河汇入，洪水涨落缓慢。

王家坝至润河集淮河河段，城西湖蓄洪区位于淮河右岸沣河下游，由上格堤、蓄洪大堤、进洪闸、退水闸和船闸组成。城西湖进洪闸位于润河集站上游，相距离 7km；退水闸和船闸为临淮岗工程的组成部分，位于润河集站下游，相距离 17km。城西湖设计蓄洪库容 29.5 亿 m³，设计蓄水位 26.50m；曾于 1954 年、1968 年和 1991 年共 8 次开闸蓄洪。1991 年淮河洪水时，城西湖最大进洪流量 2680m³/s，蓄洪量为 5.2 亿 m³。城西湖启用时，对润河集水位影响较大。

南润段行洪区地处颍上县境内淮河左岸，南润段行洪控制闸与城西湖进洪闸隔河相望。近几年淮河流域治理，南润段行洪区退建。当水位 27.9m 时，行洪库容仅 0.669 亿 m³，行洪库容缩减了近 70%。1954 年以来，共有 14 次使用南润段行洪，但 1990 年以来，仅 1991 年和 2007 年使用南润段行洪。

润河集站水位与洪量关系稳定，特别在不启用南润段和城西湖情况下，在 27.0m 以上，水位与过洪量关系稳定（参见如图 4.2-8～图 4.2-10 所示）。高水情况下点据右偏，主要受行蓄洪影响。如最大 1d、3d 过洪量与最高水位关系图 1954 年、1956 年、1968 年、1969 年和 1983 年点据右偏。

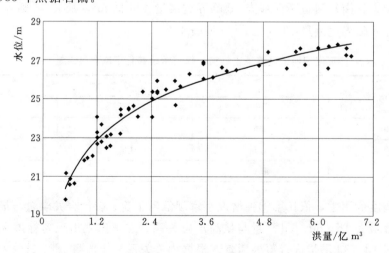

图 4.2-8　润河集年最大 1d 过洪量与最高水位关系图

由此分析，根据润河集最高水位与最大洪量相关关系，在正常情况下，润河集保证水位下 1d 临界过洪量 5.0 亿 m³，3d 临界过洪量 14.4 亿 m³，7d 临界过洪量 30.0 亿 m³，详

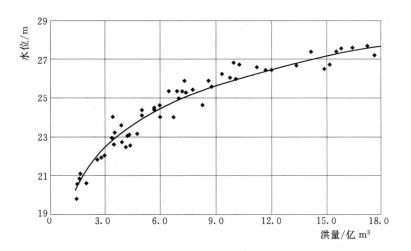

图 4.2-9　润河集年最大 3d 过洪量与最高水位关系图

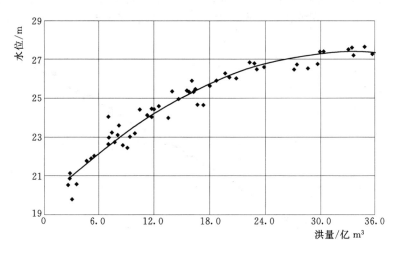

图 4.2-10　润河集年最大 7d 过洪量与最高水位关系图

见表 4.2-6。典型年 2003 年最高水位 27.66m，最大 1d 洪量 6.0 亿 m³，3d 洪量 16.6 亿 m³，7d 洪量 33.5 亿 m³；2007 年最高水位 27.86m，最大 1d 洪量 6.4 亿 m³，3d 洪量 18.1 亿 m³，7d 洪量 36.2 亿 m³。对比典型年分析，不同水位级下的临界洪量分析合理。

表 4.2-6　　　　　　　　　　　　润河集保证水位条件下临界过洪量

水位/m	临 界 过 洪 量/亿 m³		
	1d	3d	7d
27.10	5.0	14.4	30.0
27.40	5.5	15.6	33.0
27.80	6.2	17.8	37.0

如果实际调度中，当上游洪水经行、蓄洪区调蓄后，润河集仍超临界洪量，可首先使用南润段行洪区行洪；再根据城西湖蓄洪条件（一是润河集水位超过 27.10m，城西湖蓄

洪大堤出现严重险情；二是正阳关水位达 26.5m，淮北大堤等重要堤防出现险情是启用城西湖蓄洪），考虑城西湖蓄洪。启用城西湖蓄洪依据润河集最高水位与最大洪量关系，分泄超量洪水。

4.2.2.3　鲁台子（正阳关）

鲁台子站上游约 12km 的淮河左岸有颍河汇入，颍河入淮干其洪水过程主要受阜阳闸及颍上闸控制影响。鲁台子站上游 18km 处右岸有淠河汇入，淠河洪水过程陡涨陡落。由于流域面积大，各支流流域特征不同，洪水特性各异，鲁台子的洪水组合复杂，往往是一峰未落另峰再起，多为连续洪水过程。鲁台子测流断面右岸有寿西湖行洪区，下游约 7km 处左岸有董峰湖行洪区；润河集至鲁台子河段左岸有邱家湖、姜唐湖两处较大的行洪区，右岸有城西湖、城东湖蓄洪区。它们对淮河洪水起滞蓄、削减洪峰的作用。大洪水期间各行蓄洪区不同的调度运用组合使鲁台子洪水过程及水位流量关系复杂。

正阳关站位于淠河口、颍河口之间的淮干右岸，鲁台子站上游 14km 处。其洪峰水位与鲁台子洪峰水位相关关系良好，如图 4.2-11 所示，高水时，正阳关洪峰水位约比鲁台子高 0.4m。本节中主要分析鲁台子水位洪量关系，鲁台子水位经由本相关关系转化为正阳关水位。

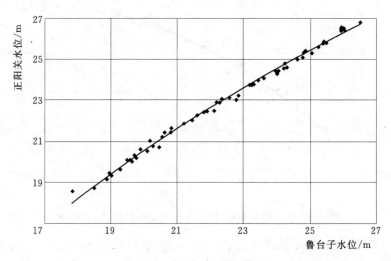

图 4.2-11　正阳关与鲁台子洪峰水位相关图

从水位洪量关系图（图 4.2-12～图 4.2-14）分析，在中等洪水年份，鲁台子站水位主要受行蓄洪区运用及支流来水大小影响。2003 年、2007 年 1d、3d、7d 洪量相当，但行蓄洪区运用及淠、颍来水组成均不一样（见表 4.2-7）。

表 4.2-7　　　　　　　　　　　鲁台子站 2003 年和 2007 年洪量比较表

年份	年最高水位/m	年最大洪量/亿 m³		
		1d	3d	7d
2003	26.49	6.5	18.9	40.9
2007	26.01	6.6	18.8	40.5

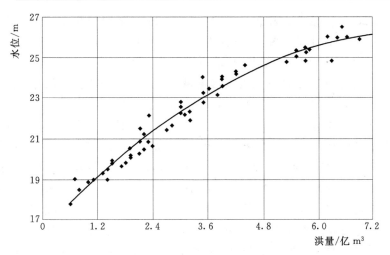

图 4.2-12　鲁台子年最大 1d 过洪量与最高水位关系图

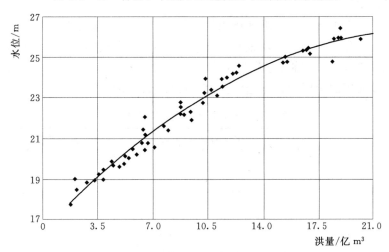

图 4.2-13　鲁台子年最大 3d 过洪量与最高水位关系图

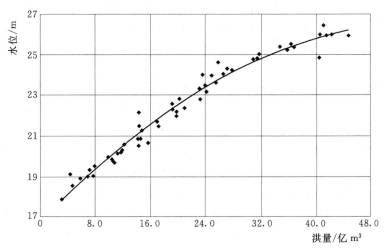

图 4.2-14　鲁台子年最大 7d 过洪量与最高水位关系图

2003 年与 2007 年相比，在鲁台子洪峰段，2003 年潩、颍支流来水较 2007 年大。2003 年 7 月 3—15 日期间，鲁台子有 243h 流量在 6000m³/s 以上，有 52h 流量在 7000m³/s，峰型偏胖并以双头型复式峰出现，于 7 月 5 日 14 时出现最大洪峰流量 7890m³/s，7 月 6 日 14 时出现第二次洪峰流量 7580m³/s。期间颍河、潩河先后出现最大洪峰流量 2480m³/s、3250m³/s 来水。干支流洪水叠加，洪水壅滞难下。2007 年 7 月 10—22 日期间，鲁台子有 271h 流量在 6000m³/s 以上，有 50h 流量在 7000m³/s 以上；洪峰峰型呈现为复式锋型，第一个洪峰大，第二个峰略小。7 月 11 日 16 时出现最大洪峰流量 7970m³/s，7 月 19 日 2 时出现第二次洪峰流量 6830m³/s。期间颍河形成了 3 次连续洪水过程，7 月 10 日 2 时出现第一次洪峰流量 1430m³/s，7 月 17 日 8 时出现第二次洪峰流量 1890m³/s，7 月 22 日 20 时出现第三次洪峰流量 2120m³/s；潩河来水较小，最大流量仅 471m³/s。从支流颍、潩河洪峰段来水分析，2003 年支流来水对洪峰水位影响大于 2007 年。洪水地区组成的不同，导致 2003 年鲁台子 1d、3d、7d 与 2007 年过洪量相差不大情况下，最高水位高于 2007 年。

由于鲁台子站受上下游行蓄洪区运用工况影响较大，取最大 1d、3d、7d 洪量与最高水位点据上包线临界洪量分析。依据最高水位与洪量关系分析，鲁台子站保证水位下 1d 临界过洪量 6.8 亿 m³，3d 临界过洪量 19.5 亿 m³，7d 临界过洪量 41.0 亿 m³。受连续洪水、支流来水较人等因素影响，点据将上偏（见表 4.2-8）。

表 4.2-8　　　　　　　鲁台子站保证水位条件下临界过洪量

水位/m	临界过洪量/亿 m³			相应正阳关站水位/m
	1d	3d	7d	
26.10	6.2	18.5	38.0	26.50
26.40	6.8	19.5	41.0	26.90
26.80	7.2	21.0	44.0	27.20

鲁台子站受上下游行蓄洪区、分洪河道运用影响较大，当预测鲁台子站（正阳关）超临界洪量，可首先选择茨淮新河分洪，然后考虑启用正阳关以上行蓄洪区，如邱家湖、姜唐湖、城东湖等；若鲁台子站然超过临界洪量，再考虑启用正阳关以下行蓄洪区，如董峰湖、寿西湖行洪区等。

4.2.2.4　吴家渡

吴家渡站位于蚌埠闸下游 9km 处。蚌埠闸于 1958 年兴建，1963 年竣工，老闸 28 孔，闸孔净宽 10.00m，闸身总宽 336m，闸底板高程 10.00m。右岸建有水电站、船闸和分洪道。分洪道进口高程 19.00m，渠宽 330m，长约 1500m。2003 年左岸兴建蚌埠新闸。新闸共 12 孔，孔宽 10m，闸底高程 9.00m。闸上游设计水位为 23.09m，总泄量 13080m³/s，其中老闸 8610m³/s，新闸 3410m³/s，分洪道 1060m³/s。

蚌埠闸以上支流汇入复杂，工程众多。鲁台子至蚌埠区间汇入的较大支流有茨淮新河和涡河，其来水量分别受上桥闸和蒙城闸控制。区间主要湖泊有焦岗湖，流域面积 480km²；瓦埠湖，流域面积 3900km²；西淝河，流域面积 1531km²；高塘湖，流域面积 1500km²；泥黑河，流域面积 720km²；芡河洼，流域面积 1328km²；天河湖，流域面积

340km² 等湖洼。湖洼出口均受闸控制。

目前，鲁台子至蚌埠区间的石姚段、洛河洼均行洪区已退建，改为防洪保护区，上、下六坊堤行洪区规划调整方案正在研究。在淮河右岸仍有寿西湖行洪区、瓦埠湖蓄洪区；左岸仍有董峰湖、汤渔湖、荆山湖行洪区。1991 年以后仍保留的行洪区中，董峰湖仅1996 年运用一次，荆山湖 2003 年和 2007 年运用；寿西湖 1954 年以后均未使用，汤渔湖1991 年使用后，至 2012 年均未使用。瓦埠湖蓄洪区新中国成立以来仅 1954 年使用蓄洪。

怀洪新河入口处的何巷闸位于本站上游涡河口，是分泄淮河、涡河洪水直接入洪泽湖的分洪闸，设计分洪流量为 2000m³/s。在怀洪新河竣工后，在 2003 年淮河流域洪水中首次用于分洪，2007 年洪水中再次运用。怀洪新河的建成，增加了蚌埠闸上洪水的出路，减轻了淮河干流吴家渡以下河段的防洪压力。

吴家渡水文站设立于 1915 年。怀洪新河建成之前，洪水来源主要为淮河干流上游来水；怀洪新河建成之后，在运用何巷闸分洪情况下，洪水来源主要为蚌埠闸下泄洪水。吴家渡站一般为复式洪峰，洪量大、峰型平缓。吴家渡站历年最高水位为 22.18m（1954 年8 月 5 日）；历年最大流量为 26500m³/s（1931 年 7 月 15 日水文分析值），历年实测最大流量为 11600m³/s（1954 年 8 月 5 日）。

吴家渡历年最高水位与特征时段洪量之间相关性较好，如图 4.2 - 15～图 4.2 - 17 所示。其中吴家渡水文站 2003 年最高水位 22.06m，1d 最大洪量 7.2 亿 m³，3d 最大洪量21.0 亿 m³，7d 最大洪量 46.4 亿 m³；2007 年最高水位 21.38m，1d 最大洪量 6.3 亿 m³，3d 最大洪量 19.0 亿 m³，7d 最大洪量 43.6 亿 m³。

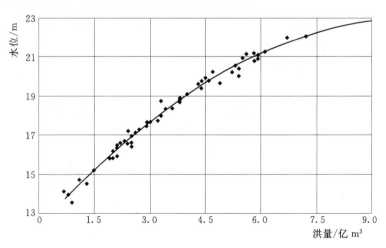

图 4.2 - 15　吴家渡年最大 1d 过洪量与最高水位关系图

鉴于淮南至蚌埠河段荆山湖、汤鱼湖主要行洪区控制运用水位以淮南站水位为准，当以蚌埠吴家渡特征时段洪量作为分、行洪启用指标时，须建立淮南与蚌埠的水位相关关系，据历年资料统计，在吴家渡水位 21.0m 以上时，吴家渡水文站与淮南水位站洪峰水位具有较好的相关关系，如图 4.2 - 18 所示。

依据现状行洪区控制运用办法，淮南站水位达 23.15m 时荆山湖行洪区启用；淮南站水位达 24.25m 时汤渔湖行洪区启用，根据吴家渡站与淮南站洪峰水位相关图，相应吴家

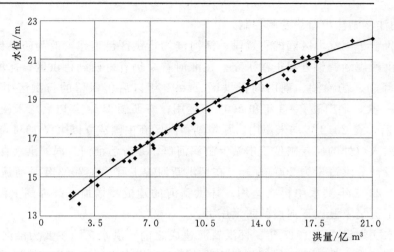

图 4.2 - 16　吴家渡年最大 3d 过洪量与最高水位关系图

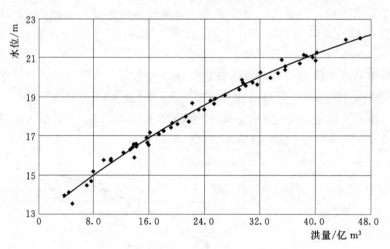

图 4.2 - 17　吴家渡年最大 7d 过洪量与最高水位关系图

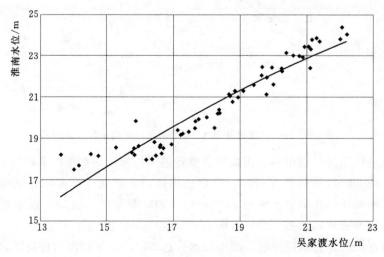

图 4.2 - 18　吴家渡站与淮南站洪峰水位相关图

渡站水位达 21.0m 时荆山湖达到启用条件；吴家渡站水位达 22.40m 时汤渔湖达到启用条件；按照条件荆山湖达到启用条件时，吴家渡 1d、3d、7d 临界洪量分别为 5.9 亿 m^3、17.2 亿 m^3、39.0 亿 m^3；汤渔湖达到启用条件时，吴家渡 1d、3d、7d 临界洪量分别为 7.9 亿 m^3、22.4 亿 m^3、51.5 亿 m^3。蚌埠下游方邱湖启用对应吴家渡水位是 21.6m，相应最大 1d、3d、7d 临界洪量为 6.7 亿 m^3、19.2 亿 m^3 和 43.5 亿 m^3。

若以控制蚌埠吴家渡不超过保证水位 22.48m，对应吴家渡最大 1d 临界过洪量 8.2 亿 m^3，3d 23.8 亿 m^3，7d 52.5 亿 m^3，见表 4.2-9。即经蚌埠以上蓄洪、分洪后，仍然达到或超过该特征洪量，需考虑启用蚌埠以下的行蓄洪区。1954 年以后，吴家渡以下行蓄洪区从未使用，吴家渡达保证水位以上临界洪量可作为蚌埠以下行蓄洪区使用条件。

表 4.2-9 吴家渡保证水位条件下临界过洪量

水位/m	临界过洪量		
	1d	3d	7d
21.00	5.9	17.2	39.0
21.60	6.7	19.2	43.5
22.40	7.8	22.4	51.5
22.60	8.2	23.8	52.5
22.80	8.6	24.6	54.5
23.00	8.9	25.6	56.5

4.3 淮河干流洪量调度分析

4.3.1 行蓄洪区现状

4.3.1.1 设计行蓄洪能力

1991 年、2003 年和 2007 年大水后，淮河中游进行了不同规模的整治，部分行蓄洪区进行了退建、废弃。目前王家坝至蚌埠有蓄洪区 6 个，分别为濛洼、南润段、城西湖、邱家湖、城东湖、瓦埠湖；行洪区有 7 个，分别为姜唐湖、寿西湖、董峰湖、上六坊堤、下六坊堤、汤渔湖和荆山湖（润赵段 1991 年后废弃，洛河洼、石姚段 2010 年退建，上下六坊堤调整正在研究）。行蓄洪区中南润段、邱家湖、姜唐湖和荆山湖均建了进（退）洪闸，可对行蓄洪过程进行控制；寿西湖、董峰湖、汤渔湖仍以爆破式口门行洪。11 个行蓄洪区相应设计滞蓄库容约 94.8 亿 m^3，详见表 4.3-1。

表 4.3-1 王家坝至蚌埠区间行、蓄洪区库容统计表

河段	行蓄洪区名称	应用控制		设计滞蓄洪		进洪闸	退洪闸
		控制站	控制水位/m	水位/m	库容/亿 m^3	设计流量/(m³/s)	
王家坝至润河集	濛洼	王家坝	29.30	27.80	7.50	1626	2000
	南润段	南照集	27.90	27.60	1.00	600	600
	城西湖	润河集	27.10	26.50	28.80	6000	2000

河段	行蓄洪区名称	应用控制		设计滞蓄洪		进洪闸	退洪闸
		控制站	控制水位/m	水位/m	库容/亿m³	设计流量/(m³/s)	
润河集至鲁台子	邱家湖	临淮岗上	27.00	26.70	1.67	1000	300
	姜唐湖（进）	临淮岗上	27.00		7.60	2400	
	姜唐湖（退）	正阳关	26.50				2400
	城东湖	正阳关	26.00	25.50	15.90	1800	
鲁台子至蚌埠	寿西湖	鲁台子	25.90	25.90	9.50	3200（口门）	
	瓦埠湖	正阳关	26.50	22.00	12.90	1500	940
	董峰湖	焦岗湖下	24.60	24.60	1.79	1500（口门）	
	汤渔湖	田家庵	24.25	24.25	3.80	4300（口门）	
	荆山湖（进）	田家庵	23.15	23.15	4.30	3500	
	荆山湖（退）					2000	3500

濛洼、城西湖、城东湖、瓦埠湖 4 个行蓄洪区总库容 65.1 亿 m³；南润段、邱家湖、姜唐湖、寿西湖、董峰湖、汤渔湖、荆山湖 7 个行洪区总库容 29.7 亿 m³。其中王家坝至润河集段滞蓄库容 37.3 亿 m³；润河集至鲁台子段滞蓄库容 25.2 亿 m³；鲁台子至蚌埠段滞蓄库容 32.3 亿 m³。

4.3.1.2 最大 1d、3d 可能蓄水能力

在理想状态下，各行蓄洪区按最大行蓄洪能力进洪，各行蓄洪区 1d、3d 进洪量及蓄满情况见表 4.3-2。

表 4.3-2 王家坝至蚌埠区间行蓄洪区 1d、3d 进洪能力统计表

河段	行蓄洪区	应用控制站	设计滞蓄洪		最大 1d 进洪量/亿m³	最大 3d 进洪量/亿m³	蓄满时间/d	备注
			水位/m	库容/亿m³				
王家坝至润河集	濛洼	王家坝	27.8	7.5	1.4	4.21	5.3	进洪量采用最大进洪能力计算
	南润段	南照集	27.6	1	0.86	1	1.2	
	城西湖	润河集	26.5	28.8	5.1	15.55	5.65	
润河集至鲁台子	邱家湖	临淮岗上	26.7	1.67	0.86	1	1.94	
	姜唐湖（进）	临淮岗上	27	7.6	2.07	6.22	3.67	进退洪闸同时进洪，1.83d 蓄满
	姜唐湖（退）	正阳关	26.5		2.07	6.22	3.67	
	城东湖	正阳关	25.5	15.9	1.55	4.66	10.26	
鲁台子至蚌埠	寿西湖	鲁台子	25.9	9.5	2.76	8.29	3.44	
	瓦埠湖	正阳关	22	12.9	1.3	3.89	9.92	
	董峰湖	焦岗闸下	24.6	1.79	1.3	1.79	1.37	
	汤渔湖	田家庵	24.25	3.8	3.72	3.8	1.02	
	荆山湖（进）		23.15	4.3	3.02	4.3	1.42	进退洪闸同时进洪，0.91d 蓄满
	荆山湖（退）				1.73	4.3	2.49	

从行蓄洪区进洪影响时效分析，南润段、邱家湖、董峰湖、汤渔湖和荆山湖对淮河影响时效1d，姜唐湖、寿西湖影响时效3d左右；濛洼、城西湖、城东湖和瓦埠湖4个行蓄洪区对干流水位影响大，影响时间长，影响时效在5d以上。实际调度中，考虑进退洪闸的消能防冲问题，水闸初始开启速度较慢，实际时间较计算时间要长一些。

4.3.2 分洪河道现状

4.3.2.1 茨淮新河

茨淮新河是从茨河铺闸分泄沙颍河洪水直接下泄到淮河涡河口的人工分洪河道。茨淮新河全长134.2km，从沙颍河阜阳闸上游约22km左岸茨河铺起，依次经过插花闸、阚疃闸、上桥闸，在怀远县涡河口附近汇入淮河。集水面积（包括截取的黑茨河和西淝河上游部分）7127km²。河道设计标准为防洪20年一遇，除涝5年一遇，设计分洪流量为2000m³/s。茨淮新河自1980年5月全线通水以来，在1991年和2003年洪水中对降低淮河中游正阳关洪水位起到了重要作用。历史最大分洪流量为2003年1580m³/s。

在淮河、颍河出现大洪水时期，茨淮新河的分洪运用条件是：预报正阳关水位将超过保证水位（26.40m），蚌埠水位低于保证水位，颍河阜阳闸流量达3000m³/s左右时，在不使蚌埠超过保证水位（22.48m，下同）前提下，应适当加大分洪流量，漫滩分洪，但不得超过2000m³/s；当颍河阜阳闸流量超过3000m³/s，颍河堤防出现严重险情，而蚌埠水位低于保证水位，在淮北大堤能保证安全的前提下，茨淮新河可短时间加大分洪流量，漫滩分洪；当淮河干流涡河口以下确堤或茨淮新河堤防发生严重险情时，茨淮新河应停止分洪，以便处理险情。按最大分洪流量茨淮新河1d最大分洪量1.73亿m³，3d最大分洪量5.18亿m³。

4.3.2.2 怀洪新河

怀洪新河于1972年动工兴建，完成了出口段双沟切岭及老淮河疏浚、窑河切滩等部分工程后，1980年停建；1991年淮河大水后续建，2003年基本完成，2004年9月竣工验收。2003年汛期首次运用，2007年再次运用分泄淮河干流洪水。分洪入口由何巷闸闸控制，出口由西坝口闸、新开沱河闸控制。设计最大分洪流量2000m³/s。建成以来最大分洪流量为2003年1590m³/s。

怀洪新河的建成，扩大了淮河中游洪水的下泄通道。根据怀洪新河控制运用办法规定，当淮河干流发生大洪水，吴家渡水位达到22.48m时，启用怀洪新河相机分洪。当吴家渡水位低于22.48m，但淮北大堤或淮南、蚌埠城市圈堤发生重大险情时，启用怀洪新河相机分洪。按最大分洪流量怀洪新河1d最大分洪量1.73亿m³，3d最大分洪量5.18亿m³。

4.3.3 典型年特征时段洪量调度评价

4.3.3.1 2003年洪水

1. 王家坝段

在2003年洪水过程中，为了降低淮河干流水位，濛洼蓄洪区两次分洪，分洪效果见表4.3-3。第一次王家坝闸7月3日1时开闸蓄洪，至5日6时关闸，总蓄洪2.182亿

m³。王家坝 3 日 4 时 12 分出现最高水位 29.42m。从河道过洪情况分析，河道（淮干＋钐岗）最大 1d 洪量出现在 7 月 2 日，最大 3d 洪量出现在 7 月 2—4 日，最大 3d 洪量期间各天洪量分别为：4.7 亿 m³、4.6 亿 m³ 和 3.7 亿 m³；按河道（淮干＋钐岗）和王家坝闸过洪能力统计，最大 1d 洪量出现在 7 月 3 日，最大 3d 洪量出现在 7 月 2—4 日（与河道最大 3d 出现时间一致）。王家坝闸开闸分洪后，最大 3d 洪量期间各天洪量分别为：4.7 亿 m³、5.6 亿 m³ 和 4.8 亿 m³（见表 4.3-4）。

表 4.3-3　　　　　　　　　　　　2003 年濛洼分洪效果分析表

分洪运用	最大 1d 洪量/亿 m³			最大 3d 洪量/亿 m³			实测最高水位/m	分洪降低水位/m
	时间	淮干＋钐岗	淮干＋钐岗＋闸	日期	淮干＋钐岗	淮干＋钐岗＋闸		
第 1 次	7 月 2 日（河道）7 月 3 日（蓄洪）	4.7	5.6	7 月 2—4 日	13.0	15.1	29.42	0.1
第 2 次	7 月 10 日（河道）7 月 11 日（蓄洪）	3.17	3.84	7 月 10—12 日	8.42	10.54	28.87	0.05

表 4.3-4　　　　　　　　　　　　2003 年王家坝最大 1d、3d 洪量表

第一次分洪			第二次分洪		
时间	洪量/亿 m³		时间	洪量/亿 m³	
	淮干＋钐岗	淮干＋钐岗＋闸		淮干＋钐岗	淮干＋钐岗＋闸
7 月 2 日	4.7	4.7	7 月 10 日	3.2	3.2
7 月 3 日	4.6	5.6	7 月 11 日	2.9	3.8
7 月 4 日	3.7	4.8	7 月 12 日	2.4	3.5

若王家坝闸不开闸蓄洪，王家坝河道断面还原最大 1d 洪量将为 5.6 亿 m³，超保证水位下了临界洪量 1.0 亿 m³；还原最大 3d 洪量将为 15.1 亿 m³，超保证水位下了临界洪量 2.6 亿 m³。

2. 润河集至鲁台子段

2003 年王家坝至润河集区间行蓄洪区未运用。润河集至鲁台子区间第一次洪水使用唐垛湖行洪，第二次洪水运用了邱家湖、城东湖蓄洪，详见表 4.3-5。

表 4.3-5　　　　　2003 年鲁台子站第一次洪水最大 1d、3d 洪量及行洪、分洪量表

项　　目		最大 1d 洪量		最大 3d 洪量	
		洪量/亿 m³	出现时间	洪量/亿 m³	出现时间
鲁台子		6.47	7 月 5 日	18.89	7 月 4—6 日
分行洪减少量	唐垛湖	0		1.22	
	茨淮新河	0.62		1.89	

第一次洪水过程中，唐垛湖 7 月 6 日 11 时爆破下口门启用，6 日 19 时 50 分爆破上口门。正阳关、鲁台子均于 6 日 15 时达到最高水位 26.55m、26.29m。正阳关水位回落至 7 日 6 时 25.69m 后再次回涨。第一次洪水过程中鲁台子最大 1d 过洪量出现在 7 月 5 日，

6.47 亿 m^3；最大 3d 过洪量出现在 7 月 4—6 日，18.89 亿 m^3。唐垛湖行洪时间处于鲁台子最大 3d 洪量时间的最后一天，其行洪对鲁台子站最大 1d 洪量无影响，对最大 3d 洪量影响大，根据文献 [1] 推算影响最大 3d 洪量 1.22 亿 m^3。

第一次洪水过程中，茨河铺闸 7 月 2 日 20 时 36 分至 6 日 9 时 45 分开闸分洪，分洪水量 2.11 亿 m^3，推算减小鲁台子最大 1d 洪量 0.62 亿 m^3，减小鲁台子最大 3d 洪量 1.89 亿 m^3。

茨河铺闸、唐垛湖分、行洪对鲁台子洪峰约降低 0.05m 左右。若不行洪、分洪，还原鲁台子最大 1d 洪量将达 7.09 亿 m^3，超保证水位下的临界洪量 0.89 亿 m^3；还原鲁台子最大 3d 洪量将达 22.0 亿 m^3，超保证水位下的临界洪量 3.5 亿 m^3。

在第二次洪水过程中，鲁台子 12 日 18 时出现最高水位 26.49m。最大 1d 洪量出现在 7 月 12 日，6.42 亿 m^3；最大 3d 洪量出现在 7 月 11—13 日，18.93 亿 m^3。城东湖蓄洪区 7 月 11 日 14 时 30 分开闸，至 14 日 20 时 42 分关闸，累计进洪 3.34 亿 m^3。分洪时机与鲁台子最大 3d 洪量出现时间基本同步。茨淮新河 7 月 12 日 21 时 57 分至 17 日 8 时 15 分分洪，分洪量 2.10 亿 m^3。其分洪时间滞后于鲁台子最大 3d 洪量出现的时间。城东湖蓄洪对鲁台子第二次洪水的最大 1d、3d 洪量影响较大，茨淮新河对鲁台子最大 1d、3d 洪量影响较小。影响量详见表 4.3-6。城东湖蓄洪鲁台子洪峰少 0.10m。若不蓄洪、分洪，还原鲁台子最大 1d 洪量将达 7.58 亿 m^3，超保证水位下的临界洪量 1.38 亿 m^3；还原鲁台子最大 3d 洪量将达 21.49 亿 m^3，超保证水位下的临界洪量 1.99 亿 m^3。

表 4.3-6　　　2003 年鲁台子站第二次洪水最大 1d、3d 洪量及行、蓄洪量表

项　目		最大 1d 泄量		最大 3d 泄量	
		洪量/亿 m^3	出现时间	洪量/亿 m^3	出现时间
鲁台子站		6.42	7 月 12 日	18.93	7 月 11—13 日
分行洪减少量	城东湖	1.16		2.52	
	茨淮新河	0		0.04	

3. 鲁台子至蚌埠段

鲁台子至蚌埠段，在第一次洪水中运用了怀洪新河分洪，7 月 4 日 1 时至 7 日 20 时累计分洪 3.40 亿 m^3。7 月 4 日 8 时 30 分运用洛河洼、7 月 4 日 12 时运用上、下六坊堤、7 月 5 日 13 时运用石姚段行洪，三处行洪区的应用扩大了淮河干流的行洪通道。相对行洪区应用而言，怀洪新河分洪对吴家渡影响最大。吴家渡 6 日 22 时出现最高水位 22.05m，7 月 6 日出现最大 1d 洪量 7.23 亿 m^3；7 月 4—6 日出现最大 3d 洪量 21.05 亿 m^3。何巷分洪对最大 1d、3d 影响洪量为 1.31 亿 m^3 和 2.50 亿 m^3。影响吴家渡水位约 0.45m。

在第二次洪水过程中运用了荆山湖行洪，怀洪新河分洪。荆山湖 7 月 6 日 19 时上口门漫溢行洪，7 月 7 日 11 时 26 分爆破下口门行洪。怀洪新河 7 月 9 日 12 时至 18 日 14 时 30 分两次分洪，分洪总量 8.48 亿 m^3。第二次洪水吴家渡 14 日 1 时 30 分最高水位 21.85m，受荆山湖、怀洪新河运用影响，最大 1d、3d 过洪量与最高水位出现时间错位，7 月 9 日出现最大 1d 洪量 6.71 亿 m^3，7 月 9—11 日出现最大 3d 洪量 19.75 亿 m^3。相对最大 1d、3d 洪量出现时间而言，荆山湖提前滞蓄了洪水，怀洪新河分洪对 1d、3d 洪量影响最大，何巷闸分洪量与吴家渡洪量综合统计，最大 1d 洪量出现在 7 月 13 日为 8.00 亿 m³、最大 3d 洪量出现在 7 月 12—14 日为 23.58 亿 m³，何巷分洪对最大 1d、3d 影响洪量为 1.37 亿 m³ 和 3.84 亿 m³。降低吴家渡水位约 0.70m。

4.3.3.2　2007 年洪水

1. 王家坝段

濛洼 7 月 10 日 12 时 28 分开闸蓄洪，至 12 日 9 时 52 分关闸历时 45.4h，滞蓄淮河水量 2.44 亿 m³。濛洼分洪期间 7 月 11 日 3 时 42 分王家坝出现最高水位 29.59m（见表 4.3-7）。

表 4.3-7　　　　　　　　　2007 年濛洼分洪效果分析统计表

最大 1d			最大 3d			实测最高水位 /m	分洪降低水位 /m
日期 /（月-日）	淮干＋钤岗 /亿 m³	淮干＋钤岗 ＋闸/亿 m³	日期 /（月-日）	淮干＋钤岗 /亿 m³	淮干＋钤岗 ＋闸/亿 m³		
07-10 （河道） 07-11 （蓄洪）	4.7	6.0	07-10—12	13.5	16.0	29.59	0.20

从河道过洪情况分析，河道（淮干＋钤岗）最大 1d 洪量出现在 7 月 10 日，最大 3d 洪量出现在 7 月 10—12 日；按河道（淮干＋钤岗）和王家坝闸过洪能力统计，最大 1d 洪量出现在 7 月 11 日，最大 3d 洪量出现在 7 月 10—12 日。王家坝开闸后，淮干＋钤岗＋闸最大 3d 洪量出现时间与河道（淮干＋钤岗）最大出现时间一致，最大 1d 洪量出现时间不一致，淮干＋钤岗最大 1d 洪量出现在 7 月 10 日，淮干＋钤岗＋闸最大 1d 洪量出现在 7 月 11 日。若濛洼不蓄洪，还原最大 1d 洪量 6.0 亿 m³，超保证水位下临界洪量 1.4 亿 m³；还原最大 3d 洪量 16.0 亿 m³，超保证水位下临界洪量 3.5 亿 m³（见表 4.3-8）。

表 4.3-8　　　　　　　　　2007 年王家坝最大 3d 洪量统计表

时间 /（年-月-日）	洪量/亿 m³	
	淮干＋钤岗	淮干＋钤岗＋闸
2007-07-10	4.7	5.2
2007-07-11	4.6	6.0
2007-07-12	4.2	4.7

2007 年王家坝至润河集区间使用了南润段行洪。南润段行洪区分别于 11 日 12 时和 12 时 30 分扒口行洪。根据文献 [2] 分析行洪流量约 255m³/s。润河集 7 月 11 日 7 时 17 分出现最高水位 27.82m。河道 7 月 11 日最大 1d 洪量 6.4 亿 m³，7 月 10—12 日最大 3d 洪量 18.1m³。影响润河集最大 1d、3d 洪量分别为 0.2 亿 m³ 和 0.4 亿 m³，减少洪峰水位约 0.1m。若不行洪，润河集还原最大 1d 洪量 6.6 亿 m³，超保证水位下的临界洪量 1.6 亿 m³；还原最大 3d 洪量 18.5 亿 m³，超保证水位下的临界洪量 4.1 亿 m³。

2. 润河集至鲁台子段

2007 年润河集至鲁台子区间使用了姜唐湖和邱家湖行洪区。7 月 11 日 15 时 5 分首先开启姜唐湖退洪闸反向进洪，同日 15 时 16 分开启进洪闸进洪。7 月 12 日 18 时退洪闸关闭，13 日 14 时 43 分进洪闸关闭，累计进洪 2.11 亿 m³。邱家湖 11 日 16 时 10 分扒口行洪，根据文献 [2] 分析行洪流量约 1370m³/s。受行、蓄洪影响，鲁台子 7 月 11 日 16 时出现最高水位 26.01m。河道 7 月 11 日最大 1d 洪量 6.6 亿 m³，7 月 10—12 日最大 3d 洪量 18.8m³。按洪水传播推算，邱家湖、姜唐湖行蓄洪影响鲁台子最大 1d、3d 洪量分别为 0.9 亿 m³ 和 2.4 亿 m³，减少洪峰水位约 0.30~0.40m。若姜唐湖，邱家湖不行洪，鲁台子还原最大 1d 洪量 8.1 亿 m³，超保证水位下的临界洪量 1.9 亿 m³；还原最大 3d 洪量 22.8 亿 m³，超保证水位下的临界洪量 4.3 亿 m³（见表 4.3-9）。

表 4.3-9　　　　　　　　　　2007 年鲁台子最大 3d 洪量及行蓄洪影响洪量

时间 /（年-月-日）	洪量/亿 m³				
	鲁台子	行蓄洪减小洪量			
		邱家湖	姜唐湖进洪闸	姜唐湖退洪闸	合计
2007-07-11	6.6	0.5	0.5	0.5	1.5
2007-07-12	6.4	0.7	0.7	0.2	1.6
2007-07-13	5.8	0.7	0.2		0.9

3. 鲁台子至蚌埠段

鲁台子至吴家渡之间启用上、下六坊堤、石姚段、洛河洼、荆山湖，并运用怀洪新河分洪。上、下六坊堤 7 月 11 日 12 时启用，石姚段 12 日 19 时 30 分启用，15 日 16 时洛河洼启用，19 时 20 分荆山湖启用。行蓄洪区的相继启用，极大影响了吴家渡的水位流量关系，吴家渡出现双峰形态。20 日 9 时 42 分出现最高洪峰 7520m³/s，最高水位 21.38m。河道 7 月 20 日最大 1d 洪量 6.3 亿 m³，7 月 18—20 日最大 3d 洪量 19.0 亿 m³。综合荆山湖的应用效果，不运用荆山湖吴家渡最大 1d、3d 洪量分别为 7.2 亿 m³（7 月 20 日），20.5 亿 m³（7 月 19—21 日）。降低吴家渡水位约 0.4m。

4.4 基于极值与洪量相结合的淮河中游洪水调度思路

（1）防汛调度采用分段控制方法，既要考虑极值（最高水位、最大流量），也需考虑洪水总量。基于历史实测资料分析建立了特征水位与特征时段洪量相关关系，提出了极值（最高水位、最大流量）与总量并重的洪水调度思路。经对王家坝、润河集、鲁台子（正阳关）、吴家渡等控制站特征时段与最高水位关系分析，最大 1d、3d、7d 特征时段洪量与最高水位相关关系较好，可以满足极值与总量相结合洪水调度的要求。

（2）从洪量考虑，当控制站预计 1d、3d、7d 洪量达到或大于临界洪量，对应控制站附近的行蓄洪区应做好行蓄洪准备。根据最高水位与洪量相关关系，如预测 1d 洪量较大，查算其最高水位高于 3d、7d 洪量对应的最高水位，调度时重点蓄洪消减最大 1d 洪量；如果 3d、7d 洪量相对较大，查算其水位高于 1d 洪量查算水位，可根据相关关系重点蓄洪消减最大 3d 洪量。

（3）通过对 2003 年和 2007 年等典型年洪水调度及对关键节点的影响分析，濛洼、城东湖、姜唐湖、荆山湖、茨淮新河、怀洪新河运用对相应节点的洪量、洪峰水位影响较大。从降低洪峰水位的角度考虑，宜在最大 3d 洪量时段以内、最大 1d 洪量出现之前启用行、蓄洪或分洪手段，对关键节点的洪峰影响最大。在行、蓄、分 3 种措施中，只有分是彻底的办法，行洪、蓄洪解决当前高水位的同时也增加后续洪水调度风险，故现有分洪调度办法需要考虑极值与洪量并重，适度提前分洪。

（4）当吴家渡站超临界洪量时，应考虑荆山湖行行洪区和怀洪新河分洪。分洪对蚌埠以上和蚌埠以下河段都影响较大。首先怀洪新河的应用加快了上游洪水的下泄，其次是减轻了吴家渡以下河段的防洪压力。

（5）鲁台子站受上下游行蓄洪区、分洪河道运用影响较大，当预测鲁台子站（正阳关）超临界洪量，可首先选择茨淮新河分洪，然后考虑启用正阳关以上行蓄洪区，如邱家湖、姜唐湖、城东湖等；采用上述措施后，若鲁台子仍然超过临界洪量，再考虑启用正阳关以下行蓄洪区，如董峰湖、寿西湖行洪区。

主 要 参 考 文 献

[1] 水利部水文局，水利部淮河水利委员会 . 2003 年淮河暴雨洪水 ［M］. 北京：中国水利水电出版社，2006.

[2] 水利部水文局，水利部淮河水利委员会 . 2007 年淮河暴雨洪水 ［M］. 北京：中国水利水电出版社，2010.

[3] 水利部淮河水利委员会 . 淮河水系实用洪水预报方案 ［M］. 郑州：黄河水利出版社，2002.

[4] 安徽省水利厅 . 安徽水旱灾害 ［M］. 北京：中国水利水电出版社，1998.

[5] 安徽省防汛抗旱指挥部办公室，安徽省淮河河道管理局 . 安徽省蓄滞洪区运用预案 ［R］. 安徽省防汛抗旱指挥部办公室，安徽省淮河河道管理局，2007.

[6] 李燕，徐迎春 . 淮河行蓄洪区和易涝洼地水灾防治实践与探索 ［M］. 中国水利水电出版社，2013.

第5章 行蓄洪区和分洪河道启用时机与运用效果

5.1 典型年洪水分洪河道运用效果分析

茨淮新河及怀洪新河是淮河中游淮北平原上的两条大型人工河道。茨淮新河最大分洪流量 $2000m^3/s$，其主要作用是遇沙颍河或淮河发生特大洪水时，分泄沙颍河洪水，尽量减少沙颍河来水对淮河干流的影响。怀洪新河是茨淮新河的接力河道，最大分洪流量 $2000m^3/s$，其主要作用是分泄淮河干流洪水入洪泽湖，尽量减少上游来水对蚌埠以下河段的防洪压力。茨淮新河及怀洪新河建成后，历经多次分洪，效益显著。

5.1.1 计算条件

基于正阳关至浮山段一维、二维耦合水动力数学模型，遇2003年和2007年型洪水时，模型的计算条件设置如下：

（1）模型的上边界正阳关给定当年实际推求的流量过程。

（2）模型的下边界浮山给定水位流量关系曲线。水位流量关系曲线根据2003年、2005年和2007年汛期实测水位、流量点距分析拟合得出，如图5.1-1所示。

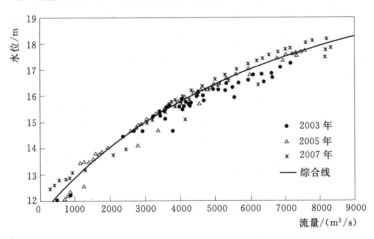

图 5.1-1 浮山水位流量关系曲线

（3）区间支流的入汇给定当年实测或推求的流量过程。

（4）行洪区开启的数量、顺序、时机和行洪区口门的位置、宽度、深度均以当年实际调度资料为准。

（5）茨淮新河运用分为分洪和不分洪两种情况：分洪时，茨河铺闸及上桥闸给定当年实测流量过程；不分洪时，将茨河铺闸流量叠加到阜阳闸，同时考虑传播时间，将上桥闸的流量错开一个时段后减去茨河铺闸的流量。

（6）怀洪新河运用分为分洪和不分洪两种情况：分洪时，何巷闸给定当年实测流量过程；不分洪时，何巷闸关闭，出流量为 0。

5.1.2　茨淮新河 2003 年分洪效果

5.1.2.1　实际运用情况

在 2003 年 6 月下旬至 7 月中旬期间，茨淮新河茨河铺闸共有 3 次分洪过程，共分泄沙颍河洪水 4.73 亿 m³，最大分洪流量 1580m³/s。具体分洪情况见表 5.1-1。

表 5.1-1　　　　　2003 年 6 月下旬至 7 月中旬茨河铺闸分洪情况统计[1]

分洪起讫时间 （月-日 时：分）	最大 分洪流量 /(m³/s)	分洪水量 /亿 m³	分洪期间下游控制站水情		
			沙颍河阜阳闸 洪峰流量 /(m³/s)	淮河正阳关	
				洪峰水位 /m	洪峰流量 /(m³/s)
07-2 20：36—07-06 9：45	1240	2.11	2480	26.45	7890
07-12 21：57—07-17 8：15	1580	2.104	关闭	26.70	7620
07-19 13：15—07-20 17：18	607	0.511	关闭	持续回落	
合计		4.725			

由表 5.1-1 可知，茨河铺闸第一次分洪期间，正阳关水位正阳关出现最高水位 26.45m，超过保证水位（26.40m）0.05m，与 1954 年的历史最高水位持平；第二次分洪时，正值正阳关出现当年最高水位 26.70m，超过保证水位 0.30m，为与淮河洪水错峰，阜阳闸关闭，沙颍河来水全部由茨淮新河茨河铺闸分泄；第三次分洪时，淮河干流正阳关水位已持续回落，分洪流量和分洪历时均较第一次和第二次小。

5.1.2.2　分洪效果分析

1. 对正阳关站洪水过程的影响

茨淮新河 2003 年分洪对正阳关站三次洪峰影响的分析计算成果见表 5.1-2，对其水位过程的影响如图 5.1-2 所示。

表 5.1-2　　　　　茨淮新河 2003 年分洪对正阳关站洪峰水位的影响

淮河干流洪水 次序	正阳关洪水过程 /（月-日）	茨淮新河不分洪 洪峰水位 /m	茨淮新河分洪 洪峰水位 /m	分洪作用 削减洪峰水位 /m
第一次	07-03—07-08	26.78	26.45	0.33
第二次	07-10—07-19	26.87	26.70	0.17
第三次	07-22—07-28	25.68	25.67	0.01

由表 5.1-2 及图 5.1-2 可以看出：茨淮新河若不分洪，正阳关第一次的洪峰水位将达 26.78m，超保证水位 0.38m；第二次洪峰将达 26.87m，超保证水位 0.47m。两次洪峰

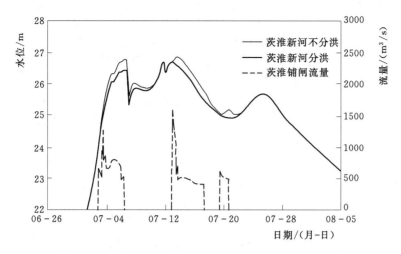

图 5.1-2 茨淮新河 2003 年分洪影响正阳关站水位过程

保证水位以上的洪水历时将达 137h。茨淮新河分洪后，正阳关三次洪峰的水位均有所降低，其中第一次和第二次洪峰水位的降幅较明显，分别为 0.33m 和 0.17m，且保证水位以上的洪水历时也降至 84h。

2. 对鲁台子站洪水过程的影响

茨淮新河 2003 年分洪对鲁台子站三次洪峰的影响的分析计算成果见表 5.1-3，对其水位过程的影响如图 5.1-3 所示，对其流量过程的影响如图 5.1-4 所示。

表 5.1-3 　　　　　　　　茨淮新河 2003 年分洪对鲁台子站洪峰的影响

淮河干流洪水次序	鲁台子洪水过程/(月-日)	茨淮新河不分洪		茨淮新河分洪		分洪作用	
		洪峰水位/m	洪峰流量/(m³/s)	洪峰水位/m	洪峰流量/(m³/s)	降低洪峰水位/m	削减洪峰流量/(m³/s)
第一次	07-03—07-08	26.50	8532	26.17	7890	0.33	642
第二次	07-10—07-15	26.55	7889	26.37	7619	0.18	270
第三次	07-22—07-28	25.39	6066	25.38	6060	0.01	6

由表 5.1-3 及图 5.1-3 和图 5.1-4 可以看出：茨淮新河若不分洪，鲁台子第一次洪峰水位将达 26.50m，相应洪峰流量为 8532m³/s；第二次洪峰水位将达 26.55m，相应洪峰流量为 7889m³/s。茨淮新河分洪后，鲁台子三次洪峰的水位和流量均有所降低，其中第一次和第二次洪峰的降幅较明显，洪峰水位分别降低了 0.33m 和 0.18m，洪峰流量分别减少了 642m³/s 和 270m³/s。

3. 对田家庵站洪水过程的影响

2003 年茨淮新河分洪对田家庵站三次洪峰影响的分析计算成果见表 5.1-4，对其水位过程的影响如图 5.1-5 所示，对其流量过程的影响如图 5.1-6 所示。

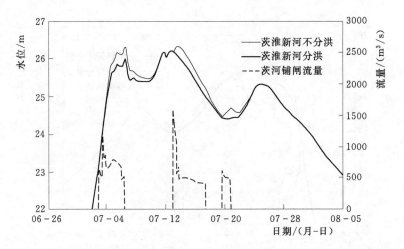

图 5.1-3 茨淮新河 2003 年分洪影响鲁台子站水位过程

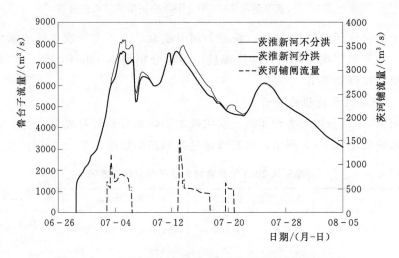

图 5.1-4 茨淮新河 2003 年分洪影响鲁台子站流量过程

表 5.1-4 茨淮新河 2003 年分洪对田家庵站洪峰的影响

淮河干流洪水次序	田家庵洪水过程/（月-日）	茨淮新河不分洪		茨淮新河分洪		分洪作用	
		洪峰水位/m	洪峰流量/(m³/s)	洪峰水位/m	洪峰流量/(m³/s)	降低洪峰水位/m	削减洪峰流量/(m³/s)
第一次	07-04—07-08	24.39	7467	24.26	7173	0.13	294
第二次	07-10—07-16	24.20	7636	24.07	7510	0.13	126
第三次	07-22—07-28	23.25	6834	23.20	6818	0.05	16

由表 5.1-4 及图 5.1-5 和图 5.1-6 可以看出：茨淮新河若不分洪，田家庵第一次洪峰水位将达 24.39m，相应洪峰流量 7467m³/s，第二次洪峰水位将达到 24.20m，相应洪峰流量 7636m³/s。茨淮新河分洪后，第一次洪峰水位降低了 0.13m，洪峰流量削减了 294m³/s，第二次洪峰水位降低了 0.13m，洪峰流量削减了 126m³/s。

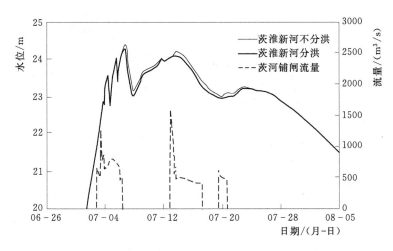

图 5.1-5 茨淮新河 2003 年分洪影响田家庵站水位过程

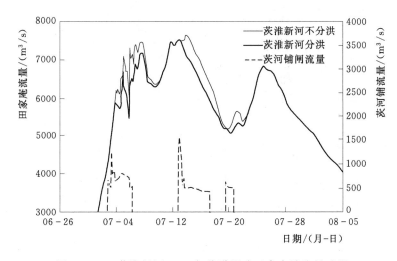

图 5.1-6 茨淮新河 2003 年分洪影响田家庵站流量过程

4. 对吴家渡站洪水过程的影响

茨淮新河 2003 年分洪对吴家渡站三次洪峰影响的分析计算成果见表 5.1-5，对其水位过程的影响如图 5.1-7 所示，对其流量过程的影响如图 5.1-8 所示。

表 5.1-5 茨淮新河 2003 年分洪对吴家渡站洪峰的影响

淮河干流洪水次序	吴家渡洪水过程/(月-日)	茨淮新河不分洪		茨淮新河分洪		分洪作用	
		洪峰水位/m	洪峰流量/(m³/s)	洪峰水位/m	洪峰流量/(m³/s)	降低洪峰水位/m	削减洪峰流量/(m³/s)
第一次	07-03—07-08	21.86	8494	21.94	8620	-0.08	-126
第二次	07-10—07-15	21.78	8055	21.74	7920	0.04	135
第三次	07-22—07-28	21.56	7489	21.53	7430	0.03	59

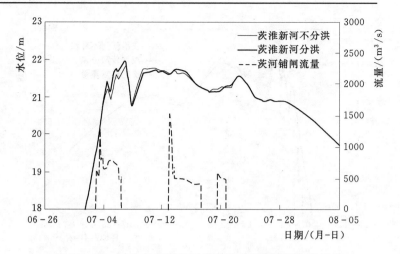

图 5.1 - 7　2003 年茨淮新河分洪影响吴家渡站水位过程

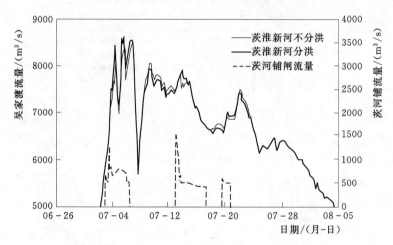

图 5.1 - 8　2003 年茨淮新河分洪影响吴家渡站流量过程

由表 5.1 - 5 及图 5.1 - 7 和图 5.1 - 8 可以看出：茨淮新河分洪后，吴家渡站 3 次洪峰的变化并不一致，第一次洪峰水位抬高 0.08m，洪峰流量增加了 126m³/s；第二次洪峰水位降低了 0.04m，洪峰流量减少了 135m³/s；第三次洪峰水位降低了 0.03m，洪峰流量也减少了 59m³/s。

从正阳关、鲁台子、田家庵、吴家渡 4 站的分析计算成果可以看出，茨淮新河分洪对淮河干流洪水传播的影响以涡河口为界，对于正阳关至涡河口河段而言，茨淮新河每次分洪都减少了进入本河段的流量，从而削减了洪峰。对于涡河口以下河段而言，茨淮新河分洪有以下作用：①减少了涡河口以上淮河干流来水的量级；②增加了茨淮新河上桥闸的来水量；③缩短了沙颍河阜阳闸至涡河口流路近 100km，减少了洪水的传播时间，使沙颍河洪水能提前抵达涡河口以下河段。因此，茨淮新河分洪后吴家渡洪峰的变化实际上取决于干流洪水、茨淮新河洪水变化的程度及其与涡河等其他来水的遭遇情况，若洪峰叠加则洪峰流量增大、洪峰水位抬高，若发生错峰则洪峰流量减少、洪峰水位降低。

此外，对比茨淮新河分洪与正阳关、鲁台子、田家庵三站洪峰的变化可以看出，涡河口以上淮河干流三次洪峰削减的原因并不相同：第一次、第二次洪峰期间，茨淮新河分洪避免了沙颍河洪水和淮河干流洪水的叠加，因此对洪峰削减起直接作用；第三次洪峰期间，茨淮新河分洪实际上早已结束，但是降低干流底水的作用还没有完全消失，因此对洪峰削减起间接作用。

表5.1-6给出了茨淮新河分洪对淮河干流涡河口以上河段三次洪峰的影响程度。当分洪起直接作用时，洪峰水位降低明显，洪峰流量削减程度大，且削减程度是沿程降低的。当分洪起间接作用，洪峰水位降低不明显，洪峰流量削减程度较小，且削减程度是沿程增加的。

表 5.1-6　　　　　茨淮新河 2003 年分洪对涡河口以上河段洪峰的影响

淮河干流洪水次序	茨淮新河分洪作用	鲁 台 子		田 家 庵	
		降低洪峰水位 /m	削减洪峰流量 /(m³/s)	降低洪峰水位 /m	削减洪峰流量 /(m³/s)
第一次	直接作用	0.33	642	0.13	294
第二次	直接作用	0.18	270	0.13	126
第三次	间接作用	0.01	6	0.05	16

综合以上分析可知，对于正阳关至涡河口河段而言，茨淮新河 2003 年分洪削减了该段洪峰流量，降低了洪峰水位。如在第一次和第二次洪峰中正阳关站的水位分别降低了 0.33m 和 0.17m，保证水位以上洪水历时减少了 53h，鲁台子流量也减少了 642m³/s 和 270m³/s，分洪效果是十分明显的。对于涡河口以下河段而言，茨淮新河 2003 年分洪的影响有利有弊，如第一次洪峰吴家渡站水位升高了 0.08m，流量增加了 126m³/s，而第二次洪峰吴家渡站水位降低了 0.04m，流量减少了 135m³/s。这是由于茨淮新河分洪实际上仅能改变吴家渡来流的洪水组成而不能改变其洪量的大小，当这种组成避免了洪峰的叠加，对于涡河口以下河段就是有利的，反之就是不利的。因此，对于茨淮新河的调度应统筹考虑涡河口上下游的影响，合理地选择茨淮新河的分洪时机和分洪规模。

5.1.3　怀洪新河 2003 年分洪效果

5.1.3.1　实际分洪过程

2003 年 7 月怀洪新河何巷闸共 3 次开闸分洪，总分洪水量 17.18 亿 m³，最大分洪流量 1670m³/s。具体分洪过程见表 5.1-7。

表 5.1-7　　　　　2003 年 7 月上旬至 7 月下旬何巷闸分洪情况统计[1]

分洪起讫时间 /（月-日 时：分）	最大分洪流量 /(m³/s)	分洪水量 /亿 m³	分洪期间淮河上、下游控制站水情		
			淮河田家庵洪峰水位 /(m³/s)	淮河吴家渡	
				洪峰水位 /m	洪峰流量 /(m³/s)
07-04 10：00—07-07 20：00	1590	3.405	24.26	21.94	8620
07-09 12：00—07-18 14：30	1670	8.483	24.07	21.74	7920

分洪起讫时间 /(月-日 时：分)	最大分洪流量 /(m³/s)	分洪水量 /亿 m³	分洪期间淮河上、下游控制站水情		
			淮河田家庵洪峰水位 /(m³/s)	淮河吴家渡	
				洪峰水位 /m	洪峰流量 /(m³/s)
07-22 02：00—07-27 21：30	1510	5.294	23.20	21.53	7430
合计		17.182			

　　怀洪新河 2003 年分洪是工程自建成后首次运用。由表 5.1-7 可以看出，第一次分洪期间田家庵站和吴家渡站均出现了当年最高水位 24.26m 和 21.94m，田家庵站的洪峰水位甚至超历史最高水位（1954 年）0.34m。第二次、第三次分洪期间，田家庵和吴家渡两站洪峰水位也均超过警戒水位。

5.1.3.2　分洪效果分析

1. 对吴家渡站洪水过程的影响

　　怀洪新河 2003 年分洪对吴家渡站洪峰影响的分析计算成果见表 5.1-8，对其水位过程的影响如图 5.1-9 所示，对其流量过程的影响如图 5.1-10 所示。

表 5.1-8　　　　　　　　　怀洪新河 2003 年分洪对吴家渡站洪峰的影响

淮河干流洪水次序	吴家渡洪水过程 /(月-日)	怀洪新河不分洪		怀洪新河分洪		分洪作用	
		洪峰水位 /m	洪峰流量 /(m³/s)	洪峰水位 /m	洪峰流量 /(m³/s)	降低洪峰水位 /m	削减洪峰流量 /(m³/s)
第一次	07-04—07-08	22.52	9422	21.94	8620	0.58	802
第二次	07-09—07-18	22.37	8688	21.74	7900	0.63	788
第三次	07-21—07-28	21.90	7800	21.53	7430	0.37	370

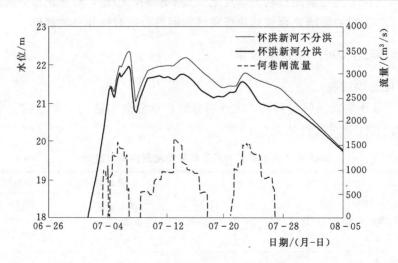

图 5.1-9　怀洪新河 2003 年分洪影响吴家渡站水位过程

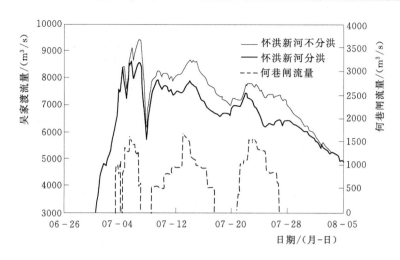

图 5.1-10 怀洪新河 2003 年分洪影响吴家渡站流量过程

由表 5.1-8 及图 5.1-9 和图 5.1-10 可以看出：怀洪新河若不分洪，吴家渡第一次洪峰水位将达 22.52m，超保证水位（22.48m）0.04m，相应洪峰流量 9422m³/s；第二次洪峰水位 22.37m，相应洪峰流量 8688m³/s。怀洪新河分洪后，吴家渡站洪峰水位将降低 0.37~0.63m，洪峰流量也将减少 350~850m³/s，且三次洪峰的水位均在保证水位以下。

2. 对田家庵站洪水过程的影响

怀洪新河 2003 年分洪对田家庵站洪峰影响的分析计算成果见表 5.1-9，对其水位过程的影响如图 5.1-11 所示，对其流量过程的影响如图 5.1-12 所示。

表 5.1-9　　　　　　　　怀洪新河 2003 年分洪对田家庵站洪峰的影响

淮河干流洪水次序	田家庵洪水过程/（月-日）	怀洪新河不分洪		怀洪新河分洪		分洪作用	
		洪峰水位/m	洪峰流量/（m³/s）	洪峰水位/m	洪峰流量/（m³/s）	降低洪峰水位/m	削减洪峰流量/（m³/s）
第一次	07-06—07-09	24.55	7298	24.26	7173	0.29	125
第二次	07-10—07-16	24.38	7326	24.07	7510	0.31	−184
第三次	07-22—07-28	23.54	6714	23.20	6818	0.34	−104

由表 5.1-9 及图 5.1-11 和图 5.1-12 可以看出：怀洪新河若不分洪，田家庵第一次洪峰水位将达 24.55m，相应洪峰流量 7298m³/s；第二次洪峰水位将达 24.38m，相应洪峰流量 7326m³/s。这两次洪峰水位已达到或接近保证水位值（24.55m）。怀洪新河分洪后，田家庵的洪峰水位降低 0.29~0.34m，而洪峰流量除第一次略有减少外，第二次和第三次洪峰增加了约 100~200m³/s。

田家庵站出现第一次洪峰正值怀洪新河第一次分洪和第二次分洪的间隙，由于分洪仅起间接作用，而起涨水位又较不分洪的情况低，因此洪峰流量是减少的。田家庵站第二次和第三次洪峰均在怀洪新河分洪期间，分洪降低了干流水位，减少了河道的槽蓄量，降低了行洪区槽蓄能力，因此洪峰流量是增大的。

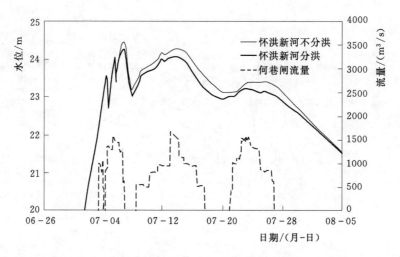

图 5.1-11　怀洪新河 2003 年分洪影响田家庵站水位过程

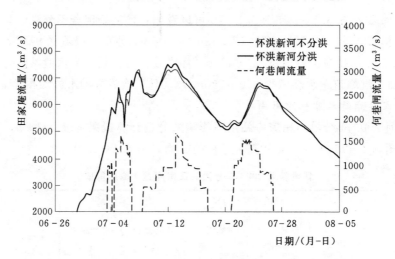

图 5.1-12　怀洪新河 2003 年分洪影响田家庵站流量过程

3. 对鲁台子站洪水过程的影响

怀洪新河 2003 年分洪对鲁台子站洪峰影响的分析计算成果见表 5.1-10,对其水位过程的影响如图 5.1-13 所示,对其流量过程的影响如图 5.1-14 所示。

表 5.1-10　　　　　　　　怀洪新河 2003 年分洪对鲁台子站洪峰的影响

淮河干流洪水次序	鲁台子洪水过程/(月-日)	怀洪新河不分洪		怀洪新河分洪		分洪作用	
		洪峰水位/m	洪峰流量/(m³/s)	洪峰水位/m	洪峰流量/(m³/s)	降低洪峰水位/m	削减洪峰流量/(m³/s)
第一次	07-03—07-06	26.27	7862	26.17	7890	0.10	-28
第二次	07-10—07-16	26.50	7613	26.37	7620	0.13	-7
第三次	07-22—07-28	25.57	6027	25.38	6060	0.19	-33

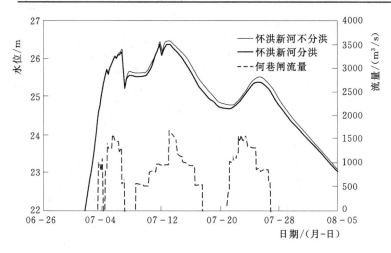

图 5.1-13 怀洪新河 2003 年分洪影响鲁台子站水位过程

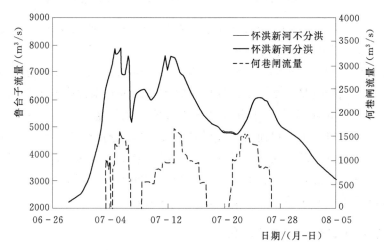

图 5.1-14 怀洪新河 2003 年分洪影响鲁台子站流量过程

由表 5.1-10 及图 5.1-13 和图 5.1-14 可以看出：怀洪新河若不分洪，鲁台子第一次洪峰水位 26.27m，相应洪峰流量 7862m³/s；第二次洪峰水位 26.50m，相应洪峰流量 7613m³/s。怀洪新河分洪后，鲁台子洪峰水位降低了 0.10~0.19m，洪峰流量增加了 7~33m³/s。

4. 对正阳关站洪水过程的影响

怀洪新河 2003 年分洪对正阳关站洪峰影响的分析计算成果见表 5.1-11，对其水位过程的影响如图 5.1-15 所示。

表 5.1-11　　　　　　　　怀洪新河 2003 年分洪对正阳关站洪峰的影响

淮河干流洪水次序	正阳关站洪水过程/(月-日)	怀洪新河不分洪洪峰水位/m	怀洪新河分洪洪峰水位/m	分洪作用削减洪峰水位/m
第一次	07-03—07-06	26.53	26.45	0.08
第二次	07-10—07-16	26.81	26.70	0.11
第三次	07-22—07-28	25.84	25.67	0.17

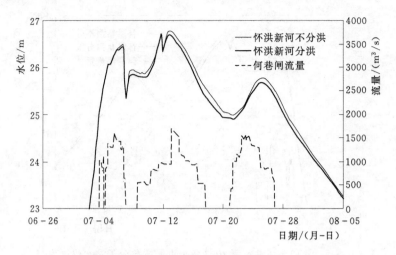

图 5.1-15　怀洪新河 2003 年分洪影响正阳关站水位过程

由表 5.1-11 及图 5.1-15 可以看出：怀洪新河分洪降低了正阳关洪峰水位 0.08～0.17m，减少保证水位以上洪水历时 27h。

综合以上分析可知，对于涡河口以下河段而言，怀洪新河 2003 年分洪降低了该段的洪峰水位，削减了洪峰流量。如 3 次洪峰中吴家渡站的洪峰水位降低了 0.37～0.63m，洪峰流量削减了 350～850m³/s，占不分洪情况下吴家渡洪峰流量的 5%～10%，分洪效果十分明显。对于涡河口以上河段而言，怀洪新河 2003 年分洪降低了该段的洪峰水位，同时也减少了河道和行洪区的对洪水槽蓄能力，洪峰流量略有增加。以田家庵站为例，洪峰水位降低了 0.29～0.34m，洪峰流量增加了 100～200m³/s。从结果上看，虽然分洪增加洪峰流量但却降低了洪峰水位，对于防洪依然是有利的。

5.1.4　怀洪新河 2007 年分洪效果

5.1.4.1　实际分洪过程

2007 年汛期怀洪新河何巷闸有一次分洪过程，分洪的起讫时间为 7 月 29 日 12 时至 8 月 1 日 7 时 54 分，总分洪水量 2.283 亿 m³，最大分洪流量为 1130m³/s[2]。

本次分洪是自怀洪新河工程建成以来，继 2003 年后第二次用于分泄淮河洪水，分洪历时和分洪水量均小于 2003 年。与 2003 年运用怀洪新河不同，本次分洪是在淮河干流水位全面回落、但蚌埠以下河段洪水下降缓慢、堤防长期遭受洪水浸泡，防汛压力大的情况下，适时启用的。

5.1.4.2　分洪效果分析

1. 对吴家渡站洪水过程的影响

怀洪新河 2007 年分洪对吴家渡站水位过程的影响如图 5.1-16 所示，对其流量过程的影响如图 5.1-17 所示。从图中可以看出，由于本次何巷闸选在淮河干流的退水时段开启，所以分洪对吴家渡站的洪峰水位及流量均没有影响，但另一方面，分洪加快了淮河干流的退水速率，使吴家渡站提前 44h 退至警戒水位（20.18m）以下。

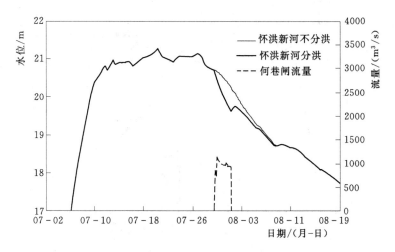

图 5.1-16 怀洪新河 2007 年分洪影响吴家渡站水位过程

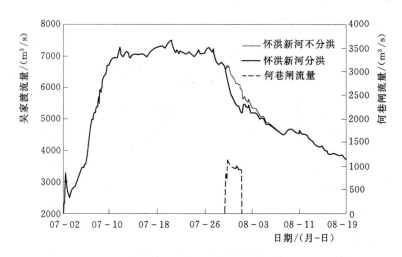

图 5.1-17 怀洪新河 2007 年分洪影响吴家渡站流量过程

2. 对田家庵站洪水过程的影响

怀洪新河 2007 年分洪对田家庵站水位过程的影响如图 5.1-18 所示，对其流量过程的影响如图 5.1-19 所示。由图可以看出，何巷闸分洪使田家庵提前 20h 落至警戒水位（22.2m）以下。

3. 对鲁台子站洪水过程的影响

怀洪新河 2007 年分洪对鲁台子站水位过程的影响如图 5.1-20 所示，对其流量过程的影响如图 5.1-21 所示。由图可以看出，何巷闸分洪使鲁台子提前 8h 退至警戒水位（23.7m）以下。

4. 对正阳关站洪水过程的影响

怀洪新河 2007 年分洪对正阳关站水位过程的影响如图 5.1-22 所示。由图可以看出，何巷闸分洪可使正阳关提前 6h 退至警戒水位（23.9m）以下。

综合以上分析可知，怀洪新河 2007 年分洪的作用主要是加快了淮河干流的退水速率。

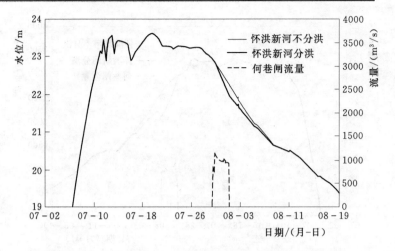

图 5.1-18　怀洪新河 2007 年分洪影响田家庵站水位过程

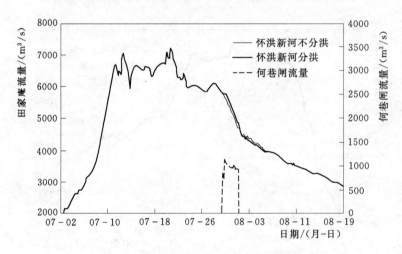

图 5.1-19　怀洪新河 2007 年分洪影响田家庵站流量过程

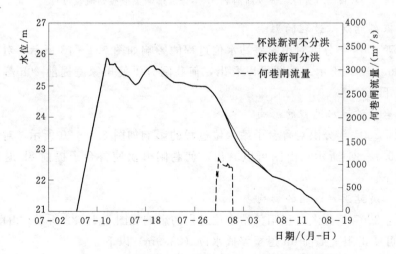

图 5.1-20　怀洪新河 2007 年分洪影响鲁台子站水位过程

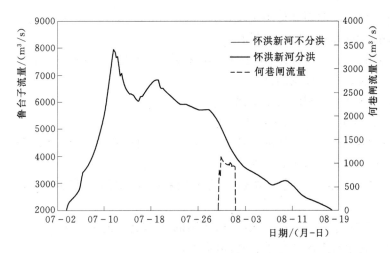

图 5.1-21　怀洪新河 2007 年分洪影响鲁台子站流量过程

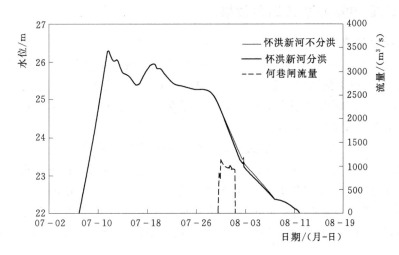

图 5.1-22　怀洪新河 2007 年分洪影响正阳关站水位过程

以吴家渡站为例，分洪使其提前 44h 退至警戒水位以下。

5.2　典型年洪水行蓄洪区运用效果分析

行蓄洪区是淮河防洪工程的重要组成部分，在防御淮河历次洪水中发挥着重要的不可替代的作用。研究行蓄洪区合理的调度运用方式，以最大限度地减轻淮河干支流防汛的压力，一直是淮河防洪减灾的一项重要课题。本章以淮河干流正阳关至浮山段水动力数学模型为计算平台，通过对典型年 2003 年和 2007 年洪水的演算，以董峰湖、荆山湖为例，研究行洪区不同调度运用工况对干支流洪水传播的影响。

5.2.1　计算条件

遇 2003 年和 2007 年型洪水时，董峰湖和荆山湖行洪区的调度运用采用如下方式：

（1）董峰湖行洪区的调度运用工况。

1）不运用：董峰湖行洪区不启用。

2）模拟运用：按照现行的启用条件（焦岗闸水位超过 24.50m）开启，并根据规划的进、退洪闸设计参数进行过流的计算。

（2）荆山湖行洪区的调度运用工况。

1）不运用：荆山湖行洪区不启用。

2）2003 年实际运用：荆山湖开启的时机、口门的位置、宽度、深度参照 2003 年当年实际调度资料，详见本书 2.3.4.3 节。

3）2007 年实际运用：荆山湖进、退洪闸按当年实际过程开启运用，详见本书 2.3.4.4 节。

4）2007 年充分运用：在 2007 年实际运用的基础上，进一步加大闸门开度，直至完全开启，以充分利用行洪区的行洪、蓄洪的功能。

5.2.2　董峰湖 2003 年模拟运用效果

5.2.2.1　模拟运用情况

2003 年 7 月 3 日 20 时，焦岗闸水位达到 24.50m，根据现行的调度运用办法，拟定董峰湖行洪区进、退洪闸同时开启；7 月 28 日 11 时，干流洪水进入退水时段，进洪闸关闭；8 月 15 日，行洪区内水基本退尽，退洪闸关闭。在此期间，行洪区内的最高水位达 25.54m，最大滞蓄水量 2.2 亿 m³。

下面以 2003 年董峰湖模拟运用为例，简要分析行洪区运用过程的 5 个阶段：

第一阶段：7 月 3 日 20 时至 5 日 2 时，历时 31h。董峰湖行洪区进、退洪闸闸门由关闭逐步开启。由图 5.2-1 可以看出，进洪闸向行洪区进洪，最大流量 1300m³/s；退洪闸向行洪区反向进洪，最大流量 960m³/s；进、退洪闸累计进水量达 1.7 亿 m³。此阶段，行洪区进、退洪闸同时向行洪区进洪，区内水位迅速增加至 24.20m，行洪区发挥蓄洪功能。

第二阶段：7 月 5 日 3 时至 5 日 18 时，历时 16h。董峰湖行洪区进、退洪闸闸门继续升高直至完全开启，过闸水流的状态也由闸孔出流过渡至宽顶堰流。由图 5.2-1 可以看出，进洪闸进洪流量进一步增加，最大流量达 2100m³/s，退洪闸退洪流量由 0 增加至最大流量 1900m³/s 左右后逐渐回落。此阶段，行洪区进洪流量大于退洪流量，区内水位继续升高至 25.10m 左右，行洪区兼有蓄洪和行洪的功能，且蓄洪作用逐渐减弱，行洪功能逐渐增强。

第三阶段：7 月 6—24 日，约 18d。闸门全开敞泄。由图 5.2-2 可以看出，进洪闸进洪流量与退洪闸退洪流量基本持平，行洪区行洪流量维持在 1500m³/s 左右。本阶段，行洪区内水位随淮河干流水位涨落，变化幅度不大，行洪区主要发挥行洪的功能。

第四阶段：7 月 25—28 日，约 3d。由图 5.2-3 可以看出，随着干流水位的回落，行洪区行洪流量开始减少。本阶段，进洪闸进洪流量小于退洪闸退洪流量，区内水位持续回落，行洪区行洪作用逐渐减少，蓄洪作用为负。蓄洪作用为负代表行洪区蓄水量减少。

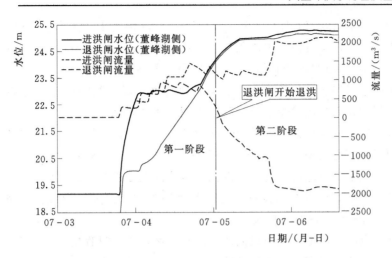

图 5.2-1 董峰湖模拟运用第一、二阶段

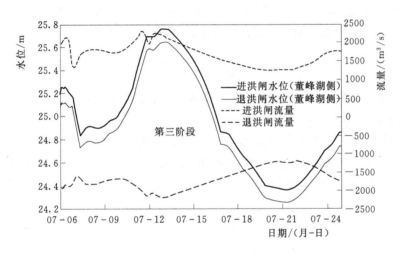

图 5.2-2 董峰湖模拟运用第三阶段

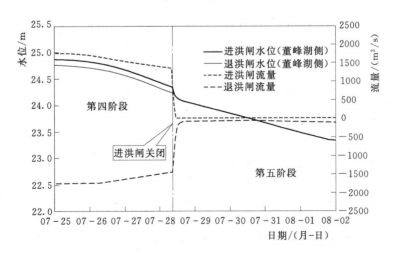

图 5.2-3 董峰湖模拟运用第四、五阶段

第五阶段：7月28日11时至8月15日，约17d。淮河干流洪水进入退水时段，董峰湖行洪区进洪闸关闭停止进洪，退洪闸执行退水任务。由图可以看出，退洪闸退水流量一般在100m³/s左右。此阶段，行洪区无行洪作用，蓄洪作用为负。

在董峰湖模拟运用的第一阶段和第二阶段中，进、退洪闸闸门完全开启共耗时47h。在分洪初期，闸门开启过程较慢主要是受以下两个条件限制：

（1）行洪区进、退洪建筑物不会遭到冲刷破坏。在很多情况下，建筑物遭到冲刷破坏，主要是闸门调度运用不合理造成的。正确的开启方式为各闸门均匀、对称、分级提升。在下游无水或水位很低的情况下，闸门开启的高度必须与下游水位相适应，即能在消力池中发生淹没水跃。根据淮河流域已建大型涵闸的操作经验，分级提升的高度一般为0.2~0.5m，开始宜小，逐级可扩大。

（2）行洪区内的土地不发生明显的冲刷。行洪区行蓄洪过程中，区内土地是否发生冲刷，取决于其流速的大小和土壤的抗冲能力。根据地质勘探报告，董峰湖行洪区内表层为砂壤土，层底高程为19.07~21.07m，厚度为1.0~2.5m左右。当行洪区水深为1m时，相应的土壤抗冲流速为0.45m/s。其他水深条件下土壤的不冲流速可由冈察洛夫普遍冲刷公式得出：

$$V = V_{1.0} H^{\alpha}$$

式中：$V_{1.0}$为1m水深情况下的抗冲流速；H为水深；α为指数，本次计算取0.25；V为水深H时的抗冲流速。

在保证建筑物枢纽安全和行洪区内不出现明显冲刷的前提下，本次研究通过对2003年洪水的演算，得出了董峰湖进、退洪闸的闸下水位—允许过闸泄量—相应闸门开度之间的关系（表5.2-1），可供枢纽的管理部门参考。

表5.2-1　　　　　　　　　　分洪初期董峰湖进、退洪闸推荐闸门开度

进 洪 闸			退 洪 闸		
湖内侧水位 /m	闸门开度 /m	最大分洪流量 /(m³/s)	湖内侧水位 /m	闸门开度 /m	最大分洪流量 /(m³/s)
21.70	0.2	300	19.55	0.2	285
22.50	0.4	450	20.50	0.5	670
22.70	0.7	730	21.90	0.8	950
22.96	1.1	1100	23.10	1	950
23.70	1.6	1450	24.20	1.5	910
24.30	2.1	1350	24.40	2	—460

注　流量为正代表向行洪区进洪，流量为负代表向淮河泄洪（下同）。

5.2.2.2　模拟运用效果

1. 对正阳关站洪水过程的影响

董峰湖2003年模拟运用对正阳关站3次洪峰影响的分析计算成果见表5.2-2，对其水位过程的影响如图5.2-4所示。

表 5.2－2　　　　　　　　董峰湖 2003 年模拟运用对正阳关站洪峰水位的影响

淮河干流洪水次序	正阳关洪水过程/（月-日）	董峰湖不运用洪峰水位/m	董峰湖模拟运用洪峰水位/m	运用效果削减洪峰水位/m
第一次	07－03—07－08	26.45	26.14	0.31
第二次	07－10—07－19	26.70	26.52	0.18
第三次	07－22—07－28	25.67	25.55	0.12

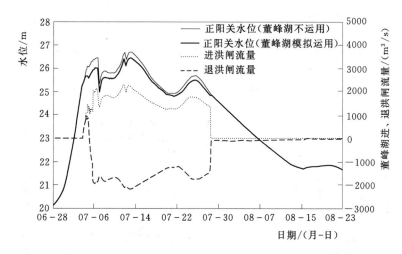

图 5.2－4　董峰湖 2003 年模拟运用影响正阳关站水位过程

由表 5.2－2 及图 5.2－4 可以看出：若运用董峰湖行洪区，正阳关第一次洪峰水位为 26.14m，低于保证水位 0.26m；第二次洪峰水位为 26.52m，超保证水位 0.12m。与董峰湖不运用的情况相比，3 次洪峰的水位均有所降低，其中前两次洪峰的降幅分别为 0.31m 和 0.18m，且保证水位以上的洪水历时减少了 43h。

2. 对鲁台子站洪水过程的影响

董峰湖 2003 年模拟运用对鲁台子站 3 次洪峰影响的分析计算成果见表 5.2－3，对其水位过程的影响如图 5.2－5 所示，对其流量过程的影响如图 5.2－6 所示。

表 5.2－3　　　　　　　　董峰湖 2003 年模拟运用对鲁台子站洪峰的影响

淮河干流洪水次序	鲁台子洪水过程/（月-日）	董峰湖不运用		董峰湖模拟运用		运用效果	
		洪峰水位/m	洪峰流量/（m³/s）	洪峰水位/m	洪峰流量/（m³/s）	降低洪峰水位/m	削减洪峰流量/（m³/s）
第一次	07－03—07－08	26.17	7890	25.83	8398	0.34	－508
第二次	07－10—07－15	26.37	7619	26.18	7635	0.19	－16
第三次	07－22—07－28	25.38	6060	25.24	6058	0.14	2

由表 5.2－3 及图 5.2－5 和图 5.2－6 可以看出：若运用董峰湖行洪区，鲁台子第一次洪峰水位将达 25.83m，相应洪峰流量为 8398m³/s；第二次洪峰水位将达 26.18m，相

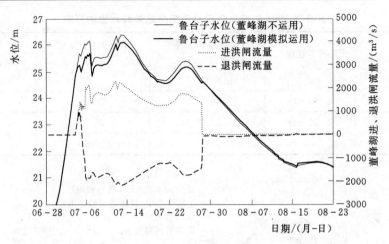

图 5.2 - 5　董峰湖 2003 年运用影响鲁台子站水位过程

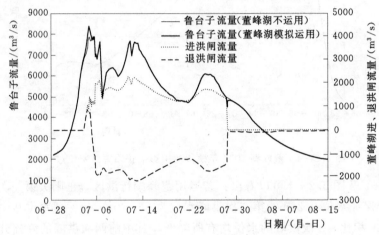

图 5.2 - 6　董峰湖 2003 年运用影响鲁台子站流量过程

应洪峰流量为 7635m³/s。与董峰湖不运用的情况相比，第一次洪峰水位降低了 0.34m，洪峰流量增加了 508m³/s；第二次洪峰水位降低了 0.19m，洪峰流量增加了 16m³/s。由以上分析可知，第一次洪峰行洪区主要发挥蓄洪功能，第二次洪峰，则以行洪功能为主。

3. 对田家庵站洪水过程的影响

董峰湖 2003 年模拟运用对田家庵站 3 次洪峰影响的分析计算成果见表 5.2 - 4，对其水位过程的影响如图 5.2 - 7 所示，对其流量过程的影响如图 5.2 - 8 所示。

表 5.2 - 4　　　　　　董峰湖 2003 年模拟运用对田家庵站洪峰的影响

淮河干流洪水次序	田家庵洪水过程/(月-日)	董峰湖不运用		董峰湖模拟运用		运用效果	
		洪峰水位/m	洪峰流量/(m³/s)	洪峰水位/m	洪峰流量/(m³/s)	降低洪峰水位/m	削减洪峰流量/(m³/s)
第一次	07 - 04—07 - 08	24.26	7173	24.04	6999	0.22	174
第二次	07 - 10—07 - 16	24.07	7510	24.04	7486	0.03	24
第三次	07 - 22—07 - 28	23.20	6818	23.20	6773	0.00	45

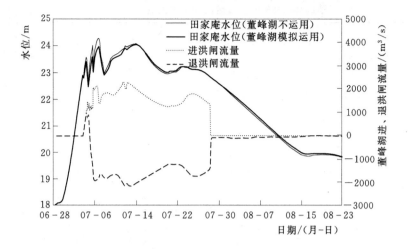

图 5.2-7 董峰湖 2003 年运用影响田家庵站水位过程

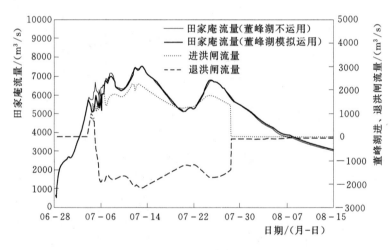

图 5.2-8 董峰湖 2003 年运用影响田家庵站流量过程

由表 5.2-4 及图 5.2-7 和图 5.2-8 可以看出:若运用董峰湖行洪区,田家庵第一次洪峰水位将为 24.04m,相应洪峰流量 6999m³/s;第二次洪峰水位将达到 24.04m,相应洪峰流量 7486m³/s。与董峰湖不运用的情况相比,第一次洪峰水位降低了 0.22m,洪峰流量削减了 174m³/s;第二次洪峰水位降低了 0.03m,洪峰流量削减了 24m³/s。

4. 对吴家渡站洪水过程的影响

董峰湖 2003 年模拟运用对吴家渡站三次洪峰影响的分析计算成果见表 5.2-5,对其水位过程的影响如图 5.2-9 所示,对其流量过程的影响如图 5.2-10 所示。

由表 5.2-5 及图 5.2-9 和图 5.2-10 可以看出:若运用董峰湖行洪区,吴家渡第一次洪峰水位将为 21.76m,相应洪峰流量 8274m³/s;第二次洪峰水位将达到 21.69m,相应洪峰流量 7833m³/s。与董峰湖不运用的情况相比,第一次洪峰水位降低了 0.18m,洪峰流量削减了 346m³/s;第二次洪峰水位降低了 0.05m,洪峰流量削减了 87m³/s。

表 5.2－5　　　　　　　　董峰湖 2003 年模拟运用对吴家渡站洪峰的影响

淮河干流洪水次序	吴家渡洪水过程/(月-日)	董峰湖不运用		董峰湖模拟运用		运用效果	
		洪峰水位/m	洪峰流量/(m³/s)	洪峰水位/m	洪峰流量/(m³/s)	降低洪峰水位/m	削减洪峰流量/(m³/s)
第一次	07－03—07－08	21.94	8620	21.76	8274	0.18	346
第二次	07－10—07－15	21.74	7920	21.69	7833	0.05	87
第三次	07－22—07－28	21.53	7430	21.54	7459	－0.01	－29

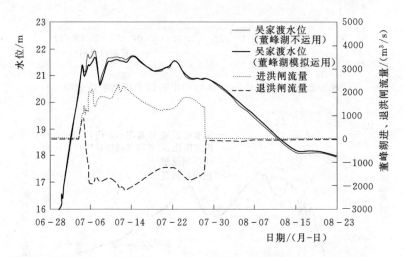

图 5.2－9　董峰湖 2003 年运用影响吴家渡站水位过程

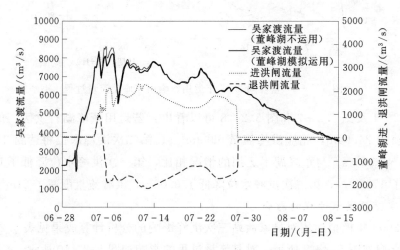

图 5.2－10　董峰湖 2003 年运用影响吴家渡站流量过程

5. 对支流的影响

董峰湖 2003 年模拟运用对沙颍河阜阳闸下、颍上闸下和涡河蒙城闸下洪峰影响的分析计算成果见表 5.2－6，对阜阳闸下水位过程的影响如图 5.2－11 所示。

表 5.2－6	董峰湖 2003 年模拟运用对沙颍河、涡河洪峰的影响			
支流	控制站	董峰湖不运用 洪峰水位 /m	董峰湖模拟运用 洪峰水位 /m	运用效果 削减洪峰水位 /m
沙颍河	阜阳闸下	29.31	29.26	0.05
	颍上闸下	27.27	27.04	0.23
涡河	蒙城闸下	25.81	25.80	0.01

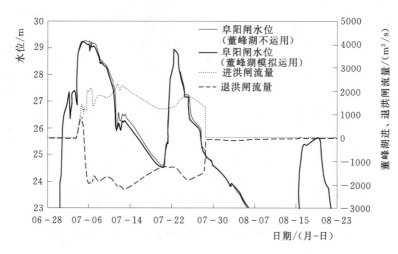

图 5.2－11 董峰湖 2003 年模拟运用影响阜阳闸下水位过程

由表 5.2－6 及图 5.2－11 可以看出：与董峰湖不运用的情况相比，沙颍河阜阳闸下和颍上闸下洪峰水位分别降低了 0.05m 和 0.23m。涡河蒙城闸下洪峰水位降低了 0.01m。

5.2.3 董峰湖 2007 年模拟运用效果

5.2.3.1 模拟运用情况

2007 年 7 月 10 日 12 时，焦岗闸水位达到 24.50m，根据现行的调度运用办法，董峰湖进、退洪闸同时开启；7 月 30 日 2 时，淮河干流洪水进入退水时段，董峰湖进洪闸关闭；8 月 20 日，董峰湖行洪区内水基本退尽，退洪闸关闭。在此期间，行洪区内的最高水位约 24.88m，最大滞蓄水量 1.9 亿 m³。

5.2.3.2 模拟运用效果

1. 对正阳关站洪水过程的影响

董峰湖 2007 年模拟运用对正阳关站两次洪峰影响的分析计算成果见表 5.2－7，对其水位过程的影响如图 5.2－12 所示。

由表 5.2－7 及图 5.2－12 可以看出：若运用董峰湖行洪区，正阳关第一次洪峰水位为 25.95m；第二次洪峰水位为 25.80m。与董峰湖不运用的情况相比，两次洪峰的水位均有所降低，降幅分别为 0.35m 和 0.15m，且 25.5m 以上高水位历时减少了 50h。

表 5.2-7　董峰湖 2007 年模拟运用对正阳关站洪峰水位的影响

淮河干流洪水次序	正阳关洪水过程 /(月-日)	董峰湖不运用洪峰水位 /m	董峰湖模拟运用洪峰水位 /m	运用效果削减洪峰水位 /m
第一次	07-10—07-14	26.30	25.95	0.35
第二次	07-16—07-21	25.95	25.80	0.15

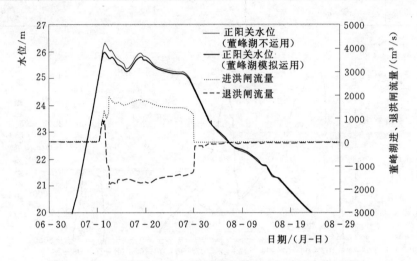

图 5.2-12　董峰湖 2007 年模拟运用影响正阳关站水位过程

2. 对鲁台子站洪水过程的影响

董峰湖 2007 年模拟运用对鲁台子站两次洪峰影响的分析计算成果见表 5.2-8，对其水位过程的影响如图 5.2-13 所示，对其流量过程的影响如图 5.2-14 所示。

表 5.2-8　董峰湖 2007 年模拟运用对鲁台子站洪峰的影响

淮河干流洪水次序	鲁台子洪水过程 /(月-日)	董峰湖不运用		董峰湖模拟运用		运用效果	
		洪峰水位 /m	洪峰流量 /(m³/s)	洪峰水位 /m	洪峰流量 /(m³/s)	降低洪峰水位 /m	削减洪峰流量 /(m³/s)
第一次	07-10—07-14	25.89	7970	25.43	8289	0.46	-319
第二次	07-16—07-21	25.64	6830	25.48	6834	0.16	-4

由表 5.2-8 及图 5.2-13 和图 5.2-14 可以看出：若运用董峰湖行洪区，鲁台子第一次洪峰水位将达 25.43m，相应洪峰流量为 8289m³/s；第二次洪峰水位将达 25.48m，相应洪峰流量为 6834m³/s。与董峰湖不运用的情况相比，第一次洪峰水位降低了 0.46m，洪峰流量增加了 319m³/s；第二次洪峰水位降低了 0.16m，洪峰流量变化不大。

3. 对田家庵站洪水过程的影响

董峰湖 2007 年模拟运用对田家庵站洪峰影响的分析计算成果见表 5.2-9，对其水位过程的影响如图 5.2-15 所示，对其流量过程的影响如图 5.2-16 所示。

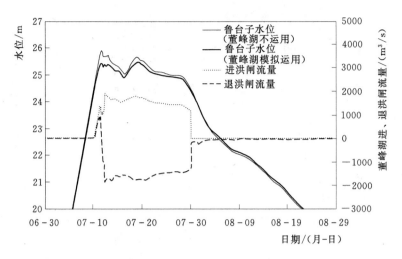

图 5.2-13 董峰湖 2007 年模拟运用影响鲁台子站水位过程

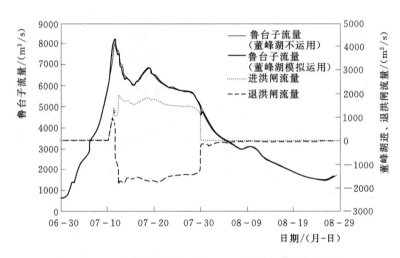

图 5.2-14 董峰湖 2007 年模拟运用影响鲁台子站流量过程

表 5.2-9   董峰湖 2007 年模拟运用对田家庵站洪峰的影响

淮河干流洪水	田家庵洪水过程/(月-日)	董峰湖不运用		董峰湖模拟运用		运用效果	
		洪峰水位/m	洪峰流量/(m³/s)	洪峰水位/m	洪峰流量/(m³/s)	降低洪峰水位/m	削减洪峰流量/(m³/s)
	07-10—07-30	23.62	7178	23.56	7157	0.06	21

由表 5.2-9 及图 5.2-15 和图 5.2-16 可以看出：若运用董峰湖行洪区，田家庵洪峰水位将为 23.56m，相应洪峰流量为 7157m³/s。与董峰湖不运用的情况相比，洪峰水位降低了 0.06m，洪峰流量削减了 21m³/s。

4. 对吴家渡站洪水过程的影响

董峰湖 2007 年模拟运用对吴家渡站洪峰影响的分析计算成果见表 5.2-10，对其水

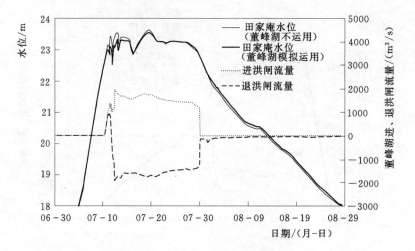

图 5.2-15 董峰湖 2007 年模拟运用影响田家庵站水位过程

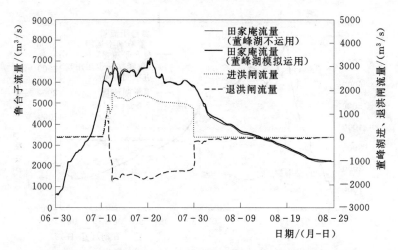

图 5.2-16 董峰湖 2007 年模拟运用影响田家庵站流量过程

位过程的影响如图 5.2-17 所示,对其流量过程的影响如图 5.2-18 所示。

表 5.2-10　　　　　　董峰湖 2007 年模拟运用对吴家渡站洪峰的影响

淮河干流洪水	吴家渡站洪水过程/(月-日)	董峰湖不运用		董峰湖模拟运用		运用效果	
		洪峰水位/m	洪峰流量/(m³/s)	洪峰水位/m	洪峰流量/(m³/s)	降低洪峰水位/m	削减洪峰流量/(m³/s)
07-10—07-30	21.27	7520	21.23	7438	0.04	82

由表 5.2-10 及图 5.2-17 和图 5.2-18 可以看出:若运用董峰湖行洪区,吴家渡洪峰水位将为 21.23m,相应洪峰流量为 7438m³/s。与董峰湖不运用的情况相比,洪峰水位降低了 0.04m,洪峰流量削减了 82m³/s。

5. 对支流的影响

董峰湖 2007 年模拟运用对沙颍河阜阳闸下、颍上闸下和涡河蒙城闸下洪峰影响的分

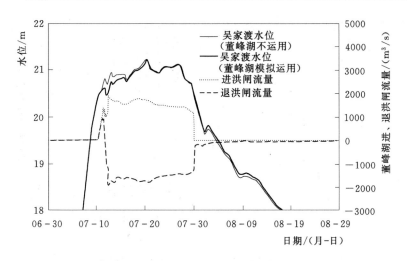

图 5.2-17 董峰湖 2007 年模拟运用影响吴家渡站水位过程

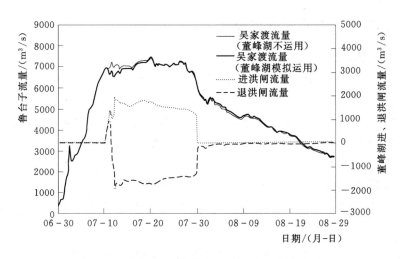

图 5.2-18 董峰湖 2007 年模拟运用影响吴家渡站流量过程

析计算成果见表 5.2-11，对阜阳闸下水位过程的影响如图 5.2-19 所示。

表 5.2-11　　　　　　董峰湖 2007 年模拟运用对沙颍河、涡河洪峰的影响

淮河干流 洪水次序	控制站	董峰湖不运用 洪峰水位 /m	董峰湖模拟运用 洪峰水位 /m	运用效果 削减洪峰水位 /m
沙颍河	阜阳闸下	30.11	30.10	0.01
	颍上闸下	27.02	26.97	0.05
涡河	蒙城闸下	24.05	24.05	0.00

由表 5.2-11 及图 5.2-19 可以看出：与董峰湖不运用的情况相比，沙颍河阜阳闸下和颍上闸下洪峰水位分别降低了 0.01m 和 0.05m。涡河蒙城闸下洪峰水位没有变化。

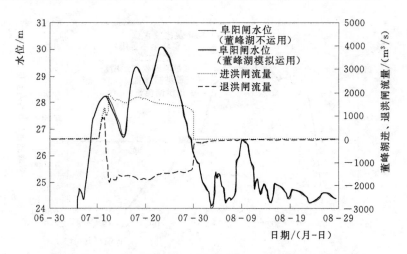

图 5.2-19　董峰湖 2007 年模拟运用影响阜阳闸下水位过程

5.2.4　荆山湖 2003 年实际运用效果

5.2.4.1　实际运用情况

荆山湖行洪区在 2003 洪水中为破口运用，上口门漫决时间为 7 月 6 日 19 时，行洪过后的口门宽度为 364m，最大冲坑深度为 12.79m；下口门在 7 月 7 日 11 时 26 分实施人工爆破，口门宽度 330m，最大冲坑深度为 8.52m。根据数学模型重演计算的成果，实际运用期间，行洪区内最高水位约 23.18m，最大滞蓄水量达 4.2 亿 m³。

5.2.4.2　实际运用效果

1. 对正阳关站洪水过程的影响

荆山湖 2003 年实际运用对正阳关站三次洪峰影响的分析计算成果见表 5.2-12，对其水位过程的影响如图 5.2-20 所示。

表 5.2-12　　　　荆山湖 2003 年实际运用对正阳关站洪峰水位的影响

淮河干流洪水次序	正阳关站洪水过程 /（月-日）	荆山湖不运用洪峰水位 /m	荆山湖运用洪峰水位 /m	运用效果削减洪峰水位 /m
第一次	07-03—07-08	26.45	26.45	0
第二次	07-10—07-19	26.86	26.70	0.16
第三次	07-22—07-28	25.76	25.67	0.09

由表 5.2-12 及图 5.2-20 可以看出：若不运用荆山湖行洪区，正阳关第二次洪峰水位将达 26.86m，超保证水位 0.46m；第三次洪峰水位将达 25.76m。荆山湖运用后，正阳关站第二次和第三次洪峰水位分别降低 0.16m 和 0.09m。

2. 对鲁台子站洪水过程的影响

荆山湖 2003 年实际运用对鲁台子站 3 次洪峰影响的分析计算成果见表 5.2-13，对其水位过程的影响见图 5.2-21，对其流量过程的影响如图 5.2-22 所示。

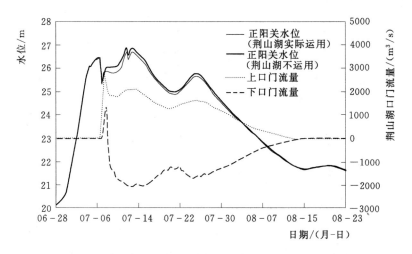

图 5.2-20 荆山湖 2003 年实际运用影响正阳关水位过程

表 5.2-13 荆山湖 2003 年实际运用对鲁台子站洪峰的影响

淮河干流 洪水次序	鲁台子 洪水过程 /(月-日)	荆山湖不运用		荆山湖运用		运用效果	
		洪峰水位 /m	洪峰流量 /(m³/s)	洪峰水位 /m	洪峰流量 /(m³/s)	降低洪峰水位 /m	削减洪峰流量 /(m³/s)
第一次	07-03—07-08	26.17	7890	26.17	7890	0.00	0
第二次	07-10—07-15	26.56	7646	26.37	7619	0.19	27
第三次	07-22—07-28	25.48	6058	25.38	6060	0.10	—2

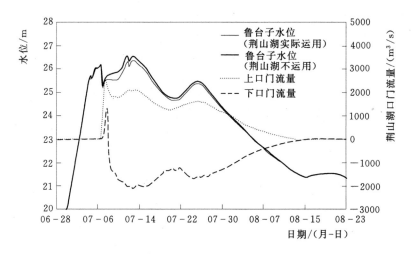

图 5.2-21 荆山湖 2003 年实际运用影响鲁台子水位过程

由表 5.2-13 及图 5.2-21 和图 5.2-22 可以看出：若不运用荆山湖行洪区，鲁台子第二次洪峰水位将达 26.56m，相应洪峰流量 7646m³/s；第三次洪峰水位将达 25.48m，相应洪峰流量 6058m³/s。荆山湖运用后，鲁台子站第二次和第三次洪峰水位将分别降低 0.19m 和 0.10m。

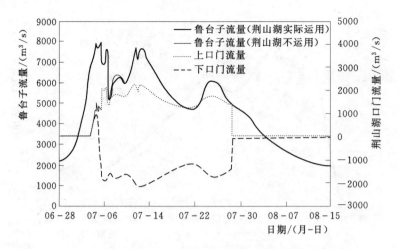

图 5.2 - 22 荆山湖 2003 年实际运用影响鲁台子流量过程

3. 对田家庵站洪水过程的影响

荆山湖 2003 年实际运用对田家庵站第二次、第三次洪峰影响的分析计算成果见表 5.2 - 14，对其水位过程的影响如图 5.2 - 23 所示，对其流量过程的影响如图 5.2 - 24 所示。

表 5.2 - 14　　　　　荆山湖 2003 年实际运用对田家庵站洪峰的影响

淮河干流洪水次序	田家庵站洪水过程/(月-日)	荆山湖不运用		荆山湖运用		运用效果	
		洪峰水位/m	洪峰流量/(m³/s)	洪峰水位/m	洪峰流量/(m³/s)	降低洪峰水位/m	削减洪峰流量/(m³/s)
第二次	07 - 10—07 - 16	24.39	7376	24.07	7510	0.32	-134
第三次	07 - 22—07 - 28	23.39	6817	23.20	6818	0.19	-1

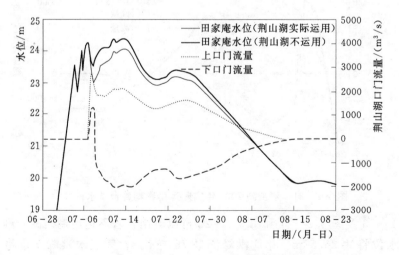

图 5.2 - 23 荆山湖 2003 年实际运用影响田家庵水位过程

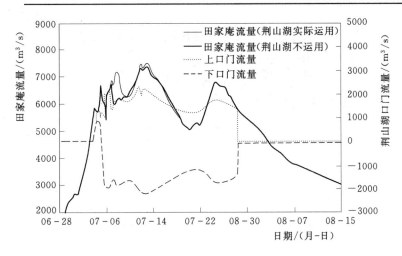

图 5.2-24 荆山湖 2003 年实际运用影响田家庵流量过程

由表 5.2-14 及图 5.2-23 和图 5.2-24 可以看出：若不运用荆山湖行洪区，田家庵站第二次洪峰水位将达 24.39m，相应洪峰流量 7376m³/s。荆山湖运用后，田家庵站第二次洪峰水位降低 0.32m，同时洪峰流量增加 134m³/s。

4. 对吴家渡站洪水过程的影响

荆山湖 2003 年实际运用对吴家渡站第二次、第三次洪峰影响的分析计算成果见表 5.2-15，对其水位过程的影响如图 5.2-25 所示，对其流量过程的影响如图 5.2-26 所示。

表 5.2-15　　　　荆山湖 2003 年实际运用对吴家渡站洪峰水位的影响

淮河干流洪水次序	吴家渡站洪水过程/(月-日)	荆山湖不运用		荆山湖运用		运用效果	
		洪峰水位/m	洪峰流量/(m³/s)	洪峰水位/m	洪峰流量/(m³/s)	降低洪峰水位/m	削减洪峰流量/(m³/s)
第二次	07-10—07-15	22.01	8528	21.74	7920	0.27	608
第三次	07-22—07-28	21.55	7482	21.53	7430	0.02	52

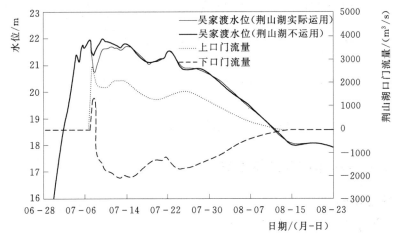

图 5.2-25 荆山湖 2003 年实际运用影响吴家渡水位过程

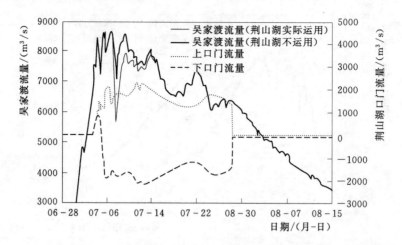

图 5.2 - 26　荆山湖 2003 年实际运用影响吴家渡流量过程

由表 5.2 - 15 及图 5.2 - 25 和图 5.2 - 26 可以看出：若不运用荆山湖行洪区，吴家渡站第二次洪峰水位将达 22.01m，相应洪峰流量 8528m³/s。荆山湖运用后，吴家渡站第二次洪峰水位将降低 0.27m，洪峰流量削减了 608m³/s，削减率达 8%。

5. 对支流的影响

图 5.2 - 27 和图 5.2 - 28 给出 2003 年荆山湖实际运用影响沙颍河阜阳闸下、涡河蒙城闸下水位过程线。由图可知，荆山湖实际运用时，涡河、沙颍河洪峰已过，因此，对两条支流的洪峰水位没有影响，但是加快了河段水位的回落。

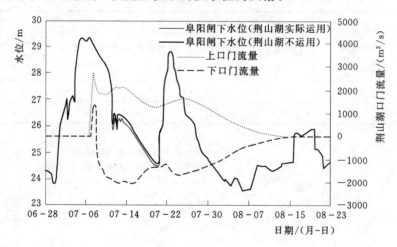

图 5.2 - 27　荆山湖 2003 年实际运用影响阜阳闸下水位过程

5.2.5　荆山湖 2007 年实际运用效果

5.2.5.1　实际运用情况

在 2007 年洪水中，新建成的荆山湖进、退洪闸先后两次运用，在 7 月 19—23 日期间，共蓄滞淮河洪水 3.99 亿 m³。

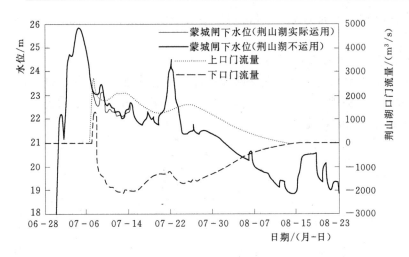

图 5.2-28 荆山湖 2003 年实际运用影响蒙城闸下水位过程

第一次运用：7月19日20时至21日17时35分，进洪闸开闸向荆山湖行洪区分洪，历时45.5h；7月20日12时至23日0时50分，退洪闸开启向荆山湖行洪区反向进洪，历时60.8h。在此期间，进洪闸最大进洪流量1950m³/s，退洪闸反向最大退洪流量1130m³/s，合成最大进洪流量2730m³/s，总进洪水量3.67亿m³。

第二次运用：7月22日20时5分至23日8时15分，荆山湖进洪闸再次开闸进洪，历时12.2h。在此期间，进洪闸最大进洪流量811m³/s，进洪水量0.32亿m³。

根据淮河干流的退水情况，荆山湖退洪闸从7月30日18时40分至9月11日8时46分，先后三次开闸向淮河泄水，总泄水量达4.23亿m³。

5.2.5.2 实际运用效果

1. 对正阳关站洪水过程的影响

荆山湖 2007 年实际运用对正阳关站水位过程的影响如图5.2-29所示。从图中可以看出，荆山湖进、退洪闸开启时，正阳关洪峰水位已过，因此，荆山湖运用对正阳关站的

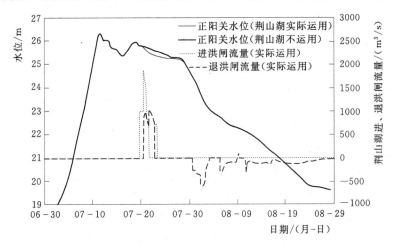

图 5.2-29 荆山湖 2007 年实际运用影响正阳关水位过程

洪峰水位没有影响，但是加快了河段退水的速率，正阳关 25.5m 以上高水位历时减少 56h。

2. 对鲁台子站洪水过程的影响

荆山湖 2007 年实际运用对鲁台子站水位过程的影响如图 5.2－30 所示，对其流量过程的影响如图 5.2－31 所示。与正阳关站类似，荆山湖运用加快了河段退水的速率，鲁台子 25.3m 以上高水位历时减少 58h。

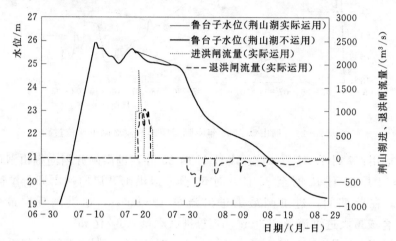

图 5.2－30　荆山湖 2007 年实际运用影响鲁台子水位过程

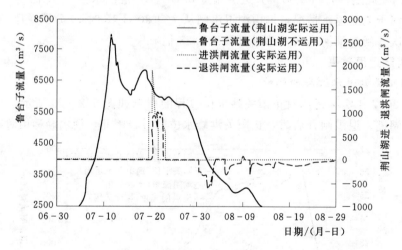

图 5.2－31　荆山湖 2007 年实际运用影响鲁台子流量过程

3. 对田家庵站洪水过程的影响

荆山湖 2007 年实际运用对田家庵站洪峰影响的分析计算成果见表 5.2－16，对其水位过程的影响如图 5.2－32 所示，对其流量过程的影响如图 5.2－33 所示。

由表 5.2－16 及图 5.2－32 和图 5.2－33 可以看出：若不运用荆山湖行洪区，田家庵洪峰水位将达 23.68m，与荆山湖不运用相比，田家庵洪峰水位降低了 0.06m。此值较小的原因是荆山湖实际运用时，田家庵已临近洪峰水位，加之开闸过程较慢，因此对田家庵的削峰效果较差。

表 5.2 - 16　　　　　荆山湖 2007 年实际运用对田家庵站洪峰的影响

淮河干流洪水次序	田家庵站洪水过程/(月-日)	荆山湖不运用		荆山湖实际运用		运用效果	
		洪峰水位/m	洪峰流量/(m³/s)	洪峰水位/m	洪峰流量/(m³/s)	降低洪峰水位/m	削减洪峰流量/(m³/s)
	07-10—07-30	23.68	7010	23.62	7178	0.06	-168

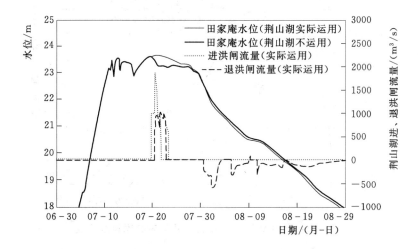

图 5.2 - 32　荆山湖 2007 年实际运用影响田家庵水位过程

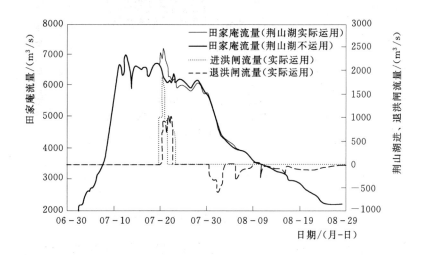

图 5.2 - 33　荆山湖 2007 年实际运用影响田家庵流量过程

4. 对吴家渡站洪水过程的影响

荆山湖 2007 年实际运用对田家庵站洪峰影响的分析计算成果见表 5.2-17，对其水位过程的影响如图 5.2-34 所示，对其流量过程的影响如图 5.2-35 所示。

表 5.2-17　　　　　　　　荆山湖 2007 年实际运用对吴家渡站洪峰的影响

淮河干流洪水次序	田家庵站洪水过程/(月-日)	荆山湖不运用		荆山湖实际运用		运用效果	
		洪峰水位/m	洪峰流量/(m³/s)	洪峰水位/m	洪峰流量/(m³/s)	降低洪峰水位/m	削减洪峰流量/(m³/s)
	07-10—07-30	21.55	8192	21.27	7520	0.28	672

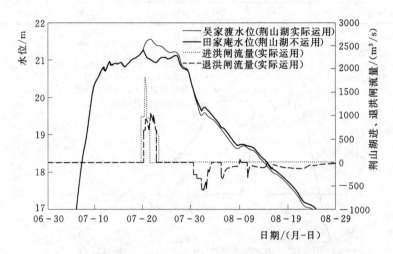

图 5.2-34　荆山湖 2007 年实际运用影响吴家渡水位过程

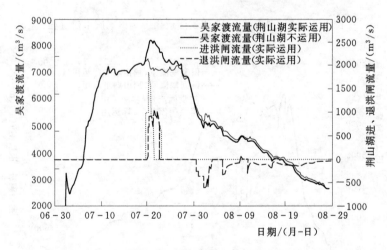

图 5.2-35　荆山湖 2007 年实际运用影响吴家渡流量过程

由表 5.2-17 及图 5.2-34 和图 5.2-35 可以看出：若不运用荆山湖行洪区，吴家渡洪峰水位将达 21.55m，相应洪峰流量为 8192m³/s。荆山湖运用后，洪峰水位降低了 0.28m，洪峰流量削减了 672m³/s，削减率约 9%。

5. 对支流的影响

荆山湖 2007 年实际运用对沙颍河阜阳闸下、颍上闸下和涡河蒙城闸下洪峰影响的分析计算成果见表 5.2-18，对蒙城闸下水位过程的影响如图 5.2-36 所示。

表 5.2-18　　　　　　　　荆山湖 2007 年实际运用对沙颍河、涡河洪峰的影响

支流	控制站	荆山湖不运用 洪峰水位 /m	荆山湖实际运用 洪峰水位 /m	运用效果 削减洪峰水位 /m
沙颍河	阜阳闸下	30.14	30.11	0.03
	颍上闸下	27.13	27.02	0.11
涡河	蒙城闸下	24.05	24.05	0.00

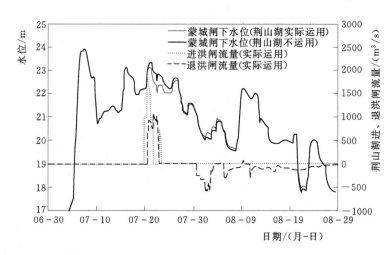

图 5.2-36　荆山湖 2007 年实际运用影响蒙城闸下水位过程

由表 5.2-18 及图 5.2-36 可以看出：与荆山湖不运用的情况相比，沙颍河阜阳闸下和颍上闸下洪峰水位分别降低了 0.03m 和 0.11m。涡河蒙城闸下洪峰水位没有变化。

5.2.6　荆山湖 2007 年充分运用效果

5.2.6.1　充分运用情况

荆山湖 2007 年充分运用是在实际运用的基础上，拟定进一步增大闸门的开度，直至完全开启的调度运用方式。荆山湖充分运用后，不仅可以发挥行洪区的蓄洪作用，还可以发挥其行洪的功能。图 5.2-37 为实际运用和充分运用两种调度运用方式过闸流量的对比，从图中可以看出，在闸门开启的初始阶段，两者的过闸流量是一致的。

5.2.6.2　充分运用效果

1. 对正阳关站洪水过程的影响

荆山湖充分运用对正阳关站水位过程的影响如图 5.2-38 所示。由图可以看出，荆山湖充分运用与实际运用的相比，正阳关 25.5m 以上高水位历时减少 4h。

2. 对鲁台子站洪水过程的影响

荆山湖充分运用对鲁台子站水位过程的影响如图 5.2-39 所示，对其流量过程的影响如图 5.2-40 所示。由图可以看出，荆山湖充分运用与实际运用的相比，鲁台子 25.3m 时以上高水位历时减少 1h。

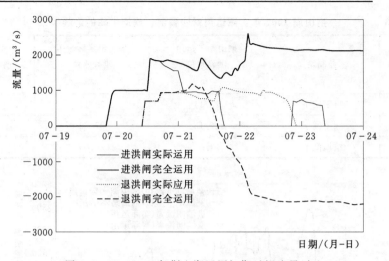

图 5.2－37　2007 年荆山湖运用初期过闸流量对比

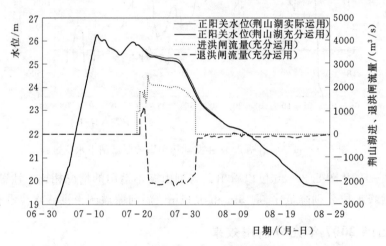

图 5.2－38　荆山湖 2007 年充分运用影响正阳关站水位过程

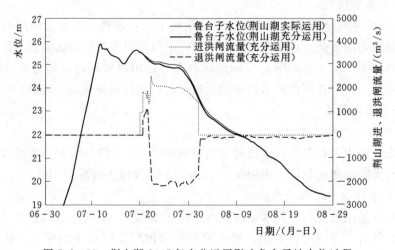

图 5.2－39　荆山湖 2007 年充分运用影响鲁台子站水位过程

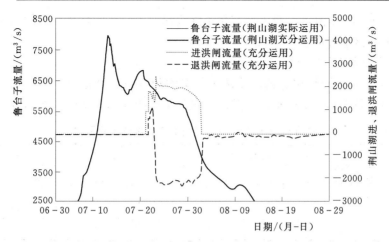

图 5.2-40 荆山湖 2007 年充分运用影响鲁台子站流量过程

3. 对田家庵站洪水过程的影响

荆山湖充分运用对田家庵站水位过程的影响如图 5.2-41 所示，对其流量过程的影响

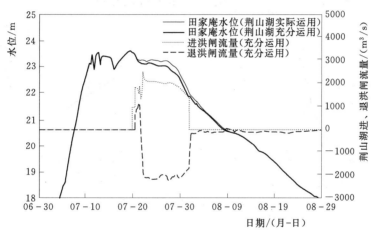

图 5.2-41 荆山湖 2007 年充分运用影响田家庵站水位过程

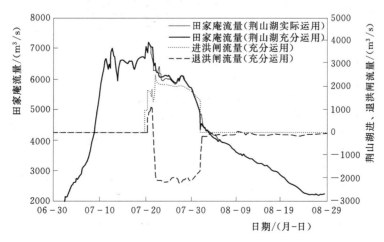

图 5.2-42 荆山湖 2007 年充分运用影响田家庵站流量过程

如图 5.2-42 所示。由图可以看出，与荆山湖实际运用的情况相比，荆山湖充分运用可使田家庵提前 13h 落至警戒水位（22.20m）以下。

4. 对吴家渡站洪水过程的影响

荆山湖 2007 年充分运用对吴家渡站洪峰影响的分析计算成果见表 5.2-19，对其水位过程的影响如图 5.2-43 所示，对其流量过程的影响如图 5.2-44 所示。

表 5.2-19　　　　　荆山湖 2007 年充分运用对吴家渡站洪峰的影响

淮河干流洪水	吴家渡站洪水过程/（月-日）	荆山湖实际运用		荆山湖充分运用		充分运用效果	
		洪峰水位/m	洪峰流量/（m³/s）	洪峰水位/m	洪峰流量/（m³/s）	降低洪峰水位/m	削减洪峰流量/（m³/s）
	07-10—07-30	21.27	7520	21.30	7627	-0.03	-107

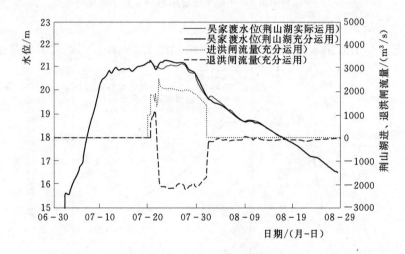

图 5.2-43　荆山湖 2007 年充分运用影响吴家渡站水位过程

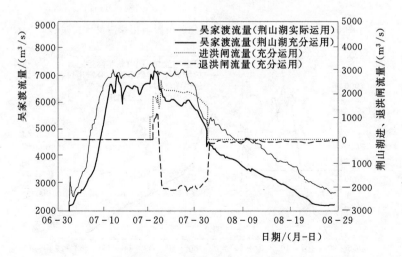

图 5.2-44　荆山湖 2007 年充分运用影响吴家渡站流量过程

由表 5.2 - 19 及图 5.2 - 43 和图 5.2 - 44 可以看出：与荆山湖实际运用的情况相比，荆山湖充分运用使吴家渡站洪峰水位抬高 0.03m，洪峰流量增加了 107m³/s，且警戒水位以上的洪水历时延长了 9h。

5. 对支流的影响

荆山湖 2007 年充分运用对沙颍河阜阳闸下、颍上闸下和涡河蒙城闸下洪峰影响的分析计算成果见表 5.2 - 20，对蒙城闸下水位过程的影响如图 5.2 - 45 所示。

表 5.2 - 20　　　　　荆山湖 2007 年充分运用对沙颍河、涡河洪峰的影响

支流	控制站	荆山湖实际运用洪峰水位/m	荆山湖充分运用洪峰水位/m	运用效果削减洪峰水位/m
沙颍河	阜阳闸下	30.11	30.11	0.00
	颍上闸下	27.02	26.99	0.03
涡河	蒙城闸下	24.05	24.05	0.00

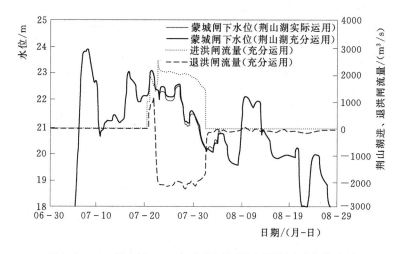

图 5.2 - 45　荆山湖 2007 年充分运用影响蒙城闸下水位过程

由表 5.2 - 20 及图 5.2 - 45 可以看出：与荆山湖实际运用的情况相比，沙颍河颍上闸下洪峰水位降低了 0.03m，而沙颍河阜阳闸下及涡河蒙城闸下的洪峰水位没有变化。

5.3　行蓄洪区启用时机

5.3.1　濛洼蓄洪区分洪时机及效果

5.3.1.1　濛洼蓄洪区调度方式

根据淮河干流控制站王家坝、润河集、鲁台子、吴家渡等测站历年实测水位流量资料，分析了特征时段洪量与最高水位关系，结果表明，最大 1d 和 3d 洪量与最高水位相关度高，各控制站最高水位受 1d 和 3d 洪量影响较大。从预测预报及调度角度分析，1d 和

3d 洪量属于短期洪水预报，具有一定的预报精度。

濛洼蓄洪区采用以下 4 种调度方式进行分洪：

（1）濛洼达到蓄洪调度启用控制水位时刻即启用（以下简称调度控制水位）。

（2）在最大 1d 洪量的初始时刻启用（以下简称最大 1d 洪量）。

（3）在最大 3d 洪量的第一天初始时刻启用（以下简称最大 3d 洪量第一天）。

（4）在最大 3d 洪量的第二天初始时刻启用（以下简称最大 3d 洪量第二天）。

2003 年洪水，濛洼蓄洪区两次分洪：第一次启用时间为 7 月 3 日，蓄洪量为 2.18 亿 m³；第二次启用时间为 7 月 11 日，蓄洪量 3.43 亿 m³。共蓄洪 5.61 亿 m³，两次均为 8h 达到设计进洪流量[1]。2007 年洪水，濛洼蓄洪区 7 月 10 日启用，蓄洪量 2.44 亿 m³，4h 达到设计进洪流量[2]。参考 2003 年和 2007 年王家坝闸的实际开启过程，濛洼蓄洪区的 4 种调度方式均为 8～10h 达到设计进洪流量。

濛洼蓄洪区设计进洪流量 1626m³/s，设计滞洪水位 27.8m，相应库容 7.5 亿 m³，启用条件淮河干流王家坝站水位 29.2m。各调度方式濛洼蓄洪区均分洪 3d，最大进洪流量 1626m³/s，分洪洪量为 3.86 亿 m³，濛洼蓄洪区进洪过程如图 5.3-1 所示。

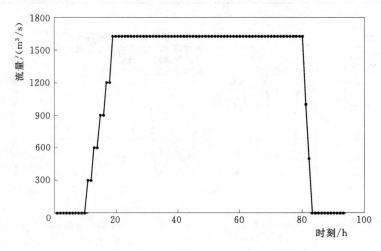

图 5.3-1　濛洼蓄洪区进洪过程

5.3.1.2　2003 年型洪水模拟分析

2003 年洪水过程中，淮河干流王家坝至浮山段共启用邱家湖、唐垛湖、上六坊堤、下六坊堤、石姚段、洛河洼、荆山湖行洪区以及濛洼和城东湖蓄洪区，并启用茨淮新河和怀洪新河。由于濛洼蓄洪区调度分析计算采用现状地形，计算中没有涉及邱家湖、唐垛湖、石姚段和洛河洼行洪区（邱家湖在 2003 年洪水调度中作为行洪区使用，现状为蓄洪区；唐垛湖 2003 年作为单独行洪区使用，现状为唐垛湖和姜家湖行洪区合并成姜唐湖行洪区；为便于研究濛洼蓄洪区蓄洪效果，2003 年型洪水计算中拟定邱家湖和姜唐湖行洪区不行洪；石姚段和洛河洼行洪区退堤后改为防洪保护区），其他行蓄洪区按照 2003 年实际调度方式行洪。

在 2003 年洪水过程中，濛洼蓄洪区启用条件是淮河干流王家坝站水位达到 28.9m，开启王家坝闸进行分洪；2007 年濛洼蓄洪区启用水位上调 0.3m，即淮河干流王家坝站的水位达到 29.2m 时，开始分洪。濛洼蓄洪区调度分析是在现状河道条件下的，采用现状启用条件，即王家坝站水位 29.2m。

濛洼蓄洪区按洪量方式调度（最大 1d 洪量和最大 3d 洪量）的控制条件为洪河口洪量，即淮干王家坝、王家坝闸和钐岗的实测洪量之和；按调度控制水位调度的控制条件为淮河干流王家坝站水位。洪河口流量实测过程线和濛洼蓄洪区不启用情况下的王家坝计算水位过程线如图 5.3-2 所示，各调度方式王家坝闸的开启时间见表 5.3-1。

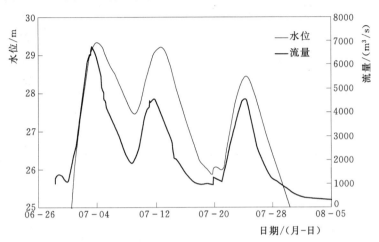

图 5.3-2 2003 年型洪水洪河口实测流量和王家坝站计算水位过程

表 5.3-1   **2003 年型洪水不同调度方式濛洼蓄洪区的启用时间与水位**

调度方式	启用时间 /（年-月-日 时：分）	王家坝水位/m	先后顺序
调度控制水位	2003-07-03 10：00	29.20	3
最大 1d 洪量	2003-07-03 21：00	29.32	4
最大 3d 洪量第一天	2003-07-02 3：00	27.90	1
最大 3d 洪量第二天	2003-07-03 3：00	29.05	2

王家坝第一次洪水的持续时间约为 7 月 2—6 日，洪河口最大流量 6985m³/s，王家坝最高计算水位 29.32m。

不同调度方式濛洼蓄洪区的启用时间先后依次是最大 3d 洪量第一天，最大 3d 洪量第二天，调度控制水位，最大 1d 洪量。淮河干流沿程各站计算流量和水位过程如图 5.3-3～图 5.3-8 所示，洪峰水位和洪峰流量影响值见表 5.3-2。为了便于分析濛洼蓄洪区不同调度方式的效果，各调度方式中濛洼蓄洪区均在王家坝第一次大洪水过程中启用，以后洪峰均未启用，以下分析结果都是针对王家坝第一次洪峰过程。

由表 5.3-2 及图 5.3-3 和图 5.3-4 可以看出，在第一次洪峰过程中，濛洼蓄洪区按照调度控制水位、最大 1d 洪量、最大 3d 洪量第 1d 和最大 3d 洪量第二天 4 种调度方式启用对王家坝站的影响如下：

表 5.3 - 2　　　　　**2003 年型洪水濛洼蓄洪区不同调度方式对沿程各站洪峰的影响**

洪水时段为 2003 年 7 月 2—6 日

测站	濛洼蓄洪区调度方式	流量/(m³/s)		水位/m	
		峰值流量	削减流量值	峰值水位	降低水位值
王家坝	不启用	6760		29.32	
	调度控制水位	6760	0	29.20	0.12
	最大 1d 洪量	6760	0	29.32	0.00
	最大 3d 洪量第一天	5150	1610	28.60	0.72
	最大 3d 洪量第二天	6500	260	29.00	0.32
润河集	不启用	7488		27.44	
	调度控制水位	7435	53	27.20	0.24
	最大 1d 洪量	7435	53	27.23	0.21
	最大 3d 洪量第一天	6278	1210	26.77	0.67
	最大 3d 洪量第二天	6936	552	26.98	0.46
鲁台子	不启用	8376		26.26	
	调度控制水位	7953	423	25.81	0.45
	最大 1d 洪量	7989	387	25.83	0.43
	最大 3d 洪量第一天	7415	961	25.63	0.63
	最大 3d 洪量第二天	7698	678	25.78	0.48

　注　王家坝流量是王家坝淮干＋钐岗的下泄流量，王家坝水位是淮干王家坝水位，本章下同。

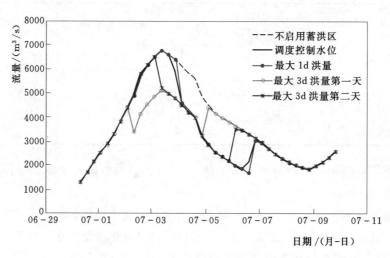

图 5.3 - 3　2003 年型洪水王家坝站计算流量过程线比较

　　（1）濛洼蓄洪区按照调度控制水位启用和最大 1d 洪量两种方式启用，开始进洪时，王家坝已经接近或者达到洪峰，削减洪峰流量和降低洪峰水位值较小。

　　（2）按照最大 3d 洪量第一天方式启用，王家坝站洪峰流量从 6760m³/s，降至 5150m³/s，降幅 1610m³/s；洪峰水位从 29.32m 降至 28.60m，降幅 0.72m，有效削减了

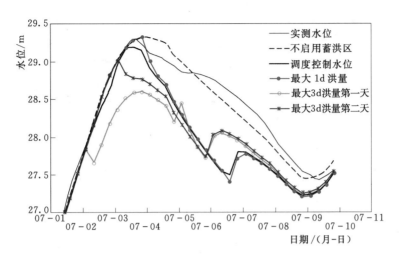

图 5.3-4 2003 年型洪水王家坝站计算水位过程线比较

洪峰流量和降低洪峰水位，低于保证水位，效果最好。

（3）按照最大 3d 洪量第二天启用的效果仅次于最大 3d 洪量第一天启用，优于调度控制水位和最大 1d 洪量初始时刻启用，削减洪峰流量 $125\text{m}^3/\text{s}$，降低洪峰水位 0.32m。

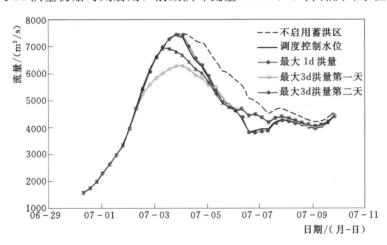

图 5.3-5 2003 年型洪水润河集站计算流量过程比较

由表 5.3-2 及图 5.3-5 和图 5.3-6 可以看出，濛洼蓄洪区按 4 种方式调度方式启用对润河集（陈郢，下同）的影响和王家坝相似。按照最大 3d 洪量第一天启用，有效削减了洪峰流量和降低洪峰水位，效果最好；最大 3d 洪量第二天启用的效果其次；按照调度控制水位启用和最大 1d 洪量启动两种方式启用，效果较差。

由表 5.3-2 及图 5.3-7 和图 5.3-8 可以看出，在第一次洪峰过程中，濛洼蓄洪区按照调度控制水位、最大 1d 洪量、最大 3d 洪量第一天和最大 3d 洪量第二天 4 种调度方式启用对鲁台子的影响如下：

（1）鲁台子站的洪峰时间迟于王家坝和润河集站，濛洼蓄洪区的 4 种启用方式能有效的削减洪峰，其中按照最大 3d 洪量第一天方式启用效果最好，洪峰流量从 $8376\text{m}^3/\text{s}$ 降

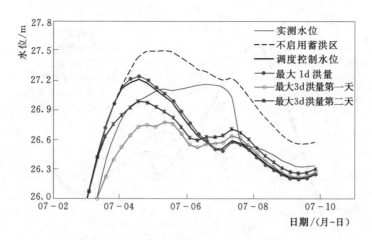

图 5.3 - 6　2003 年型洪水润河集站计算水位过程比较

至 7415m³/s，降幅 961m³/s；洪峰水位从 26.26m 降至 25.63m，降幅 0.63m。

（2）最大 3d 洪量第二天初始时刻启用的效果次于最大 3d 洪量第一天初始时刻启用，洪峰流量从 8376m³/s 降至 7698m³/s，降幅 678m³/s；洪峰水位从 26.36m 降至 25.78m，降幅 0.48m。

（3）调度控制水位和最大 1d 洪量初始时刻两种启用方式效果相当，分别削减洪峰流量 423m³/s 和 387m³/s，降低洪峰水位 0.45m 和 0.43m。

从 2003 年型洪水濛洼蓄洪区不同调度方式计算结果可以看出，王家坝、润河集和鲁台子这 3 个站均为最大 3d 洪量第一天启用的削减洪峰和降低水位的效果最好，最大 3d 洪量第二天其次，其他两种较差。正对应濛洼蓄洪区的分洪的时间先后，4 种调度方式中分洪时刻越早，效果越好。

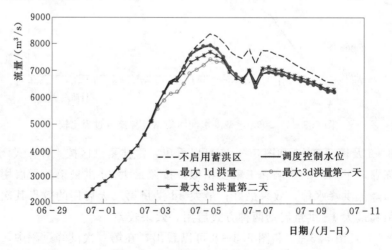

图 5.3 - 7　2003 年型洪水鲁台子站计算流量过程比较

5.3.1.3　2007 年型洪水模拟分析

在 2007 年洪水过程中，王家坝至浮山段启用了濛洼蓄洪区，并先后启用了南润段、邱家湖、姜唐湖、上六坊堤、下六坊堤、石姚段、洛河洼、荆山湖等行洪区和怀洪新河分

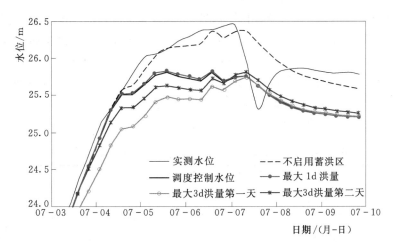

图 5.3 - 8 2003 年型洪水鲁台子站计算水位过程比较

洪。邱家湖、石姚段和洛河洼行洪区与 2003 年型洪水计算处理方式相同，其余行蓄洪区按照当年实际调度方式启用。濛洼蓄洪区启用条件是王家坝站的水位达到 29.2m。

洪河口流量过程线和淮河干流王家坝站在濛洼蓄洪区不启用条件下的计算水位过程线如图 5.3 - 9 所示，各调度方式王家坝闸的开启时间见表 5.3 - 3。王家坝第一次洪峰的持续时间约为 7 月 10—13 日，洪河口洪峰流量 7180m³/s，王家坝最高计算水位 29.8m。

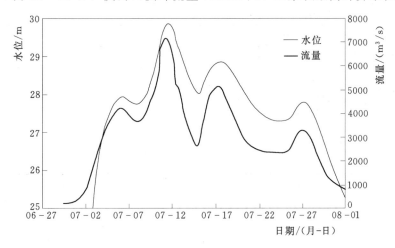

图 5.3 - 9 2007 年型洪水洪河口实测流量过程和王家坝水位计算过程

表 5.3 - 3 　　　　2007 年型洪水不同调度方式濛洼蓄洪区的启用时间与水位

调度方式	启用时间 /（年-月-日 时：分）	王家坝水位/m	先后顺序
调度控制水位	2007 - 07 - 10　13：00	29.20	2
最大 1d 洪量	2007 - 07 - 10　16：00	29.40	3
最大 3d 洪量第一天	2007 - 07 - 09　22：00	28.64	1
最大 3d 洪量第二天	2007 - 07 - 10　22：00	29.56	4

不同调度方式濛洼蓄洪区的启用时间先后依次是最大 3d 洪量第一天、调度控制水位、最大 1d 洪量和最大 3d 洪量第二天。王家坝站计算流量和水位过程线如图 5.3-10 和图 5.3-11 所示、润河集站计算流量和水位过程线如图 5.3-12 和图 5.3-13 所示，鲁台子站计算流量和水位过程线如图 5.3-14 和图 5.3-15 所示，各站洪峰水位和洪峰流量影响值见表 5.3-4。为了分析濛洼蓄洪区不同调度方式的效果，各调度方式中濛洼蓄洪区均在王家坝第一次大洪水过程中启用，在以后洪水过程中均未启用。

表 5.3-4　　　2007 年型洪水濛洼蓄洪区不同调度方式对沿程各站洪峰的影响

洪水时段为 2007 年 7 月 10—13 日

水文测站	濛洼蓄洪区调度方式	流量/(m³/s)		水位/m	
		峰值流量	削减流量值	峰值水位	降低水位值
王家坝	不启用	7180		29.80	
	调度控制水位	6180	1000	29.25	0.55
	最大 1d 洪量	6750	430	29.40	0.40
	最大 3d 洪量第一天	5560	1620	29.14	0.66
	最大 3d 洪量第二天	6980	200	29.56	0.24
润河集	不启用	8158		27.89	
	调度控制水位	7420	738	27.56	0.33
	最大 1d 洪量	7510	648	27.60	0.29
	最大 3d 洪量第一天	7013	1145	27.39	0.50
	最大 3d 洪量第二天	7766	392	27.69	0.20
鲁台子	不启用	8507		26.09	
	调度控制水位	8145	362	25.93	0.16
	最大 1d 洪量	8205	302	25.96	0.13
	最大 3d 洪量第一天	7871	636	25.77	0.32
	最大 3d 洪量第二天	8328	179	26.02	0.07

注　王家坝流量是王家坝淮干＋钐岗的下泄流量，王家坝水位是淮干王家坝水位，下同。

由表 5.3-4 及图 5.3-10 和图 5.3-11 可以看出，在第一次洪峰过程中，濛洼蓄洪区按照调度控制水位、最大 1d 洪量、最大 3d 洪量第一天和最大 3d 洪量第二天等 4 种调度方式启用对王家坝站影响如下：

（1）濛洼蓄洪区按照最大 3d 洪量第一天方式启用，王家坝站洪峰流量从 7180m³/s 降至 5560m³/s，降幅 1620m³/s；洪峰水位从 29.80m 降至 29.14m，降幅 0.66m，有效削减了洪峰流量和降低了洪峰水位；若濛洼蓄洪区不启用，王家坝 29.0m 以上高水位持续时间 61h，启用后缩短为 25h，减少高水位历时 36h，且洪峰水位在保证水位以下，按最大 3d 洪量第一天方式启用对降低王家坝水位、削减流量和缩短高水位历时的效果均为最好。

（2）按照调度控制水位启用，效果其次，王家坝站洪峰流量从 7180m³/s 降至 6180m³/s，降幅 1000m³/s；洪峰水位从 29.80m 降至 29.25m，降幅 0.55m；王家坝

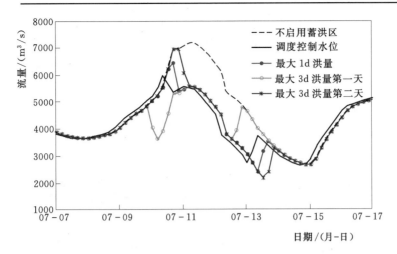

图 5.3 - 10 2007 年型洪水王家坝站计算流量过程比较

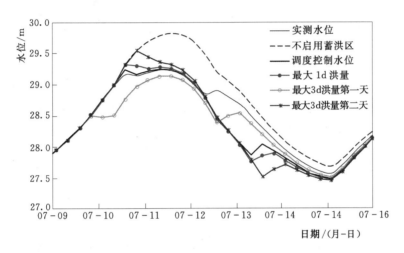

图 5.3 - 11 2007 年型洪水王家坝站计算水位过程比较

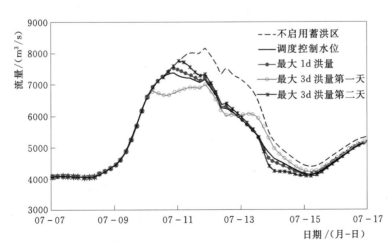

图 5.3 - 12 2007 年型洪水润河集站计算流量过程比较

29.0m 以上高水位持续时间减少 20h，也能有效削减了洪峰流量和降低洪峰水位。

（3）按照最大 3d 洪量第二天方式启用，濛洼蓄洪区分洪时，王家坝水位已经较高，削减洪峰流量 200m³/s，降低洪峰水位 0.24m，分洪效果最差，但也能减少 29.0m 以上历时 18h。

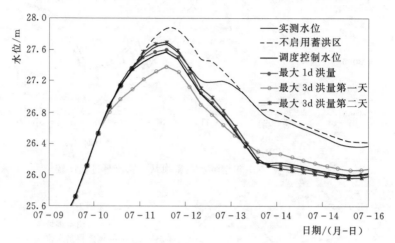

图 5.3－13　2007 年型洪水润河集站计算水位过程比较

由表 5.3－4 及图 5.3－12 和图 5.3－13 可以看出，不同调度方式对润河集洪水过程的影响规律和王家坝相似。按最大 3d 洪量第一天方式启用最好，按调度控制水位和最大 1d 洪量方式效果相当，按最大 3d 洪量第二天方式启用效果最差。

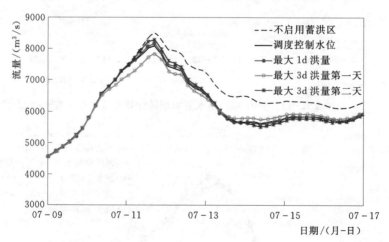

图 5.3－14　2007 年型洪水鲁台子站计算流量过程比较

由表 5.3－4 及图 5.3－14 和图 5.3－15 可以看出，不同调度方式对鲁台子洪水过程的影响规律和王家坝相似。按最大 3d 洪量第一天方式启用效果最好。

从 2003 年型和 2007 年型洪水濛洼蓄洪区洪水不同调度方式中可以看出，在濛洼蓄洪区蓄洪 3d 的情况下，均为最大 3d 洪量第一天开启时间最早，降低王家坝水位效果最佳，开启时间越早的方式效果也越好。原因是王家坝站这两年型洪水均为相对尖瘦型洪水过

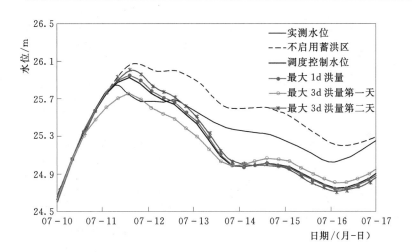

图 5.3-15 2007 年型洪水鲁台子站计算水位过程比较

程，高水位持续时间均较短，而本次濛洼蓄洪区模拟进洪时间为 3d，最大 3d 洪量第一天开始分洪即整个高水位过程均在进行蓄洪，效果较好，而其他调度方式是濛洼蓄洪区在王家坝水位已接近峰值时才开始蓄洪，效果较差。

5.3.1.4 其他年型洪水特性分析

王家坝以上河段坡降陡，汇流速度快，王家坝处容易形成相对尖瘦洪水过程。1956 年、1975 年、1982 年和 1991 年等大洪水年，王家坝站高水位历时均较短，1954 年洪水高水位历时长。中等洪水过程大部分主峰历时在 3d 左右，濛洼蓄洪区按照最大 3d 洪量第一天方式启用早于其他方式的概率较大，各年份实测水位流量如图 5.3-16～图 5.3-19所示。

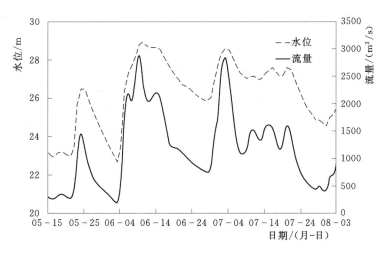

图 5.3-16 1956 年王家坝实测水位和流量过程

根据王家坝洪水过程特点和濛洼蓄洪区的蓄洪特性，若发生中等洪水，预测濛洼蓄洪区必须分洪且分洪 3d，4 种调度方式中越早分洪效果越好。按照最大 3d 洪量第一天调度方式濛洼蓄洪区启用早于其他方式的概率最大，对降低王家坝至正阳关段河道水位的效果

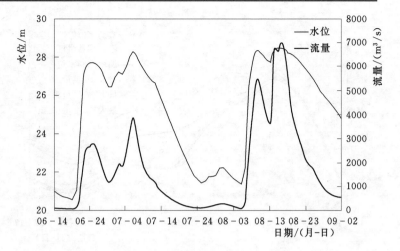

图 5.3-17　1975 年王家坝实测水位和流量过程

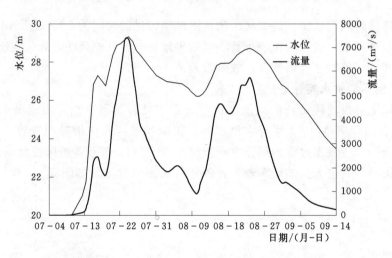

图 5.3-18　1982 年王家坝实测水位和流量过程

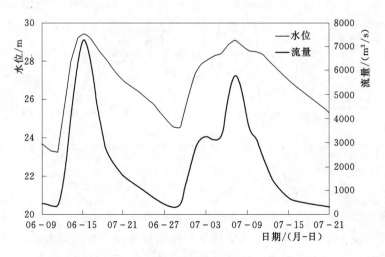

图 5.3-19　1991 年王家坝实测水位和流量过程

最好。

若发生 1954 年型大洪水，王家坝超保证水位时间长，濛洼蓄洪区应该按照调度控制水位启用。

5.3.2 董峰湖行洪区分洪时机及效果

董峰湖行洪区在 2003 年和 2007 年洪水过程中，虽然达到了启用水位，但是并未启用。董峰湖行洪区调整建设规划拟建进、退洪闸各 1 座，设计行洪流量 2500m³/s，启用条件是淮河干流焦岗闸站水位达到 24.5m，进、退洪闸同时进洪。本次董峰湖行洪区行洪模拟计算采用规划闸门控制行洪。

5.3.2.1 2003 年型洪水模拟分析

2003 年型洪水董峰湖行洪区调度计算中，濛洼蓄洪区按当年实际调度情况使用，其他行蓄洪区和边界条件同濛洼蓄洪区调度计算。

按洪量调度方式（最大 1d 洪量和最大 3d 洪量）的控制节点为鲁台子站；按调度控制水位方式的控制节点为淮河干流焦岗闸。鲁台子计算流量过程线和焦岗闸计算水位过程线如图 5.3-20 所示，各调度方式董峰湖行洪区启用时间见表 5.3-5，按照调度控制水位启用的董峰湖行洪区进、退洪闸计算流量过程线如图 5.3-21 所示。鲁台子站第一次洪峰的持续时间约为 2003 年 7 月 1—10 日，鲁台子洪峰流量 7753m³/s，洪峰水位 26.31m。

表 5.3-5　　　　　　　　董峰湖行洪区不同调度方式的启用时间与水位

调度方式	启用时间 /（年-月-日 时：分）	焦岗闸下水位/m	正阳关水位/m	先后顺序
调度控制水位	2003-07-03 19：00	24.50	25.10	1
最大 1d 洪量	2003-07-04 11：00	25.29	25.82	3
最大 3d 洪量第一天	2003-07-04 9：00	25.19	25.78	2
最大 3d 洪量第二天	2003-07-05 9：00	25.71	26.21	4

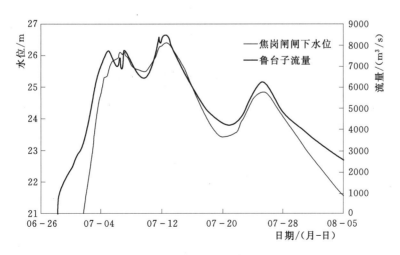

图 5.3-20　2003 年型洪水鲁台子计算流量和焦岗闸计算水位过程

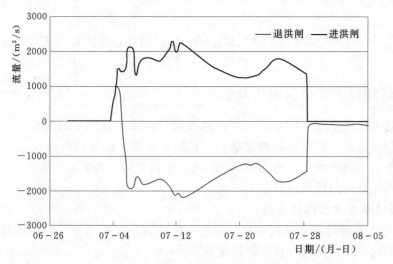

图 5.3-21　2003 年型洪水董峰湖行洪区计算分洪流量过程

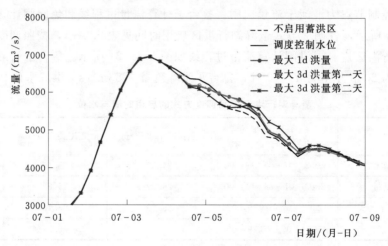

图 5.3-22　2003 年型洪水润河集站计算流量过程比较

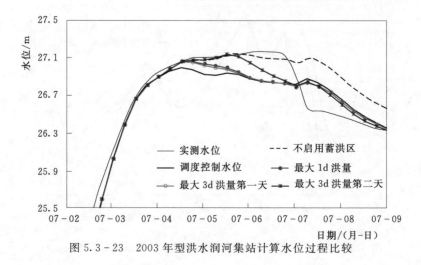

图 5.3-23　2003 年型洪水润河集站计算水位过程比较

　　不同调度方式董峰湖行洪区的启用时间先后依次是调度控制水位、最大 3d 洪量第一天、最大 1d 洪量和最大 3d 洪量第二天。润河集、正阳关、鲁台子、田家庵和吴家渡计算流量和水位过程线比较如图 5.3-22～图 5.3-29 所示，各站洪峰水位和洪峰流量影响值见表 5.3-6。上述调度方式中董峰湖行洪区均在鲁台子第一次大洪水过程中启用，之后保持敞泄。

表 5.3-6　　　　　　董峰湖行洪区不同调度方式对沿程各站洪峰的影响

测站	调度方式	流量/(m³/s)		水位/m		高水位历时/h
		峰值流量	削减流量值	峰值水位	降低水位值	
润河集	不启用	6990		27.14		80
	调度控制水位	6990	0	26.99	0.15	0
	最大 1d 洪量	6990	0	27.07	0.07	24
	最大 3d 洪量第一天	6990	0	27.06	0.08	20
	最大 3d 洪量第二天	6990	0	27.13	0.01	44
正阳关	不启用	6196		26.62		93
	调度控制水位	6634	−438	26.33	0.29	37
	最大 1d 洪量	6538	−342	26.27	0.35	36
	最大 3d 洪量第一天	6563	−367	26.28	0.34	37
	最大 3d 洪量第二天	6196	0	26.27	0.35	63
鲁台子	不启用	7753		26.31		86
	调度控制水位	8438	−685	26.02	0.29	33
	最大 1d 洪量	8651	−898	25.92	0.39	32
	最大 3d 洪量第一天	8678	−925	25.93	0.38	32
	最大 3d 洪量第二天	8261	−508	25.91	0.40	38
田家庵	不启用	8448		24.61		53
	调度控制水位	8318	130	24.29	0.32	40
	最大 1d 洪量	8272	176	24.33	0.28	33
	最大 3d 洪量第一天	8288	160	24.34	0.27	33
	最大 3d 洪量第二天	8165	283	24.21	0.40	48
吴家渡	不启用	9242		22.19		57
	调度控制水位	8919	323	21.95	0.24	46
	最大 1d 洪量	8837	405	21.90	0.29	51
	最大 3d 洪量第一天	8855	387	21.90	0.29	51
	最大 3d 洪量第二天	9133	109	21.98	0.21	52

注　润河集、正阳关、鲁台子、田家庵和吴家渡的高水位分别为 27.0m、26.0m、25.5m、24.0m 和 21.5m。

　　董峰湖行洪区按照调度控制水位启用，进退洪闸于 7 月 3 日 19 时同时开启。进洪闸流量从 0 涨至 1500m³/s，历时 20h；退洪闸反向进洪流量从 0 增加至 980m³/s，历时12h。

由表5.3-6及图5.3-22和图5.3-23可以看出，董峰湖行洪区启用时，润河集洪峰流量已过，按照上述4种调度方式对润河集峰值流量均没有影响。第一次洪峰过程中，按照调度控制水位启用方式降低了润河集洪峰水位0.15m，其他方式洪峰水位降低值均在0.1m以内。

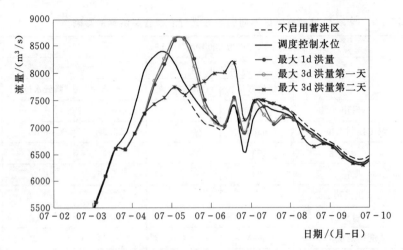

图5.3-24　2003年型洪水鲁台子站计算流量过程比较

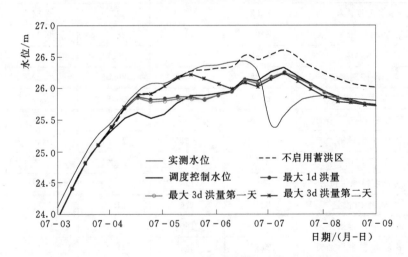

图5.3-25　2003年型洪水正阳关站计算水位过程比较

由表5.3-6及图5.3-24和图5.3-25可以看出，在第一次洪峰过程中，董峰湖行洪区按照调度控制水位、最大1d洪量、最大3d洪量第一天和最大3d洪量第二天4种调度方式启用的效果如下：

（1）增加了鲁台子峰值流量，增加值分别为685m³/s、898m³/s、925m³/s和508m³/s。

（2）降低了正阳关洪峰水位。水位降低值分别为0.29m、0.35m、0.34m和0.35m，4种调度方式对正阳关洪峰水位值影响相当。按调度控制水位方式启用，董峰湖蓄洪区启用时间最早,在涨水过程中降低正阳关水位较多,但是出现翘尾巴现象,峰值水位较其他方式略高。

(3)缩短了正阳关高水位历时。若董峰湖行洪区不启用,正阳关 26.0m 以上高水位洪峰历时为 93h,4 种调度方式缩短高水位历时分别为 56h、57h、56h 和 30h,最大 3d 洪量第二天启用方式高水位历时最长。

由表 5.3-6 及图 5.3-26 和图 5.3-27 可以看出,在第一次洪峰过程中,4 种方式均削减了田家庵的峰值流量,削减值分别为 130m³/s、176m³/s、160m³/s 和 283m³/s;降低了田家庵水位,降低值分别为 0.32m、0.28m、0.27m 和 0.40m。

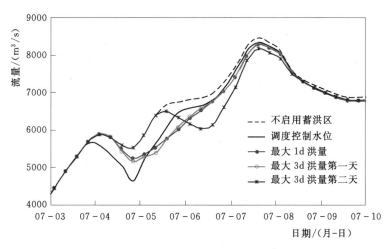

图 5.3-26 2003 年型洪水田家庵站计算流量过程比较

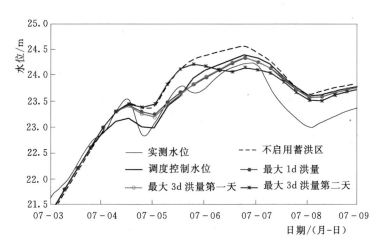

图 5.3-27 2003 年型洪水田家庵站计算水位过程比较

由表 5.3-6 及图 5.3-28 和图 5.3-29 可以看出,在第一次洪峰过程中,削减了吴家渡的峰值流量,削减值分别为 323m³/s、405m³/s、387m³/s 和 109m³/s;降低了吴家渡水位,降低值分别为 0.24m、0.29m、0.29m 和 0.21m;缩短了高水位历时,21.5m 以上高水位历时缩短值分别为 11h、6h、6h 和 5h。

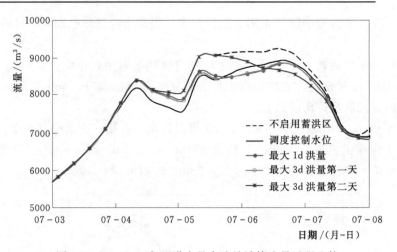

图 5.3-28　2003 年型洪水吴家渡站计算流量过程比较

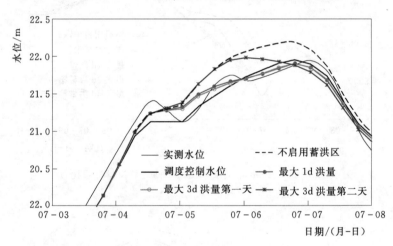

图 5.3-29　2003 年型洪水吴家渡站计算水位过程比较

5.3.2.2　2007 年型洪水模拟分析

2007 年型洪水董峰湖行洪区调度计算中，濛洼蓄洪区按当年实际调度情况使用，其他行蓄洪区和边界条件同濛洼蓄洪区调度计算。

鲁台子计算流量过程线和焦岗闸计算水位过程线如图 5.3-30 所示，各调度方式董峰湖行洪区时间见表 5.3-7，董峰湖行洪区进、退洪闸计算流量过程线如图 5.3-31 所示。鲁台子站第一次洪峰的持续时间约为 7 月 10—14 日，洪峰流量 7970m³/s，最高计算水位 25.89m。

表 5.3-7　　　　　　　　董峰湖行洪区不同调度方式的启用时间与水位

调度方式	启用时间/(年-月-日　时：分)	焦岗闸下水位/m	正阳关水位/m	先后顺序
调度控制水位	2007-07-10　3：00	24.50	25.12	1
最大 1d 洪量	2007-07-11　1：00	25.54	26.06	3
最大 3d 洪量第一天	2007-07-10　7：00	24.88	25.36	2
最大 3d 洪量第二天	2007-07-11　7：00	25.64	26.20	4

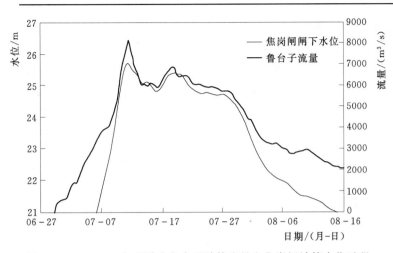

图 5.3-30 2007 年型洪水鲁台子计算流量和焦岗闸计算水位过程

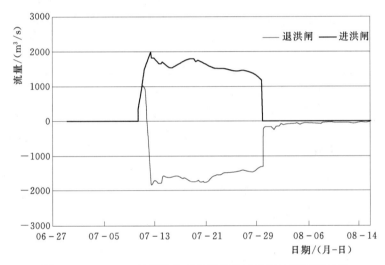

图 5.3-31 2007 年型洪水董峰湖行洪区分洪计算流量过程

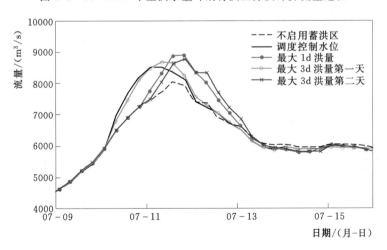

图 5.3-32 2007 年型洪水鲁台子站计算流量过程比较

不同调度方式董峰湖行洪区的启用时间先后依次是调度控制水位、最大 3d 洪量第 1d、最大 1d 洪量和最大 3d 洪量第二天。正阳关、田家庵计算流量和水位过程线比较如图 5.3-32～图 5.3-35 所示，各站洪峰水位和洪峰流量影响值见表 5.3-8。

表 5.3-8　　　　　董峰湖行洪区不同调度方式对沿程各站洪峰的影响

洪水时段为 2007 年 7 月 10—14 日

测站	调度方式	流量/(m³/s)		水位/m	
		峰值流量	削减流量值	峰值水位	降低水位值
润河集	不启用	7342		27.63	
	调度控制水位	7490	−148	27.44	0.19
	最大 1d 洪量	7351	−9	27.59	0.04
	最大 3d 洪量第一天	7449	−107	27.47	0.16
	最大 3d 洪量第二天	7342	0	27.62	0.01
正阳关	不启用	6915		26.27	
	调度控制水位	7306	−391	25.80	0.47
	最大 1d 洪量	7416	−501	26.09	0.18
	最大 3d 洪量第一天	7374	−459	25.81	0.46
	最大 3d 洪量第二天	7265	−350	26.18	0.09
鲁台子	不启用	8122		25.89	
	调度控制水位	8535	−413	25.31	0.58
	最大 1d 洪量	8936	−814	25.67	0.22
	最大 3d 洪量第一天	8663	−541	25.29	0.60
	最大 3d 洪量第二天	8767	−645	25.80	0.09
田家庵	不启用	7100		23.54	
	调度控制水位	6324	776	22.98	0.56
	最大 1d 洪量	6984	116	23.44	0.10
	最大 3d 洪量第一天	6257	843	23.06	0.48
	最大 3d 洪量第二天	7013	87	23.49	0.05
吴家渡	不启用	7359		20.84	
	调度控制水位	6839	520	20.51	0.33
	最大 1d 洪量	7309	50	20.80	0.04
	最大 3d 洪量第一天	6941	418	20.58	0.26
	最大 3d 洪量第二天	7359	0	20.81	0.03

由表 5.3-8 及图 5.3-32 和图 5.3-33 可以看出，在第一次洪峰过程中，董峰湖行洪区按照调度控制水位、最大 1d 洪量、最大 3d 洪量第一天和最大 3d 洪量第二天 4 种调度方式启用的效果如下：

（1）增加了鲁台子洪峰流量，增加值分别为 413m³/s、814m³/s、541m³/s 和 645m³/s。

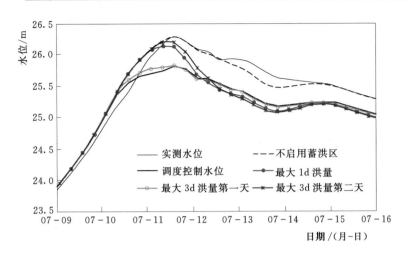

图 5.3-33 2007 年型洪水正阳关站计算水位过程比较

（2）降低了正阳关洪峰水位，降低值分别为 0.47m、0.18m、0.46m 和 0.09m。

（3）按调度控制水位和最大 3d 洪量第一天两种方式董峰湖行洪区的启用时间仅相差 4h，降低洪峰水位和减少高水位历时均相当，优于其他方式；最大 3d 洪量第二天启用降低洪峰水位最少，减少高水位历时最少，效果最较差；按照最大 1d 洪量方式启用的效果略优于最大 3d 洪量第二天启用。

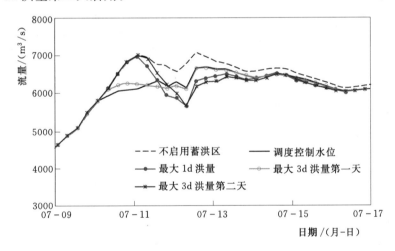

图 5.3-34 2007 年型洪水田家庵站计算水位过程比较

由表 5.3-8 及图 5.3-34 和图 5.3-35 可以看出，在第一次洪峰过程中，按调度控制水位、最大 1d 洪量、最大 3d 洪量第一天和最大 3d 洪量第二天流量 4 种方式均削减了田家庵峰值流量，流量削减值分别为 776m³/s、116m³/s、836m³/s 和 86m³/s；降低了田家庵水位，降低值分别为 0.56m、0.010m、0.48m 和 0.05m。

董峰湖行洪区启用对吴家渡站洪水过程的影响规律和田家庵基本一致。按照调度控制水位和最大 3d 洪量第一天方式启用效果较好。

从 2003 年型和 2007 年型董峰湖行洪区的调度计算中可以看出：

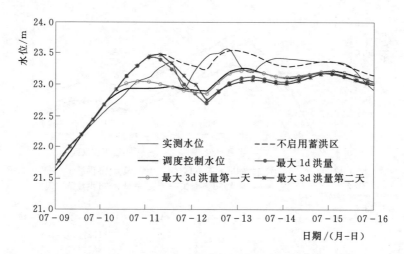

图 5.3-35　2007 年型洪水田家庵站计算水位过程比较

（1）两年型洪水均为董峰湖行洪区按照调度控制水位启用时间最早，其次是最大 3d 洪量第一天。

（2）2003 年的第一次大洪水过程历时长，按调度控制水位方式启用，在涨水过程中降低正阳关水位较多，但是出现翘尾巴现象，峰值水位较其他方式略高。

（3）2007 年第一次洪水过程，也是最大的洪水过程，但是高水位历时较短，调度控制水位和最大 3d 洪量第一天启用时间接近，效果相当，优于其他方式启用；按最大 1d 洪量和最大 3d 洪量第二天方式启用时，淮干水位已接近洪峰水位，效果较差。

5.3.2.3　其他年型洪水特性分析

正阳关是淮河中游重要的洪水汇集点，淠河和沙颍河均在此汇入淮河干流，洪水地区组成复杂，各年份的洪水过程差异较大可能出现尖瘦型或矮胖型洪水过程。1956 年、1975 年、1982 年和 1991 年洪水如图 5.3-36～图 5.3-39 所示，根据各年实测资料分析可以得出，一般情况下，按调度控制水位和最大 3d 洪量第一天方式启用时间较早。

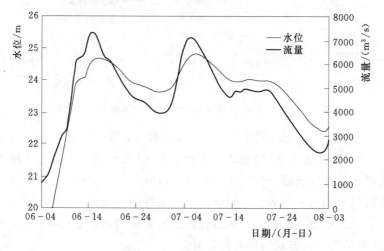

图 5.3-36　1956 年鲁台子站实测水位和流量过程

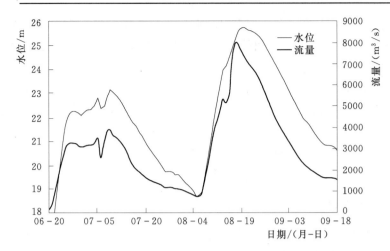

图 5.3-37　1975 年鲁台子站实测水位和流量过程

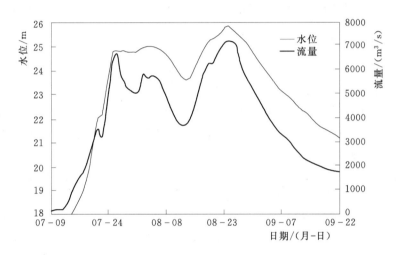

图 5.3-38　1982 年鲁台子站实测水位和流量过程

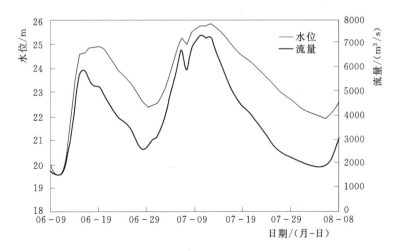

图 5.3-39　1991 年鲁台子站实测水位和流量过程

历年实测洪水资料表明，在一般中等洪水条件下，董峰湖行洪区按照调度控制水位和最大 3d 洪量第一天方式启用的时间较早，应当综合考虑调度控制水位和最大 3d 洪量第一天两种方式启用。

若出现相对尖瘦型洪水过程，如 2007 年型洪水，只有一个主峰，高水位历时较短，若预测董峰湖行洪区必须启用，应尽早启用，可以扩大河段的行洪能力，提前降低洪水位，缩短高水位历时，减轻洪涝损失。

若出现矮胖型洪水过程，如 2003 年型洪水，出现连续多个洪峰，若预测董峰湖行洪区必须启用，应按照调度控制水位启用或相机启用。

5.3.3　荆山湖行洪区分洪时机及效果

在 2003 年洪水中，荆山湖行洪区上口门于 7 月 6 日漫决进洪，下口门于 7 月 7 日爆破进洪[1]。在 2007 年型洪水中，已建成的荆山湖行洪区在 7 月 19—23 日期间，进洪闸两次进洪，最大流量 1950m³/s；退洪闸反向进洪，最大流量 1130m³/s，共蓄洪量 3.99 亿 m³，但是并未行洪[2]。

5.3.3.1　2003 年型洪水模拟分析

荆山湖行洪区设计分洪流量 3500m³/s，启用条件是淮河干流田家庵站水位达到 23.15m，拟定进、退洪闸同时进洪。

2003 年型洪水荆山湖行洪区调度分析计算采用现状地形，为便于研究荆山湖行洪区分洪效果，计算中没有考虑邱家湖、唐垛湖、石姚段和洛河洼行洪区（邱家湖在 2003 年洪水调度中作为行洪区使用，现状为蓄洪区；唐垛湖 2003 年作为单独行洪区使用，现状为唐垛湖和姜家湖行洪区合并成姜唐湖行洪区；石姚段和洛河洼行洪区已经退堤改为防洪保护区），其他行蓄洪区按照 2003 年实际调度方式行洪。

田家庵计算流量过程线和计算水位过程线如图 5.3 - 40 所示，各调度方式荆山湖行洪区时间见表 5.3 - 9，进、退洪闸分洪计算流量过程线如图 5.3 - 41 所示。田家庵站第一次洪峰的持续时间约为 2003 年 7 月 4—10 日，最大洪峰流量 7376m³/s，最高计算水位 24.71m。

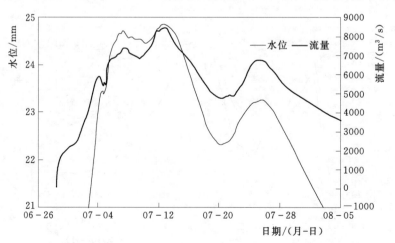

图 5.3 - 40　2007 年型洪水田家庵计算水位和流量过程

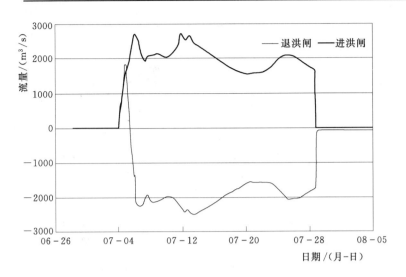

图 5.3-41 2003 年型洪水荆山湖行洪区计算分洪流量过程

表 5.3-9　　　　　　　荆山湖行洪区不同调度方式的启用时间和水位

调度方式	启用时间/(年-月-日 时：分)	田家庵水位/m	先后顺序
调度控制水位	2003-07-04 7：00	23.15	1
最大 1d 洪量	2003-07-07 3：00	24.65	3
最大 3d 洪量第一天	2003-07-06 8：00	24.48	2
最大 3d 洪量第二天	2003-07-07 8：00	24.70	4

不同调度方式荆山湖行洪区的启用时间先后依次是调度控制水位、最大 3d 洪量第一天、最大 1d 洪量和最大 3d 洪量第二天。正阳关、田家庵和吴家渡计算流量和水位过程线比较如图 5.3-42~图 5.3-47 所示，各站洪峰水位和洪峰流量影响值见表 5.3-10。

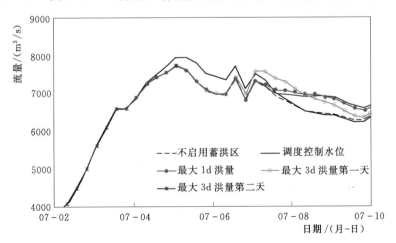

图 5.3-42 2003 年型洪水正阳关站计算流量过程比较

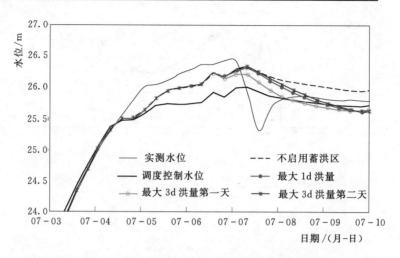

图 5.3-43　2003 年型洪水正阳关站计算水位过程比较

表 5.3-10　　2003 年型洪水荆山湖行洪区不同调度方式对沿程各站洪峰的影响

测站	调度方式	流量/(m³/s)		水位/m	
		峰值流量	削减流量值	峰值水位	降低水位值
正阳关	不启用	7753		26.35	
	调度控制水位	8010	−257	26.04	0.31
	最大 1d 洪量	7753	0	26.35	0
	最大 3d 洪量第一天	7753	0	26.26	0.09
	最大 3d 洪量第二天	7753	0	26.25	0.1
田家庵	不启用	7376		24.71	
	调度控制水位	7366	10	24.17	0.54
	最大 1d 洪量	8015	−639	24.66	0.05
	最大 3d 洪量第一天	8171	−795	24.49	0.22
	最大 3d 洪量第二天	7910	−534	24.7	0.01
吴家渡	不启用	9242		22.21	
	调度控制水位	9077	165	22.11	0.1
	最大 1d 洪量	9242	0	22.21	0
	最大 3d 洪量第一天	9206	36	22.12	0.09
	最大 3d 洪量第二天	9242	0	22.21	0

洪水时段为 2003 年 7 月 4—10 日

　　由表 5.3-10 及图 5.3-42 和图 5.3-43 可以看出，在第一次洪峰过程中，荆山湖行洪区按照调度控制水位、最大 1d 洪量、最大 3d 洪量第一天和最大 3d 洪量第二天 4 种调度方式启用的效果如下：

　　（1）调度控制水位方式调度增加了正阳关洪峰流量 257m³/s，其他方式对正阳关洪峰流量无影响。

（2）调度控制水位方式调度降低正阳关水位 0.31m，其他方式对正阳关洪峰水位影响较小，分别为 0m、0.09m 和 0.1m。

（3）荆山湖行洪区按调度控制水位方式启用对正阳关洪峰流量、洪峰水位及高水位历时的效果均为最好，优于其他调度方式。

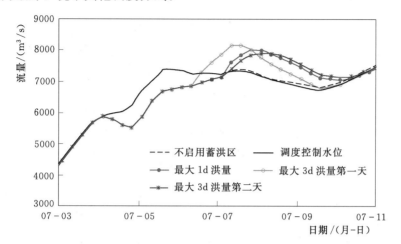

图 5.3 - 44　2003 年型洪水田家庵站计算流量过程比较

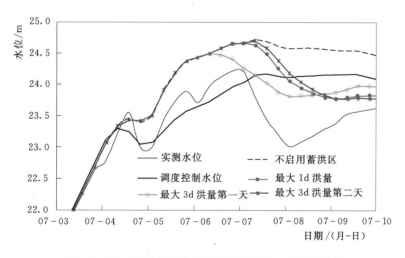

图 5.3 - 45　2003 年型洪水田家庵站计算水位过程比较

由表 5.3 - 10 及图 5.3 - 44 和图 5.3 - 45 可以看出，在第一次洪峰过程中，荆山湖行洪区按照调度控制水位、最大 1d 洪量、最大 3d 洪量第一天和最大 3d 洪量第二天 4 种调度方式启用的效果如下：

（1）4 种启用方式均增加了田家庵洪峰流量，增加值分别为 -10m³/s、639m³/s、795m³/s 和 534m³/s。按照调度控制水位启用对田家庵洪峰流量基本没有影响是因为其启用时间早于其他方式，田家庵洪峰流量最大时，荆山湖行洪区已经稳定行洪。

（2）4 种启用方式均降低了田家庵水位，降低值分别为 0.54m、0.05m、0.22m 和 0.01m。按调度控制水位方式启用效果最好，最大 3d 洪量第一天启用效果其次，其他两次方式启用效果较差。

（3）按调度控制水位方式启用对降低田家庵水位和缩短高水位历时的效果最好，其他方式荆山湖行洪区的启用时间均较晚，降低水位效果较差，但是均缩短了高水位历时。

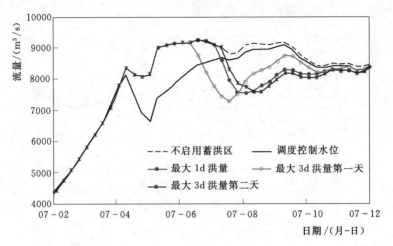

图 5.3-46　吴家渡站计算流量过程比较

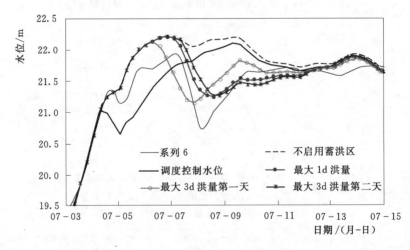

图 5.3-47　吴家渡站计算水位过程比较

由表 5.3-10 及图 5.3-46 和图 5.3-47 可以看出，4 种方式对吴家渡洪峰流量、洪峰水位影响较小，但是缩短 22.0m 以上高水位历时较多。

从 2003 年型洪水荆山湖行洪区 4 种调度方式计算中可以看出，按照调度控制水位启用效果均为最好，最大 3d 洪量第一天的效果其次，其他两种方式效果较差。

5.3.3.2　2007 年型洪水模拟分析

2007 年型洪水，荆山湖行洪区采用闸门控制行洪，闸门开启后保持敞泄，石姚段和洛河洼行洪区改为防洪保护区，其余行蓄洪区和分洪河道均按照 2007 年实际调度方式行洪[2]。

田家庵计算流量过程线和计算水位过程线如图 5.3-48 所示，各调度方式下荆山湖行洪区启用时间与水位见表 5.3 - 11，荆山湖行洪区进、退洪闸分洪计算流量过程线如图 5.3 - 49 所示。田家庵站第一次洪峰的持续时间约为 2007 年 7 月 10—14 日，最大洪峰流量 7525m³/s，最高计算水位 24.03m。

表 5.3 - 11　　　　　　　2007 年洪水荆山湖行洪区不同调度方式启用时间与水位

调 度 方 式	启用时间 /（年-月-日 时：分）	田家庵水位/m	先后顺序
调度控制水位	2007 - 07 - 10　9：00	23.15	1
最大 1d 洪量	2007 - 07 - 11　13：00	23.89	3
最大 3d 洪量第一天	2007 - 07 - 10　16：00	23.41	2
最大 3d 洪量第二天	2007 - 07 - 11　16：00	23.94	4

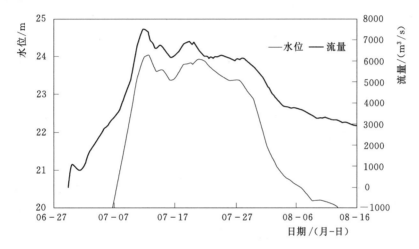

图 5.3 - 48　2007 年型洪水田家庵计算水位和流量过程

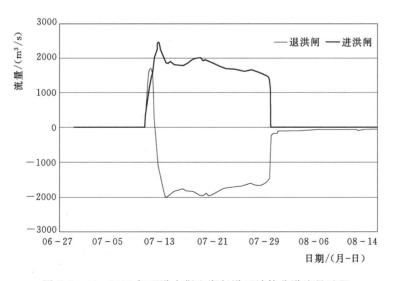

图 5.3 - 49　2007 年型洪水荆山湖行洪区计算分洪流量过程

不同调度方式荆山湖行洪区的启用时间先后依次是调度控制水位，最大 3d 洪量第一天，最大 1d 洪量，最大 3d 洪量第二天。正阳关、田家庵和吴家渡计算流量和水位过程线比较如图 5.3－50～图 5.3－55 所示，各站洪峰水位和洪峰流量影响值见表 5.3－12。

表 5.3－12　　　　　　　荆山湖行洪区不同调度方式对沿程各站洪峰的影响

洪水时段为 2007 年 7 月 10—14 日

测站	调度方式	流量/(m³/s)		水位/m	
		峰值流量	削减流量值	峰值水位	降低水位值
正阳关	不启用	7735		26.27	
	调度控制水位	8009	−274	26.07	0.18
	最大 1d 洪量	7735	0	26.27	0.00
	最大 3d 洪量第一天	8038	−303	26.15	0.12
	最大 3d 洪量第二天	7735	0	26.27	0.00
田家庵	不启用	7525		24.03	
	调度控制水位	8076	−551	23.28	0.75
	最大 1d 洪量	8046	−521	23.88	0.15
	最大 3d 洪量第一天	8111	−586	23.47	0.56
	最大 3d 洪量第二天	7955	−430	23.95	0.08
吴家渡	不启用	7741		21.17	
	调度控制水位	7151	590	20.74	0.43
	最大 1d 洪量	7740	1	20.89	0.28
	最大 3d 洪量第一天	7014	727	20.71	0.46
	最大 3d 洪量第二天	7520	221	20.95	0.22

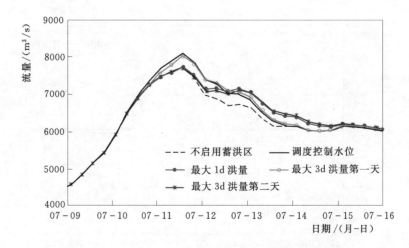

图 5.3－50　2007 年型洪水正阳关站计算流量过程比较

由表 5.3－12 及图 5.3－50 和图 5.3－51 可以看出，在第一次洪峰过程中，荆山湖行洪区按照调度控制水位、最大 1d 洪量、最大 3d 洪量第一天和最大 3d 洪量第二天 4 种调

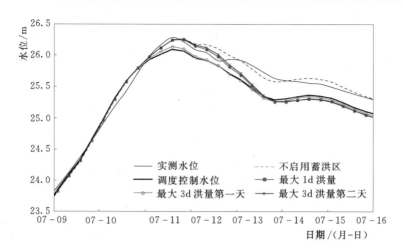

图 5.3-51 2007 年型洪水正阳关站计算水位过程比较

度方式启用的效果如下:

(1) 调度控制水位和最大洪量第一天两种启用方式增加了正阳关洪峰流量分别为 274m³/s 和 303m³/s,其他方式对正阳关洪峰流量无影响。

(2) 调度控制水位和最大洪量第一天两种方式降低了正阳关水位分别为 0.18m 和 0.12m,其他方式对正阳关洪峰水位无影响。

(3) 荆山湖行洪区按调度控制水位方式启用对降低正阳关洪峰水位及缩短高水位历时的效果最好,优于其他调度方式。

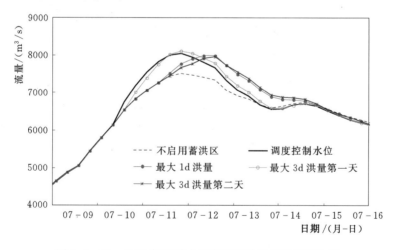

图 5.3-52 2007 年型洪水田家庵站计算流量过程比较

由表 5.3-12 及图 5.3-52 和图 5.3-53 可以看出,在第一次洪峰过程中,荆山湖行洪区按照调度控制水位、最大 1d 洪量、最大 3d 洪量第一天和最大 3d 洪量第二天 4 种调度方式启用的效果如下:

(1) 4 种启用方式均增加了田家庵洪峰流量,增加值分别为 551m³/s、521m³/s、586m³/s 和 430m³/s,各启用方式对田家庵洪峰流量影响相当。

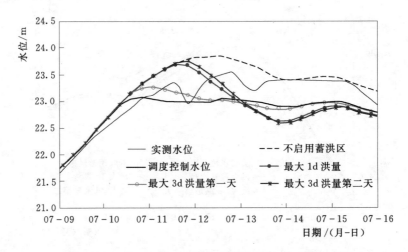

图 5.3-53　2007 年型洪水田家庵站计算水位过程比较

　　（2）4 种启用方式均降低了田家庵水位，降低值分别为 0.75m、0.15m、0.56m 和 0.08m。按调度控制水位方式启用效果最好，明显优于其他方案，最大 3d 洪量第一天启用其次，其他两次方式启用时，田家庵已经接近最高水位，降低洪峰水位较少。

　　（3）按调度控制水位方式启用对降低田家庵水位和缩短高水位历时均明显优于其他方式。

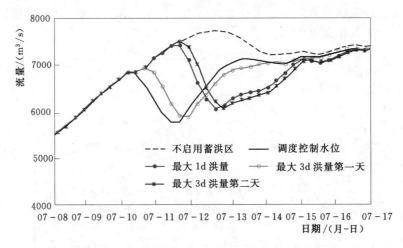

图 5.3-54　2007 年型洪水吴家渡站计算流量过程比较

　　由表 5.3-12 及图 5.3-54 和图 5.3-55 可以看出，4 种方式启用均削减了吴家渡洪峰流量；降低了吴家渡洪峰水位；缩短了高水位历时。按调度控制水位方式启用效果相对较好。

　　从 2007 年型荆山湖行洪区 4 种调度方式计算中可以看出：对降低正阳关、田家庵和吴家渡水位来说，按照调度控制水位启用效果均为最好，最大 3d 洪量第一天的效果其次，其他两种方式效果较差。荆山湖行洪区 2007 年型洪水调度规律同 2003 年型洪水一致。

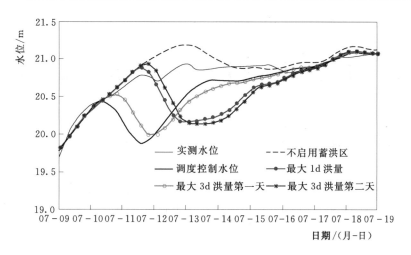

图 5.3-55   2007 年型洪水吴家渡站计算水位过程比较

5.3.4   小结

从濛洼蓄洪区、董峰湖和荆山湖行洪区调度计算可以看出，上述 4 种调度方式实质是对应不同的启用时间，受到洪水过程峰型、暴雨中心位置以及人工调节等因素的影响，较难准确预测各调度方式的单个行蓄洪区的开启时间顺序，只能估计哪种调度方式效果好的可能性较大。综合考虑淮河干流各段不同洪水特性和行蓄洪区特点，以洪水调度应按照调度控制水位方式和最大 3d 洪量第一天方式为主。

对 2003 年型和 2007 年型的中等洪水来说，临淮岗以上的蓄洪区调度以最大 3d 洪量为主，综合考虑调度控制水位；正阳关附近的行蓄洪区应综合考虑调度控制水位和最大 3d 洪量第一天两种调度方式；淮南以下河段的行洪区，应以调度控制水位调度方式为主，尽早启用有利于洪水下泄。

主 要 参 考 文 献

[1]   水利部水文局，水利部淮河水利委员会.2003 年淮河暴雨洪水 ［M］. 北京：中国水利水电出版社，2006.
[2]   水利部水文局，水利部淮河水利委员会.2007 年淮河暴雨洪水 ［M］. 北京：中国水利水电出版社，2010.

第6章　淮河中游行蓄洪区与分洪河道联合调度

6.1　2003年型洪水优化调度

2003年洪水过程中，淮河干流实际调度启用了邱家湖、唐垛湖、上六坊堤、下六坊堤、石姚段、洛河洼和荆山湖行洪区、濛洼和城东湖蓄洪区，以及茨淮新河和怀洪新河来蓄滞和分泄洪水。

6.1.1　基于现状条件的调度分析

在现状河道地形条件下，根据2003年型洪水过程特点和行蓄洪区及分洪河道实际运用情况，拟定不同的联合调度方案[1-2]。

方案1：不启用临淮岗洪水控制工程和分洪河道，王家坝至润河集段启用濛洼蓄洪区，润河集至正阳关段启用姜唐湖行洪区，正阳关至蚌埠段启用上、下六坊堤（按照2003年实际过流量计算）和荆山湖行洪区，洛河洼和石姚段改为防洪保护区，根据以上调度计算结果确定是否启用其他行蓄洪区。

各行蓄洪区按照单个计算分析的最优方式进行分洪，濛洼蓄洪区按照王家坝总最大3d洪量第一天方式启用，分洪时间为2003年7月2—5日，共3d，最大分洪流量为设计流量1626m³/s，8h达到最大分洪流量；姜唐湖行洪区按照润河集站最大3d洪量第一天方式启用，进退洪闸同时启用，启用后保持敞泄；荆山湖行洪区按照调度控制水位（田家庵水位）启用，进退洪闸同时启用，启用后保持敞泄。姜唐湖和荆山湖行洪区分洪流量过程如图6.1-1和图6.1-2所示。

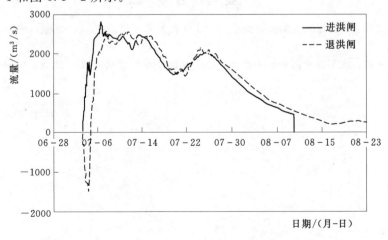

图6.1-1　2003年型洪水姜唐湖行洪区分洪流量过程

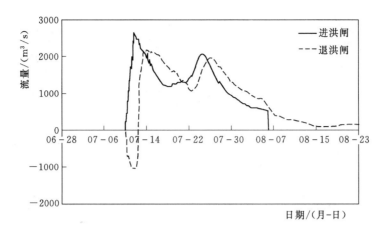

图 6.1-2　2003 年型洪水荆山湖行洪区分洪流量过程

王家坝站、润河集站、正阳关站和吴家渡站水位过程如图 6.1-3～图 6.1-7 所示，实际调度和调度方案 1 对淮河干流洪峰水位影响见表 6.1-1。

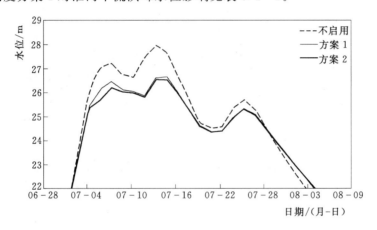

图 6.1-3　2003 年型洪水王家坝计算水位过程

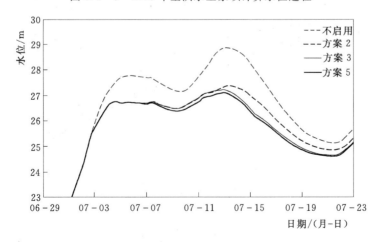

图 6.1-4　2003 年型洪水润河集计算水位过程

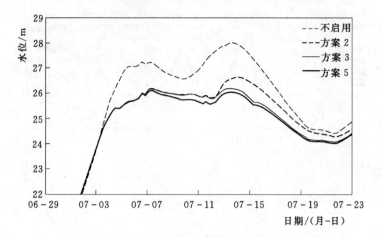

图 6.1-5　2003 年型洪水正阳关计算水位过程

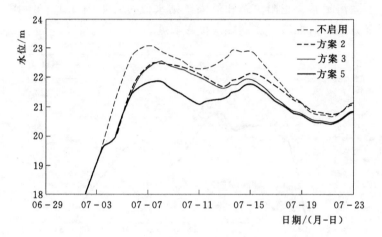

图 6.1-6　2003 年型洪水吴家渡计算水位过程

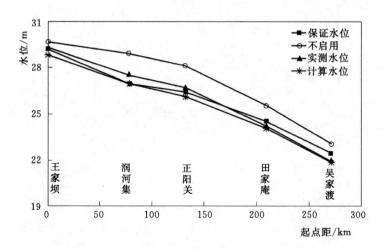

图 6.1-7　方案 6 沿程洪峰水位计算值

表 6.1-1 **2003 年型洪水不同联合调度方案对淮干洪峰水位的影响**

调度方案	联合调度工况	计算项	王家坝	润河集	正阳关	田家庵	吴家渡
		保证水位/m	29.2	26.95	26.4	24.55	22.48
不启用	行蓄洪区和分洪河道均不启用	峰值水位/m	29.65	28.92	28.12	25.55	23.07
		超保证水位历时/h	97	312	299	274	210
实际调度	濛洼＋城东湖＋邱家湖＋唐垛湖＋上、下六坊堤＋石姚段＋洛河洼＋荆山湖＋茨淮新河＋怀洪新河	峰值水位/m	29.32	27.51	26.7	24.25	21.94
		超保证水位历时/h	4	154	82	0	0
方案 1	濛洼＋姜唐湖＋上、下六坊堤＋荆山湖	峰值水位/m	28.93	27.46	26.78	24.44	22.51
		超保证水位历时/h	0	180	108	0	18
方案 2	濛洼＋姜唐湖＋上、下六坊堤＋荆山湖＋茨淮新河	峰值水位/m	28.93	27.38	26.63	24.42	22.56
		超保证水位历时/h	0	113	82	0	42
方案 3	濛洼＋姜唐湖＋上、下六坊堤＋荆山湖＋城东湖＋茨淮新河	峰值水位/m	28.88	27.22	26.22	24.41	22.56
		超保证水位历时/h	0	69	0	0	22
方案 4	濛洼＋姜唐湖＋上、下六坊堤＋荆山湖＋董峰湖＋茨淮新河	峰值水位/m	28.90	27.31	26.35	24.41	22.55
		超保证水位历时/h	0	83	0	0	20
方案 5	濛洼＋姜唐湖＋上、下六坊堤＋荆山湖＋城东湖＋茨淮新河＋怀洪新河	峰值水位/m	28.83	27.10	26.15	24.08	21.86
		超保证水位历时/h	0	48	0	0	0
方案 6	濛洼＋姜唐湖＋上、下六坊堤＋荆山湖＋南润段＋邱家湖＋茨淮新河＋怀洪新河	峰值水位/m	28.82	26.95	26.15	24.08	21.86
		超保证水位历时/h	0	0	0	0	0
方案 7	濛洼（二次蓄洪）＋姜唐湖＋上、下六坊堤＋荆山湖＋茨淮新河＋怀洪新河	峰值水位/m	28.82	26.96	26.16	24.08	21.86
		超保证水位历时/h	0	5	0	0	0

由表 6.1-1 及图 6.1-3～图 6.1-7 可以看出：

（1）若沿淮的行洪蓄洪和分洪河道均不使用，王家坝、润河集、正阳关、田家庵和吴家渡站分别超保证水位 0.45m、1.97m、1.72m、1.00m 和 0.59m，超保证水位历时分别为 97h、312h、299h、274h 和 210h。可见，2003 年洪水水位高、持续时间长，启用行蓄洪区削减洪峰，分泄洪水是必要的。

（2）2003 年洪水实测水位，王家坝、润河集、正阳关、田家庵和吴家渡站峰值水位 29.32m、27.51m、26.7m、24.25m 和 21.94m，其中王家坝、润河集和正阳关超保证水位 0.12m、0.56m 和 0.3m，超保证历时为 4h、154h 和 82h，其他各站水位在保证水位以下。可见，2003 年实际调度有效地降低了淮河干流沿程水位，缩短了高水位历时。

（3）方案 1 为濛洼蓄洪区、姜唐湖、上、下六坊堤和荆山湖行洪区联合使用。王家坝、润河集、正阳关、田家庵和吴家渡洪峰水位分别为 28.95m、27.44m、26.78m、24.54 和 22.51m，其中吴家渡计算水位和保证水位相当，仅高出 0.03m，润河集和正阳关超保证水位较多，分别为 0.49m 和 0.38m。正阳关水位过程如图 6.1-3 所示，在 7 月 7—9 日和 13—15 日超保证水位。

方案 2：茨淮新河、濛洼蓄洪区、姜唐湖、上、下六坊堤和荆山湖行洪区联合使用。王家坝、润河集、正阳关、田家庵和吴家渡洪峰水位分别为 28.94m、27.42m、26.63m、24.51 和 22.56m，其中润河集、正阳关和吴家渡分别超保证水位 0.47m、0.23m 和 0.08m。

在 2003 年 7 月 3—16 日的洪水过程中，茨淮新河分洪两次分洪。第一次分洪时间为 7 月 3—6 日，较其不分洪情况，降低正阳关水位 0.2～0.4m，正阳关水位在保证水位以下，但是使吴家渡洪峰水位从 22.51m 抬高至 22.57m，超保证水位 0.08m；第二次分洪时间为 7 月 13—16 日，此期间阜阳闸关闭，阜阳闸以上流量全部分入茨淮新河，由于阜阳以上流量较小，这次分洪仅降低正阳关水位 0.15m，正阳关计算水位 26.63，仍然超保证水位 0.23m。

可见，在茨淮新河、濛洼蓄洪区、姜唐湖和荆山湖行洪区启用情况下，润河集和正阳关水位仍超保证水位，若要降低润河集和正阳关水位需要启用其余行蓄洪区或分洪河道。在方案 2 的基础上，分别比较了南润段、邱家湖和城东湖蓄洪区、董峰湖行洪区和怀洪新河不同组合的调度方案。

方案 3：在方案 2 的基础上增加启用城东湖蓄洪区，最大分洪流量为设计流量 1800m³/s，分洪历时为 3d，启用时间为鲁台子最大 3d 洪量第一天，分洪时间为 7 月 12 日 8 时。

启用城东湖蓄洪区使正阳关的洪峰水位从 26.63m 降至 26.22m，降幅 0.41m；润河集洪峰水位从 27.38m 降至 27.22m，降幅 0.16m；对田家庵和吴家渡洪峰水位无影响，因为田家庵和吴家渡洪峰水位出现时间为 7 月 8 日。润河集、正阳关和吴家渡计算水位过程如图 6.1-4～图 6.1-6 所示。

方案 4：在方案 2 的基础上增加启用董峰湖行洪区（规划建闸），进退洪闸同时进洪，闸门开启后保持敞泄，启用时间为鲁台子最大 3d 洪量第一天，分洪时间为 7 月 12 日 8 时。

董峰湖行洪区启用使正阳关洪峰水位从 26.63m 降至 26.35m，降幅 0.28m；润河集洪峰水位从 27.38m 降至 27.31m，降幅 0.07m；对田家庵和吴家渡洪峰水位无影响，吴家渡洪峰水位 22.56m，超保证水位 0.08m。

从方案 3 和方案 4 计算结果可以看出，2003 年型洪水过程中，城东湖蓄洪区和董峰湖行洪区启用均能有效降低正阳关水位，使其在保证水位以下。从降低润河集和正阳关洪峰水位方面来说，城东湖蓄洪区的效果略优于董峰湖行洪区。

润河集和吴家渡仍然超保证水位，拟定启用怀洪新河分洪。

方案 5：在方案 3 的基础上，增加启用怀洪新河分洪，即茨淮新河、濛洼、姜唐湖、荆山湖、上、下六坊堤、城东湖和怀洪新河联合调度。怀洪新河分洪时间为 7 月 6—12 日，最大分洪流量 1500m³/s，总分洪量 7 亿 m³。2003 年实际调度怀洪新河分洪洪量 15 亿 m³。

计算结果表明，王家坝、正阳关、田家庵和吴家渡站均在保证水位以下，仅润河集站超保证水位 0.15m，南润段和邱家湖蓄洪区（规划）分别在润河集站上、下游，启用这两个蓄洪区对降低润河集站水位效果可能更好，拟订方案 6 采用南润段和邱家蓄洪区代替城东湖蓄洪区。

方案 6：在方案 5 的基础上，采用南润段和邱家蓄洪区代替城东湖蓄洪区，即茨淮新河、濛洼、姜唐湖、荆山湖、上、下六坊堤、南润段、邱家湖和怀洪新河联合调度。计算表明，润河集水位和保证水位相当，其他各站均显著低于保证水位。

由 5.3 节关于濛洼蓄洪区分洪时机及效果分析可知，濛洼蓄洪区分洪，对降低润河集和正阳关效果均较好，2003 年洪水实际调度濛洼蓄洪区二次分洪。拟订方案 7 采用濛洼蓄洪区二次蓄洪方式代替城东湖蓄洪区，共蓄洪 7.5 亿 m³。

方案 7：在方案 5 的基础上，采用濛洼蓄洪区二次分洪代替城东湖蓄洪区，即茨淮新河、濛洼、姜唐湖、荆山湖、上、下六坊堤、怀洪新河联合调度。计算表明，润河集水位和保证水位相当，其他各站均显著低于保证水位。方案 7 和方案 6 对降低沿程水位效果相当。

方案 6 和方案 7 的计算结果表明，淮河干流王家坝至浮山段河道沿程水位均低于保证水位，能够满足防洪要求，但是方案 6 优于方案 7，因为能够降低润河集水位的措施较多，而对王家坝来说，濛洼蓄洪区效果最直接，也最好，越往下游的行蓄洪区对降低王家坝水位效果越差，濛洼蓄洪区应该预留库容预防王家坝下一次洪水过程。

实际调度工况和方案 6 比较表明，两者启用的行蓄洪区和分洪河道相当，但是方案 6 的淮河干流沿程计算水位均在保证水位以下，也低于实测水位，主要原因一是近年淮河干流河道治理工程降低了河道水位，主要工程包括临淮岗洪水控制工程、洛河洼和石姚段行洪区调整等；二是 2003 年洪水实际调度中，各行洪区均为破堤行洪，口门宽度小，实际行洪效果差。

综上所述，方案 6 为 2003 年型洪水调度的模拟计算中各组方案的最佳方案，方案 6 沿程各站洪峰水位计算值如图 6.1-7 所示，各站实测、不启用和方案 6 三种条件下王家坝、润河集、正阳关、田家庵和吴家渡计算水位过程如图 6.1-8～图 6.1-12 所示。

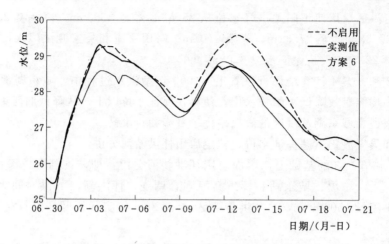

图 6.1-8　2003 年型洪水王家坝计算水位过程

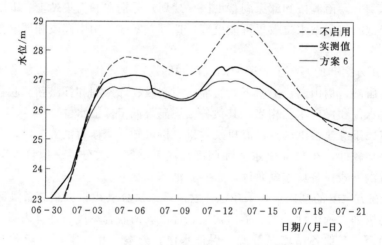

图 6.1-9　2003 年型洪水润河集计算水位过程

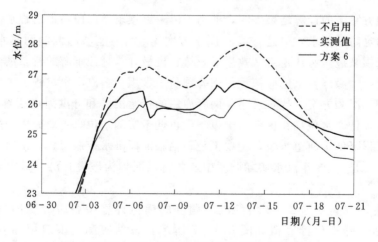

图 6.1-10　2003 年型洪水正阳关计算水位过程

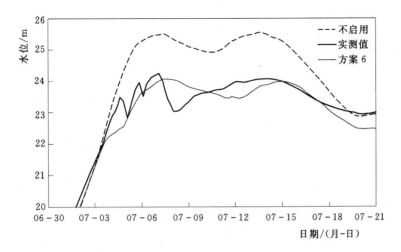

图 6.1-11　2003 年型洪水田家庵计算水位过程

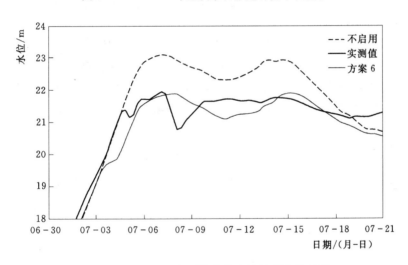

图 6.1-12　2003 年型洪水吴家渡计算水位过程

6.1.2　基于规划条件的调度分析

王家坝至正阳关段河道采用现状地形，正阳关至浮山段河道采用规划地形[3-5]。2003
年型洪水，淮河干流各站计算洪峰水位见表 6.1-2。

表 6.1-2　　　　　　　规划条件下淮河干流沿程洪峰水位调度计算值

测　　站		王家坝	润河集	正阳关	田家庵	吴家渡
保证水位/m		29.20	26.95	26.40	24.55	22.48
实测水位/m		29.32	27.45	26.70	24.25	21.94
行蓄洪区均不启用	洪峰水位/m	29.30	28.01	27.01	24.73	22.17
	洪峰流量/(m³/s)	6760	7560	9840	9580	10800

测　　　站		王家坝	润河集	正阳关	田家庵	吴家渡
濛洼＋姜唐湖启用	洪峰水位/m	29.00	27.53	26.29	24.25	21.98
	洪峰流量/(m³/s)	6700	8070	8900	8450	10500
濛洼＋姜唐湖＋城东湖启用	洪峰水位/m	29.00	27.33	25.95	24.25	21.98
	洪峰流量/(m³/s)	6700	8300	8500	8050	10500
现状条件下，行蓄洪区均不启用		29.65	28.92	28.12	25.55	23.07

由表 6.1-2 可以看出：

（1）行蓄洪区均不启用，规划条件的计算水位显著低于现状条件的计算水位，其中正阳关现状条件计算洪峰水位 28.12m，规划条件计算洪峰水位 27.01m，降幅 1.11m。可见，淮河干流正阳关至浮山段河道规划整治效果较好。

（2）在规划条件下，发生 2003 年型洪水，若行蓄洪区均不启用，王家坝至田家庵水位均超出保证水位，仅吴家渡站低于保证水位。为了降低淮河干流沿程水位，拟启用濛洼蓄洪区和姜唐湖行洪区。

濛洼蓄洪区启用时间为 2003 年 7 月 3 日 8 时，王家坝相应水位 29.20m，蓄洪量 1.85 亿 m³，蓄洪过程如图 6.1-13 所示；姜唐湖行洪区两次启用，第一次仅开启退洪闸，时间为 7 月 6 日 2 时，正阳关相应水位 26.3m，蓄洪量 0.8 亿 m³，并未行洪；第二次启用时间为 7 月 11 日 8 时，进退洪闸同时开启，保持敞泄，行洪区流量过程如图 6.1-14 所示。

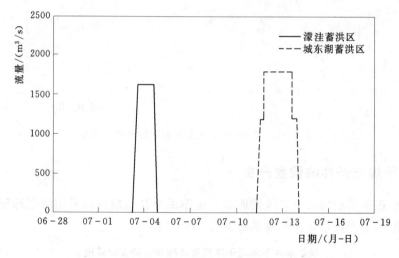

图 6.1-13　濛洼和城东湖蓄洪区流量过程

濛洼和姜唐湖行洪区启用后，沿程测站洪峰水位均显著降低，润河集洪峰水位 27.53m，超保证水位 0.58m；正阳关水位 26.29m，低于保证水位 0.11m。2003 年型洪水为中等洪水，润河集超保证水位，正阳关已接近保证水位，拟再启用城东湖蓄洪区降低润河集和正阳关水位，沿程各站调度计算水位见表 6.1-2。

城东湖蓄洪区启用时间 2003 年 7 月 11 日 8 时，正阳关相应水位 25.95m，蓄洪量

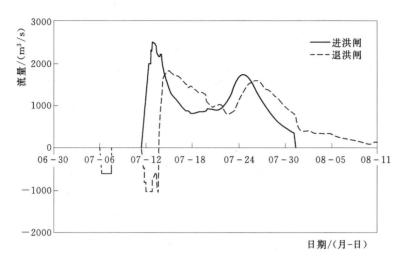

图 6.1-14 姜唐湖行洪区进、退洪闸流量过程

3.6 亿 m³，蓄洪过程如图 6.1-13 所示。城东湖启用后，润河集洪峰水位 27.33m，正阳关洪峰水位 25.95m，王家坝洪峰水位 28.92m。从 2003 年型洪水规划条件调度计算可以得出，若要使润河集水位降至保证水位以下，需要增加启用南润段、邱家湖蓄洪区，甚至城西湖蓄洪区，这说明现状润河集保证水位确定值偏低，与上下游其余各站保证水位不协调[2]。

鲁台子流量过程如图 6.1-15 所示，王家坝、润河集和正阳关水位过程如图 6.1-16～图 6.1-18 所示。

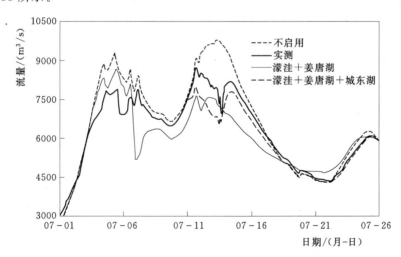

图 6.1-15 2003 年型洪水鲁台子站计算流量过程

6.1.3 规划条件和现状条件计算结果对比

正阳关至浮山段行蓄洪区调整与建设工程涉及河道疏浚、堤防退建等工程[3-5]，将增加河道滩槽泄量，降低河道水位，具体效果见表 6.1-3。

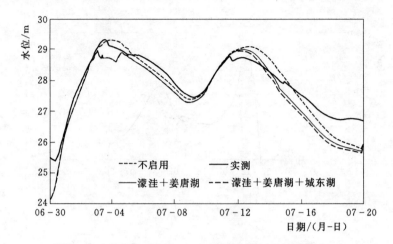

图 6.1-16　2003 年型洪水王家坝计算水位过程

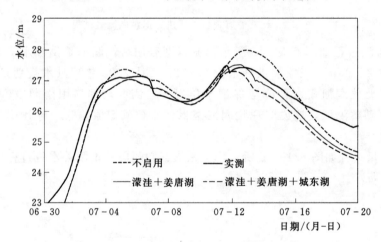

图 6.1-17　2003 年型洪水润河集计算水位过程

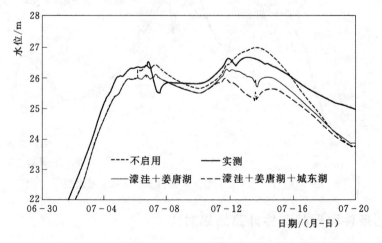

图 6.1-18　2003 年型洪水正阳关计算水位过程

表 6.1 - 3　　　　　　　　　2003 年型洪水规划和现状两种工况计算洪峰值及出现时间

	测　站	王家坝	润河集	正阳关 (鲁台子)	田家庵	吴家渡
规划 工况	洪峰水位/m	29.30	28.01	27.01	24.73	22.17
	出现时间/(月-日 时：分)	07-12 19：00	07-12 0：00	07-13 15：00	07-13 17：00	07-07 10：00
	洪峰流量/(m³/s)	6760	7560	9840	9580	10800
	出现时间/(月-日 时：分)	07-03 8：00	07-04 0：00	07-13 9：00	07-13 23：00	07-06 21：00
现状 工况	洪峰水位/m	29.65	28.92	28.12	25.55	23.07
	出现时间/(月-日 时：分)	07-12 19：00	07-12 2：00	07-13 15：00	07-13 16：00	07-07 10：00
	洪峰流量/(m³/s)	6750	7340	9440	9320	10600
	出现时间/(月-日 时：分)	07-03 8：00	07-04 0：00	07-13 9：00	07-13 23：00	07-06 19：00

注　王家坝流量为王家坝淮干+钐岗，王家坝水位为王家坝淮干水位；正阳关统计洪峰水位，鲁台子统计洪峰
　　流量。

由表 6.1-3 可以看出，2003 年型洪水，若行蓄洪区和分洪河道均不启用，洪水全部从淮河干流滩槽下泄，规划工况和现状工况计算表明：

（1）沿程各站洪峰流量出现时间均早于洪峰水位出现时间，一般在 6～16h，王家坝和润河集洪峰流量和洪峰水位不是出现在同一次洪水过程中，最大洪峰流量出现在第一次洪水过程中，最高水位出现在第二次洪水过程中。

（2）规划工况增加了沿程各站的洪峰流量，其中鲁台子增加值最多，为 400m³/s。

（3）规划整治工程降低了淮河干流沿程水位，其中正阳关降低值为 1.11m。

（4）规划工况洪峰流量出现时间较现状工况无明显变化。在涨水过程中，鲁台子站规划工况洪峰流量较现状工况大，吴家渡规划工况洪峰流量较现状工况小；落水过程与涨水过程相反。鲁台子规划工况计算流量过程较现状工况提前 2～4h，吴家渡流量过程滞后 3～5h，润河集和田家庵站无显著区别。正阳关（鲁台子）和吴家渡水位和流量过程比较如图 6.1-19～图 6.1-22 所示。

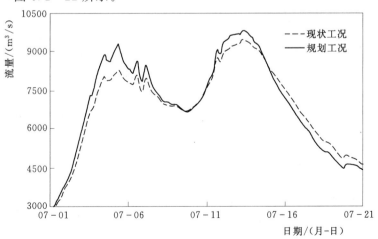

图 6.1-19　2003 年型洪水规划工况和现状工况鲁台子站计算流量过程比较

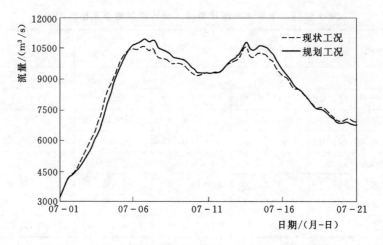

图 6.1 - 20　2003 年型洪水规划工况和现状工况吴家渡站计算流量过程比较

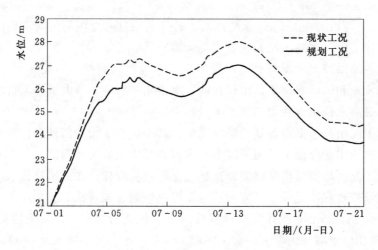

图 6.1 - 21　2003 年型洪水正阳关规划工况和现状工况计算水位过程比较

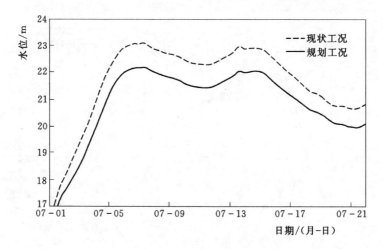

图 6.1 - 22　2003 年型洪水吴家渡规划工况和现状工况计算水位过程比较

6.1.4 2003 年型洪水调度方案比选

（1）现状条件下，2003 年型洪水实际调度和方案调度计算结果可以看出：

1）2003 年洪水洪峰水位高，持续时间长，实际调度有效地降低了淮河干流水位，缩短了高水位历时。

2）方案 1 和方案 2 计算结果表明，启用茨淮新河分洪降低了正阳关洪峰水位 0.15m，抬高了吴家渡洪峰水位 0.05m。茨淮新河自身有茨河、西淝河、芡河等支流汇入，茨淮新河分洪需要综合考虑沙颍河、淮河干流和其自身区间的洪水特点。

3）方案 3 和方案 4 计算结果表明，城东湖蓄洪区和董峰湖行洪区的启用均可以有效降低正阳关水位，对降低正阳关水位来说，城东湖蓄洪效果优于董峰湖分洪效果。

4）实际调度和方案 6 比较表明，两者启用的行蓄洪区和分洪河道相当，但是方案 6 的淮河干流沿程计算水位均在保证水位以下，也低于实测水位。

（2）规划条件下，2003 年型洪水，若行蓄洪区均不启用，王家坝至田家庵段河道超保证水位；启用濛洼蓄洪区和姜唐湖行洪区后，润河集超保证水位 0.58m，其余各站均低于保证水位。

（3）2003 年型洪水，行蓄洪区均不启用，规划条件下计算洪峰水位较现状条件下洪峰水位大幅下降，其中正阳关洪峰水位降低 1.11m，表明淮河干流正阳关至浮山段河道规划整治效果较好。

（4）对 2003 年型洪水来说，濛洼蓄洪区、姜唐湖和荆山湖行洪区启用对降低各自所在河段效果显著，应该优先启用；对降低王家坝水位来说，濛洼蓄洪区较优，下游行蓄洪区效果较差，调度过程需要考虑预留濛洼蓄洪区一定的库容来应对王家坝以上区域再次出现的大洪水过程；降低润河集至正阳关段河道水位的措施很多，应根据上下游洪水特点相机启用。

6.2 2007 年型洪水优化调度

2007 年洪水过程中，淮河干流实际调度启用了南润段、邱家湖、姜唐湖、上六坊堤、下六坊堤、石姚段、洛河洼、荆山湖行洪区和濛洼蓄洪区以及怀洪新河分洪[6]。

6.2.1 基于现状条件的调度分析

根据 2007 年型洪水过程特点和行蓄洪区及分洪河道实际运用情况，初步拟定了两个组合方案：

方案 1：不启用临淮岗和分洪河道，王家坝至润河集段启用濛洼蓄洪区，润河集至正阳关段启用姜唐湖行洪区，正阳关至蚌埠段启用上、下六坊堤（按照 2007 年实际过流量计算）和荆山湖行洪区；洛河洼和石姚段改为防洪保护区，根据以上调度结果确定是否启用其他行蓄洪区。

方案 2：不启用临淮岗和怀洪新河，首先使用茨淮新河分洪，王家坝至润河集段启用濛洼蓄洪区，润河集至正阳关段启用姜唐湖行洪区，正阳关至蚌埠段启用上、下六坊堤

（按照2007年实际过流量计算）和荆山湖行洪区；洛河洼和石姚段改为防洪保护区，根据以上调度结果确定是否启用其他行蓄洪区。

　　各行蓄洪区和分洪河道均按照前文分析的最优方式分洪，濛洼蓄洪区按照王家坝总最大3d洪量第一天方式启用，分洪时间为3d，分洪流量为设计流量1626m³/s，8h达到最大分洪流量；姜唐湖行洪区按照润河集站最大3d洪量第一天方式启用，进退洪闸同时启用，启用后保持敞泄；荆山湖行洪区按照调度控制水位（田家庵水位）启用，进退洪闸同时启用，启用后保持敞泄；茨淮新河分洪时间为淮河干流鲁台子站最大3d洪量第一天初始时刻提前24h，分洪时段阜阳闸关闭，上桥闸流量由马法演算得出。

　　2007年型洪水调度计算，淮河干流王家坝站、润河集站、正阳关站、田家庵站和吴家渡站峰值水位值如图6.2-1所示，水位过程如图6.2-2～图6.2-6所示，对淮干洪峰水位影响见表6.2-1。

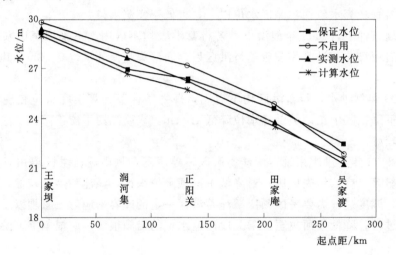

图6.2-1　方案1沿程各测站洪峰水位值

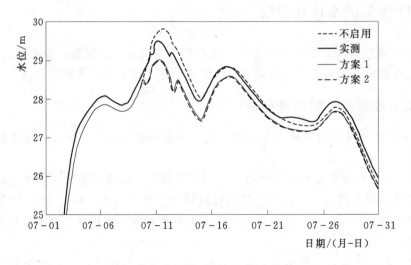

图6.2-2　2007年型洪水王家坝水位过程

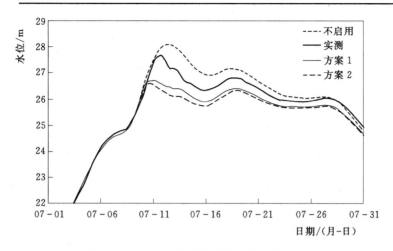

图 6.2-3　2007 年型洪水润河集水位过程

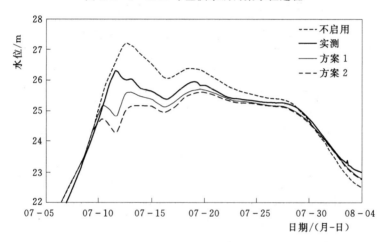

图 6.2-4　2007 年型洪水正阳关水位过程

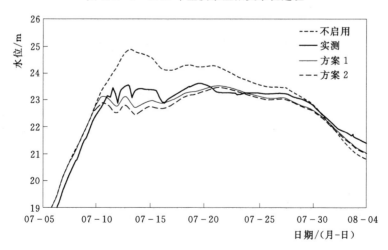

图 6.2-5　2007 年型洪水田家庵水位过程

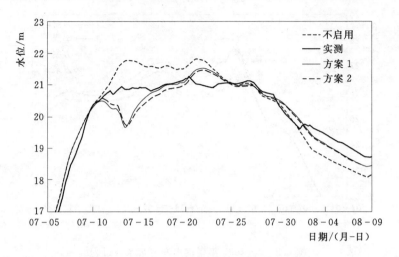

图 6.2 - 6　2007 年型洪水吴家渡水位过程

表 6.2 - 1　　　　　　　现状条件下各工况淮河干流沿程洪峰水位实测值　　　　　　　单位：m

测站	王家坝	润河集	正阳关	田家庵	吴家渡
保证水位	29.20	26.95	26.40	24.55	22.48
实测水位	29.38	27.66	26.29	23.71	21.22
不启用	29.81	28.10	27.19	24.85	21.82
方案 1	29.01	26.70	25.70	23.52	21.54
方案 2	28.98	26.56	25.61	23.45	21.47

由表 6.2 - 1 及图 6.2 - 1～图 6.2 - 6 可以看出：

（1）若沿淮的行洪蓄洪区和分洪河道均不使用，王家坝、润河集、正阳关、田家庵站分别超保证水位 0.62m、1.15m、0.79m 和 0.3m，超保证历时分别为 65h、129h、94h 和 67h，吴家渡站未超过保证水位。

（2）2007 年实测洪水过程中王家坝和润河集站水位超过保证水位 0.18m 和 0.71m，超保证历时为 40h 和 68h，正阳关、田家庵和吴家渡均在保证水位以下。可见，2007 年实际调度有效地降低了淮干水位，缩短了高水位历时。

（3）方案 1 为濛洼蓄洪区、姜唐湖、上、下六坊堤和荆山湖行洪区联合使用，淮河干流沿程均在保证水位以下，王家坝、润河集、正阳关、田家庵和吴家渡洪峰水位较均不使用工况分别降低了 0.83m、1.54m、1.58m、1.4m 和 0.35m；方案 1 较实测水位分别降低了 0.47m、0.96m、0.79m、0.19m 和 -0.27m，仅吴家渡水位高于实测水位。沿程水位均低于保证水位，能够满足防洪要求。

（4）方案 2 为茨淮新河、濛洼蓄洪区、姜唐湖、上、下六坊堤和荆山湖行洪区组合使用，王家坝、润河集、正阳关、田家庵和吴家渡洪峰水位较方案 1 进一步下降了 0.03m、0.14m、0.09m、0.07m 和 0.07m，缩短了高水位历时。

从 2007 年型洪水实际调度和方案调度计算结果可以看出，调度方案 1 启用了濛洼蓄洪区、姜唐湖、上、下六坊堤和荆山湖行洪区；实际调度中启用了濛洼蓄洪区、姜唐湖、上、下六坊堤、石姚段、洛河洼、荆山湖行洪区和怀洪新河；而方案 1 降低淮河干流水位效果优于实际调度方案，导致实际调度中启用的行蓄洪区多，分洪效果差的原因是：①实际调度中石姚段、洛河洼等行洪区采用破堤行洪，口门宽度小，行洪流量小，效果差；②实际调度中姜唐湖和荆山湖行洪区只发挥了部分蓄洪作用，并未参与行洪，方案 1 中姜唐湖和荆山湖行洪区均为先蓄洪后行洪，充分发挥了行洪区的行洪作用。

6.2.2 基于规划条件的调度分析

王家坝至正阳关段河道采用现状地形，正阳关至浮山段河道采用规划地形[3-5]。2007 年型洪水，淮河干流各站计算洪峰水位见表 6.2 - 2。

表 6.2 - 2　　　　　　　规划条件下淮河干流沿程洪峰水位调度实测值

测　　站		王家坝	润河集	正阳关	田家庵	吴家渡
保证水位/m		29.20	26.95	26.40	24.55	22.48
实测水位/m		29.38	27.66	26.29	23.71	21.22
行蓄洪区均不启用	洪峰水位/m	29.70	27.64	26.32	23.86	21.23
	洪峰流量/(m³/s)	7960	8230	9290	8750	8820
濛洼蓄洪区启用	洪峰水位/m	29.12	27.18	25.94	23.56	21.11
	洪峰流量/(m³/s)	6350	7450	8390	8240	8700
现状条件下，行蓄洪区均不启用		29.81	28.10	27.19	24.85	21.82

由表 6.2 - 2 可以看出：

（1）在规划条件下，若发生 2007 年型洪水，行蓄洪区均不启用工况王家坝计算水位高于实测水位，其余测站计算水位和实测水位相当；王家坝和润河集站分别超保证水位 0.5m 和 0.69m，其余各站均低于保证水位。

（2）行蓄洪区均不启用，在现状条件下，正阳关计算水位 27.19m；规划条件下，正阳关计算水位 26.32m，2007 年型洪水规划整治工程降低了正阳关洪峰水位 0.87m。

为了降低王家坝和润河集水位，拟启用濛洼蓄洪区。濛洼蓄洪区启用时间为 2007 年 7 月 10 日 10 时，王家坝相应水位 29.15m，蓄洪量 2.55 亿 m³，蓄洪过程如图 6.2 - 7 所示，沿程各站调度计算水位见表 6.2 - 2，王家坝和正阳关水位过程如图 6.2 - 8 和图 6.2 - 9 所示。

濛洼蓄洪区启用后，王家坝站洪峰水位从 29.7m 降至 29.15m，降幅 0.55m，低于保证水位；润河集洪峰水位从 27.64m 降至 27.18m，降幅 0.46m，仍超保证水位 0.23m。

2003 年型和 2007 年型洪水调度计算结果均表明，在王家坝段、临淮岗以下河段均低于保证水位的情况下，润河集仍然高出保证水位较多，原因是：①南照集至临淮岗河道疏浚没有完成，河道泄流能力不足；②现状润河集保证水位确定值偏低，与上下游主要节点的保证水位不协调。各站保证水位的水面比降见表 6.2 - 3，润河集至正阳关保证水位比降为 0.1×10^{-4}，远小于其他河段。建议抬高润河集保证水位至 27.55m，王家坝至润河集和润河集至正阳关保证水位比降均为 0.21×10^{-4}，且与城西湖蓄洪区和姜唐湖行洪区调度水位一致。

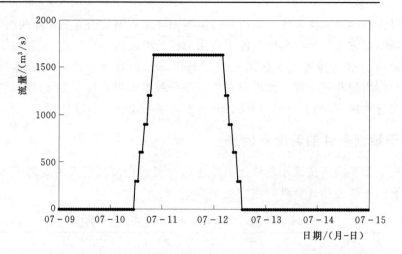

图 6.2-7　规划条件下 2007 年型洪水濛洼蓄洪区蓄洪流量过程

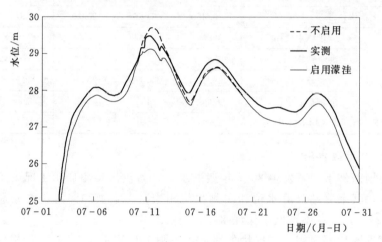

图 6.2-8　2007 年型洪水王家坝计算水位过程

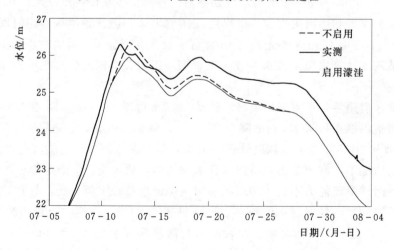

图 6.2-9　2007 年型洪水正阳关计算水位过程

表 6.2 - 3　　　　　　　　　　保 证 水 位 水 面 比 降

测站	现状保证水位/m	比降/(×10⁻⁴)	建议保证水位/m	比降/(×10⁻⁴)
王家坝	29.20	0.29	29.20	0.21
润河集	26.95	0.10	27.55	0.21
正阳关	26.40		26.40	
田家庵	24.55	0.24	24.55	0.24
吴家渡	22.48	0.33	22.48	0.33

6.2.3　规划条件和现状条件下计算结果比较

正阳关至浮山段行蓄洪区调整与建设工程涉及河道疏浚、堤防退建等工程,将增加河道滩槽泄量,降低河道水位,具体效果见表 6.2 - 4。

表 6.2 - 4　　　　　2007 年型洪水规划和现状条件下计算洪峰值及出现时间

	测站	王家坝	润河集	正阳关 (鲁台子)	田家庵	吴家渡
规划 工况	洪峰水位/m	29.70	27.64	26.32	23.86	21.23
	出现时间/(月-日 时:分)	07 - 11 14:00	07 - 12 9:00	07 - 12 16:00	07 - 13 6:00	07 - 14 1:00
	洪峰流量/(m³/s)	7960	8230	9290	8750	8820
	出现时间/(月-日 时:分)	07 - 11 5:00	07 - 11 16:00	07 - 12 8:00	07 - 12 14:00	07 - 13 7:00
现状 工况	洪峰水位/m	29.81	28.1	27.19	24.85	21.82
	出现时间/(月-日 时:分)	07 - 11 15:00	07 - 12 9:00	07 - 12 16:00	07 - 13 5:00	07 - 13 19:00
	洪峰流量/(m³/s)	7950	8040	8450	8540	8730
	出现时间/(月-日 时:分)	07 - 11 5:00	07 - 11 15:00	07 - 12 8:00	07 - 12 14:00	07 - 13 5:00

注　王家坝流量为王家坝淮干＋钐岗,王家坝水位为王家坝淮干水位;正阳关统计洪峰水位,鲁台子统计洪峰流量。

由表 6.2 - 4 可以看出,2007 年型洪水,若行蓄洪区和分洪河道均不启用,洪水全部从淮河干流滩槽下泄,规划工况和现状工况计算表明:

(1) 沿程各站洪峰流量出现时间均早于洪峰水位出现时间,一般在 8~16h。

(2) 规划工况增加了沿程各站的洪峰流量,其中鲁台子站增加值最多,为 840m³/s,其余测站洪峰流量增加值较少。

(3) 规划整治工程降低了淮河干流沿程水位,其中正阳关站降低值为 0.87m。

(4) 规划工况洪峰流量出现时间较现状工况无明显变化。在涨水过程中,鲁台子站规划工况流量较现状工况大,吴家渡站规划工况洪峰流量较现状工况小;落水过程与涨水过程相反。鲁台子站规划工况计算流量过程较现状工况提前 2~4h,吴家渡站流量过程滞后 3~4h,润河集站和田家庵站无显著变化,如图 6.2 - 10~图 6.2 - 13 所示。

6.2.4　2007 年型洪水调度方案比选

(1) 现状条件下,2007 年型洪水实际调度和方案调度计算结果可以看出:

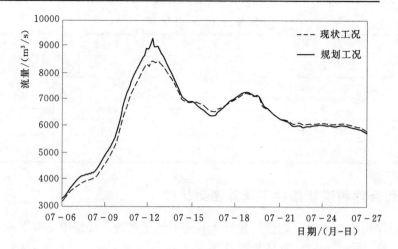

图 6.2-10　2007 年型洪水规划工况和现状工况鲁台子站流量过程比较

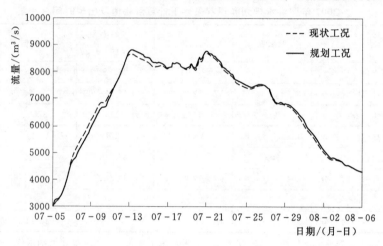

图 6.2-11　2007 年型洪水规划工况和现状工况吴家渡站流量过程比较

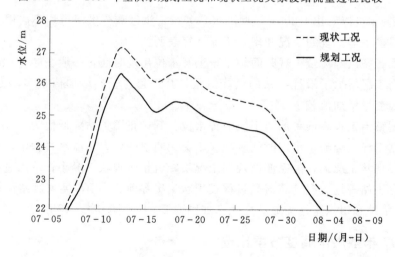

图 6.2-12　2007 年型洪水规划工况和现状工况正阳关站水位过程比较

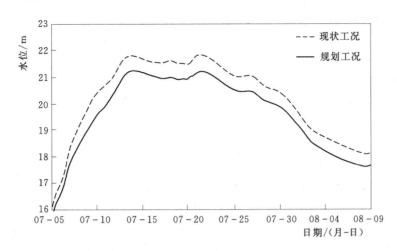

图 6.2-13　2007 年型洪水规划工况和现状工况吴家渡站水位过程比较

　　1) 若沿淮行洪蓄洪和分洪河道均不使用, 王家坝、润河集、正阳关、田家庵站均超保证水位, 吴家渡低于保证水位。

　　2) 调度方案 1 启用濛洼蓄洪区、姜唐湖、上、下六坊堤和荆山湖行洪区, 淮河干流沿程均在保证水位以下, 能够满足防洪要求。

　　3) 调度方案 1 启用的行蓄洪区少于实际调度工况, 而计算水位低于实测水位, 行洪效果好。

　　(2) 规划条件下, 2007 年型洪水不同调度方案计算结果可以看出:

　　1) 行蓄洪区均不启用时王家坝计算水位高于实测水位, 其余测站计算水位和实测水位相当; 王家坝和润河集超保证水位, 其余各站低于保证水位。

　　2) 启用濛洼蓄洪区后, 仅润河集超保证水位 0.23m, 若要使润河集降至保证水位以下, 仍需启用南润段、邱家湖蓄洪区。

　　(3) 行蓄洪区均不启用, 淮河干流沿程各站规划条件下的计算洪峰水位较现状条件下计算洪峰水位大幅下降, 其中正阳关洪峰水位降低 0.87m, 表明淮河干流正阳关至浮山段河道规划整治工程效果较好。

　　(4) 润河集保证水位 26.95m, 与上下游控制站保证水位不协调, 建议研究抬高润河集保证水位至 27.55m。

6.3　1954 年型洪水调度计算

6.3.1　1954 年实际调度情况

　　淮河干流水位自 1954 年 7 月 3 日迅速上涨[7]。王家坝站 7 月 3—6 日, 水位由 22.00m 涨至 28.00m 以上。7 月 6 日 13 时, 濛洼蓄洪, 7 日 10 时王家坝水位达 29.07m, 因濛洼蓄洪堤溃决, 水位曾一度下落, 7 月 24 日 0 时, 王家坝水位达 29.59m。

　　王家坝至正阳关段南润段、润赵段、赵庙段 (邱家湖)、姜家湖行洪区等于 7 月 6 日相继行洪。城西湖 7 月 11 日 13 时，在下游陈郢子扒城西湖堤进洪。7 月 9—10 日，庙垂段（颍右堤保护区）、正南洼和临王段相继破口进洪。城东湖于 7 月 12 日 1 时开闸蓄洪。

正阳关以下，六坊堤行洪区于 7 月 8 日 21 时漫堤行洪，董峰湖、黑长段、三茨缕堤、石姚段等行洪区也于 9—10 日相继行洪。7 月 20 日寿西湖在黑泥沟以下开口进洪，不久洪水又由寿西湖灌入瓦埠湖。7 月 21 日，城东湖闸由于内水来量大，发生漫堤外溢，造成河湖相平，失去控制。7 月 23 日，城西湖上格堤发生溃决，导致大量洪水进入湖内，使下格堤漫溢，城西湖也失去了控制。瓦埠湖在进洪前内水位已高达 23.19m，进洪后湖水位复行上涨，使寿县城受到极大威胁，遂于 23 日开放东淝闸放水，又于 26 日关闭，最高蓄洪水位达 25.82m，该闸失去控制。7 月 26 日，正阳关水位达到 26.45m，最大洪峰流量为 12700m³/s（包括寿西湖及南岸漫岗流量）。

蚌埠以下方邱湖、花园湖行洪区于 7 月 17 日 2 时同时行洪，香浮段和浮山段以下淮河南岸（潘村洼行洪区）分别在 7 月 21 日和 27 日漫水行洪。在淮干行蓄洪区及非确保区全部运用情况下，淮北大堤仍然在 7 月 27 日和 7 月 31 日，分别于凤台县境的禹山坝和五河县境的毛滩两处决口。至 8 月 5 日 2 时，蚌埠出现最高水位 22.06m，最大洪峰流量为 11600m³/s。

6.3.2　临淮岗洪水控制工程控制运用原则

淮河防汛调度必须遵循小局服从大局的原则，精心组织、科学调度、合理安排。首先要确保重要堤防和地区的防洪安全，并尽可能减少行蓄洪区运用所造成的损失。当淮河发生大洪水时，要充分利用河道排洪。当河道水位达到或超过规定的行洪水位或蓄洪区运用水位时，应根据雨情、水情、工情和险情，有计划调度运用行蓄洪区。临淮岗工程的建成，增强了淮河中游防洪的主动性。临淮岗工程运用要与茨淮新河、怀洪新河、行蓄洪区等工程联合调度，充分发挥工程效益，尽可能减少洪灾损失。

临淮岗工程控制运用的目标是：在现状工程情况下，通过临淮岗工程控泄洪水，使正阳关不超过设计水位，以保护淮北大堤和沿淮重要城市的防洪安全。调度原则是[8]：

（1）遇中小洪水时，临淮岗深孔闸、浅孔闸汛期均敞开泄洪，保持河道排水通畅。

（2）在遇到较大洪水，淮河流域采用有关系行洪、分洪、拦洪、蓄滞洪措施后，正阳关水位仍达到 26.4m（或鲁台子流量达到 10000m³/s），且继续上涨，启用临淮岗洪水控制工程拦蓄洪水，控制正阳关水位不超过 26.40m。

（3）当淮河发生更大规模洪水时，运用临淮岗工程控泄洪水，应采用措施控制临淮岗坝前水位不超过 28.51m（100 年一遇坝前设计洪水位）。

（4）临淮岗工程运用之前，淮河两岸行蓄洪区、分洪河道均按启用条件已启用。

6.3.3　基于现状条件的调度分析

6.3.3.1　调度计算边界条件

（1）地形资料：淮河干流王家坝至润河集段采用 2011 年地形，润河集至浮山段采用 2008—2009 年地形，濛河分洪道采用 2011 年地形，沙颍河和涡河采用 2010 年地形。

（2）水文资料：淮干、各支流入口及区间流量见表 6.3-1。

（3）计算时间：1954 年 7 月 1—31 日。

（4）计算边界：洪河口为上边界，浮山为下边界。

（5）计算条件：①各支流及区间入淮流量采用 1954 年型洪水还原计算成果，见表 6.3-1；②下边界浮山给定水位流量关系（图 6.3-1），淮河干流流量小于 7500m^3/s 时，采用 2003 年、2005 年和 2007 年实测水位流量关系；淮河干流流量 7500m^3/s，浮山取现状水位流量关系中对应水位；淮河干流流量 13000m^3/s 时，浮山规划水位 18.35m，其他流量级对应水位采用插值计算得出；③茨淮新河按最大分洪能力分洪，上桥闸流量采用马法演算值，怀洪新河不分洪。

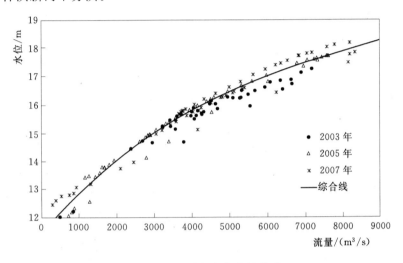

图 6.3-1 浮山水位流量关系

由表 6.3-1 可以看出，1954 年淮河干流王家坝至正阳关段出现两次较大的洪水位过程，第一次洪水过程持续时间为 7 月 5—15 日；第二次洪水过程持续时间为 7 月 21—24 日，洪河口、史河和淠河来流量均较大；正阳关以下河道，沙颍河阜阳闸在茨淮新河分洪的条件下，7 月 18 日出现最大洪峰，流量 3000m^3/s。

表 6.3-1　　　　　　　　　　1954 年型洪水淮河干流各入流口流量过程　　　　　　　　　单位：m^3/s

日期 /（月-日）	洪河口	史河口	谷河	润河	淠河口	涡河	阜阳闸	上桥闸	王南区间	南正区间	正蚌区间
07-03	330	500	10	10	2023	10	100	100	10	10	10
07-04	330	2447	10	12	2905	10	168	101	10	10	256
07-05	2046	3000	83	75	1840	268	461	792	615	123	690
07-06	7368	4241	163	253	1078	344	968	1673	130	221	860
07-07	6564	3186	379	586	995	514	1773	1914	10	270	645
07-08	6536	1789	570	902	1279	517	1885	1948	52	254	353
07-09	6322	2463	586	1040	1814	387	963	1967	128	210	222
07-10	5579	1448	429	805	1250	388	1214	1963	374	193	185
07-11	6662	1258	301	556	1483	495	2919	1936	10	189	198

续表

日期/(月-日)	洪河口	史河口	谷河	润河	淠河口	涡河	阜阳闸	上桥闸	王南区间	南正区间	正蚌区间
07-12	7886	1547	373	577	2490	510	2885	1965	10	182	111
07-13	5976	2579	531	744	2608	372	2011	1966	10	139	54
07-14	4239	1583	462	702	859	201	1871	1953	10	97	20
07-15	2536	609	316	430	418	94	1092	1936	52	71	13
07-16	1892	651	142	189	397	381	1214	2009	84	53	24
07-17	2659	991	110	104	779	1178	2211	2038	10	48	30
07-18	4736	1297	183	126	1778	1732	3000	2379	10	38	17
07-19	5289	2237	220	186	2155	1524	2192	2239	45	27	17
07-20	4039	1076	185	184	1333	1372	1862	1835	65	25	44
07-21	5460	1559	174	151	1394	1605	1909	1985	84	27	84
07-22	6375	1877	240	168	1062	1157	1900	1962	10	30	84
07-23	8060	3980	292	211	2814	668	1567	1923	10	30	47
07-24	5328	2511	251	219	1991	457	1340	1715	10	25	24
07-25	3841	812	159	163	646	403	1349	1401	10	20	7
07-26	2609	1081	78	91	488	318	1367	1236	160	19	34
07-27	1423	975	36	47	432	500	1226	1168	13	28	94
07-28	2346	1130	57	72	1014	895	1194	1049	10	37	97
07-29	4310	2421	129	149	995	920	1000	746	10	32	54
07-30	2503	1318	163	186	1119	10	734	673	10	27	27
07-31	2200	1221	119	144	2023	10	469	425	10	20	10

6.3.3.2 调度模拟计算

现状条件下可用于防洪调度的行洪区有姜唐湖、董峰湖、寿西湖、上、下六坊堤、汤渔湖、荆山湖、方邱湖、临北段、花园湖、香浮段,按照规划流量行洪;可用于防洪调度的蓄洪区有濛洼、南润段、邱家湖、城西湖、城东湖、瓦埠湖,根据1954年型实际可调度库容蓄洪,考虑蓄洪区内水洪量;茨淮新河启用,怀洪新河不启用。

在现状河道条件下,根据1954年洪水过程特点,初步拟订方案1,即王家坝至浮山段全部行蓄洪区均启用,临淮岗洪水控制工程不启用。根据调度调度结果,确定是否需要启用临淮岗洪水控制工程。各行蓄洪区的启用时间、蓄洪量及行洪流量见表6.3-2和表6.3-3。

表6.3-2　　　　　　　　各行洪区启用时间、分洪流量及蓄洪量

行洪区	启用时间/(月-日)	蓄洪量/亿 m³	流量/(m³/s)
姜唐湖	07-08	7.0	2400
荆山湖	07-08	4.0	3500
董峰湖	07-11	1.8	3000
上六坊堤	07-09	0.4	2800

行 洪 区	启用时间/(月-日)	蓄洪量/亿 m³	流量/(m³/s)
下六坊堤	07－09	1.0	2800
方邱湖	07－11	3.0	3500
临北段	07－12	1.7	2700
花园湖	07－12	6.0	5200
香浮段	07－12	1.7	3100
寿西湖	07－23	7.0	3200
汤渔湖	07－24	3.0	4300

表 6.3－3　　　　　　　　　　各蓄洪区启用时间及蓄洪量

蓄 洪 区	启用时间/(月-日)	蓄洪量/亿 m³
濛洼	07－06	5.6
南润段	07－08	0.8
邱家湖	07－08	1.8
城东湖	07－11	1.3
城西湖	07－11	13
城西湖	07－21	5

由表 6.3－2 和表 6.3－3 可以看出，在 7 月 5—15 日的第一次大洪水过程中，为了使正阳关水位在保证水位以下，除寿西湖和汤渔湖外的其他行蓄洪区全部启用，其中城西湖蓄洪 13 亿 m³；在 7 月 21—27 日的第二次洪水过程中能用于调度的有城西湖蓄洪区、寿西湖和汤渔湖行洪区。

王家坝、润河集、临淮岗闸上、正阳关、田家庵和吴家渡计算峰值流量和水位见表 6.3－4，流量和水位过程线如图 6.3－2～图 6.3－11 所示。

表 6.3－4　　　　　　　　淮河干流主要测站调度计算峰值水位和流量

调 度 运 用 情 况		测站	最大流量 /(m³/s)	时间 /(月-日)	最高水位 /m	时间 /(月-日)
不启用	临淮岗洪水控制工程和行蓄洪区均不启用	王家坝	8060	07－23	31.4	07－23
		润河集	10500	07－24	30.71	07－14
		临淮岗闸上			30.3	07－14
		正阳关	11400	07－14	29.97	07－14
		田家庵	11300	07－15	27.63	07－15
		吴家渡	13400	07－15	24.45	07－25
方案 1	不启用临淮岗洪水控制工程，其余行蓄洪区全部启用	王家坝	8060	07－23	30.26	07－23
		润河集	10600	07－24	28.28	07－24
		临淮岗闸上			27.27	07－24
		正阳关	11900	07－25	26.75	07－25
		田家庵	8470	07－14	24.48	07－21
		吴家渡	11500	07－21	22.02	07－21

续表

调 度 运 用 情 况		测站	最大流量/(m³/s)	时间/(月-日)	最高水位/m	时间/(月-日)
方案 2	启用临淮岗洪水控制工程，不启用寿西湖和汤渔湖行洪区，其余行蓄洪区全部启用	王家坝	8060	07-23	30.04	07-23
		润河集	8900	07-10	28.22	07-23
		临淮岗闸上			27.95	07-24
		正阳关	9100	07-11	26.34	07-25
		田家庵	8400	07-14	24.48	07-21
		吴家渡	11500	07-21	22.02	07-21

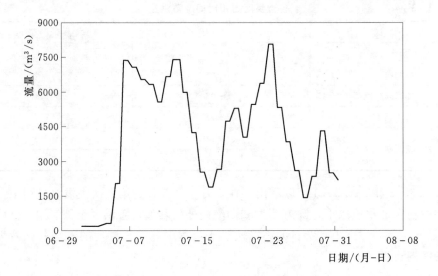

图 6.3-2　1954 年型洪水洪河口流量过程

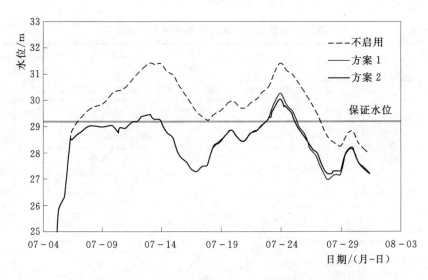

图 6.3-3　1954 年型洪水王家坝计算水位过程

288

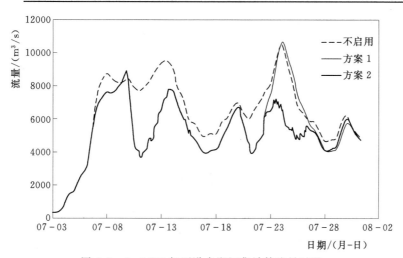

图 6.3-4 1954 年型洪水润河集计算流量过程

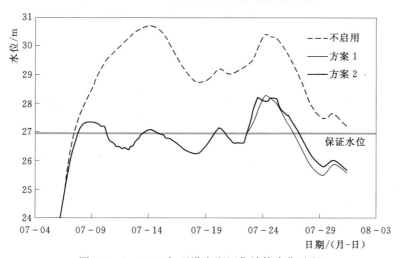

图 6.3-5 1954 年型洪水润河集计算水位过程

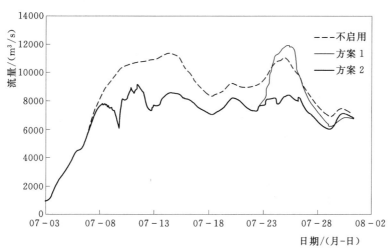

图 6.3-6 1954 年型洪水正阳关计算流量过程

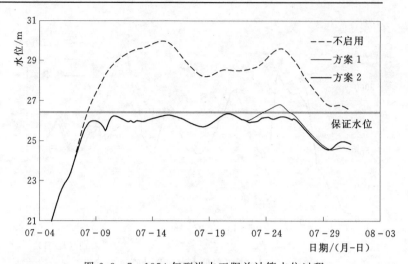

图 6.3 - 7　1954 年型洪水正阳关计算水位过程

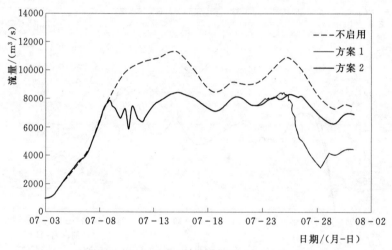

图 6.3 - 8　1954 年型洪水田家庵计算流量过程

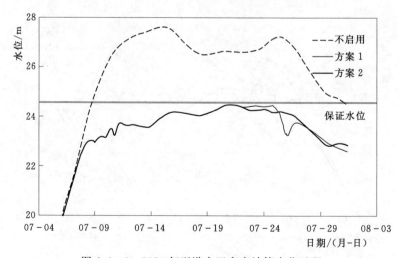

图 6.3 - 9　1954 年型洪水田家庵计算水位过程

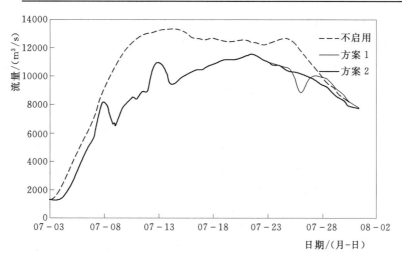

图 6.3 - 10　1954 年型洪水吴家渡计算流量过程

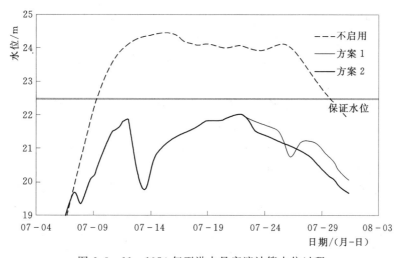

图 6.3 - 11　1954 年型洪水吴家渡计算水位过程

　　由方案 1 计算结果可以看出，在现状条件下，若发生 1954 年型洪水，王家坝至浮山段全部行蓄洪区均启用，王家坝至正阳关河段沿程各站仍然超保证水位，王家坝、润河集和正阳关分别超保证水位 1.06m、1.33m 和 0.35m，田家庵至浮山段河道可以满足防洪要求。

　　行蓄洪区全部启用，正阳关仍然超保证水位，若要使正阳关低于保证水位，需要启用临淮岗洪水控制工程，控制正阳关下泄流量，抬高坝上水位，增加濛洼、城西湖等蓄洪区及河道的蓄量。拟订方案 2，即启用临淮岗洪水控制工程，寿西湖和汤渔湖行洪区不启用，其他行蓄洪区全部启用。方案 2 的计算结果见表 6.3 - 4 和图 6.3 - 2～图 6.3 - 11。

　　在 7 月 22 日启用临淮岗工程控泄洪水，濛洼蓄洪区超蓄 1.3 亿 m³，共蓄洪 6.9 亿 m³；城西湖蓄洪区超蓄 6.1 亿 m³，共蓄洪 24.5 亿 m³；南润段和邱家湖蓄洪区超蓄 0.5 亿 m³；河道主槽和滩地超蓄 0.5 亿 m³；临淮岗闸上以上最大超蓄量 8.4 亿 m³；临淮岗启用后，正阳关最大下泄流量为 8400m³/s。

　　由表 6.3 - 4 及图 6.3 - 2 和图 6.3 - 3 可以看出，王家坝出现两次较大的洪水过程。

第一次洪水过程中，7 月 13 日王家坝洪峰水位 29.47m，超保证水位 0.27m。第二次洪水过程中，若不启用临淮岗洪水控制工程，王家坝洪峰水位 30.32m；若启用临淮岗，可以利用濛洼蓄洪区超蓄削减王家坝洪峰流量，王家坝站于 23 日出现洪峰，洪峰水位 30.04m，较不启用临淮岗工况低 0.28m，仍然超保证水位 0.84m。

由表 6.3-4 及图 6.3-4 和图 6.3-5 可以看出，润河集出现两次较大的洪水过程。①第一次洪水过程中，7 月 13 日润河集洪峰水位 27.34m，超保证水位 0.39m。②第二次洪水过程中，若不启用临淮岗洪水控制控制工程，润河集洪峰流量 10600m³/s，洪峰水位 28.28m；若启用临淮岗工程，可以利用濛洼、城西湖等蓄洪区超蓄削减洪峰流量，润河集最大流量 8900m³/s，洪峰水位 28.22m，较不启用临淮岗工程工况低 0.06m，但是超保证水位历时变长。

若不启用临淮岗工程，临淮岗闸上洪峰水位 27.27m；若启用临淮岗工程，临淮岗闸上洪峰水位 27.95m，较其不启用工况高 0.68m，低于临淮岗闸上 100 年一遇设计水位 28.41m。

启用临淮岗洪水控制工程没有增加王家坝至润河段河道的洪峰水位，但增加了临淮岗闸上洪峰水位，原因是本次模拟计算的临淮岗以上总超蓄量 8.4 亿 m³，河道超蓄量仅为 0.5 亿 m³，蓄洪区超蓄 7.9 亿 m³，蓄洪区的削峰作用可降低王家坝和润河集的洪峰流量和洪峰水位。

不论临淮岗是否启用，王家坝至临淮岗闸上段河道均超保证水位较多，主要有以下两个方面原因：①淮河干流南照集至汪集段疏浚、拓浚濛河分洪道等工程尚未实施，河道行洪能力没有达到规划要求；②部分河段 1954 年型还原洪水的洪峰流量超过河道设计流量，如史河口至南照集计算洪峰流量超过 10000m³/s，规划流量为 9400m³/s。

由表 6.3-4 及图 6.3-6 和图 6.3-7 可以看出，正阳关出现两次较大的洪水过程：

（1）第一次洪水过程持续时间为 7 月 8—15 日，为了使正阳关水位在保证水位以下，启用除寿西湖和汤渔湖行洪区外的其他行蓄洪区，其中城西湖蓄洪 13 亿 m³。7 月 12 日，正阳关最大下泄流量 9250 m³/s，经董峰湖行洪区削峰后，峡山口下泄流量为 7000～8000m³/s，正阳关洪峰水位 26.24m，低于保证水位 0.16m。

（2）第二次洪水过程持续时间为 7 月 22—27 日。若不启用临淮岗洪水控制工程，7 月 21 日城西湖蓄洪区二次分洪，分洪量 5 亿 m³，寿西湖和汤渔湖行洪区的启用。正阳关出现最大流量 11900m³/s，洪峰水位 26.75m，超保证水位 0.35m。

（3）在第二次洪水过程中，若启用临淮岗工程，而不启用寿西湖和汤渔湖行洪区，7 月 21 日城西湖蓄洪区二次分洪，分洪量 5 亿 m³；7 月 22 日启用临淮岗洪水控制工程，控制正阳关下泄流量 8000m³/s。在寿西湖和汤渔湖行洪区不启用，石姚段和洛河洼行洪区已经改为防洪保护区，其他整治工程尚未实施的条件下，正阳关至淮南段河道行洪能力只有 8000m³/s 多，本次计算控制正阳关下泄流量在 8000m³/s 左右，正阳关洪峰水位为 26.34m，低于保证水位 0.06m。

由表 6.2-4 及图 6.3-8～图 6.3-11 可以看出，不论是否启用临淮岗洪水控制工程，田家庵和吴家渡站于 7 月 21 日出现洪峰水位，分别为 24.48m 和 22.02m；同日，吴家渡出现最大下泄流量 11500m³/s。

从 1954 年型洪水现状地形条件洪水调度计算可以看出，若不启用临淮岗洪水控制工程，行蓄洪区全部启用，王家坝至田家庵段河道超保证水位工程；若启用临淮岗还是控制工程，控制正阳关下泄流量约 8000m³/s，可使正阳关以下水位均低于保证水位，并减少寿西湖和汤渔湖行洪区的运用，由于蓄洪区超蓄的削减洪峰作用，使王家坝至润河集段河道洪峰水位较临淮岗工程不启用工况的洪峰水位值低，但是增加了蓄洪区蓄洪水位和临淮岗闸上洪峰水位，超保证水位历时变长。

6.3.4 基于规划条件的调度分析

基于规划地形条件的调度计算，正阳关至浮山段采用规划地形，其他计算条件均与现状地形调度计算相同[3-5]。

行蓄洪区运用情况：规划条件下可用于防洪调度的行洪区有姜唐湖、董峰湖、寿西湖、汤渔湖、荆山湖和花园湖行洪区；可用于防洪调度的蓄洪区有濛洼、南润段、邱家湖、城西湖、城东湖和瓦埠湖[3-4]，根据 1954 年型洪水实际可调度库容蓄洪，考虑蓄洪区内水洪量；茨淮新河启用，怀洪新河不启用。

根据 1954 年型洪水特点和规划河道泄流能力，拟定两个调度方案。

方案 1：不启用临淮岗洪水控制工程和汤渔湖行洪区，其余行蓄洪区全部启用，各行洪区运用情况见表 6.3-5，蓄洪区运用情况见表 6.3-6。在 7 月 5—15 日的第一次洪水过程中，启用了姜唐湖、董峰湖、荆山湖和花园湖行洪区，濛洼、南润段、邱家湖、城东湖和城西湖蓄洪区，为了保证正阳关水位不超过保证水位，城西湖蓄洪区在此期间蓄洪7.0 亿 m³；7 月 22—27 日的第二次洪水过程中，城西湖分洪 11 亿 m³。

方案 2：启用临淮岗洪水控制工程，不启用寿西湖和汤渔湖行洪区，其余行蓄洪区全部启用。方案 2 与方案 1 中于城西湖蓄洪区两次蓄洪洪量是不相同的。

方案 1 的第一次洪水过程中，正阳关水位接近保证水位，为进一步降低正阳关水位，方案 2 中城西湖蓄洪区第一次分洪洪量增加至 13 亿 m³，第二次分洪洪量 5 亿 m³，启用临淮岗控制正阳关下泄流量。行蓄洪区均不启用、方案 1 和方案 2，沿程各站计算洪峰水位和流量见表 6.3-7。

表 6.3-5　　　　　　　各行洪区启用时间、最大行洪流量及蓄洪量

行 洪 区	启用时间/(月-日)	流量/(m³/s)	蓄洪量/亿 m³
姜唐湖	07-09	2400	7.0
董峰湖	07-10	2500	1.8
荆山湖	07-07	3500	4.0
花园湖	07-12	3500	6.0
寿西湖	07-23	2000	7.0

表 6.3-6　　　　　　　　各蓄洪区启用时间及蓄洪量

蓄 洪 区	启用时间/(月-日)	蓄洪量/亿 m³
濛洼	07-06	5.6
南润段	07-08	0.8

续表

蓄 洪 区	启用时间/(月-日)	蓄洪量/亿 m³
邱家湖	07 – 11	1.8
城东湖	07 – 11	1.3
城西湖	07 – 11	7.0
	07 – 23	11

表 6.3 - 7　　　　　　　　　淮河干流主要测站调度计算峰值水位和流量

调度运用工况		测站	最大流量/(m³/s)	时间/(月-日)	最高水位/m	时间/(月-日)
不启用	不启用临淮岗洪水控制工程，不启用行蓄洪区	王家坝	8060	07 – 23	31.00	07 – 12
		润河集	10500	07 – 24	29.93	07 – 14
		正阳关	11800	07 – 14	28.95	07 – 14
		田家庵	11800	07 – 14	26.46	07 – 14
		吴家渡	13800	07 – 11	23.53	07 – 15
方案 1	不启用临淮岗洪水控制工程和汤渔湖行洪区，其余行蓄洪区全部启用	王家坝	8060	07 – 23	30.1	07 – 23
		润河集	8450	07 – 11	27.58	07 – 24
		正阳关	10600	07 – 11	26.36	07 – 24
		田家庵	8570	07 – 23	24.33	07 – 24
		吴家渡	11400	07 – 23	22.11	07 – 23
方案 2	启用临淮岗洪水控制工程，不启用寿西湖和汤渔湖行洪区，其余行蓄洪区全部启用	王家坝	8060	07 – 23	29.72	07 – 23
		润河集	8450	07 – 11	27.67	07 – 24
		正阳关	10600	07 – 11	26.12	07 – 11
		田家庵	8600	07 – 09	23.88	07 – 21
		吴家渡	11200	07 – 12	21.86	07 – 21

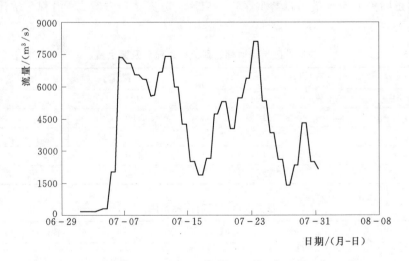

图 6.3 - 12　1954 年型洪水洪河口流量过程

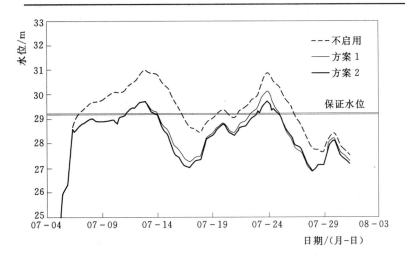

图 6.3-13 1954 年型洪水王家坝计算水位过程

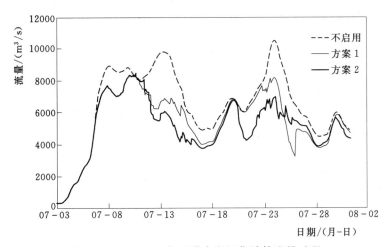

图 6.3-14 1954 年型洪水润河集计算流量过程

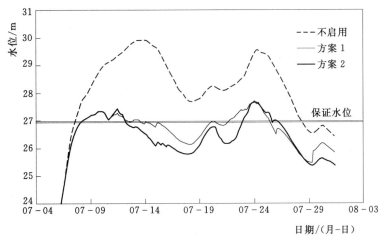

图 6.3-15 1954 年型洪水润河集计算水位过程

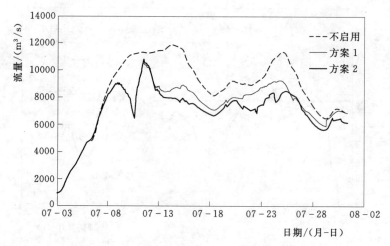

图 6.3 - 16　1954 年型洪水正阳关计算流量过程

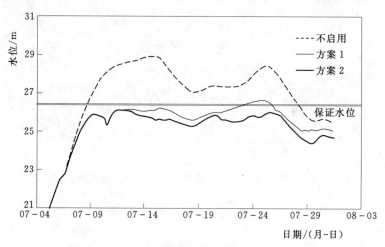

图 6.3 - 17　1954 年型洪水正阳关计算水位过程

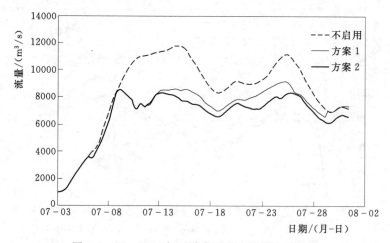

图 6.3 - 18　1954 年型洪水田家庵计算流量过程

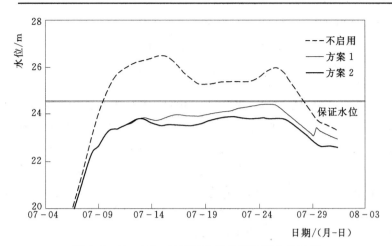

图 6.3-19　1954 年型洪水田家庵计算水位过程

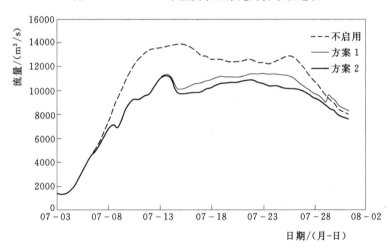

图 6.3-20　1954 年型洪水吴家渡计算流量过程

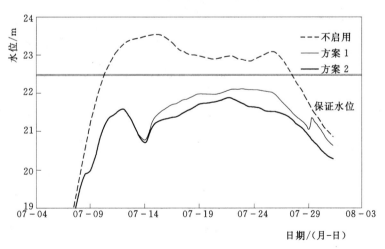

图 6.3-21　1954 年型洪水吴家渡计算水位过程

从表 6.3 - 7 及图 6.3 - 12～图 6.3 - 21 可以看出：

对于方案 1，计算结果表明，王家坝和润河集均超保证水位，正阳关以下河道低于保证水位。正阳关最大下泄流量 10600m³/s，经董峰湖和寿西湖行洪区的蓄洪削峰作用后，峡山口下泄流量 8000～9000m³/s，田家庵流量 7500～8500m³/s，正阳关站水位长期处于 26.00～26.40m 之间的高水位，超 26.00m 洪水历时约 11d，防洪压力仍然很大。

对于方案 2，在 7 月 22 日启用临淮岗工程控泄洪水，濛洼蓄洪区超蓄 1.3 亿 m³，共蓄洪 6.9 亿 m³；城西湖蓄洪区超蓄 6.1 亿 m³，共蓄洪 24.5 亿 m³；南润段和邱家湖蓄洪区超蓄 0.5 亿 m³；河道主槽和滩地超蓄 0.5 亿 m³。在 7 月 6—15 日的第一次洪水过程中，7 月 11 日正阳关洪峰水位 26.12m，超 26.0m 洪水历时 2d；7 月 22 日临淮岗启用后，正阳关最大下泄流量为 8500m³/s，正阳关洪峰水位 26.00m，低于保证水位。

方案 2 正阳关以下河道计算洪峰水位均低于方案 1 计算水位，正阳关 26.0m 以上高水位历时较方案 1 缩短了 9d，且不需要启用寿西湖行洪区，但是抬高了润河集至临淮岗段河道的洪峰水位和濛洼等蓄洪区的蓄洪水位。

6.3.5　1954 年洪水调度方案比选

（1）在现状条件下，王家坝至浮山段采用现状地形，行蓄洪区按照现状数量和规划流量（蓄量）分（蓄）洪水，1954 年型洪水调度计算可以得出：

1）不启用临淮岗洪水控制工程，行蓄洪区全部启用，王家坝至田家庵段河道超出保证水位，吴家渡至浮山段水位低于保证水位，表明为使正阳关水位低于保证水位，需要启用临淮岗洪水控制。

2）经寿西湖和汤渔湖行洪区削峰后，正阳关至蚌埠段现状泄流量低于规划流量，而正阳关水位达 26.75m，高出保证水位 0.35m，说明该段河道泄流能力不足，需要进行河道整治以扩大泄量。

3）启用临淮岗洪水控制工程，不启用寿西湖和汤渔湖行洪区，其余行蓄洪区全部启用。临淮岗工程启用后，控制正阳关下泄流量约 8000m³/s，可使正阳关以下水位均低于保证水位，减少寿西湖和汤渔湖行洪区的运用。由于临淮岗以上蓄洪区超蓄的削减洪峰作用，使王家坝至润河集段河道洪峰水位较临淮岗工程不启用工况的洪峰水位值低，但是抬高了临淮岗闸上洪峰水位和蓄洪区的水位，增加了河道高水位历时。

（2）在规划条件下，王家坝至正阳关采用现状地形，正阳关至浮山采用规划地形，行蓄洪区按照规划数量和规划流量（蓄量）分（蓄）洪水，1954 年型洪水调度计算可以得出：

1）不启用临淮岗洪水控制工程和汤渔湖行洪区，其余行蓄洪区全部启用，正阳关以上河道均超保证水位；正阳关站水位长期处于 26.00～26.40m 之间的高水位，超 26.0m 水位历时约 10d；正阳关以下河道低于保证水位。

2）启用临淮岗洪水控制工程，不启用寿西湖和汤渔湖行洪区，其余行蓄洪区全部启用。启用临淮岗工程后，正阳关下泄流量约 8000m³/s，可使正阳关水位不超过 26.00m，大幅缩短正阳关 26.00m 以上的高水位历时，且不需要启用寿西湖行洪区，但是抬高了润河集至临淮岗段河道的洪峰水位和濛洼等蓄洪区的蓄洪水位。

（3）发生 1954 年型洪水，启用临淮岗洪水控制工程的优点是减少了下游行蓄洪区的使用个数，降低下游河道水位；不利之处是增加了临淮岗闸上游河道高水位历时，抬高了临淮岗闸上洪峰水位和蓄洪区、洼地等蓄洪水位。

主 要 参 考 文 献

[1] 水利部水文局，水利部淮河水利委员会.2003 年淮河暴雨洪水［M］. 北京：中国水利水电出版社，2006.

[2] 安徽省防汛抗旱指挥部办公室，安徽省淮河河道管理局. 安徽省蓄滞洪区运用预案［R］. 安徽省防汛抗旱指挥部办公室，安徽省淮河河道管理局，2007.

[3] 水利部淮河水利委员会. 淮河流域防洪规划［R］. 水利部淮河水利委员会，2009.

[4] 张学军，刘玲，余彦群，等. 淮河干流行蓄洪区调整规划［R］. 中水淮河规划设计研究有限公司，2008.

[5] 张学军，刘福田，冯治刚，等. 淮河干流蚌埠—浮山段行洪区调整和建设工程可行性研究总报告（修订）［R］. 中水淮河规划设计研究有限公司，安徽省水利水电勘测设计院，2009.

[6] 水利部水文局，水利部淮河水利委员会.2007 年淮河暴雨洪水［M］. 北京：中国水利水电出版社，2010.

[7] 安徽省水利厅. 安徽水旱灾害［M］. 北京：中国水利水电出版社，1998.

[8] 水利部淮委临淮岗洪水控制工程建设管理局. 临淮岗洪水控制工程竣工验收文件汇编［R］. 水利部淮委临淮岗洪水控制工程建设管理局，2007.

第7章 淮河干流中等洪水分析

7.1 淮河干流水文站分布概况

从1912年开始，淮河干流在中下游设测站，后来在中上游设测站，但大多数仅观测水位，只有蚌埠和中渡两站有较多的流量观测资料。1931年洪水后，测站逐渐增多，到1937年有水位站99个、水文站24个，为1950年以前测站最多的年份。1938—1946年期间测站很少，且观测质量较差；1947—1949年呈半停顿状态，1949年只有淮河干流三河尖站有全年水位观测资料。1950年以后测站大增，到1955年有水位站103个，水文站169个；1974年有水位站197个，水文站230个。新中国成立后观测资料比较完整，精度也较高。

目前，安徽省淮河干流分布水文站有王家坝、润河集、鲁台子、吴家渡（蚌埠）、小柳巷等，水位站有南照集、正阳关、淮南（田家庵）、蚌埠闸上、临淮关、五河和浮山等。

7.2 淮河中游实测流量分析

根据1951—2007年淮河干流王家坝（包括王家坝站、濛洼进水闸、钐岗、地理城）、润河集、鲁台子、吴家渡以及1982—2007年小柳巷实测最大流量统计，多年平均最大流量分别为 $3920m^3/s$、$3560m^3/s$、$4100m^3/s$、$4550m^3/s$ 和 $4110m^3/s$，实测最大流量分别为 $17600m^3/s$（1968年）、$8300m^3/s$（1954年）、$12700m^3/s$（1954年）、$11600m^3/s$（1954年）和 $8540m^3/s$（2003年），年最小流量分别为 $363m^3/s$（1961年）、$555m^3/s$（2001年）、$755m^3/s$（1966年）、$1100m^3/s$（1961年）和 $866m^3/s$（2001年），见表7.2-1、表7.2-2。按照P—Ⅲ型频率曲线适线结果，均值分别为 $3920m^3/s$、$3560m^3/s$、$4100m^3/s$、$4550m^3/s$ 和 $4110m^3/s$，C_v 除王家坝站为0.73外其余均为0.61，$C_s=2.5C_v$，频率曲线如图7.2-1和图7.2-2所示。淮河干流历年洪水不同频率流量计算成果见表7.2-3。

表7.2-1　　　　　　　　　　淮河干流王家坝、润河集站实测年最大流量

年　份	最大流量/(m³/s)		年　份	最大流量/(m³/s)	
	王家坝	润河集		王家坝	润河集
1951		2120	1956	7850	7340
1952	3230	2910	1957	1180	1380
1953	1807	1360	1958	2349	1960
1954	9600	8300	1959	1502	1390
1955	2298	2960	1960	8050	6610

年 份	最大流量/(m³/s)		年 份	最大流量/(m³/s)	
	王家坝	润河集		王家坝	润河集
1961	363	708	1985	1710	1660
1962	2200	2460	1986	1870	2790
1963	4390	4660	1987	4120	4090
1964	3770	3550	1988	1820	1700
1965	3910	3740	1989	4320	4650
1966	636	688	1990	2370	2490
1967	2820	1450	1991	7610	6760
1968	17600	7780	1992	1070	886
1969	4560	6720	1993	1040	1100
1970	2610	2800	1994	1130	1290
1971	5620	4560	1995	2610	1790
1972	2340	2950	1996	5370	6590
1973	3710	3370	1997	2190	1960
1974	2250	2370	1998	4370	5040
1975	7230	5970	1999	548	645
1976	1200	1150	2000	4040	3450
1977	4710	3570	2001	472	555
1978	2070	1570	2002	5740	6330
1979	2910	2650	2003	7610	7170
1980	5560	4580	2004	2660	2870
1981	1600	1460	2005	7170	5560
1982	7640	7320	2006	1756	1640
1983	8730	7800	2007	8030	7520
1984	3630	4330			

表 7.2－2　　　　淮河干流鲁台子、吴家渡、小柳巷站实测年最大流量

年 份	最大流量/(m³/s)			年 份	最大流量/(m³/s)		
	鲁台子	吴家渡	小柳巷		鲁台子	吴家渡	小柳巷
1951	2780	2500		1961	854	1100	
1952	3670	4120		1962	2710	3070	
1953	2730	2790		1963	6440	6520	
1954	12700	11600		1964	4960	5020	
1955	4400	3880		1965	4670	5420	
1956	7320	6940		1966	775	1200	
1957	3420	5100		1967	2290	2510	
1958	2570	2840		1968	8940	6760	
1959	1710	3010		1969	6940	6340	
1960	5320	4500		1970	2480	3140	

续表

年　份	最大流量/(m³/s)			年　份	最大流量/(m³/s)		
	鲁台子	吴家渡	小柳巷		鲁台子	吴家渡	小柳巷
1971	4260	4450		1990	2250	3650	
1972	4060	5340		1991	7480	7840	
1973	3570	3500		1992	1720	2050	
1974	2490	3350		1993	1490	2470	2060
1975	7990	6900		1994	1630	1630	1340
1976	2420	3220		1995	1980	3560	2400
1977	3240	3780		1996	6710	6190	5970
1978	1330	1100		1997	2240	2880	2740
1979	3460	4190		1998	6420	6840	6200
1980	4660	5140		1999	2170	3120	2170
1981	1650	2400		2000	4070	6280	5890
1982	7560	7050	6650	2001	961	1550	866
1983	6960	5280	5300	2002	6260	5830	5560
1984	4860	6090	5560	2003	7890	8620	8540
1985	3150	3760	3210	2004	3770	3980	4240
1986	3460	3790	3610	2005	6680	6490	7170
1987	4570	4660	4740	2006	2800	4430	4310
1988	1760	2580	2330	2007	7950	7570	7740
1989	4080	4470	2850				

注　吴家渡站 1954 年淮北大堤禹山坝不溃堤还原流量为 13300m³/s，2003 年怀洪新河不分洪还原流量为 10150m³/s。

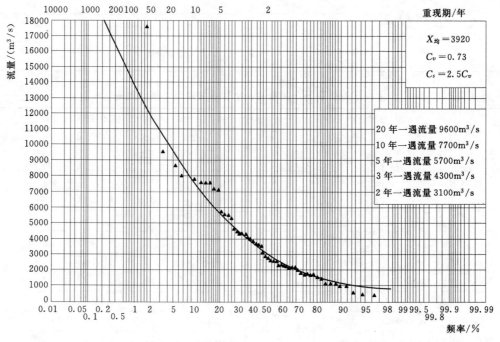

图 7.2-1　王家坝站实测洪峰流量频率曲线图（1952—2007 年）

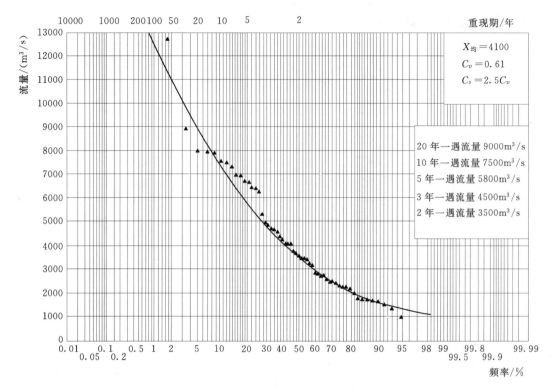

图 7.2-2 鲁台子站实测洪峰流量频率曲线图（1951—2007 年）

表 7.2-3 淮干王家坝、润河集、鲁台子、吴家渡、小柳巷站不同频率流量 单位：m³/s

站名 \ 频率	2 年一遇	3 年一遇	5 年一遇	10 年一遇	15 年一遇	20 年一遇
王家坝	3100	4300	5700	7700	8700	9600
润河集	3000	4000	5100	6500	7200	7800
鲁台子	3500	4500	5800	7500	8300	9000
吴家渡	3900	5100	6500	8300	9200	10000
小柳巷	3800	5000	6200	8000		

从实测最大流量分析，1983 年、1998 年和 2005 年为 5～10 年一遇洪水；1956 年、1982 年和 1991 年约为 10 年一遇洪水；2003 年和 2007 年为 10～20 年一遇洪水；1954 年约为 50 年一遇洪水。

目前淮河干流平滩流量洪河口至正阳关段约 1500m³/s，正阳关至涡河口段为 2500～3000m³/s，涡河口至洪山头段为 3000～3500m³/s。根据实测淮河干流洪峰流量分析，淮河干流王家坝至浮山河段 2 年一遇洪水流量为 3000～3900m³/s。因此从实测流量分析，淮河干流中游河段洪水漫滩机遇不足 2 年一遇。

7.3　淮河干流实测水位分析

1950—2007 年王家坝、正阳关、淮南、吴家渡、五河、浮山实测最高水位见表 7.3.1 ～表 7.3 - 7，根据经验频率分析，不同频率水位成果见表 7.3 - 7。

表 7.3 - 1　　　　　　　　　1952—2007 年王家坝站实测最高水位统计分析表

年份	最高水位/m	年份	水位/m	频率/%	年份	最高水位/m	年份	水位/m	频率/%
1952	27.94	1968	30.35	1.75	1980	28.87	1979	27.68	50.88
1953	26.59	1954	29.59	3.51	1981	26.61	1972	27.66	52.63
1954	29.59	2007	29.59	5.26	1982	29.50	1967	27.59	54.39
1955	27.30	1991	29.56	7.02	1983	29.44	2004	27.57	56.14
1956	28.98	1982	29.50	8.77	1984	27.92	1962	27.53	57.89
1957	26.16	1983	29.44	10.53	1985	26.76	1995	27.53	59.65
1958	27.28	2003	29.42	12.28	1986	27.48	1990	27.49	61.40
1959	26.22	1960	29.34	14.04	1987	28.54	1974	27.48	63.16
1960	29.34	1996	29.24	15.79	1988	26.65	1986	27.48	64.91
1961	23.55	2005	29.14	17.54	1989	28.36	1997	27.34	66.67
1962	27.53	1971	29.05	19.30	1990	27.49	1955	27.30	68.42
1963	28.45	1956	28.98	21.05	1991	29.56	1958	27.28	70.18
1964	28.04	1980	28.87	22.81	1992	25.05	1978	26.90	71.93
1965	28.16	2002	28.80	24.56	1993	25.17	1985	26.76	73.68
1966	24.18	1969	28.74	26.32	1994	25.78	1988	26.65	75.44
1967	27.59	1975	28.71	28.07	1995	27.53	1981	26.61	77.19
1968	30.35	1987	28.54	29.82	1996	29.24	1953	26.59	78.95
1969	28.74	1998	28.52	31.58	1997	27.34	1959	26.22	80.70
1970	27.93	1963	28.45	33.33	1998	28.52	1957	26.16	82.46
1971	29.05	1977	28.42	35.09	1999	23.23	2006	25.89	84.21
1972	27.66	1989	28.36	36.84	2000	28.00	1994	25.78	85.96
1973	28.30	1973	28.30	38.60	2001	22.61	1976	25.75	87.72
1974	27.48	1965	28.16	40.35	2002	28.80	1993	25.17	89.47
1975	28.71	1964	28.04	42.11	2003	29.42	1992	25.05	91.23
1976	25.75	2000	28.00	43.86	2004	27.57	1966	24.18	92.98
1977	28.42	1952	27.94	45.61	2005	29.14	1961	23.55	94.74
1978	26.90	1970	27.93	47.37	2006	25.89	1999	23.23	96.49
1979	27.68	1984	27.92	49.12	2007	29.59	2001	22.61	98.25

注　废黄基面水位。

表 7.3 - 2 1950—2007 年正阳关实测最高水位统计分析表

年份	最高水位/m	年份	水位/m	频率/%	年份	最高水位/m	年份	水位/m	频率/%
1950	24.91	2003	26.80	1.69	1979	23.15	2000	22.99	50.85
1951	21.53	1954	26.55	3.39	1980	24.41	1986	22.91	52.54
1952	23.23	1991	26.52	5.08	1981	20.11	1973	22.90	54.24
1953	21.45	1968	26.50	6.78	1982	26.44	1962	22.49	55.93
1954	26.55	1982	26.44	8.47	1983	25.34	2004	22.47	57.63
1955	23.73	2007	26.40	10.17	1984	24.61	1977	22.30	59.32
1956	25.44	1975	26.39	11.86	1985	22.05	1985	22.05	61.02
1957	23.21	1969	25.85	13.56	1986	22.91	1970	22.01	62.71
1958	21.86	2005	25.79	15.25	1987	24.08	1958	21.86	64.41
1959	20.62	1963	25.76	16.95	1988	20.32	1974	21.64	66.10
1960	24.98	1996	25.59	18.64	1989	23.76	1951	21.53	67.80
1961	19.31	1956	25.44	20.34	1990	21.22	1953	21.45	69.49
1962	22.49	1983	25.34	22.03	1991	26.52	1990	21.22	71.19
1963	25.76	1998	25.32	23.73	1992	19.18	1967	21.02	72.88
1964	24.56	2002	25.10	25.42	1993	19.68	1976	20.78	74.58
1965	24.44	1960	24.98	27.12	1994	19.40	2006	20.68	76.27
1966	18.56	1950	24.91	28.81	1995	20.01	1959	20.62	77.97
1967	21.02	1984	24.61	30.51	1996	25.59	1997	20.50	79.66
1968	26.50	1964	24.56	32.20	1997	20.50	1988	20.32	81.36
1969	25.85	1965	24.44	33.90	1998	25.32	1999	20.19	83.05
1970	22.01	1980	24.41	35.59	1999	20.19	1981	20.11	84.75
1971	23.98	1972	24.29	37.29	2000	22.99	1995	20.01	86.44
1972	24.29	1987	24.08	38.98	2001	18.75	1993	19.68	88.14
1973	22.90	1971	23.98	40.68	2002	25.10	1978	19.46	89.83
1974	21.64	1989	23.76	42.37	2003	26.80	1994	19.40	91.53
1975	26.39	1955	23.73	44.07	2004	22.47	1961	19.31	93.22
1976	20.78	1952	23.23	45.76	2005	25.79	1992	19.18	94.92
1977	22.30	1957	23.21	47.46	2006	20.68	2001	18.75	96.61
1978	19.46	1979	23.15	49.15	2007	26.40	1966	18.56	98.31

表 7.3 - 3　　　　　1950—2007 年淮南站实测最高水位统计分析表

年份	最高水位/m	年份	水位/m	频率/%	年份	最高水位/m	年份	水位/m	频率/%
1950	22.38	2003	24.37	1.69	1979	20.38	1952	20.22	50.85
1951	18.20	1954	24.03	3.39	1980	21.61	2004	20.05	52.54
1952	20.22	1982	23.89	5.08	1981	17.99	1986	19.96	54.24
1953	18.61	1968	23.82	6.78	1982	23.89	1973	19.85	55.93
1954	24.03	1991	23.81	8.47	1983	22.45	1959	19.84	57.63
1955	20.76	2007	23.70	10.17	1984	22.33	1977	19.50	59.32
1956	22.94	1975	23.46	11.86	1985	19.31	2006	19.50	61.02
1957	21.13	2005	23.43	13.56	1986	19.96	1962	19.39	62.71
1958	19.18	1963	23.35	15.25	1987	21.33	1985	19.31	64.41
1959	19.84	1969	23.12	16.95	1988	18.63	1970	19.25	66.10
1960	21.30	1998	23.02	18.64	1989	21.00	1958	19.18	67.80
1961	17.69	1996	23.00	20.34	1990	18.70	1995	18.80	69.49
1962	19.39	1956	22.94	22.03	1991	23.81	1990	18.70	71.19
1963	23.35	2002	22.47	23.73	1992	18.55	1997	18.66	72.88
1964	22.02	1983	22.45	25.42	1993	18.19	1988	18.63	74.58
1965	22.25	1950	22.38	27.12	1994	18.24	1953	18.61	76.27
1966	17.52	1984	22.33	28.81	1995	18.80	1999	18.56	77.97
1967	18.01	1965	22.25	30.51	1996	23.00	1992	18.55	79.66
1968	23.82	1964	22.02	32.20	1997	18.66	1974	18.52	81.36
1969	23.12	1972	21.94	33.90	1998	23.02	1976	18.28	83.05
1970	19.25	1980	21.61	35.59	1999	18.56	1978	18.24	84.75
1971	21.07	2000	21.61	37.29	2000	21.61	1994	18.24	86.44
1972	21.94	1987	21.33	38.98	2001	18.16	1951	18.20	88.14
1973	19.85	1960	21.30	40.68	2002	22.47	1993	18.19	89.83
1974	18.52	1957	21.13	42.37	2003	24.37	2001	18.16	91.53
1975	23.46	1971	21.07	44.07	2004	20.05	1967	18.01	93.22
1976	18.28	1989	21.00	45.76	2005	23.43	1981	17.99	94.92
1977	19.50	1955	20.76	47.46	2006	19.50	1961	17.69	96.61
1978	18.24	1979	20.38	49.15	2007	23.70	1966	17.52	98.31

表 7.3-4 1950—2007 年吴家渡站实测最高水位统计分析表

年份	最高水位/m	年份	水位/m	频率/%	年份	最高水位/m	年份	水位/m	频率/%
1950	21.15	1954	22.18	1.69	1979	18.39	1979	18.39	50.85
1951	16.53	2003	22.05	3.39	1980	19.40	2006	18.14	52.54
1952	18.41	1991	21.98	5.08	1981	16.19	2004	18.00	54.24
1953	16.59	2007	21.38	6.78	1982	21.28	1986	17.76	55.93
1954	22.18	1982	21.28	8.47	1983	19.93	1973	17.66	57.63
1955	18.74	1968	21.18	10.17	1984	20.24	1977	17.66	59.32
1956	20.90	1950	21.15	11.86	1985	17.47	1985	17.47	61.02
1957	19.79	1963	21.14	13.56	1986	17.76	1970	17.29	62.71
1958	17.20	1975	21.06	15.25	1987	19.08	1958	17.20	64.41
1959	15.88	2005	20.93	16.95	1988	15.94	1962	17.13	66.10
1960	18.82	1956	20.90	18.64	1989	18.91	1990	16.95	67.80
1961	14.15	1996	20.85	20.34	1990	16.95	1974	16.70	69.49
1962	17.13	1998	20.78	22.03	1991	21.98	1976	16.64	71.19
1963	21.14	1969	20.41	23.73	1992	15.25	1997	16.60	72.88
1964	19.62	1965	20.26	25.42	1993	15.84	1953	16.59	74.58
1965	20.26	1984	20.24	27.12	1994	14.54	1951	16.53	76.27
1966	14.10	2000	20.01	28.81	1995	16.43	1995	16.43	77.97
1967	16.37	1983	19.93	30.51	1996	20.85	1967	16.37	79.66
1968	21.18	1957	19.79	32.20	1997	16.60	1981	16.19	81.36
1969	20.41	1972	19.79	33.90	1998	20.78	1988	15.94	83.05
1970	17.29	2002	19.66	35.59	1999	15.84	1959	15.88	84.75
1971	18.69	1964	19.62	37.29	2000	20.01	1993	15.84	86.44
1972	19.79	1980	19.40	38.98	2001	14.75	1999	15.84	88.14
1973	17.66	1987	19.08	40.68	2002	19.66	1992	15.25	89.83
1974	16.70	1989	18.91	42.37	2003	22.05	2001	14.75	91.53
1975	21.06	1960	18.82	44.07	2004	18.00	1994	14.54	93.22
1976	16.64	1955	18.74	45.76	2005	20.93	1961	14.15	94.92
1977	17.66	1971	18.69	47.46	2006	18.14	1966	14.10	96.61
1978	13.60	1952	18.41	49.15	2007	21.38	1978	13.60	98.31

表 7.3 - 5　　　　　　1950—2007 年五河站实测最高水位统计分析表

年份	最高水位/m	年份	水位/m	频率/%	年份	最高水位/m	年份	水位/m	频率/%
1950	18.32	1954	19.28	1.69	1979	16.27	1952	16.37	50.85
1951	15.02	2003	19.06	3.39	1980	17.07	1979	16.27	52.54
1952	16.37	1991	19.03	5.08	1981	14.61	2004	16.11	54.24
1953	14.76	2007	18.74	6.78	1982	18.46	1986	15.92	55.93
1954	19.28	1982	18.46	8.47	1983	17.40	1973	15.77	57.63
1955	16.54	1950	18.32	10.17	1984	17.74	1977	15.74	59.32
1956	18.18	1968	18.26	11.86	1985	15.71	1985	15.71	61.02
1957	17.18	1975	18.23	13.56	1986	15.92	1958	15.55	62.71
1958	15.55	2005	18.22	15.25	1987	16.92	1970	15.50	64.41
1959	14.42	1963	18.21	16.95	1988	14.64	1962	15.45	66.10
1960	16.63	1956	18.18	18.64	1989	16.64	1997	15.41	67.80
1961	13.35	1998	18.05	20.34	1990	15.29	1974	15.36	69.49
1962	15.45	1996	17.92	22.03	1991	19.03	1990	15.29	71.19
1963	18.21	1969	17.79	23.73	1992	14.23	1951	15.02	72.88
1964	17.09	1984	17.74	25.42	1993	14.59	1976	14.94	74.58
1965	17.59	1965	17.59	27.12	1994	13.61	1995	14.94	76.27
1966	13.24	2000	17.46	28.81	1995	14.94	1967	14.8	77.97
1967	14.80	1983	17.40	30.51	1996	17.92	1953	14.76	79.66
1968	18.26	1972	17.29	32.20	1997	15.41	1999	14.65	81.36
1969	17.79	2002	17.22	33.90	1998	18.05	1988	14.64	83.05
1970	15.50	1957	17.18	35.59	1999	14.65	1981	14.61	84.75
1971	16.48	1964	17.09	37.29	2000	17.46	1993	14.59	86.44
1972	17.29	1980	17.07	38.98	2001	14.25	1959	14.42	88.14
1973	15.77	1987	16.92	40.68	2002	17.22	2001	14.25	89.83
1974	15.36	1989	16.64	42.37	2003	19.06	1992	14.23	91.53
1975	18.23	1960	16.63	44.07	2004	16.11	1994	13.61	93.22
1976	14.94	1955	16.54	45.76	2005	18.22	1978	13.47	94.92
1977	15.74	1971	16.48	47.46	2006	16.42	1961	13.35	96.61
1978	13.47	2006	16.42	49.15	2007	18.74	1966	13.24	98.31

表 7.3－6 　　　　　　　　1950—2007 年浮山站实测最高水位统计分析表

年份	最高水位/m	年份	水位/m	频率/%	年份	最高水位/m	年份	水位/m	频率/%
1950	17.74	2003	18.32	1.69	1979	15.68	1952	15.76	50.85
1951	14.52	1954	18.17	3.39	1980	16.42	1979	15.68	52.54
1952	15.76	1991	18.14	5.08	1981	14.26	2004	15.59	54.24
1953	14.11	2007	17.90	6.78	1982	17.54	1986	15.42	55.93
1954	18.17	1950	17.74	8.47	1983	16.63	1973	15.27	57.63
1955	15.86	1982	17.54	10.17	1984	16.92	1977	15.22	59.32
1956	17.42	1956	17.42	11.86	1985	15.22	1985	15.22	61.02
1957	16.42	2005	17.40	13.56	1986	15.42	1958	15.14	62.71
1958	15.14	1963	17.36	15.25	1987	16.35	1970	15.05	64.41
1959	14.07	1968	17.36	16.95	1988	14.38	1962	14.98	66.10
1960	16.02	1975	17.34	18.64	1989	16.04	1974	14.98	67.80
1961	13.23	1998	17.21	20.34	1990	14.89	1997	14.94	69.49
1962	14.98	1996	17.10	22.03	1991	18.14	1990	14.89	71.19
1963	17.36	1969	16.97	23.73	1992	14.06	1995	14.62	72.88
1964	16.36	1984	16.92	25.42	1993	14.29	1976	14.53	74.58
1965	16.81	1965	16.81	27.12	1994	13.54	1951	14.52	76.27
1966	13.20	2000	16.67	28.81	1995	14.62	1967	14.43	77.97
1967	14.43	1983	16.63	30.51	1996	17.10	1988	14.38	79.66
1968	17.36	1972	16.57	32.20	1997	14.94	1993	14.29	81.36
1969	16.97	2002	16.48	33.90	1998	17.21	1981	14.26	83.05
1970	15.05	1957	16.42	35.59	1999	14.23	1999	14.23	84.75
1971	15.87	1980	16.42	37.29	2000	16.67	2001	14.13	86.44
1972	16.57	1964	16.36	38.98	2001	14.13	1953	14.11	88.14
1973	15.27	1987	16.35	40.68	2002	16.48	1959	14.07	89.83
1974	14.98	1989	16.04	42.37	2003	18.32	1992	14.06	91.53
1975	17.34	1960	16.02	44.07	2004	15.59	1994	13.54	93.22
1976	14.53	2006	15.96	45.76	2005	17.40	1978	13.39	94.92
1977	15.22	1971	15.87	47.46	2006	15.96	1961	13.23	96.61
1978	13.39	1955	15.86	49.15	2007	17.90	1966	13.20	98.31

表 7.3 - 7　　　　　　　　　淮河干流主要测站不同频率水位表　　　　　　　　单位：m

站名 \ 水位	2 年一遇	3 年一遇	5 年一遇	10 年一遇	20 年一遇
王家坝	27.80	28.45	29.02	29.46	29.59
正阳关	23.07	24.48	25.47	26.40	26.52
淮南	20.30	21.97	23.00	23.71	23.90
吴家渡	18.40	19.79	20.86	21.19	21.98
五河	16.40	17.24	18.08	18.33	19.03
浮山	15.81	16.51	17.24	17.56	18.14

注　废黄基面水位。

目前淮河干流河滩地高程洪河口至正阳关段为 23.50～21.00m，正阳关至涡河口段为 21.00～18.00m，涡河口至洪山头段为 18.00～15.00m。根据淮河干流实测水位分析，淮河干流王家坝至浮山河段 2 年一遇洪水水位为 27.70～15.61m。因此从实测水位分析，淮河干流中游河段洪水漫滩机遇不到 2 年一遇。

7.4　淮河中游实测洪量分析

淮河水系的洪水多发生在 6—8 月。淮河上游及淮南支流地处山丘区，坡降大，汇流快，产生的洪水峰高历时短；在淮北各支流中，洪汝河、沙颍河上中游也属山丘区，但进入平原后河道坡降变缓，又受河道泄洪能力的限制，汇入淮河干流的洪水，与涡河等平原河道一样，其过程也很平缓。当淮北各支流洪水缓慢汇入淮河，而淮河干流上游与淮南山丘区各河又接连发生洪水时，这种洪水的组合对淮河干流的威胁最大。梅雨季节发生在全流域的特大洪水均由此造成。由于淮河中游干流河段比降小，沿淮湖洼众多，河道对洪水的调蓄作用明显，加上行蓄洪区的运用，致使淮河洪水演进过程愈至下游愈加缓慢，往往一次洪水过程长达 30d 甚至更长。根据以往的分析研究，由于淮河中游有一系列湖泊洼地可调蓄洪水，对中下游防洪规划起控制作用的水文特征量是最大 30d 洪量。

7.4.1　典型年洪量

1954 年、1991 年、2003 年和 2007 年等年份淮河流域均发生了洪水，王家坝、正阳关、蚌埠、中渡等站 30d 洪量见表 7.4 - 1。

表 7.4 - 1　　　　　　　　典型年洪水淮河中游控制站 30d 洪量表　　　　　　　单位：亿 m³

站名 \ 年份	1954	1956	1982	1991	2003	2007
王家坝	135	90	94	80.3	87.2	107
正阳关	330	189	198	202	221	220
蚌埠	402	265	228	253.5	305.3	292
中渡	522	327	259	349.2	420	396

7.4.2 理想洪量

1996 年淮河干流设计洪水成果通过水利部审查和中咨公司评估。2009 年，中水淮河公司结合淮河流域综合规划编制，在 1996 年淮河干流设计洪水工作的基础上，将正阳关、蚌埠、中渡 3 站洪量系列延长到 2007 年，与 1996 年成果比较，正阳关站 30d、60d 洪量均值约增加 0.72%、−0.08%，蚌埠站 30d、60d 洪量均值约增加 1.37%、0.00%，中渡站 30d、60d 洪量均值约增加 3.33%、1.64%。洪水系列延长前后设计洪量成果差别不大。因此，目前仍采用 1996 年淮河干流设计洪水成果。王家坝、正阳关、蚌埠、中渡站不同频率 30d 洪量见表 7.4-2。

表 7.4-2 　　　　　　　淮河干流王家坝、正阳关、蚌埠、中渡 30d 洪量表 　　　　单位：亿 m^3

站名 ＼ 洪量	10 年一遇	20 年一遇	50 年一遇	100 年一遇
王家坝	85.5	111	142	168
正阳关	185	243	324	386
蚌埠	225	297	395	470
中渡	290	383	510	607

从洪量分析，1956 年和 1982 年约为 10 年一遇洪水；1991 年为 10～20 年一遇洪水；2003 年和 2007 年约为 20 年一遇洪水；1954 年约为 50 年一遇洪水。

7.5 淮河干流洪水漫滩历时及水深分析

根据 1950—2007 年正阳关至浮山段河道正阳关、鲁台子、淮南、蚌埠闸上、吴家渡、临淮关、五河、浮山等站实测水位资料，分析淮河干流不同标准洪水漫滩历时及水深[1-7]。

7.5.1 2～3 年一遇洪水

淮河干流发生 2～3 年一遇洪水的年份有 1952 年、1955 年、1957 年、1962 年、1971 年、1977 年、1979 年、1986 年、1987 年、1989 年和 2004 年等 11 个。正阳关至蚌埠段河道（以下简称"正蚌段"）漫滩时间为 30d 左右，蚌埠以下漫滩不足半个月，特别是临淮关以下漫滩时间更少；只有当涡河来水较大时，蚌埠以下漫滩时间达到 15d 左右。最大漫滩水深正蚌段 4～1m，蚌埠以下 2～0m。

1957 年淮河洪水较小，最大流量正阳关 3420m^3/s，蚌埠 5100m^3/s；最高水位正阳关 23.11m，蚌埠 19.67m。漫滩时间正蚌段约 30d，蚌埠以下约 15d。

1971 年淮河洪水较小，最大流量正阳关 4260m^3/s，蚌埠 4450m^3/s；最高水位正阳关 23.88m，蚌埠 18.57m。洪水漫滩时间正蚌段超过了 30d，蚌埠至临淮关段达到 15d，临淮关以下基本没有漫滩。

1952 年、2004 年实测洪水过程线如图 7.5-1、图 7.5-2 所示。

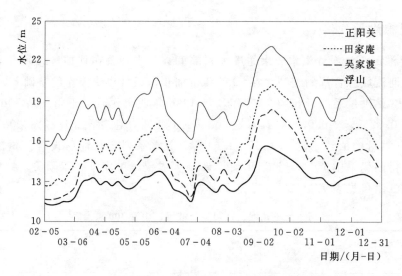

图 7.5-1　1952 年淮河干流正阳关至浮山段各站实测洪水过程

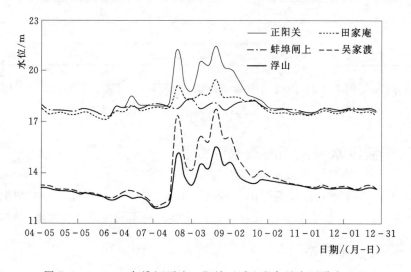

图 7.5-2　2004 年淮河干流正阳关至浮山段各站实测洪水过程

7.5.2　3~5 年一遇洪水

淮河干流发生 3~5 年一遇洪水的年份有 1960 年、1964 年、1965 年、1972 年、1980 年、1984 年和 2000 年等 7 个。正蚌段漫滩时间为 45~60d，蚌埠以下河道为 15~30d，当涡河来水较大时，蚌埠以下漫滩时间较长。最大漫滩水深正蚌段 5~2m，蚌埠以下 0.5~3m。

1964 年淮河洪水，最大流量正阳关 4960m³/s，蚌埠 5020m³/s；最高水位正阳关 24.46m，蚌埠 19.50m。洪水漫滩时间正蚌段约 60d，蚌埠以下超过 15d。

1984 年淮河洪水，最大流量正阳关 4860m³/s，蚌埠 6090m³/s；最高水位正阳关 24.51m，蚌埠 20.12m。洪水漫滩时间正蚌段超过 60d，蚌埠以下超过 30d。

1964 年实测洪水过程线如图 7.5-3 所示。

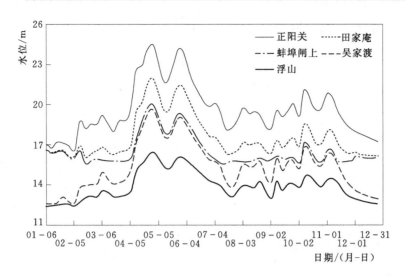

图 7.5 - 3　1964 年淮干正阳关至浮山段各站实测洪水过程

7.5.3　5～10 年一遇洪水

淮河干流发生 5～10 年一遇洪水的年份有 1963 年、1969 年、1983 年、1996 年、1998 年、2002 年和 2005 年等 7 个。正蚌段漫滩时间为 30～75d，蚌埠以下河道为 30～60d。最大漫滩水深正蚌段 6～3m，蚌埠以下 1～3.5m。

1998 年淮河洪水，最大流量正阳关 6420m³/s，蚌埠 6840m³/s；最高水位正阳关 25.22m，蚌埠 20.66m。洪水漫滩时间正蚌段近 60d，蚌埠以下约 30d。

2005 年淮河洪水，最大流量正阳关 6680m³/s，蚌埠 6490m³/s；最高水位正阳关 25.69m，蚌埠 20.83m。洪水漫滩时间正蚌段超过 60d，蚌埠以下超过 45d。

2005 年实测洪水过程线如图 7.5 - 4 所示。

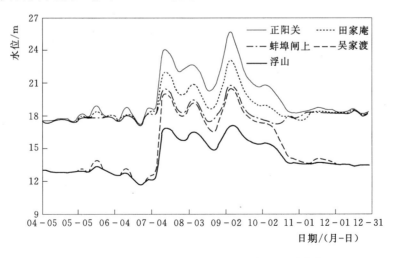

图 7.5 - 4　2005 年淮干正阳关至浮山段各站实测洪水过程

7.5.4　10～20 年一遇洪水

　　淮河干流发生 10～20 年一遇洪水的年份有 1950 年、1956 年、1968 年、1975 年、1982 年、1991 年、2003 年和 2007 年等 8 个。正蚌段漫滩时间为 45～90d，蚌埠以下河道为 45～75d。最大漫滩水深正蚌段 6～3.5m，蚌埠以下 1.5～4m。

　　1991 年淮河大水，最大流量正阳关 7480m³/s，蚌埠 7840m³/s；最高水位正阳关 26.42m，蚌埠 21.86m。洪水漫滩时间正蚌段近 90d，蚌埠以下超过 60d。

　　2003 年淮河大水，最大流量正阳关 7890m³/s，蚌埠 8620m³/s；最高水位正阳关 26.70m，蚌埠 21.93m。洪水漫滩时间正蚌段达到 90d，蚌埠以下超过 60d。

　　2007 年淮河大水，最大流量正阳关 7950m³/s，蚌埠 7570m³/s；最高水位正阳关 26.30m，蚌埠 21.26m。洪水漫滩时间正蚌段 45d，蚌埠以下近 45d。

　　1991 年、2003 年实测洪水过程线如图 7.5-5、图 7.5-6 所示。

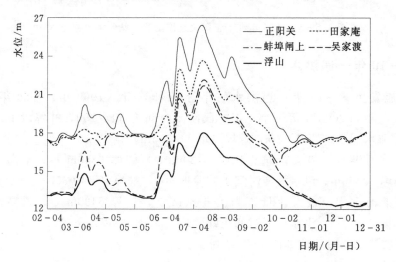

图 7.5-5　1991 年淮干正阳关至浮山段各站实测洪水过程

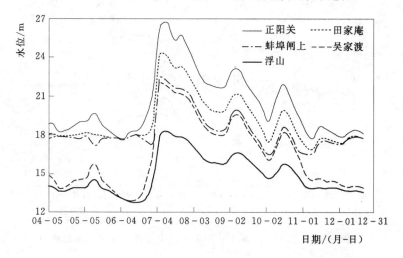

图 7.5-6　2003 年淮干正阳关至浮山段各站实测洪水过程

7.5.5 50年一遇洪水

淮河干流发生 50 年一遇洪水的年份为 1954 年。1954 年淮河大水，最大流量正阳关 12700m³/s，蚌埠 11600m³/s；最高水位正阳关 26.45m，蚌埠 22.06m。漫滩时间为正蚌段 75～105d，蚌埠以下河道为 60～75d。最大漫滩水深正蚌段 6～4m，蚌埠以下 2.5～4.5m。

1954 年洪水实测洪水过程线如图 7.5-7 所示。

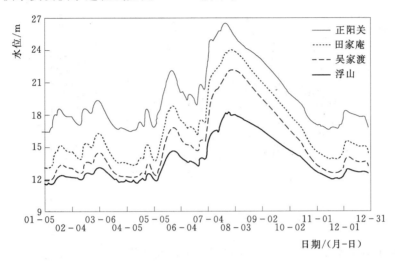

图 7.5-7 1954 年淮干正阳关至浮山段各站实测洪水过程

7.5.6 淮河干流洪水漫滩历时及水深一般规律

（1）根据 1950—2007 年洪水年分析，洪水年漫滩历时长，最少 15d，最大达 105d，且淮河干流正阳关至浮山段滩漫历时自上而下逐渐缩短。淮河干流主要站点历年漫滩时间如图 7.5-8 所示。

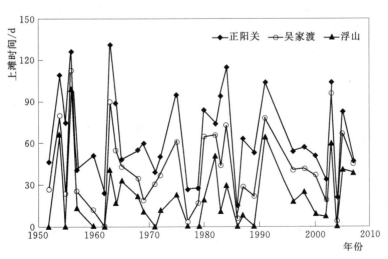

图 7.5-8 1950—2007 年洪水年淮河干流主要站点漫滩时间

（2）根据 1950—2007 年洪水年分析，洪水年漫滩水深大，最少 0.5m，最大达 6.0m，且淮干正阳关至浮山段沿程滩漫水深自上而下逐渐降低。淮干主要站点历年漫滩水深如图 7.5-9 所示。

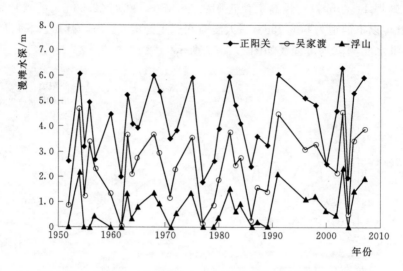

图 7.5-9　1950—2007 年洪水年淮河干流主要站点漫滩水深图

（3）淮河干流洪水量级越大，漫滩水深越大，漫滩历时越长。淮河干流不同标准洪水漫滩历时及淹没水深详见表 7.5-1。

表 7.5-1　　　　　　　　　淮河干流不同标准洪水漫滩历时及淹没水深表

河　段		不同标准洪水（P）				
		2～3 年一遇	3～5 年一遇	5～10 年一遇	10～20 年一遇	50 年一遇
淮河干流 正阳关至蚌埠	历时 T/d	30 左右	30～60	30～75	45～90	75～105
	淹没水深 H/m	1.0～4.0	2.0～5.0	3.0～6.0	3.5～6.0	4.0～6.0
淮河干流 蚌埠以下	历时 T/d	不足 15	15～30	30～60	45～75	60～75
	淹没水深 H/m	0～2.00	0.50～3.00	1.00～3.50	1.50～4.00	2.50～4.50
不同标准 洪水发生 年份	2～3 年一遇	1952、1955、1957、1962、1971、1977、1979、1986、1987、1989、2004				
	3～5 年一遇	1960、1964、1965、1972、1980、1984、2000				
	5～10 年一遇	1963、1969、1983、1996、1998、2002、2005				
	10～20 年一遇	1950、1956、1968、1975、1982、1991、2003、2007				
	50 年一遇	1954				

（4）淮河干流中等洪水漫滩历时和漫滩水深接近设计洪水，其中漫滩历时在 45～90d，漫滩水深 1.50～6.00m。

7.6 淮河干流中等洪水流量分析

1956 年、1982 年、1991 年、2003 年和 2007 年洪水为 10～20 年一遇，从实测流量、30d 洪量上分析，均属淮河常遇洪水。考虑到行洪区调整后中小洪水时不启用行蓄洪区辅助河道行蓄洪水，因此，中等洪水淮河干流蚌埠以上可采用约 15 年一遇，淮河干流蚌埠以下可采用约 20 年一遇。从实测最大流量分析，润河集 15 年一遇洪水流量为 7200m³/s，正阳关 15 年一遇洪水流量为 8300m³/s，蚌埠 20 年一遇洪水流量为 10000m³/s。

（1）淮河干流正阳关以上。1956 年、1982 年、1991 年、2003 年和 2007 年润河站集实测最大流量除 1991 年外均大于 7000m³/s，但考虑到正阳关至涡河口段约 15 年一遇洪水，蚌埠以下约 20 年一遇洪水，为了上、下游洪水衔接，因此，正阳关以上中等洪水流量采用 7000m³/s，接近 15 年一遇洪水标准。

（2）淮河干流正阳关至涡河口。1956 年、1982 年、1991 年、2003 年和 2007 年正阳关实测最大流量近 8000m³/s。因此，正阳关至涡河口段中等洪水流量采用 8000m³/s，接近 15 年一遇洪水标准。

（3）淮河干流涡河口以下。2003 年洪水，吴家渡站实测最大流量为 8620m³/s，根据 2003 年淮河洪水实施调度方案，相应何巷闸分洪流量为 1530m³/s，若 2003 年洪水何巷闸不分洪，则蚌埠实际最大流量应为 10150m³/s。2007 年洪水，蚌埠实测最大流量为 7570m³/s，根据 2007 年淮河洪水调度方案，何巷闸最大分洪流量为 1870m³/s，若 2007 年洪水何巷闸不分洪，则蚌埠实际最大流量为 9440m³/s。而蚌埠 20 年一遇洪水流量为 10000m³/s。考虑到涡河口以上低标准行蓄洪区多，历次洪水中行蓄洪区的削峰作用，对吴家渡站实测最大流量的影响。因此，涡河口以下中等洪水流量根据 2003 年吴家渡站实际最大流量，采用 10500m³/s。

7.7 小结

（1）淮河干流平滩流量小，不足 2 年一遇。淮河干流平滩流量洪河口至正阳关段约 1500m³/s，正阳关至涡河口段为 2500～3000m³/s，涡河口至洪山头段为 3000～3500m³/s。而根据实测淮河干流洪峰流量分析，淮河干流王家坝至浮山河段 2 年一遇洪水流量为 3000～3900m³/s。即淮河干流中游河段洪水漫滩机遇不足 2 年一遇。

（2）淮河干流洪水上滩概率频繁，不足 2 年一遇。目前淮河干流河滩高程洪河口至正阳关段约 23.50～21.00m，正阳关至涡河口段为 21.00～18.00m，涡河口至洪山头段为 18.00～15.00m。而根据淮河干流实测最高水位分析，淮河干流王家坝至浮山河段 2 年一遇洪水水位为 27.70～15.61m。即淮河干流中游河段洪水漫滩机遇不到 2 年一遇。

（3）根据 1950—2007 年洪水年分析，洪水年漫滩历时长，一般在 15～105d，且正阳关至浮山段滩漫历时自上而下逐渐缩短；洪水年漫滩水深大，一般在 0.50～6.00m，且正阳关至浮山段沿程滩漫水深自上而下逐渐降低；淮河干流中等洪水漫滩历时和漫滩水深接近设计洪水，其中漫滩历时在 45～90d，漫滩水深 1.5～6m。

（4）淮河干流过去的治理，基本上以满足设计洪水为唯一治理任务，特别是在实际洪水年份中行洪区又难以及时有效启用，造成了中等洪水水位达到甚至超过了设计洪水位。1956 年、1982 年、1991 年、2003 年和 2007 年等年份从流量、洪量上为 10～20 年一遇洪水，属于淮河中等洪水年份，但最高水位却基本达到甚至部分河段超过了设计洪水位。加之中等洪水下泄速度慢、持续时间长，不仅给防汛抢险带来了极大压力，严重的洪涝灾害损失也严重制约了沿淮区域社会经济可持续发展。

（5）综合分析，建议淮河干流中等洪水流量正阳关以上可采用 7000m³/s、正阳关至涡河口段采用 8000m³/s、涡河口以下采用 10500m³/s，洪水标准涡河口以上接近 15 年一遇，涡河口以下接近 20 年一遇。

主 要 参 考 文 献

[1] 刘福田，辜兵，李泽青. 安徽省淮河干流中小洪水漫滩淹没水深、历时及对沿淮洼地排涝影响初步分析 [J]. 治淮，2010 (4)：12 - 13.

[2] 辜兵，刘福田. 淮河干流行洪区调整对沿淮洼地排涝影响分析 [J]. 治淮，2013 (3)：8 - 10.

[3] 辜兵，刘福田，朱晓二. 安徽省淮河干流行蓄洪区形成历史与现状 [J]. 江淮水利科技，2008 (4)：3 - 4.

[4] 程志远，刘福田，海燕. 淮河行蓄洪区防洪减灾非工程措施、安徽水利科技 [J]. 2001 (4)：23 - 24.

[5] 刘福田. 可持续发展与淮河中游行蓄洪区治理 [J]. 治淮，1999 (10)：10 - 11.

[6] 辜兵，夏广义. 关于调整荆山湖行洪区启用水位的探讨 [J]. 江淮水利科技，2014 (5)：31 - 32.

[7] 夏广义，辜兵. 浅谈安徽省淮河行蓄洪区治理 [J]. 江淮水利科技，2014 (4)：19 - 21.

第8章 淮河干流河道治理研究

8.1 淮河流域防洪体系

在"蓄泄兼筹"治淮方针的指导下，按照历次防洪规划，经过 60 多年的治理，淮河流域已初步形成由水库、河道堤防、行蓄洪区、湖泊、水土保持和防洪调度指挥系统等组成的防洪减灾体系框架，并且与防洪有关的政策法规体系也在不断完善。

淮河流域已建成水库 3000 多座，总库容 202 亿 m^3，其中大型水库 20 座，控制面积 1.78 万 km^2，总库容 155.43 亿 m^3，防洪库容 45.04 亿 m^3；利用洼地建成蓄滞洪区和湖泊型水库工程共 12 处，总库容 260 亿 m^3，蓄滞洪库容 192 亿 m^3；建成主要堤防 8070km，其中淮北大堤、洪泽湖大堤等 1 级堤防长 1240km，2 级堤防长 1408km；此外，淮河干流设有 17 处行洪区，目前使用机遇在 4～20 年一遇，充分运用的条件下，可分泄河道流量的 20%～40%，是淮河防洪体系中的重要组成部分[1]。

淮河干流防洪标准上游淮凤集至洪河口接近 10 年一遇；中游洪河口至正阳关不足 10 年一遇；正阳关至洪泽湖主要防洪保护区在充分运用行蓄洪区和临淮岗洪水控制工程的情况下，尚不足 100 年一遇；下游洪泽湖大堤保护区仅 100 年一遇。泄洪能力上游淮凤集至王家坝为 7000 m^3/s；中游王家坝至正阳关为 6400～9400 m^3/s，正阳关至涡河口至洪山头为 9500～13000 m^3/s；下游为 15270～18270 m^3/s（其中含相机分洪 3000 m^3/s）。茨淮新河分洪、泄洪能力 2300～2700 m^3/s。怀洪新河分洪、泄洪能力 2000～4710 m^3/s。淮河流域主要支流的防洪标准为 10～20 年一遇，除涝标准为 3～5 年一遇[1]。

8.2 现状行洪能力分析

8.2.1 淮河干流上中游河道治理建设内容

淮河干流上中游河道治理及堤防加固属 19 项治淮骨干工程的子项之一，从 1983 年开始陆续安排实施了姜家湖和唐垛湖行洪堤退建、董峰湖石湾段行洪堤退建、小蚌埠淮北大堤退建、淮北大堤涡西堤圈及涡东堤圈除险加固、荆山口拓宽、沿淮行蓄洪区闸站及庄台建设等河道清障、扩大行洪通道等淮河干流整治工程；1991 年大水以后，国家增加了治淮工程的投资，淮干治理的力度加大，掀起了第二次治淮高潮，先后实施了堤防除险加固、河道整治、行洪区废弃和退建、进退洪设施和涵闸工程等。

1991—2001 年年底，已完成的建设项目主要有王家坝至正阳关段河道整治工程，包括濛洼蓄洪区尾部退建工程、南润段退堤工程、润赵段行洪区废弃工程、邱家湖退堤工程和城西湖退堤工程；临王段淮河大堤加固工程、正南淮堤加固工程；蓄洪区改善工程，包括城西湖进洪闸加固和城东湖进洪闸加固；峡山口拓宽工程、小蚌埠切滩工程、临北缕堤梅家花园段退建工程；中央补助地方项目，包括寿县城墙加固、蚌埠圈堤除险加固应急工程和凤阳县临淮关防洪工程；淮北大堤除险加固工程、清障及庄台闸站等工程，投资11.26亿元。

2002年7月，已建工程主要有城西湖退水闸工程、城西湖蓄洪大堤加固工程、寿西湖行洪堤退建及切岗工程、蚌埠闸扩建、蚌埠段河道整治工程、淮河干流明光段堤防除险加固工程、淮北大堤除险加固工程和沿淮低标准行蓄洪区闸站工程，投资12.55亿元。

2002年7月以来，随着《淮河干流上中游河道整治及堤防加固工程可行性研究报告》批复，考虑到淮河干流治理的重要性和紧迫性，先期实施了条件成熟的濛洼圈堤加固工程、王家坝闸除险加固及王家坝防汛交通桥工程、姜唐湖蓄（行）洪区堤防加固工程及退水闸工程、正南淮堤加固工程、黑龙潭河道疏浚工程、蚌埠闸加固工程、蚌埠至浮山段治理工程、香庙切咀工程及非工程措施等9个单项工程，投资13.76亿元。

2003年大水后，安徽省淮河干流实施了灾后重建工程，包括曹台子闸加固工程、临王段加固工程、汪集至临淮岗段河道疏浚及何家圩处理工程、淮河干流寿县城防瓦埠湖封闭堤加固、东淝闸加固扩建、淮河干流黑李下段加固、淮河干流黄苏段加固、淮河干流天河封闭堤加固、淮河干流许曹段整治、荆山湖进洪闸和退洪闸新建等工程，投资7.07亿元。

2006年10月，淮北大堤加固工程通过国家发展和改革委员会概算评审，批复投资21.10亿元。

2007年大水后，实施了灾后重建工程，新建了南润段和邱家湖进（退）洪闸工程，批复投资0.88亿元。

2009年2月，水利部批复了《淮河干流上中游河道整治及堤防加固工程补充初步设计报告》，建设内容主要为：石姚段和洛河洼行洪区退建后改为防洪保护区、荆山湖行洪堤赵拐段和大河湾段退建、疏浚常坟渡口至张家沟段河道、方邱湖行洪区姚湾段退建、许曹段整治等，批复投资为18.11亿元。

目前，淮河干流上中游河道治理及堤防加固工程已实施完成，安徽省淮河干流两岸现有行蓄洪区共18处，其中行洪区13处，蓄洪区5处。淮河干流行蓄洪区调度运用办法见表8.2-1、表8.2-2[1-2,8]。

表8.2-1　　　　　安徽省淮河干流行洪区现状调度运用办法

序号	行洪区名称	岸别	行洪控制水位		上口门		下口门		规划行洪流量/(m³/s)	行洪方式
			控制点	行洪水位/m	宽度/m	高程/m	宽度/m	高程/m		
1	南润段	左	南照集	27.80	1500	27.70	1500	27.60	2600	口门行洪
2	姜唐湖	左	临淮岗/正阳关	26.90/26.40					2400	进退洪闸
3	寿西湖	右	黑泥沟	25.80	1500	25.80	2000	25.40	3200	口门行洪
4	董峰湖	左	焦岗闸下	24.50	3000	24.50	4000	24.20	3000	口门行洪
5	上六坊堤	中	凤台	23.80	1000	23.59	1000	23.39	2800	口门行洪

续表

序号	行洪区名称	岸别	行洪控制水位		上口门		下口门		规划行洪流量/(m³/s)	行洪方式
			控制点	行洪水位/m	宽度/m	高程/m	宽度/m	高程/m		
6	下六坊堤	中	凤台	23.80	1000	23.59	1000	23.19	2800	口门行洪
					1000		500	23.19		
					1300		1500	23.19		
7	汤渔湖	右	田家庵	24.14	2000	24.39	1000	24.09	4600	口门行洪
							1500			
8	荆山湖	左	田家庵	23.04					3500	进退洪闸
9	方邱湖	右	蚌埠	21.48	1500	21.38	1300	20.38	3500	口门行洪
							1000	20.38		
10	临北段	右	临淮关	19.75	1000	20.05	500	19.55	2700	口门行洪
							500			
11	花园湖	右	临淮关	19.75	700	19.75	1500	18.95	5200	口门行洪
					800					
12	香浮段	右	五河	18.45	1000	18.65	1500	17.95	3100	口门行洪
							1000			
13	潘村洼	右	浮山	17.95	1000	17.95	漫堤行洪	16.25	4600	口门行洪
					1000					

表 8.2-2　　　　　　　　　　安徽省淮河干流蓄洪区现状调度运用办法

序号	名称	调 度 运 用 办 法	设计进洪流量/(m³/s)	设计蓄洪水位/m	设计蓄洪容量/亿 m³	蓄洪方式
1	濛洼	当王家坝水位达 29.20 m，具有继续上涨趋势进，开闸进洪	1626	27.70	7.2	进退洪闸
2	城西湖	当出现下列情况之一时，开闸进洪：①王截流水位超过 27.61m，城西湖大堤出现严重险情；②正阳关水位达 26.40m，淮北大堤等重要堤防出现严重险情	6000	26.40	28.8	进退洪闸
3	城东湖	当正阳关水位达 25.90m，视淮北大堤等重要堤防安全状况，适时开闸蓄洪，以控制正阳关水位	1800	25.40	15.3	进退洪闸
4	瓦埠湖	当濛洼、城东湖、城西湖蓄洪后，正阳关以下支流来水过大，威胁淮北大堤和淮南矿区安全时，开闸进洪	1500	21.90	11.6	进退洪闸
5	邱家湖	当出现下列情况之一时，开闸进洪：王截流水位超过 28.00m，临淮岗坝上水位超过 26.90m 或正阳关水位超过 26.40m 时，且先于姜唐湖进洪	1000	26.90	1.8	进退洪闸

8.2.2 河道行洪能力

20 世纪 50 年代初曾提出整治淮河中游河槽，但历次规划治理中，主要按设计洪水标准治理淮河干流，治理措施上偏重于设计洪水情况下的防洪安全，对河道安全泄量考虑较少。当前 19 项治淮骨干工程之一的淮河干流上中游河道治理及堤防加固已完成，同样是以防御淮河干流设计洪水为治理唯一目标，未考虑中小洪水治理。淮河干流行洪区在达到规定水位时启用，辅助河道行洪。按照目前规定的行洪区启用水位，当淮河干流流量达到 6000m³/s 时，即开始启用行洪区，随着河道流量逐渐增大而增加行洪区使用数量。行洪区启用前河道流量详见表 8.2-3。

表 8.2-3　　　　　　　　　淮河干流浮山以上行洪区进洪前河道流量表

序号	行洪区名称	控制进洪水位/m		进洪前河道流量/(m³/s)	相应河段设计流量/(m³/s)	备 注
1	南润段	南照集	27.80	8500	9400	先于城西湖运用
2	姜唐湖	临淮岗	26.90	7000		
		正阳关	26.40			
3	董峰湖	焦岗闸	25.80	6300	10000	
4	寿西湖	黑泥沟	24.50	8000		
5	上六坊堤	凤台	23.80	6000		
6	下六坊堤	凤台	23.80	6000		
7	汤渔湖	田家庵	24.14	8500		
8	荆山湖	田家庵	23.54	7200		按 2005 年防汛预案，考虑到进、退洪闸已具备运用条件，较规定抬高 0.5m
9	方邱湖	蚌埠	21.48	9500	13000	
10	临北段	临淮关	19.75	7000		
11	花园湖	临淮关	19.75	7500		
12	香浮段	五河	18.45	7800		

淮河干流上中游河道整治及堤防加固工程完成后，淮河干流泄洪能力得到有效提高，特别是正阳关以上基本恢复到 1956 年实际泄洪能力，而临淮岗洪水控制工程和淮北大堤加固工程的完成，在行洪区充分运用条件下，将淮北大堤防洪标准提高到 100 年一遇。19 项治淮骨干工程治理目标为淮河干流安全下泄设计洪水，未将中等洪水列为治理任务。事实上淮河干流两岸分布有大量低标准行洪区，应按规定在达到行洪水位时启用，但历次实际洪水过程中往往超过规定行洪水位行洪区仍未启用或启用不及时、扒口宽度小未起到有效行洪作用，抬高了洪水位。特别是 2003 年、2007 年洪水年份，洪水标准未超过 20 年一遇，属于中等洪水年份，但沿淮水位基本达到设计洪水水位，其中 2003 年正阳关至淮南段超过设计洪水水位。因此，19 项治淮骨干工程完成后，中等洪水水位与设计洪水水位基本相同的。淮河干流过流能力分析见表 8.2-4。

表 8.2-4　　　　　　　　　　　淮河干流规划过流能力分析表

节点	规划设计洪水					平滩流量/(m³/s)
	水位/m	行洪区分洪/(m³/s)		河道过流/(m³/s)	合计流量/(m³/s)	
		左岸行洪区	右岸行洪区			
王家坝	29.20			6400	6400	
南照集	28.30			9400		
南上口	28.20				9400	1500
王截流	28.00	2000（南润段）		7400		
南下口	27.95			9400		
临淮岗闸上	26.90	2400（姜唐湖）		7000		
正阳关	26.40			10000		
寿上口	26.05					
鲁台子	26.00		3100（寿西湖）	6900	10000	
董上口	25.82			3500		
寿下口	25.75	3400（董峰湖）		6600		
董下口	25.59			9200		
六上口	25.12	2200（六坊堤）		7000	9200	2500~3500
六下口	24.68			9200		
汤上口	24.51					
田家庵	24.48	3900（汤渔湖）		6100	10000	
汤下口	24.33			10000		
荆上口	24.25	3500（荆山湖）		6000	9500	
荆下口	23.85			10000	10000	
茨淮新河口	23.75			12000	12000	
涡河口	23.39			13000	13000	
涡河口	23.39					
吴家渡	22.48					
方上口	22.00			9500	12000	
临上口	21.54		2500（方邱湖）	7200	11800	
方下口	21.48	2100（临北段）		9700		3000~3500
临淮关	21.30			10100	12200	
临下口 花上口	20.98		5100（花园湖）	7900		
花下口	20.39			13000	13000	
香上口	19.81		3100/2300（香浮段）	9900/10700		
香下口	18.45			13000		
浮山	18.35					

注　因淮河干流治理工程实施，河道过流能力增强，行洪区实际行洪能力低于规定行洪流量。

323

8.3　淮河干流河道治理存在问题

19 项治淮骨干工程的实施完成，淮河流域防洪除涝工程体系框架已经初步形成，总体防洪能力得到提高，在行蓄洪区充分运用的前提下，通过科学调度，能够较好地防御设计洪水，基本能够保证淮北平原等重要防洪保护区的安全。但是 19 项治淮骨干工程也存在历史局限性，在安全应对中等洪水时，还需要付出很大的代价，沿淮行蓄洪区调整和建设尚未实施，广大平原洼地因洪致涝的问题远未解决，淮河干流的防洪形势仍很严峻。

（1）洪水来量大，河道泄量小，泄洪能力不足。淮河干流洪水漫滩频率大，平滩水位及流量不足 2 年一遇；洪水漫滩时间长，两岸低洼地的涝水难以及时排泄。

淮河中游低洼地面积大、分布范围广、居住在洼地人口众多。沿淮湖洼地地面高程一般为 20～15m，而淮河干流正阳关至浮山河道设计洪水位为 26.40～18.35m，高于洼地地面高程 3.50～6.50m；警戒水位为 24.00～17.30m，高于洼地地面高程 2～4m。淮河低洼地，特别是沿淮湖洼地排水难的问题十分突出。

淮河中游干流平槽泄量小，正阳关以下河道约为设计流量的 1/4，汛期洪水漫滩机遇不足 2 年。汛期淮河干流洪水一旦漫滩，开始顶托支流和沿淮湖洼地的排水；随着干流水位不断升高，对支流和沿淮湖洼地的顶托越来越严重；同时干流受到洪泽湖顶托影响，洪水漫滩持续时间长；当干流水位高于支流和沿淮湖洼地内水位时，支流和沿淮湖洼地将关闭涵闸，致使上游来水无法排入干流河道，形成"关门淹"。

（2）行洪区口门无控制设施，行洪效果差。淮河中游被明确为行洪区的沿淮湖洼地共有 16 处，分布在河槽两岸岗地之间或淮北大堤与淮南丘陵之间，由于地势低洼，历来为洪水临时滞蓄和辅助河道排泄的场所。1950 年和 1954 年洪水时因堤防低矮、行洪区内阻水因素较少，行洪比较通畅，排洪作用较大。20 世纪 60 年代以后，行洪区堤防被普遍加高，大多堤顶高程接近或超过河道设计洪水位，已失去治淮初期那种通畅漫堤行洪的条件。1981 年安徽省政府确定各行洪区采用口门行洪方式，并具体规定了铲低行洪口门的位置、宽度和高程，但实际操作上，一般仍是采用临时爆破或人工开挖口门行洪的办法，往往由于口门开启不及时和宽度、深度不足等原因，行洪区起不到应有的行洪作用。

上六坊堤、下六坊堤、董峰湖、石姚段、洛河洼等低标准行洪区自建成以来已行洪 8～12 次，从 2003 年和 2007 年洪水运用效果看，采用破口行洪的上六坊堤、下六坊堤、石姚段、洛河洼等行洪区，由于破口的实施难度大，开口宽度一般为 200～400m，仅为规划要求行洪口门的 1/4～1/5，行洪流量远远达不到规划要求，加之破口行洪的时机难以掌握，多数破口位置与水流流向交角较大，进流不畅，开口后往往只能滞蓄部分洪水，起不到应有的行洪作用。以行洪区目前的状况，实际调度运用时，很难按规划要求行洪，行洪能力也达不到规划的要求，导致了该河段泄流能力达不到规划要求。

（3）河道泄洪能力不足，达不到设计要求。目前，正阳关以上河道已整治成一条河宽 1.5～2.0km 的排洪通道，河道排洪能力已经恢复到水利部要求的 1956 年实际水平，防洪能力得到提高。而正阳关以下河道现状堤距一般仅有 500～1000m。在河道现状条件下，当正阳关以下河道流量超过 $6000m^3/s$ 时就需要陆续启用上六坊堤、下六坊堤等低标准行洪区行洪。假定行洪区充分行洪条件下，六坊堤河段和荆山湖河段的泄洪能力分别为 $9200m^3/s$ 和 $9500m^3/s$，仍达不到设计流量 $10000m^3/s$ 的要求，蚌浮段的泄洪能力也达不到 $13000m^3/s$ 的设计要求。因此，即使在行洪区充分行洪条件下，淮河干流局部河段现状过流能力达不到设计要求。

（4）河道、堤防束水地段多，阻水现象严重，危及堤防安全。淮河干流正阳关是淮河上中游洪水的主要汇集点，控制的流域面积 8.9 万 km^2，几乎控制了上游山区的全部来水。近年来，正阳关以上陆续完成了扩大排洪通道工程，正阳关以上干流河道达到 1.5～2.0km。随着正阳关以上干流河道及上游洪汝河等支流河道整治后，洪水推进速度明显加快。

正阳关以下河道堤防堤距一般 500～1000m，普遍束水，其中寿西湖与董峰湖之间行洪区行洪前河道堤距仅为 500m，束水严重；大部分堤防堤身单薄、堤防迎水侧无滩地，危及堤身安全。河道泄量小、行洪区行洪不畅和部分生产圩堤的逐年加高，影响河道的排洪能力，导致河道洪水位普遍抬高。在 1955 年淮北大堤加高加固设计时，确定正阳关水位 26.4m 条件下正阳关以下河道下泄 $10000m^3/s$。1968 年、1975 年、1982 年、1991 年、2003 年和 2007 年等洪水中，鲁台子洪峰流量除 1968 年为 $8940m^3/s$ 外，其余 5 年仅 7990～$7450m^3/s$，而正阳关最高水位已接近或超过设计洪水位（洪峰时正阳关至蚌埠间行洪区尚未全部行洪）。正阳关水位抬高造成上游洪水壅积难下，延长了高水位的持续时间，对中游沿淮地区内水排出等都有不同程度的影响。按照淮河中游的堤防工程体系，行洪堤的防汛是淮河防汛的第一阶段重点。从实际年份的防汛看，行洪堤防汛花费的人力、物力较多。目前行洪区堤防状况造成淮河防汛压力加大，已不能适应防汛调度的要求。

8.4　淮河干流行蓄洪区调整完成后河道行洪能力分析

随着 19 项治淮骨干工程的完成，淮河干流行蓄洪区调整、淮河流域洼地治理、淮河一般堤防加固、行蓄洪区及淮干滩区居民迁建等新一轮治淮工程正在开展。本节分析研究淮河干流行蓄洪区调整工程结束后，淮河干流平滩流量、滩槽流量以及中等洪水水位等方面内容。

8.4.1　行蓄洪区调整建设内容

根据淮河流域防洪规划和淮河干流行蓄洪区调整规划，在充分运用行蓄洪区条件下的河道设计泄洪流量：淮河干流中游洪河口至正阳关为 7400～$9400m^3/s$，正阳关至涡河口为 $10000m^3/s$，涡河口以下为 $13000m^3/s$。

安徽省淮河干流行蓄洪区调整规划整治措施包括：濛洼、城西湖、城东湖、瓦埠湖维持蓄洪区；正阳关以上河段南润段、邱家湖调整为蓄洪区，濛河分洪道 53.0km 河段疏浚（土方量 1940 万 m^3），南照集至汪集 26.3km 河段疏浚（土方量 1010 万 m^3），姜唐湖维持行洪区（进、退洪闸设计流量 2400m³/s）；正阳关至涡河口河段寿西湖建进退洪闸（进、退洪闸设计流量 2000m³/s）维持行洪区，董峰湖（进、退洪闸设计流量 2500m³/s）、汤渔湖（进、退洪闸设计流量 2000m³/s）、荆山湖行洪堤退建、并建进退洪闸（进、退洪闸设计流量 3500m³/s）维持行洪区，石姚段、洛河洼行洪堤退建改为防洪保护区，上、下六坊堤废弃还原为河道，涧沟口至峡山口 24.8km 河段疏浚（土方量 2090 万 m³），汤上口至荆上口 19.9km 河段疏浚（土方量 1440 万 m³）；涡河口以下河段方邱湖、临北段、香浮段、潘村洼行洪堤退建改为保护区，花园湖行洪堤退建、并建进退洪闸（进、退洪闸设计流量 3500m³/s）维持行洪区，临上口至浮山 74.1km 河段疏浚（土方量 6040 万 m³），浮山至冯铁营引河口 14.5km 河段疏浚（土方量 1300 万 m³）。共需疏浚河道长 212.6km，土方 13820 万 m³。淮河干流规划疏浚河段见表 8.4-1。

表 8.4-1　　　　　　　　　　　　　淮河干流规划疏浚河段统计

序号	河　段		河段设计流量/(m³/s)	疏浚河道长度/km	底宽/m	底高程/m	边坡	疏浚量/万 m³
1	正阳关以上段河道	濛河分洪道	4000	53.0	100	21.00～18.50	1:3	1940
2		南照集至汪集	9400	26.3	230～240	16.50～15.80	1:4	1010
3	正阳关至涡河口段河道	涧沟口至峡山口	10000	24.8	330	12.00～10.00	1:4	2090
4		汤上口至荆上口		19.9	280～320	9.00	1:4	1440
5	涡河口以下段河道	临北段上口至浮山	13000	74.1	280～310	7.50～5.00	1:4	6040
6		浮山至冯铁营引河进口		14.5	300	5.00	1:4	1300
合计				212.6				13820

淮河干流行蓄洪区调整后，蓄洪区共 6 处，分别为濛洼、南润段、城西湖、邱家湖、城东湖和瓦埠湖；行洪区共 6 处，自上而下分别为姜唐湖、寿西湖、董峰湖、汤渔湖、荆山湖和花园湖。

目前姜唐湖、荆山湖、石姚段和洛河洼行洪区调整已基本完成，南润段和邱家湖进（退）洪闸已完成，方邱湖、临北段、花园湖和香浮段行洪区调整正在实施中，寿西湖和董峰湖行洪区调整已通过水利部审查上报国家发改委待批，南润段、上六坊堤、下六坊堤和汤渔湖行洪区调整已基本编制完成可研报告。

安徽省淮河干流行蓄洪区调整情况详见表 8.4-2。

表 8.4-2　　　　　　　　　安徽省淮河干流行蓄洪区调整情况统计

序号	名称	行蓄洪区		实 施 情 况
		现状	规划	
1	濛洼	蓄洪区	蓄洪区	濛河分洪道拓浚已编制完成可研
2	城西湖	蓄洪区	蓄洪区	
3	城东湖	蓄洪区	蓄洪区	
4	瓦埠湖	蓄洪区	蓄洪区	
5	南润段	行洪区	蓄洪区	闸已建，堤防加固及河道疏浚已编制完成可研
6	邱家湖	行洪区	蓄洪区	已完成
7	姜唐湖	行洪区	行洪区	已完成
8	寿西湖	行洪区	行洪区	水利部已批复可研
9	董峰湖	行洪区	行洪区	水利部已批复可研
10	上六坊堤	行洪区	河滩地	已编制完成可研
11	下六坊堤	行洪区	河滩地	已编制完成可研
12	石姚段	行洪区	保护区	已完成
13	洛河洼	行洪区	保护区	已完成
14	汤渔湖	行洪区	行洪区	已编制完成可研
15	荆山湖	行洪区	行洪区	已完成
16	方邱湖	行洪区	保护区	正在实施
17	临北段	行洪区	保护区	正在实施
18	花园湖	行洪区	行洪区	正在实施
19	香浮段	行洪区	保护区	正在实施
20	潘村洼	行洪区	保护区	正在编制可研

8.4.2　行蓄洪区调整后淮河干流河道过流能力

根据淮河干流行蓄洪区调整规划，在满足淮干设计洪水流量的前提下，不启用行蓄洪区的之前，河道滩槽泄量（中等洪水流量）正阳关以上 7000m³/s、正阳关至茨淮新河口段 8000m³/s、茨淮新河口至涡河口 9000m³/s、涡河口以下 10500m³/s[8-11]。

淮河干流行蓄洪区调整完成后，中等洪水水位较设计洪水位降低幅度为 0.50～1.00m。其中：正阳关以上河段为 0.60～1.00m，正阳关至涡河口河段为 0.50～0.70m，涡河口至浮山河段 0.70～1.00m。平滩流量得到一定提高，特别是正阳关以下河段基本达到 2 年一遇，正阳关以上河段为 1600m³/s，正阳关至涡河口河段为 3000m³/s，涡河口至浮山河段为 3800m³/s，淮河干流设计洪水与中等洪水过流能力分析见表 8.4-3。

表 8.4-3　　　　　　　　行洪区调整建设完成后淮河干流规划过流能力分析

节 点	设 计 洪 水			中 等 洪 水		平滩流量/(m³/s)
	设计洪水位/m	行洪区分洪流量/(m³/s)	河道过流/(m³/s)	水位/m	河道过流/(m³/s)	
王家坝	29.20		7400	28.65	7000	1600
南照集	28.30		9400	27.33		
临淮岗闸上	26.90	2400（姜唐湖）	7000	26.34		
正阳关	26.40		10000	25.77		
寿上口	26.05	2000（寿西湖）	8000		8000	3000
董上口	25.82	2000（寿西湖）	5500			
寿下口	25.75	2500（董峰湖）				
董下口	25.59	2500（董峰湖）	7500			
汤上口	25.51		10000			
田家庵	24.48	2000（汤渔湖）	8000	24.00		
汤下口	24.33		10000			
荆上口	24.25	3500（荆山湖）				
荆下口	23.85		6500			
茨淮新河口	23.75		10000			
涡河口	23.39		12000	22.70	9000	
吴家渡	22.48		13000	21.77		
临淮关	21.30			20.60		
花上口	20.98	（3500）花园湖	9500		10500	3800
花下口	20.39					
香庙	20.02		13000	19.00		
浮山	18.35			17.5		

　　从上分析可以看出，淮河干流行蓄洪区调整工程实施后，淮河干流河道堤距得到扩大，干流泄洪能力达到规划要求，中等洪水能够安全下泄，中小洪水高水位的情况得到一定程度缓解。淮河干流河道堤距正阳关以上达到 1500m 以上，正阳关以下从 500～1000m 提高到 1000～1500m，对保留的行蓄洪区均采用进洪闸和退洪闸控制，在设计条件下，淮河干流泄洪能力达到正阳关以上 7400～9400m³/s、正阳关以下 10000～13000m³/s，同时在不启用行蓄洪区的前提下满足中等洪水正阳关以上 7000m³/s、正阳关以下 8000～10500m³/s 的安全下泄能力。

8.5 进一步扩大河道滩槽泄洪能力研究

研究全线大规模疏浚淮河干流河道，对河道行洪能力和降低中等洪水水位的影响程度，疏浚河道为王家坝至浮山段，共长 368km。

在淮河干流行蓄洪区调整工程完成的基础上，维持河道堤距不变前提下，通过疏浚淮河干流河道，进一步扩大淮干平滩流量，增强河道过流能力，降低中小洪水水位，增加涵闸自排机会，加快淮河两岸洼地面上排涝，缩短沿淮低洼地"关门淹"时间，降低因洪致涝损失，同时增大临淮岗控制枢纽和蚌埠闸上河道蓄水容积。

8.5.1 疏浚规模

根据淮河干流浮山以上河道现状平滩流量，在保证河道两岸堤防安全的条件下，结合实测洪水流量分析成果情况，本次研究河道疏浚规模分为两种情况：一是正阳关以上河段平滩流量按约 2 年一遇开挖，正阳关至涡河口河段平滩流量按 2～3 年一遇开挖，涡河口以下河段平滩流量按约 3 年一遇开挖，即王家坝—正阳关—涡河口—浮山平滩流量按 3000m³/s—4000m³/s—5000m³/s 切滩疏浚；二是正阳关以上河段平滩流量按约 3 年一遇开挖，正阳关至涡河口河段平滩流量按 3～5 年一遇开挖，涡河口以下河段平滩流量按约 5 年一遇开挖，即王家坝—正阳关—涡河口—浮山平滩流量按 4000～5000～6000m³/s 切滩疏浚。

8.5.1.1 按平滩流量达 2～3 年一遇标准疏浚

在淮河干流行洪区调整建设完成的基础上，淮河干流王家坝至浮山河段按平滩流量达到 2～3 年一遇标准疏浚，疏浚河道长 368km，共需疏浚土方量为 34200 万 m³，估算工程投资 105 亿元。疏浚底高程结合淮河干流行蓄洪区调整和建设工程中河道疏浚底高程确定，疏浚底高程为 20.00～6.00m。其中王家坝至正阳关河段长 136km，切滩宽 130m，底高程为 20.00～12.00m，土方量为 13400 万 m³，平均扩大河道横断面面积为 990m²；正阳关至涡河口河段长 126km，切滩宽 100m，底高程为 12.00～8.00m，土方量为 11000 万 m³，平均扩大河道横断面面积为 870m²；涡河口至浮山河段长 106km，切滩宽 100m，底高程为 8.00～5.00m，土方量为 9800 万 m³，平均扩大河道横断面面积为 920m²。

8.5.1.2 按平滩流量达 3～5 年一遇标准疏浚

在淮河干流行洪区调整建设完成的基础上，淮河干流王家坝至浮山河段平滩流量按 3～5 年一遇标准疏浚，疏浚河道长 368km，共需疏浚土方量为 66900 万 m³，估算工程投资 200 亿元。疏浚底高程结合淮河干流行蓄洪区调整和建设工程中河道疏浚底高程确定，疏浚底高程为 20.00～6.00m。其中王家坝至正阳关河段长 136km，切滩宽 230m，底高程为 20.00～12.00m，土方量为 23300 万 m³，平均扩大河道横断面面积为 1710m²；正阳关至涡河口河段长 126km，切滩宽 200m，底高程为 12.00～8.00m，土方量为 23400 万 m³，平均扩大河道横断面面积为 1860m²；涡河口至浮山河段长 106km，切滩宽 200m，底高程为 8.00～5.00m，土方量为 20200 万 m³，平均扩大河道横断面面积为 1900m²。

8.5.2 过流能力分析

8.5.2.1 按平滩流量达2～3年一遇标准疏浚

淮河干流王家坝—正阳关—涡河口—浮山河段平滩流量由行蓄洪区调整后的 1600m³/s～3000m³/s～3800m³/s 增加到 3000m³/s～4000m³/s～5000m³/s，平滩流量增加 1400m³/s～1000m³/s～1200m³/s。

在设计水位王家坝 29.20m、南照集 28.30m、正阳关 26.40m、涡河口 23.39m、吴家渡 22.48m、浮山 18.35m，且行洪区充分行洪条件下，河道泄洪能力王家坝至史河口 9000m³/s、史河口至正阳关 11000m³/s、正阳关至涡河口 11300m³/s、涡河口至浮山 14500m³/s。

当河道设计泄洪能力达到王家坝至史河口 7400m³/s、史河口至正阳关 9400m³/s、正阳关至涡河口 10000m³/s、涡河口至浮山 13000m³/s，行洪区充分行洪和浮山设计洪水位为 18.35m 条件下，主要节点水位王家坝 28.50、南照集 27.57m、正阳关 25.74m、涡河口 23.02m、吴家渡 21.93m。

当中等洪水流量达到王家坝至正阳关 7000m³/s、正阳关至涡河口 8000m³/s、涡河口至浮山 10500m³/s，行蓄洪区不启用和浮山中等洪水位为 18.05m 条件下，主要节点中等洪水位王家坝 27.93m、南照集 26.49m、正阳关 25.10m、涡河口 22.24m、吴家渡 21.28m。

按 2～3 年一遇标准扩挖河道滩槽后，河道泄洪能力增加，特别是中等洪水位降低幅度较大，疏浚河道降低中等洪水位效果显著。在设计流量不变条件下，设计洪水位降低了 0～0.73m；在设计洪水位不变条件下，河道泄洪能力扩大了 1300～1600m³/s；在中等洪水流量不变条件下，中等洪水水位较设计洪水位降低幅度为 0.85～1.84m，其中：正阳关以上河段为 1.27～1.84m，正阳关至涡河口河段为 1.20～1.38m，涡河口至浮山河段 0.85～1.38m。按 2～3 年一遇标准扩挖主槽后河道行洪能力见表 8.5－1。

表 8.5－1 　　　　2～3 年一遇标准扩挖主槽后淮干泄流能力表

水位、流量	浮山	吴家渡	涡河口	茨淮新河口	田家庵	正阳关	南照集	王家坝	备注
河道水位①/m	18.35	21.93	23.02	23.36	23.98	25.74	27.57	28.50	设计流量确定条件下河道水位
设计流量/(m³/s)	13000		12000		10000		9400	7400	
设计洪水位②/m	18.35	22.48	23.39	23.75	24.48	26.40	28.30	29.20	设计水位确定条件下河道过流能力
河道流量/(m³/s)	14500		13300		11300		11000	9000	
中等洪水位③/m	17.50	21.10	22.10	22.37	23.28	25.05	26.46	27.93	中等洪水流量确定条件下中等洪水位
中等洪水流量/(m³/s)	10500		9000		8000		7000		
②-①	0.00	0.55	0.37	0.39	0.50	0.66	0.73	0.70	降低水位效果
①-③	0.85	0.83	0.92	0.99	0.70	0.69	1.11	0.57	
②-③	0.85	1.38	1.29	1.38	1.20	1.35	1.84	1.27	

8.5.2.2 按平滩流量达 3～5 年一遇标准疏浚

淮河干流王家坝—正阳关—涡河口—浮山河段平滩流量由行蓄洪区调整后的 1600m³/s～3000m³/s～3800m³/s 增加到 4000m³/s～5000m³/s～6000m³/s，平滩流量增加 2400m³/s～2000m³/s～2200m³/s。

在设计水位王家坝 29.2m、南照集 28.3m、正阳关 26.4m、涡河口 23.39m、吴家渡 22.48m、浮山 18.35m，行洪区充分行洪条件下，河道泄洪能力王家坝至史河口 10000m³/s、史河口至正阳关 12000m³/s、正阳关至涡河口 12500m³/s、涡河口至浮山 16000m³/s。

当河道设计泄量为王家坝至史河口 7400m³/s、史河口至正阳关 9400m³/s、正阳关至涡河口 10000m³/s、涡河口至浮山 13000m³/s，行洪区充分行洪和浮山设计洪水位为 18.35m 条件下，主要节点水位王家坝 28.00m、南照集 27.05m、正阳关 25.21m、涡河口 22.38m、吴家渡 21.37m。

当中等洪水流量达到王家坝至正阳关 7000m³/s、正阳关至涡河口 8000m³/s、涡河口至浮山 10500m³/s，行蓄洪区不启用和浮山中等洪水位为 18.05m 条件下，主要节点中等洪水位王家坝 27.40m、南照集 25.91m、正阳关 24.36m、涡河口 21.65m、吴家渡 20.77m。

按 3～5 年一遇标准扩挖河道主槽后，河道泄洪能力增加，特别是中等洪水位降低幅度较大，疏浚河道降低中等洪水位效果显著。在设计流量不变条件下，设计洪水位降低了 0～1.25m；在设计洪水位不变条件下，河道泄洪能力扩大了 2500～3000m³/s；在中等洪水流量不变条件下，中等洪水水位较设计洪水位降低幅度为 0.85～2.42m，其中：正阳关以上河段为 1.80～2.42m，正阳关至涡河口河段为 1.93～2.12m，涡河口至浮山河段 0.85～1.94m。按 3～5 年一遇标准扩挖主槽后河道行洪能力见表 8.5-2。

表 8.5-2　　　　3～5 年一遇标准扩挖主槽后淮河干流泄流能力表

水位、流量	浮山	吴家渡	涡河口	茨淮新河口	田家庵	正阳关	南照集	王家坝	备注
河道洪水位①/m	18.35	21.37	22.38	22.67	23.40	25.21	27.05	28.00	设计流量确定条件下河道水位
设计流量/(m³/s)		13000		12000		10000	9400	7400	设计流量确定条件下河道水位
设计洪水位②/m	18.35	22.48	23.39	23.75	24.48	26.40	28.30	29.20	设计水位确定条件下河道过流能力
河道流量/(m³/s)		16000		14500		12500	12000	10000	设计水位确定条件下河道过流能力
中等③洪水位/m	17.50	20.54	21.46	21.69	22.49	24.28	25.88	27.40	中等洪水流量确定条件下中等洪水位
中等洪水流量/(m³/s)		10500		9000		8000		7000	中等洪水流量确定条件下中等洪水位
②-①	0.00	1.11	1.01	1.09	1.08	1.19	1.25	1.20	降低水位效果
①-③	0.85	0.83	0.92	0.97	0.91	0.93	1.17	0.60	降低水位效果
②-③	0.85	1.94	1.93	2.06	1.99	2.12	2.42	1.80	降低水位效果

8.6　干流河道理想断面型式研究

淮河干流属于平原河道，其主河道一般由主槽、滩地和堤防组成。非汛期时主流归槽，大部分滩地均可耕种。汛期时随着河道来水流量的不断增大，河水漫滩，堤防挡水。在洪水水位达到一定高度后，启用行蓄洪区、分洪河道等辅助干流河道滞洪、分洪。因历史上围河造田影响，造成目前淮河干流河道宽度较窄、堤防较高，汛期两岸洼地难以自排。因此，本节通过干流河道特征，结合河道平槽流量和造床流量，河道冲淤演变，已实施疏浚、退堤工程河段稳定情况，研究干流河道适宜宽度、主槽和滩地相互关系。

8.6.1　河道现状特性

根据文献［3］的研究，现状河道平均宽度正阳关以上超过1000m，而正阳关至浮山段仅700～800m，浮山至洪山头段不到900m；其中主槽宽度正阳关以上窄，不到300m，正阳关至浮山段400～500m，浮山以下较宽，局部超过700m；滩地宽度正阳关以上超过600m，而正阳仅300m左右，特别是浮山以下滩地宽不到200m。主槽和滩地特性详见表8.6-1，主要节点特性详见表8.6-2。

表 8.6-1　　　　　　　　　　　淮河干流主槽和滩地特性统计[3]

河段参数	洪河口至润河集	润河集至鲁台子	鲁台子至蚌埠闸	蚌埠闸至浮山	浮山至洪山头
左滩宽/m	263.8	491	135.9	151.9	88.9
右滩宽/m	348.5	266.7	191.6	140.9	72.6
总滩宽/m	612.3	757.7	327.5	292.8	161.5
平滩河宽/m	241.7	292.5	401.5	519.4	721.8
滩槽宽度比	2.53	2.59	0.82	0.56	0.22
总河宽/m	854.0	1050.2	729.0	812.2	883.3
平滩面积/m²	1278.7	1775.6	2881.2	3890.2	3987.0

注　未含濛河分洪道宽度。

表 8.6-2　　　　　　　　　　　　　淮河干流主要节点特性　　　　　　　　　　单位：m

节点	河宽	主槽宽	设计洪水位	滩地高程	河底高程	备注
王家坝	1000	500	29.20	27.00	18.00	
润河集	1040	390	27.90	23.00	16.00	
正阳关	1020	470	26.40	22.00	12.00	鲁台子
蚌埠	800	480	22.48	17.00	8.00	吴家渡
浮山	560	500	18.35	15.00	5.00	小柳巷

8.6.2 河道演变分析

8.6.2.1 来水来沙情况分析

淮河中游径流量未出现明显增加或减少趋势，而输沙量呈显著减少趋势。通过对 1950—2009 年（部分测站系列较短）水文资料的分析表明，淮河中游径流量未出现明显增加或减少趋势，而输沙量呈显著减少趋势。淮河干流鲁台子站 1951—2009 年多年平均径流量为 218.99 亿 m³；吴家渡站 1950—2009 年多年平均径流量为 275.14 亿 m³。鲁台子站 1951—2009 年多年平均含沙量 0.39kg/m³；吴家渡站 1950—2009 年多年平均含沙量 0.32kg/m³，两站含沙量逐年代减少，分别由 20 世纪 50 年代的 0.65kg/m³ 和 0.47kg/m³ 减小为 2000 年代的 0.09kg/m³ 和 0.13kg/m³。干流含沙量减少主要是由淮北支流洪汝河、沙颍河含沙量减小引起的[3]。

中游水沙空间分布不均，南北主要支流集水面积相差较大，径流量却相差较小，而输沙量相差较大，淮河中游泥沙主要来源于淮北支流，其次是淮河干流上游。

水沙的年内分配特点是径流与输沙主要集中在汛期（6—9 月），以吴家渡站为例，汛期（6—9 月）的径流量占年总量的 63.2%；而输沙较径流更为集中，汛期（6—9 月）的输沙量占年总量的 71.5%。最大最小月输沙量相差悬殊。径流与输沙年际变化均较大。

8.6.2.2 冲淤情况分析

自 12 世纪黄河夺淮的 700 多年，淮河水系遭受严重破坏，紊乱不堪，独流入海的淮河干流变成黄河下游的入汇支流，长期淤积导致淮河改道入长江，失去入海尾闾，形成洪泽湖，经过逐步发展淤积演变成当前的淮河河道。

淮河中游干流各段河道冲淤规律不同，洪河口至正阳关河段刷槽淤滩规律明显，1971—1999 年间，主槽冲刷 1221.7 万 m³，滩地淤积 6179.3 万 m³，河段累计淤积 4957.6 万 m³。

正阳关至洪山头河段主槽冲刷加剧，滩地由淤积向冲淤基本平衡方向发展。1971—1999 年间，正阳关至蚌埠闸段河道主槽冲刷 7045.8 万 m³，滩地淤积 2169.3 万 m³，河段累计冲刷 4876.5 万 m³。1971—2001 年间，蚌埠闸至洪山头段河道主槽冲刷 4789.5 万 m³，滩地淤积 1297.2 万 m³，河段累计冲刷 3492.3 万 m³。

洪山头至老子山间的入湖河段在 1992—2001 年间，主槽和滩地均表现为淤积，但随着水情和工情的变化，入湖河口段的河床演变也发生了变化，由 2001 年以前河段总体淤积转化为 2001 年以后的河段总体冲刷。由 2001 年以前河段总体淤积转化为 2001 年以后的河段总体冲刷。2001—2013 年间，洪山头至老子山的河道总体冲刷 678.6 万 m³，其中主槽冲刷 1543.3 万 m³，滩地淤积 864.9 万 m³。

洪泽湖总体淤积，由于洪泽湖来沙量呈减少趋势，各时段年均淤积量呈递减趋势。

20 世纪 90 年代以后人工采砂活动导致的河床变形加大，局部河段可能大大超出河道的自然演变。以蚌埠闸至浮山河段为例，利用断面法和输沙法计算河段冲淤量，输沙法与断面法计算的冲刷量差值 4719.3 万 m³ 即可认为是河段的人工采砂量。它相当于该河段输沙总量 898.7 万 m³ 的约 5 倍。因此人工采砂对该段河道的影响可能大大超出河道的自然演变。2001—2003 年，洪山头至老子山河道冲刷，可能也与人工采砂有关。

8.6.2.3　已实施疏浚河段稳定性分析

淮河干流已实施疏浚河段冲淤演变与采用疏浚断面型式关系密切,其中采用深槽扩挖方式基本冲淤平衡,但采用浅槽切滩方式局部回淤严重。自 1983 年以来河道疏浚工程长60.5km,疏浚量达 5050 万 m³。平均疏浚面积一般在 1000m² 以下,仅方邱湖进口至临北段进口河段在 1300m² 左右;除小蚌埠段采用切滩外其余均采用扩挖深槽,疏浚河底高程与上下游河道河底相衔接,疏浚边坡采用 1:3～1:4,见表 8.6-3。

表 8.6-3　　　　　　　　　　　淮河干流已实施疏浚河段特性参数

河　　段		疏浚长度/km	底宽/m	底高程/m	边坡	疏浚量/万 m³	平均疏浚面积/m²	冲淤情况
正阳关以上段河道	汪集至临淮岗上引河口	14.6	220～190	15.80～14.90	1:4	712	487	基本平衡
	临淮岗引河	14.5	160	15.00	1:4	1360	938	基本平衡
正阳关至涡河口段河道	黑龙潭	2.1	160～275	9.00	1:4	195	933	基本平衡
涡河口至浮山段河道	宋家滩河段	5.5	280	8.00	1:4	420	766	基本平衡
	小蚌埠段	3.5	200(切宽)	14.00	1:4	255	728	淤积
	吴家渡至方邱湖进口	7.5	330	8.00	1:4	428	569	基本平衡
	方邱湖进口至临北段进口	12.8	330	8.00	1:3	1680	1313	基本平衡
合计		60.5				5050		

从 2008 年复测断面对比分析,虽然经历了 1991 年、2003 年和 2007 年 3 场较大洪水的冲淤演变,工程实施后,断面基本稳定、局部回淤。小蚌埠段采用浅槽切滩,浅切至高程 14.00m、最大切宽 200m,而实测最大淤积厚度达 1.10m,平均淤积厚度 0.45m;而吴家渡至临北进口段采用深槽扩挖,疏浚高程 8.00m、底宽 330m 的疏浚型式,基本未见淤积情况。

综上所述,淮河属少沙平原河流,平面形态较稳定,河床边界条件相对稳定。主槽流速大,而滩地流速小,主槽流速一般在 1.0m/s 以上,局部河段达到 2.0m/s,滩地流速通常在 0.5m/s 以下。在来水量未显著变化、来沙量呈逐年减少趋势,河道主槽呈冲刷趋势的条件下,适当扩大淮河干流主槽和滩地宽度顺应了河道演变规律。

8.6.3　河道理想断面型式

根据现状河道特征,结合河道演变情况,考虑远期发展需要,按有、无行洪区河段两种情况来分别确定河道的宽度,以及滩地与主槽的关系。

河道一般分为主槽、左滩和右滩,而淮河行洪区具有滞蓄洪和行洪功能,能够辅助河道分河。因此，有行洪区河段河宽可控制在 $1000 \sim 1500\text{m}$，即 $1000\text{m} \leqslant L_1 + L_2 + L_3 \leqslant 1500\text{m}$；无行洪区河段河宽可控制在 $1500 \sim 2000\text{m}$，即 $1500\text{m} \leqslant L_1 + L_2 + L_3 \leqslant 2000\text{m}$。

河道主槽为排洪主要通道，设计洪水时流速一般都超过 1m/s，局部河段甚至达到 2m/s，因此，主槽宽度 $L_2 \geqslant 500\text{m}$。

滩地虽然具有排洪作用，但流速一般较低，一般不超过 0.5m/s，而滩地与堤防连接，更具有保护堤防安全作用，防止水流淘底而出现崩堤风险。因此，滩地宽度 L_1、L_2 $\geqslant 100\text{m}$。

堤防超高 h_1 是指堤顶与设计水位之间的高度，根据堤防等级和防浪要求确定，对于行蓄洪堤、一般堤、淮北大堤、临淮岗堤等堤防，一般采用 $1.5 \sim 2.0\text{m}$。

滩地水深 h_2 是指设计洪水时河道滩地水深，一般在 $3 \sim 5\text{m}$。

主槽水深 h_3 是指河道主槽平滩水深，一般在 $7 \sim 10\text{m}$。

淮干理想断面如图 8.6-1 所示。

图 8.6-1 淮河干流河道理想断面型式示意图

L_1、L_3—河道滩地宽度；L_2—河道主槽宽度；h_1—堤防超高；h_2—设计洪水时滩地水深；h_3—主槽水深

8.7 洪泽湖水位调整对浮山水位影响研究

洪泽湖是现状淮河上中游洪水下泄的必经通道，在上中游河道通畅排洪条件下，汛期湖内水位的高低成为直接影响上中游洪水下泄能力的关键因素。因此，本节初步分析洪泽湖水位与上游浮山水位关系。

8.7.1 洪泽湖基本情况

洪泽湖是因黄河夺淮后逐渐形成的，为我国第四大淡水湖，也是一座巨型综合利用平原湖泊型水库，具有防洪、蓄水灌溉、供水、航运、水产养殖等多种功能。由成子湖、安河洼、溧河洼、淮河湖湾（含陡湖、七里湖、女山湖）等组成，湖岸线长达 354km，湖面最宽处达 60km。承泄了上中游 15.8 万 km^2 的来水，湖底高程为 $9.80 \sim 10.80\text{m}$，平均 10.30m，最低处 7.50m 左右。

洪泽湖属吞吐性湖泊，水域面积随水位波动较大，蓄水库容量大，调蓄洪水作用显著。死水位 10.81m（蒋坝站、本节下同），相应面积 1160km^2，容积 6.40 亿 m^3；汛限水位 12.31m，相应面积 2069km^2，容积 32.43 亿 m^3；设计水位 15.81m，相应面积 2393km^2，容积 93.55 亿 m^3；校核水位 16.81m，相应面积 2414km^2，容积 119.20 亿 m^3。水位—面积—容积表见表 8.7-1。

表 8.7 - 1　　　　　　　　　　　洪泽湖水位—面积—容积表

蒋坝水位 /m	10.81	12.31	12.81	13.31	14.31	15.81	16.81
面积 /km²	1160.3	2069.0	2151.9	2231.9	2339.1	2392.9	2413.9
平蓄库容 /亿 m³	6.40	32.43	41.92	52.95	75.85	111.20	135.14
斜蓄库容 /亿 m³		44.40	54.05	63.90	83.11	113.32	139.69
备注	死水位	汛限水位	正常 蓄水位	南水北调 抬高蓄水位	启用圩区 滞洪水位	设计水位	校核水位

　　洪泽湖周边滞洪圩区总面积 1884km²，其中高程 17.00～16.00m 之间为规划管理范围，面积 369km²；高程 16.00m 以下为滞洪区域，面积达 1515km²。圩内人口超 80 万，耕地超过 120 万亩。设计滞蓄洪水位 15.81m，滞蓄洪库容约 30.07 亿 m³，规划洪泽湖水位达 14.31m 时开始破圩滞洪。水位—面积—容积详见表 8.7 - 2。

表 8.7 - 2　　　　　　　　　　洪泽湖周边圩区水位—面积—容积表

水位/m	11.31	11.81	12.31	12.81	13.31
面积/km²	15.48	62.26	168.78	374.92	576.24
库容/亿 m³	0.05	0.24	0.82	2.18	4.55
水位/m	13.81	14.31	14.81	15.31	15.81
面积/km²	743.23	910.69	1083.11	1316.42	1514.59
库容/亿 m³	7.86	11.99	17.00	23.00	30.07

8.7.2　下游洪水泄洪能力

　　目前，洪泽湖下泄通道主要有入江水道、入海水道、苏北灌溉总渠（含废黄河）和分淮入沂等 4 条排洪通道，不同水位条件，现状泄流能力见表 8.7 - 3。现状工况下，洪泽湖泄洪能力不足，而分淮入沂流量受沂河来水遭遇制约，属相机错峰分洪，特别是中低水位时，泄洪能力也有限。这直接影响到中游洪水下泄，抬高了中小洪水水位，延长了洪水在中游持续时间。

表 8.7 - 3　　　　　　　　　淮河干流洪泽湖出口现状工况泄洪能力表

蒋坝水位 /m	入江流量 /(m³/s)	入沂流量 /(m³/s)	入海流量 /(m³/s)	苏北灌溉总渠 （含废黄河） /(m³/s)	总流量 /(m³/s)
12.31	4800	0	0	800	5600
12.81	5900	0	0	800	6700
13.31	7150	0	0	800	7950
13.31	7150	0	0	1000	8150

续表

蒋坝水位 /m	入江流量 /(m³/s)	入沂流量 /(m³/s)	入海流量 /(m³/s)	苏北灌溉总渠 （含废黄河） /(m³/s)	总流量 /(m³/s)
13.31	7150	0	1720	1000	9870
13.31	7150	1000	1600	1000	10750
13.81	8600	1650	2000	1000	13250
14.31	10050	2000	2060	1000	15110
14.81	11600	2510	2270	1000	17380
15.11	12000	2870	2270	1000	18140
15.31	12000	3000	2270	1000	18270
15.81	12000	3000	2270	1000	18270
16.31	12000	3000	2270	1000	18270
16.81	12000	3000	2270	1000	18270

根据 2009 年 3 月国务院批复的《淮河流域防洪规划》，扩大洪泽湖洪水出路规划工程主要为兴建入江水道三河越闸和扩建入海水道二期，扩大下游排洪总泄量和增强了中小水位时的排洪能力。不同水位条件下，规划下泄能力见表 8.7 - 4。

表 8.7 - 4   入海水道二期和三河越闸建成后下游泄洪能力

蒋坝 水位 /m	入江流量 （含三河越闸） /(m³/s)	入沂 流量 /(m³/s)	入海 流量 /(m³/s)	苏北 灌溉总渠 （含废黄河） /(m³/s)	总泄量 /(m³/s)	现状 总泄量 /(m³/s)	扩大 泄量 /(m³/s)	扩大 泄量 比例/%
12.31	6360	0	0	800	7160	5600	1560	27.9
12.81	7740	0	0	800	8540	6700	1840	27.5
13.31	9350	0	0	800	10150	7950	2200	27.7
13.31	9350	600	3800	1000	14750	10750	4000	37.2
13.81	11150	1150	4450	1000	17750	13250	4500	34.0
14.01	12000	1380	4680	1000	19060	13990	5070	36.2
14.31	12000	1730	5040	1000	19770	15110	4660	30.8
14.81	12000	2320	5680	1000	21000	17380	3620	20.8
15.11	12000	2680	6050	1000	21730	18140	3590	19.8
15.31	12000	2920	6260	1000	22180	18270	3910	21.4
15.81	12000	3000	7000	1000	23000	18270	4730	25.9
16.31	12000	3000	7000	1000	23000	18270	4730	25.9
16.81	12000	3000	7000	1000	23000	18270	4730	25.9

8.7.3　洪泽湖中等洪水流量和水位初步分析

洪泽湖历史上最高水位为 16.71m，发生在清咸丰元年（1851 年），因黄河决砀山、东溢六塘河，洪泽湖水位猛涨，礼坝（位于今三河闸南岸）被冲决，自此淮水由入海为主改为入江为主。1931 年洪水入湖洪峰流量 19800m³/s，最高水位 16.06m。1954 年洪水入湖洪峰流量 15800m³/s，最高水位 15.04m。

治淮初期，洪泽湖设计洪水位为 13.81m。但 1954 年大水后进行治淮规划修订时，根据历史最高洪水位、1954 年和 1931 年最高洪水位来确定的洪泽湖设计水位 15.81m、校核水位 16.81m，之后的工程规划、防洪调度等都是在此基础上开展的。未对中小洪水控制开展专门研究。

1991 年洪水，洪泽湖入湖洪峰流量为 11000m³/s，最高水位为 13.89m；2003 年洪水，洪泽湖入湖洪峰流量（包括干流、怀洪新河、池河、汴河、濉河、老濉河、安河和未控区间等部分）为 14500m³/s，最高水位为 14.18m；2007 年大水，洪泽湖入湖洪峰流量为 14200m³/s，最高水位为 13.71m。

1991 年、2003 年和 2007 年洪水属于中等洪水，约为 20 年一遇洪水标准，洪峰流量未超过 14500m³/s；1954 年约为 50 年一遇洪水标准，洪峰流量未超过 16000m³/s。因此，洪泽湖中等洪水入湖流量可采用 16000m³/s 以内控制。

根据洪泽湖 1950—2007 年实测水位分析，洪水位 20 年一遇为 13.88m、50 年一遇为 14.85m；现状工况下，洪泽湖下泄 14500m³/s 时洪水位约为 14.15m，下泄 16000m³/s 时洪水位约为 14.5m；规划工况下（入海水道二期和三河越闸建成后），洪泽湖下泄 14500m³/s 时洪水位不到 13.31m，下泄 16000m³/s 时洪水位约为 13.5m。考虑到汛期洪泽湖对中游排洪和两岸排涝的影响大，同时洪泽湖下泄通道将要打通，因此，建议洪泽湖中等洪水水位按不超过 13.31m 控制。

8.7.4　洪泽湖水位调整对浮山水位影响研究

淮河干流浮山至洪泽湖（蒋坝）段长约 104km，沿程分布有潘村洼和鲍集圩两处行洪区。有行洪区段干流河道泄洪能力偏小，而行洪区规划分洪流量过大，干流河道现状过流能力约为 8000m³/s，行洪区规定分洪流量潘村洼 5300m³/s、鲍集圩 1300～1200m³/s。在淮河干流行蓄洪区调整中，规划开挖冯铁营引河，分洪流量为 5000m³/s，同时将潘村洼改为防洪保护区，鲍集圩列入洪泽湖周边圩区，并改为蓄洪区。本次通过淮河干流实测水位和淮河干流行洪区调整规划中开挖冯铁营引河两种情况，研究洪泽湖与浮山水位在现状工况和规划工况下相关关系。

8.7.4.1　实测水位分析

根据浮山、老子山和蒋坝历年实测水位分析（见表 8.7-5），现状工况下，洪泽湖顶托作用明显，该河段过流能力严重不足。比较 20 年一遇和 50 年一遇洪水位可以看出，洪泽湖水位相差 1m 左右，对应浮山水位变化程度较小，变化幅度仅 0.15m。20 年一遇以下洪水，洪泽湖水位变化小，在 0.06～0.22m，而浮山水位变化幅度大，在 0.32～0.73m。

表 8.7-5　　　　　　　浮山、老子山和蒋坝实测水位频率分析表

站名 ＼ 水位	3 年一遇	5 年一遇	10 年一遇	20 年一遇	50 年一遇	设计洪水
浮山水位/m	16.36	17.09	17.41	17.99	18.14	18.35
老子山水位/m	13.39	13.58	13.76	14.24	15.09	
蒋坝水位/m	13.34	13.52	13.66	13.88	14.85	15.81
洪水比降/万分之一	浮山至老子山段　2.7	2.3	2.2	2.2	2.7	
	老子山至蒋坝段　46.0	38.3	23.0	6.4	9.6	
	全线比降　3.5	2.9	2.8	2.5	3.2	4.1

　　浮山以下行洪区除 1954 年洪水外，未再启用。从 1954 年、1982 年、1991 年、1998 年、2003 年和 2007 年等洪水年份分析（采用逐日水位和流量），一遇中小洪水（流量在 7000m³/s 以下），即使洪泽湖水位维持在 13.0m 以下，浮山水位抬升速度快，17.0m 以上水位持续时间约半个月；若洪泽湖水位不断抬高，干流洪水来量近 8000m³/s 或继续加大，浮山水位一般超过 18.0m，且 17.0m 以上水位持续时间约 1 个月。

　　1954 年大洪水，干流来量从 7 月初 3000m³/s 增加到 8 月初的近 12000m³/s，历时约 1 个月，浮山水位从 14.00m 迅速升高到 18.00m，洪泽湖水位从 11.50m 增加到 15.00m；洪水在 9 月中旬回落至 3000m³/s，历时约 1.5 个月，浮山水位降至近 16.00m，洪泽湖降至水位 13.30m；整个洪水期，洪水持续时间浮山水位 16.00m 以上 62d、16.50m 以上 46d、17.00m 以上 34d、17.50m 以上 20d，洪泽湖水位 13.31m 以上 52d、13.81m 以上 46d、14.31m 以上 34d。

　　1982 年洪水约为 10 年一遇，干流来量从 7 月下旬 4000m³/s 增加到 8 月底的近 7000m³/s，历时不到 1.5 个月，浮山水位从 15.00m 升高到 17.40m，洪泽湖水位从 11.50m 增加到 12.60m；洪水在 9 月中旬回落至 4000m³/s，历时约半个月，浮山水位降至近 16.00m，洪泽湖水位 12.20m；整个洪水期，浮山水位 16.00m 以上持续时间为 48d、16.50m 以上 40d、17.00m 以上 20d，洪泽湖水位未超过 12.81m。

　　1991 年洪水，干流来量从 6 月中旬 4000m³/s 增加到 7 月中旬的近 8000m³/s，历时 1 个月，浮山水位从 15.00m 升高到 18.00m，洪泽湖水位从 12.90m 增加到 13.90m；洪水在 8 月中旬回落至 4000m³/s，历时约 1 个月，浮山水位降至近 16.00m，洪泽湖水位 12.00m；整个洪水期，浮山水位 16.00m 以上持续时间为 55d、16.50m 以上 35d、17.00m 以上超过 20d、17.50m 以上 11d，洪泽湖水位 13.31m 以上 17d、13.81m 以上仅 3d。

　　1998 年洪水不足 10 年一遇，干流来水分为 7 月初到中旬、8 月中旬至月底两次过程，最大流量约 6200m³/s，总历时 1 个月，浮山水位从 15.00m 升至最高 17.00m 时间仅 5d，洪泽湖水位最高为 13.00m；整个洪水期，浮山水位 16.00m 以上持续时间为 22d、16.50m 以上 11d，洪泽湖水位未超过 13.31m。

　　2003 年洪水，干流来量从 7 月初 4000m³/s 仅半个月快速增加到近 8600m³/s，浮山

水位从 15.00m 升高到 18.20m，洪泽湖水位从 12.30m 增加到 14.10m；洪水在 9 月中旬回落至 4000m³/s，历时约 2 个月，浮山水位降至近 16.00m，洪泽湖水位 12.50m；整个洪水期，浮山水位 16.00m 以上持续时间为 56d、16.50m 以上 37d、17.00m 以上 30d、17.50m 以上 20d，洪泽湖水位 13.31m 以上 28d、13.81m 以上 17d。

2007 年洪水，干流来量从 7 月初 4000m³/s 增加到 7 月中下旬近 8000m³/s，历时约半个月，浮山水位从 15.00m 升高到 17.80m，洪泽湖水位从 12.80m 增加到 13.60m；洪水在 8 月中旬回落至 4000m³/s，历时约 1 个月，浮山水位降至近 16.00m，洪泽湖水位 12.60m；整个洪水期，洪水持续时间浮山水位 16.00m 以上 37d、16.50m 以上 28d、17.00m 以上 22d、17.50m 以上 16d，洪泽湖水位洪泽湖水位 13.31m 以上 20d。

1954 年和 2003 年洪水过程线如图 8.7-1 和图 8.7-2 所示。

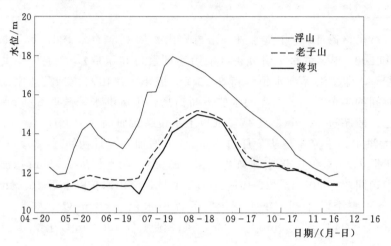

图 8.7-1　1954 年淮干浮山、老子山、蒋坝站实测水位过程

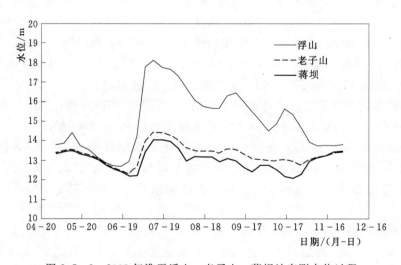

图 8.7-2　2003 年淮干浮山、老子山、蒋坝站实测水位过程

综上分析，现状工况下，中小洪水时，洪泽湖水位较低，但浮山水位较高，高水位持续时间较长；大洪水时，洪泽湖水位较高，浮山水位逼近设计水位，高水位持续时间长。

表明淮干浮山以下段过流能力低，中游排洪受洪泽湖顶托影响严重，洪水下泄速度慢，浮山洪水位居高不下。

8.7.4.2 冯铁营引河开挖后

淮河干流浮山以下有潘村洼及鲍集圩行洪区，行洪区调整的总体布局为疏浚浮山至冯铁营引河进口段河道，开辟冯铁营引河，加固潘村洼、鲍集圩行洪区堤防，潘村洼改为防洪保护区，鲍集圩作为洪泽湖滨湖圩区的一部分，结合洪泽湖周边滞洪圩区治理，发挥蓄洪作用。

疏浚浮山至冯铁营引河进口段河道，长14.5km，设计底宽300m，底高程5.00m，边坡1:4，开挖土方1300万 m³。

开挖冯铁营引河全长5.5km，设计泄洪流量5000m³/s，进口拟建闸控制分洪，进口水位17.07m，出口水位15.57m，设计河道底宽290m，底高程10.00m，边坡1:4，开挖土方1500万 m³。

冯铁营引河的开挖，分流了部分干流洪水直接经溧河洼入洪泽湖，将入湖河道长度由66km缩短到不足6km，能够加快洪水下泄，降低浮山水位。本次分析100年一遇洪水、中等洪水、中小洪水和小洪水情况下，洪泽湖水位调整对浮山水位影响。不同标准洪水入洪泽湖流量见表8.7－6。

表8.7－6 不同标准洪水入洪泽湖流量表 单位：m³/s

河段 / 洪水等级	100年一遇洪水	中等洪水	中小洪水	小洪水
干流浮山	13000	10500	8000	6000
池河	0	1000	1000	500
怀洪新河	3600	2500	2000	1000
新汴河	1100	500	500	500
濉河	900	400	400	400
老濉河	200	100	100	100
合计	18800	15000	12000	8500

冯铁营引河分流干流洪水作用大，降低浮山水位效果显著。在干流设计洪水13000m³/s时分流为5400m³/s左右，浮山水位可由超过设计洪水位降至基本控制在18.35m左右；干流中等洪水10500m³/s时分流4600m³/s左右，浮山水位由超过设计洪水位降到17.50m左右；干流来水8000m³/s时分流3600m³/s左右，浮山水位由18.10m降到16.60m；干流来水6000m³/s时分流2600m³/s左右，浮山水位由17.00m降到15.60m左右。

在此基本上进一步降低蒋坝水位，对浮山水位影响较小。设计洪水时，蒋坝水位由14.81m降到14.31m、13.81m和13.31m，浮山水位降低0.07～0.15m；中等洪水时，蒋坝水位由13.81m降到13.31m和12.81m，浮山水位降低0.03～0.05m；中小洪水时，蒋坝水位由13.81m降到13.31m和12.81m，浮山水位降低0.05～0.08m；小洪水时，蒋坝水位由13.31m降到12.81m和12.31m，浮山水位降低0.07～0.11m。

降低洪泽湖水位对浮山水位影响程度详见表8.7－7。

表 8.7-7　　　　　　　　　　降低洪泽湖水位对浮山水位影响表

节点水位	单位	100 年一遇（干流 13000m³/s）				中等洪水（干流 10500m³/s）		
蒋坝	m	14.81	14.31	13.81	13.31	13.81	13.31	12.81
洪山头	m	16.42	16.27	16.15	16.08	15.94	15.87	15.83
浮山	m	18.41	18.34	18.29	18.26	17.53	17.50	17.48
冯铁营分洪	m³/s	5435	5419	5395	5378	4571	4562	4559

节点水位	单位	中小洪水（干流 8000m³/s）					
蒋坝	m	13.81	13.31	12.81	13.81	13.31	12.81
洪山头	m	16.56	16.50	16.46	15.48	15.39	15.32
浮山	m	18.10	18.07	18.05	16.67	16.62	16.59
冯铁营分洪	m³/s	不启用			3585	3571	3564

节点水位	单位	小洪水（干流 6000m³/s）					
蒋坝	m	13.31	12.81	12.31	13.31	12.81	12.31
洪山头	m	15.72	15.68	15.66	14.78	14.65	14.58
浮山	m	17.00	16.98	16.97	15.73	15.66	15.62
冯铁营分洪	m³/s	不启用			2624	2600	2581

8.7.5　疏浚浮山以下段干流河道对浮山水位影响研究

淮河干流浮山至蒋坝段长 104km，其中浮山至洪山头段长 41km，为单一干流河道；洪山头至老子山段长 40km，为入湖河段，河道分汊；老子山至蒋坝段长 23km，为湖区段，连通入江水道三河闸。

本次疏浚浮山至老子山段，疏浚河长 81km，分别按平滩流量 3 年一遇和 5 年一遇疏浚，其中平滩流量 3 年一遇为 5000m³/s、5 年一遇为 6000m³/s。

平滩流量 3 年一遇疏浚切滩宽 100～200m，底高程为 5.00m，土方量为 9500 万 m³，估算工程投资 29 亿元，平均扩大河道横断面面积为 1170m²。

平滩流量 5 年一遇疏浚切滩宽 200～300m，底高程为 5.00m，土方量为 20900 万 m³，估算工程投资 63 亿元，平均扩大河道横断面面积为 2580m²。

淮河干流行洪区调整完成基础上，洪泽湖中等洪水水位控制在 13.31m 条件下，淮河干流浮山以下段平滩流量 3 年一遇疏浚后，浮山中等洪水水位可控制在 17.00m；淮河干流浮山以下段平滩流量 5 年一遇疏浚后，浮山中等洪水水位可控制在 16.50m。

8.8　降低中等洪水水位研究

8.8.1　浮山中等洪水位研究

8.8.1.1　淮干浮山站实测水位分析

根据淮干浮山站实测水位资料分析，浮山站 5 年一遇洪水水位为 17.09m，10 年一遇洪水水位为 17.41m，15 年一遇洪水水位为 17.77m，20 年一遇洪水水位为 17.99m。

淮河干流涡河口以下中等洪水流量为 10500m³/s，相当于 20 年一遇洪水。

2008 年 6 月，中水淮河规划设计研究有限公司编制的《淮河干流行蓄洪区调整规划（修订）》中，浮山中等洪水水位采用 18.15m。

2009 年 9 月，中水淮河规划设计研究有限公司和安徽省水利水电勘测设计院共同编制的《淮河干流蚌埠至浮山段行洪区调整和建设工程可行性研究总报告》中，浮山中等洪水水位采用 18.05m。

8.8.1.2　浮山中等洪水位的取值

淮河流域防洪规划和淮河干流行蓄洪区调整规划中，淮干蚌埠以下河道设计流量为 13000m³/s，中等洪水流量明确为 10500m³/s，约相当于 20 年一遇。淮干蚌埠、浮山站设计洪水位分别为 22.48m、18.35m。淮干行蓄洪区调整规划仅从现状实测洪水资料初步分析，浮山 20 年一遇中等洪水位采用 18.05m，据此推算上游沿程中等洪水位。

根据 8.7 节浮山与洪泽湖水位关系研究成果：①淮河干流行洪区调整完成后（冯铁营引河开挖后），中等洪水洪泽湖水位控制在 13.31m 条件下，相应浮山水位为 17.50m；②淮河干流行洪区调整完成基础上，淮干浮山以下河段平滩流量按 3 年一遇疏浚，中等洪水洪泽湖水位控制在 13.31m 条件下，相应浮山水位为 17.00m；③淮河干流行洪区调整完成基础上，淮干浮山以下河段平滩流量按 5 年一遇疏浚，中等洪水洪泽湖水位控制在 13.31m 条件下，相应浮山水位为 16.50m。

考虑到浮山以下河道治理方案尚未确定、洪泽湖与淮河干流关系复杂，结合已有研究成果，浮山中等洪水位采用不同值，分析对上游水位的影响。

本次浮山中等洪水位取值分为 6 种情况：①浮山中等洪水位与行蓄洪区调整工程一致，采用 18.05m；②适当降低浮山中等洪水水位，低于设计洪水水位 0.50m 左右，采用 17.80m；③淮干行洪区调整完成后，浮山中等洪水水位采用 17.50m；④淮干浮山以下河段在行洪区调整完成基础上，按平滩流量 3 年一遇疏浚，浮山中等洪水水位采用 17.00m；⑤淮干浮山以下河段在行洪区调整完成基础上，按平滩流量 5 年一遇疏浚，浮山中等洪水水位采用 16.50m；⑥大幅度降低浮山中等洪水水位，采用 16.00m。

8.8.2　降低浮山中等洪水水位对上游影响分析

在河道来流量一定情况下，通过降低河道下游水位、加大河道比降、增大水流流速来实现降低沿程水位。因此，为研究降低浮山中等洪水水位对上游河道沿程水位的影响程度，本次分为两种情况：①淮河干流行蓄洪区调整完成后（平滩流量 1600m³/s～3000m³/s～3800m³/s），降低浮山中等洪水水位；②在淮河干流行蓄洪区调整的基础上，浮山以上进一步疏浚河道，同时降低浮山中等洪水水位。其中，进一步扩挖河槽采用 2～3 年一遇标准（疏浚后平滩流量 3000m³/s～4000m³/s～5000m³/s）和 3～5 年一遇标准（疏浚后平滩流量 4000m³/s～5000m³/s～6000m³/s）两种河槽疏浚规模。分析浮山以上河道中等洪水位变化情况。

8.8.2.1　行蓄洪区调整完成后

淮河干流行蓄洪区调整完成后，王家坝至正阳关至涡河口至浮山段平滩流量为 1600m³/s～3000m³/s～3800m³/s，通过浮山以下河道整治，降低浮山中等洪水水位，而浮山以上河段不疏浚，研究对河道中等洪水水位的影响程度。

（1）浮山中等洪水水位为 18.05m 时，沿程中等洪水水位较设计洪水水位降低幅度：正阳关以上河段为 0.55～0.95m，正阳关至涡河口河段为 0.40～0.63m，涡河口至浮山河段为 0.30～0.57m。

（2）浮山中等洪水水位为 17.80m 时，沿程中等洪水水位较设计洪水水位降低幅度：正阳关以上河段为 0.55～0.96m，正阳关至涡河口河段为 0.44～0.68m，涡河口至浮山河段为 0.55～0.64m。

（3）浮山中等洪水水位为 17.50m 时，沿程中等洪水水位较设计洪水水位降低幅度：正阳关以上河段为 0.55～0.97m，正阳关至涡河口河段为 0.48～0.74m，涡河口至浮山河段为 0.69～0.85m。

（4）浮山中等洪水水位为 17.00m 时，沿程中等洪水水位较设计洪水水位降低幅度：正阳关以上河段为 0.55～0.98m，正阳关至涡河口河段为 0.54～0.82m，涡河口至浮山河段为 0.77～1.35m。

（5）浮山中等洪水水位为 16.50m 时，沿程中等洪水水位较设计洪水水位降低幅度：正阳关以上河段为 0.55～1.00m，正阳关至涡河口河段为 0.58～0.89m，涡河口至浮山河段为 0.85～1.85m。

（6）浮山中等洪水水位为 16.00m 时，沿程中等洪水水位较设计洪水水位降低幅度：正阳关以上河段为 0.55～1.01m，正阳关至涡河口河段为 0.62～0.94m，涡河口至浮山河段为 0.91～2.35m。

浮山以上河道中等洪水水位成果见表 8.8-1。

表 8.8-1　　　　　　　行蓄洪区调整后淮干主要节点中等洪水水位比较表

主要节点		浮山	吴家渡	涡河口	茨淮新河口	田家庵	正阳关	南照集	王家坝
设计洪水位 /m	①	18.35	22.48	23.39	23.75	24.48	26.40	28.30	29.20
设计流量 /(m³/s)		13000		12000		10000		9400	7400
中等洪水位 /m	②	18.05	21.91	22.82	23.12	24.08	25.80	27.35	28.65
	③	17.80	21.84	22.76	23.07	24.04	25.79	27.34	28.65
	④	17.50	21.77	22.70	23.01	24.00	25.77	27.33	28.65
	⑤	17.00	21.66	22.62	22.93	23.94	25.74	27.32	28.65
	⑥	16.50	21.57	22.54	22.86	23.90	25.72	27.31	28.65
	⑦	16.00	21.49	22.48	22.81	23.86	25.70	27.30	28.65
中等洪水流量 /(m³/s)		10500		9000		8000		7000	
①-②		0.30	0.57	0.57	0.63	0.40	0.60	0.95	0.55
①-③		0.55	0.64	0.63	0.68	0.44	0.61	0.96	0.55
①-④		0.85	0.71	0.69	0.74	0.48	0.63	0.97	0.55
①-⑤		1.35	0.82	0.77	0.82	0.54	0.66	0.98	0.55
①-⑥		1.85	0.91	0.85	0.89	0.58	0.68	1.00	0.55
①-⑦		2.35	0.99	0.91	0.94	0.62	0.70	1.01	0.55

从表 8.8-1 中可以看出,在行蓄洪区调整完成后,降低浮山中等洪水水位,对降低涡河口以下河道中等洪水水位效果明显,但对涡河口以上河道中等洪水水位影响较小。中等洪水水位浮山由 18.05m 降至 17.80m、17.50m、17.00m、16.50m,甚至 16.00m,涡河口最大相差 34cm,田家庵最大相差 22cm,正阳关最大相差 10cm,南照集最大相差 6cm,王家坝相同。

8.8.2.2 2~3 年一遇平槽流量标准扩挖

在淮河干流行蓄洪区调整的基础上,维持正阳关、吴家渡等主要节点设计洪水位和中等洪水流量不变的情况下,在进一步扩挖河道滩槽(疏浚规模为王家坝—正阳关—涡河口—浮山平滩流量按 $3000m^3/s \sim 4000m^3/s \sim 5000m^3/s$ 切滩疏浚规模)后,降低浮山中等洪水水位,研究对上游河道中等洪水水位的影响程度。

(1)浮山中等洪水水位为 18.05m 时,沿程中等洪水水位较设计洪水水位降低幅度:正阳关以上河段为 1.27~1.81m,正阳关至涡河口河段为 1.10~1.30m,涡河口至浮山河段为 0.30~1.20m。

(2)浮山中等洪水水位为 17.80m 时,沿程中等洪水水位较设计洪水水位降低幅度:正阳关以上河段为 1.27~1.83m,正阳关至涡河口河段为 1.15~1.33m,涡河口至浮山河段为 0.55~1.28m。

(3)浮山中等洪水水位为 17.50m 时,沿程中等洪水水位较设计洪水水位降低幅度:正阳关以上河段为 1.27~1.84m,正阳关至涡河口河段为 1.20~1.38m,涡河口至浮山河段为 0.85~1.38m。

(4)浮山中等洪水水位为 17.00m 时,沿程中等洪水水位较设计洪水水位降低幅度:正阳关以上河段为 1.27~1.86m,正阳关至涡河口河段为 1.28~1.49m,涡河口至浮山河段为 1.35~1.52m。

(5)浮山中等洪水水位为 16.50m 时,沿程中等洪水水位较设计洪水水位降低幅度:正阳关以上河段为 1.27~1.87m,正阳关至涡河口河段为 1.34~1.59m,涡河口至浮山河段为 1.51~1.85m。

(6)浮山中等洪水水位为 16.00m 时,沿程中等洪水水位较设计洪水水位降低幅度:正阳关以上河段为 1.27~1.88m,正阳关至涡河口河段为 1.40~1.66m,涡河口至浮山河段为 1.59~2.35m。

采用河道疏浚和降低浮山中等洪水水位等措施后,浮山以上河道中等洪水水位成果见表 8.8-2。

表 8.8-2　　　2~3 年一遇标准疏浚后淮干主要节点中等洪水水位比较表

主要节点		浮山	吴家渡	涡河口	茨淮新河口	田家庵	正阳关	南照集	王家坝
设计洪水位 /m	①	18.35	22.48	23.39	23.75	24.48	26.40	28.30	29.20
相应泄洪流量 /(m³/s)		14500		13300		11300		11000	9000

主要节点		浮山	吴家渡	涡河口	茨淮新河口	田家庵	正阳关	南照集	王家坝
中等洪水位 /m	②	18.05	21.28	22.24	22.50	23.38	25.10	26.49	27.93
	③	17.80	21.20	22.17	22.43	23.33	25.07	26.47	27.93
	④	17.50	21.10	22.10	22.37	23.28	25.05	26.46	27.93
	⑤	17.00	20.96	21.98	22.26	23.20	25.01	26.44	27.93
	⑥	16.50	20.83	21.88	22.16	23.14	24.97	26.43	27.93
	⑦	16.00	20.72	21.80	22.09	23.08	24.95	26.42	27.93
中等洪水流量 /(m³/s)		10500		9000		8000		7000	
①－②		0.30	1.20	1.15	1.25	1.10	1.30	1.81	1.27
①－③		0.55	1.28	1.22	1.32	1.15	1.33	1.83	1.27
①－④		0.85	1.38	1.29	1.38	1.20	1.35	1.84	1.27
①－⑤		1.35	1.52	1.41	1.49	1.28	1.39	1.86	1.27
①－⑥		1.85	1.65	1.51	1.59	1.34	1.43	1.87	1.27
①－⑦		2.35	1.76	1.59	1.66	1.40	1.45	1.88	1.27

从表 8.8 - 22 中可以看出，在河道疏浚的条件下降低浮山中等洪水水位，对降低涡河口以下河道中等洪水水位效果明显，但对涡河口以上河道中等洪水水位影响较小。中等洪水水位浮山由 18.05m 降至 17.80m、17.50m、17.00m、16.50m，甚至 16.00m，涡河口最大相差 44cm，田家庵最大相差 30cm，正阳关最大相差 15cm，南照集最大相差 7cm，王家坝相同。

8.8.2.3　3～5 年一遇平槽流量标准扩挖

在淮河干流行蓄洪区调整的基础上，维持正阳关、吴家渡等主要节点设计洪水位和中等洪水流量不变的情况下，在进一步扩挖河道滩槽（疏浚规模为王家坝—正阳关—涡河口—浮山平滩流量按 4000m³/s～5000m³/s～6000m³/s 切滩疏浚规模）后，降低浮山中等洪水水位，研究对上游河道中等洪水水位的影响程度。

（1）浮山中等洪水水位为 18.05m 时，沿程中等洪水水位较设计洪水水位降低幅度：正阳关以上河段为 1.80～2.39m，正阳关至涡河口河段为 1.74～2.04m，涡河口至浮山河段为 0.30～1.74m。

（2）浮山中等洪水水位为 17.80m 时，沿程中等洪水水位较设计洪水水位降低幅度：正阳关以上河段为 1.80～2.41m，正阳关至涡河口河段为 1.83～2.08m，涡河口至浮山河段为 0.55～1.83m。

（3）浮山中等洪水水位为 17.50m 时，沿程中等洪水水位较设计洪水水位降低幅度：正阳关以上河段为 1.80～2.43m，正阳关至涡河口河段为 1.93～2.12m，涡河口至浮山河段为 0.85～1.94m。

（4）浮山中等洪水水位为 17.00m 时，沿程中等洪水水位较设计洪水水位降低幅度：

正阳关以上河段为 $1.80\sim2.45\mathrm{m}$，正阳关至涡河口河段为 $2.08\sim2.21\mathrm{m}$，涡河口至浮山河段为 $1.35\sim2.12\mathrm{m}$。

（5）浮山中等洪水水位为 $16.50\mathrm{m}$ 时，沿程中等洪水水位较设计洪水水位降低幅度：正阳关以上河段为 $1.80\sim2.47\mathrm{m}$，正阳关至涡河口河段为 $2.19\sim2.34\mathrm{m}$，涡河口至浮山河段为 $1.85\sim2.29\mathrm{m}$。

（6）浮山中等洪水水位为 $16.00\mathrm{m}$ 时，沿程中等洪水水位较设计洪水水位降低幅度：正阳关以上河段为 $1.80\sim2.49\mathrm{m}$，正阳关至涡河口河段为 $2.26\sim2.44\mathrm{m}$，涡河口至浮山河段为 $2.33\sim2.43\mathrm{m}$。

采用河道疏浚和降低浮山中等洪水位等措施后，浮山以上河道中等洪水水位成果见表 8.8-3。从表 8.8-3 中可以看出，在河道疏浚的条件下降低浮山中等洪水水位，对降低涡河口以下河道中等洪水水位效果明显，但对涡河口以上河道中等洪水水位影响较小。中等洪水水位浮山由 $18.05\mathrm{m}$ 降至 $17.80\mathrm{m}$、$17.50\mathrm{m}$、$17.00\mathrm{m}$、$16.50\mathrm{m}$，甚至 $16.00\mathrm{m}$，涡河口最大相差 $59\mathrm{cm}$，田家庵最大相差 $42\mathrm{cm}$，正阳关最大相差 $22\mathrm{cm}$，南照集最大相差 $10\mathrm{cm}$，王家坝相同。

表 8.8-3　　　　3～5 年一遇标准疏浚后淮干主要节点中等洪水水位比较表

主要节点		浮山	吴家渡	涡河口	茨淮新河口	田家庵	正阳关	南照集	王家坝
设计洪水位 /m	①	18.35	22.48	23.39	23.75	24.48	26.40	28.30	29.20
相应泄洪流量 /(m³/s)		16000		14500		12500		12000	10000
中等洪水位 /m	②	18.05	20.77	21.65	21.87	22.63	24.36	25.91	27.40
	③	17.80	20.66	21.56	21.78	22.57	24.32	25.89	27.40
	④	17.50	20.54	21.46	21.69	22.49	24.28	25.88	27.40
	⑤	17.00	20.36	21.31	21.54	22.39	24.23	25.85	27.40
	⑥	16.50	20.19	21.17	21.41	22.29	24.18	25.83	27.40
	⑦	16.00	20.05	21.06	21.31	22.21	24.14	25.81	27.40
中等洪水流量 /(m³/s)		10500		9000		8000		7000	
①-②		0.30	1.71	1.74	1.88	1.85	2.04	2.39	1.80
①-③		0.55	1.82	1.83	1.97	1.91	2.08	2.41	1.80
①-④		0.85	1.94	1.93	2.06	1.99	2.12	2.42	1.80
①-⑤		1.35	2.12	2.08	2.21	2.09	2.17	2.45	1.80
①-⑥		1.85	2.29	2.22	2.34	2.19	2.22	2.47	1.80
①-⑦		2.35	2.43	2.33	2.44	2.27	2.26	2.49	1.80

8.8.3　河道疏浚对中等洪水位影响分析

在河道来流量一定情况下，通过扩挖河道、增加过水断面、扩大河道下泄能力，实现降低沿程水位。为研究疏浚河道对中等洪水水位影响程度，本次采用行蓄洪区调整后与进一步扩挖河槽情况进行比较。进一步扩挖河槽与行蓄洪区调整降低浮山以上河道中等洪水水位程度对比详见表8.8-4。

表8.8-4　　　　　　　　　　　降低中等洪水水位效果比较表

主要节点		浮山	吴家渡	涡河口	茨淮新河口	田家庵	正阳关	南照集	王家坝
设计洪水位/m	①	18.35	22.48	23.39	23.75	24.48	26.40	28.30	29.20
中等洪水位/m	行蓄洪区调整后 ②	18.05	21.91	22.82	23.12	24.08	25.80	27.35	28.65
	2～3年一遇标准扩挖河槽 ③	18.05	21.28	22.24	22.50	23.38	25.10	26.49	27.93
	3～5年一遇标准扩挖河槽 ④	18.05	20.77	21.65	21.87	22.63	24.36	25.91	27.40
	行蓄洪区调整后 ⑤	17.50	21.77	22.70	23.01	24.00	25.77	27.33	28.65
	2～3年一遇标准扩挖河槽 ⑥	17.50	21.10	22.10	22.37	23.28	25.05	26.46	27.93
	3～5年一遇标准扩挖河槽 ⑦	17.50	20.54	21.46	21.69	22.49	24.28	25.88	27.40
	行蓄洪区调整后 ⑧	17.00	21.66	22.62	22.93	23.94	25.74	27.34	28.65
	2～3年一遇标准扩挖河槽 ⑨	17.00	20.96	21.98	22.26	23.20	25.01	26.44	27.93
	3～5年一遇标准扩挖河槽 ⑩	17.00	20.36	21.31	21.54	22.39	24.23	25.85	27.40
中等洪水流量/(m³/s)		10500			9000		8000		7000
①-②		0.30	0.57	0.57	0.63	0.40	0.60	0.95	0.55
①-③		0.30	1.20	1.15	1.25	1.10	1.30	1.81	1.27
①-④		0.30	1.71	1.74	1.88	1.85	2.04	2.39	1.80
①-⑤		0.85	0.71	0.69	0.74	0.48	0.63	0.97	0.55
①-⑥		0.85	1.38	1.29	1.38	1.20	1.35	1.84	1.27
①-⑦		0.85	1.94	1.93	2.06	1.99	2.12	2.42	1.80
①-⑧		1.35	0.82	0.77	0.82	0.54	0.66	0.96	0.55
①-⑨		1.35	1.52	1.41	1.49	1.28	1.39	1.86	1.27
①-⑩		1.35	2.12	2.08	2.21	2.09	2.17	2.45	1.80
②-③		0.00	0.63	0.58	0.62	0.70	0.70	0.86	0.72
②-④		0.00	1.14	1.17	1.25	1.45	1.44	1.44	1.25
⑤-⑥		0.00	0.67	0.60	0.64	0.72	0.72	0.87	0.72
⑤-⑦		0.00	1.23	1.24	1.32	1.51	1.49	1.45	1.25
⑧-⑨		0.00	0.70	0.64	0.67	0.74	0.73	0.90	0.72
⑧-⑩		0.00	1.30	1.31	1.39	1.55	1.51	1.49	1.25

主要节点		浮山	吴家渡	涡河口	茨淮新河口	田家庵	正阳关	南照集	王家坝
设计洪水位/m	①	18.35	22.48	23.39	23.75	24.48	26.40	28.30	29.20
中等洪水位/m	行蓄洪区调整后 ②	16.50	21.57	22.54	22.86	23.90	25.72	27.31	28.65
	2～3年一遇标准扩挖河槽 ③	16.50	20.83	21.88	22.16	23.14	24.97	26.43	27.93
	3～5年一遇标准扩挖河槽 ④	16.50	20.19	21.17	21.41	22.29	24.18	25.83	27.40
	行蓄洪区调整后 ⑤	16.00	21.49	22.48	22.81	23.86	25.70	27.30	28.65
	2～3年一遇标准扩挖河槽 ⑥	16.00	20.72	21.80	22.09	23.08	24.95	26.42	27.93
	3～5年一遇标准扩挖河槽 ⑦	16.00	20.05	21.06	21.31	22.21	24.14	25.81	27.40
中等洪水流量/(m³/s)		10500			9000		8000		7000
①－②		1.85	0.91	0.85	0.89	0.58	0.68	0.99	0.55
①－③		1.85	1.65	1.51	1.59	1.34	1.43	1.87	1.27
①－④		1.85	2.29	2.22	2.34	2.19	2.22	2.47	1.80
①－⑤		2.35	0.99	0.91	0.94	0.62	0.70	1.00	0.55
①－⑥		2.35	1.76	1.59	1.66	1.40	1.45	1.88	1.27
①－⑦		2.35	2.43	2.33	2.44	2.27	2.26	2.49	1.80
②－③		0.00	0.74	0.66	0.70	0.76	0.75	0.88	0.72
②－④		0.00	1.38	1.37	1.45	1.61	1.54	1.48	1.25
⑤－⑥		0.00	0.77	0.68	0.72	0.78	0.75	0.88	0.72
⑤－⑦		0.00	1.44	1.42	1.50	1.65	1.56	1.49	1.25

在浮山中等洪水水位同为18.05m时，行蓄洪区调整后中等洪水水位较设计洪水水位低0.30～0.95m，采用2～3年一遇标准扩挖河槽将中等洪水水位再降低0～0.86m，采用3～5年一遇标准扩挖河槽将中等洪水水位再降低0～1.45m。因此，2～3年一遇标准挖河槽较行洪区调整后多降低中等洪水水位幅度：正阳关以上河段为0.70～0.86m，正阳关至涡河口河段为0.58～0.70m，涡河口至浮山河段为0～0.63m；3～5年一遇标准挖河槽较行洪区调整后多降低中等洪水水位幅度：正阳关以上河段为1.25～1.44m，正阳关至涡河口河段为1.17～1.45m，涡河口至浮山河段为0～1.17m。

在浮山中等洪水水位同为17.50m时，行蓄洪区调整后中等洪水水位较设计洪水水位低0.48～0.97m，采用2～3年一遇标准扩挖河槽将中等洪水水位再降低0.00～0.87m，采用3～5年一遇标准扩挖河槽将中等洪水水位再降低0.00～1.51m。因此，2～3年一遇标准扩挖河槽较行洪区调整后多降低中等洪水位幅度：正阳关以上河段为0.72～0.87m，正阳关至涡河口河段为 0.60～0.72m，涡河口至浮山河段为 0～0.69m；3～5 年一遇标准挖河槽较行洪区调整后多降低中等洪水位幅度：正阳关以上河段为 1.25～1.49m，正阳关至涡河口河段为 1.24～1.51m，涡河口至浮山河段为 0.00～1.25m。

在浮山中等洪水水位同为 17.00m 时，行蓄洪区调整后中等洪水水位较设计洪水水位低 0.54～1.35m，采用 2～3 年一遇标准扩挖河槽将中等洪水水位再降低 0.00～0.90m，采用 3～5 年一遇标准扩挖河槽将中等洪水水位再降低 0.00～1.55m。因此，2～3 年一遇标准扩挖河槽较行洪区调整后多降低中等洪水位幅度：正阳关以上河段为 0.72～0.90m，正阳关至涡河口河段为 0.64～0.74m，涡河口至浮山河段为 0～0.75m；3～5 年一遇标准挖河槽较行洪区调整后多降低中等洪水位幅度：正阳关以上河段为 1.25～1.51m，正阳关至涡河口河段为 1.31～1.55m，涡河口至浮山河段为 0～1.35m。

在浮山中等洪水水位同为 16.50m 时，行蓄洪区调整后中等洪水水位较设计洪水水位低 0.55～1.85m，采用 2～3 年一遇标准扩挖河槽将中等洪水水位再降低 0～0.88m，采用 3～5 年一遇标准扩挖河槽将中等洪水水位再降低 0～1.61m。因此，2～3 年一遇标准扩挖河槽较行洪区调整后多降低中等洪水位幅度：正阳关以上河段为 0.72～0.88m，正阳关至涡河口河段为 0.66～0.76m，涡河口至浮山河段为 0～0.74m；3～5 年一遇标准挖河槽较行洪区调整后多降低中等洪水位幅度：正阳关以上河段为 1.25～1.54m，正阳关至涡河口河段为 1.37～1.61m，涡河口至浮山河段为 0～1.38m。

在浮山中等洪水水位同为 16.00m 时，行蓄洪区调整后中等洪水水位较设计洪水水位低 0.55～2.35m，采用 2～3 年一遇标准扩挖河槽将中等洪水水位再降低 0～0.88m，采用 3～5 年一遇标准扩挖河槽将中等洪水水位再降低 0～1.65m。因此，2～3 年一遇标准扩挖河槽较行洪区调整后多降低中等洪水位幅度：正阳关以上河段为 0.72～0.88m，正阳关至涡河口河段为 0.68～0.78m，涡河口至浮山河段为 0～0.77m；3～5 年一遇标准挖河槽较行洪区调整后多降低中等洪水位幅度：正阳关以上河段为 1.25～1.56m，正阳关至涡河口河段为 1.42～1.65m，涡河口至浮山河段为 0～1.44m。

8.8.4　降低中等洪水位效果分析

在淮河干流行蓄洪区调整工程完成后，通过直接降低浮山中等洪水水位、河道疏浚等方式，研究降低淮河干流浮山以上段中等洪水水位效果。

仅降低浮山中等洪水水位对涡河口以下河段中等洪水水位降低明显，而对涡河口以上河段中等洪水水位影响较小。中等洪水水位浮山由 18.05m 降至 17.80m、17.50m、17.00m、16.50m，甚至 16.00m，能够降低中等洪水水位吴家渡 0.07～0.42m、田家庵 0.04～22m、正阳关最大 0.10m，正阳关以上基本相同。

河道疏浚降低中等洪水水位最为有效，能够较大程度降低沿程中等洪水水位。但淮河干流全线河道大规模疏浚，河床稳定性需要进一步研究。

综上所述，仅降低浮山中等洪水水位，对涡河口以上河道中等洪水水位影响较小；而在降低浮山中等洪水水位的同时进行河道疏浚，能够有效地降低淮河干流中等洪水水位。同时，因浮山下游水位降低，河道沿程汇流速度加快、洪水传播时间减少，相应河道高水位持续时间缩短，对沿淮两岸洼地顶托影响减小，有利于沿淮湖洼地排涝。

8.9 小结

（1）淮河干流行蓄洪区调整工程完成后，平滩流量进一步扩大，特别是正阳关以下河段基本达到 2 年一遇。正阳关以上由 $1500\mathrm{m}^3/\mathrm{s}$ 增加到 $1600\mathrm{m}^3/\mathrm{s}$，正阳关至涡河口由 $2500\sim3000\mathrm{m}^3/\mathrm{s}$ 扩大到 $3000\mathrm{m}^3/\mathrm{s}$，涡河口以下由 $3000\sim3500\mathrm{m}^3/\mathrm{s}$ 扩大到 $3800\mathrm{m}^3/\mathrm{s}$。

（2）行蓄洪区调整工程完成后，中等洪水不再启用行蓄洪区，洪水通过主槽、滩槽下泄，减少了人口临时转移和财产损失，改善了中小洪水高水位现象。中等洪水水位较设计洪水水位低 $0.50\sim1.00\mathrm{m}$。其中正阳关以上河段为 $0.60\sim1.00\mathrm{m}$，正阳关至涡河口河段为 $0.50\sim0.70\mathrm{m}$，涡河口至浮山河段 $0.70\sim0.90\mathrm{m}$。

（3）行蓄洪区调整工程完成后，通过降低浮山中等洪水水位，对降低涡河口以下河道中等洪水水位效果明显，但对涡河口以上河道中等洪水水位影响较小。中等洪水水位浮山由 $18.05\mathrm{m}$ 降至 $17.80\mathrm{m}$、$17.50\mathrm{m}$、$17.00\mathrm{m}$、$16.50\mathrm{m}$，甚至 $16.00\mathrm{m}$，涡河口最大相差 $34\mathrm{cm}$，田家庵最大相差 $22\mathrm{cm}$，正阳关最大相差 $10\mathrm{cm}$，南照集最大相差 $6\mathrm{cm}$，王家坝相同。

（4）目前，浮山以下河段过流能力严重不足，仅约 $8000\mathrm{m}^3/\mathrm{s}$，中小洪水高水位、长历时现象突出；大水时，洪泽湖对中游排洪顶托严重，浮山洪水位居高不下。

（5）冯铁营引河开挖后（淮河干流行蓄洪区调整后），中小洪水启用前提下，降低中小洪水水位效果显著。100 年一遇洪水时，洪泽湖蒋坝水位控制在 $14.31\mathrm{m}$，浮山水位在 $18.35\mathrm{m}$ 左右；中等洪水时，洪泽湖蒋坝水位控制在 $13.31\mathrm{m}$，浮山水位基本在 $17.50\mathrm{m}$；中小洪水时，洪泽湖蒋坝水位控制在 $13.31\mathrm{m}$ 以内，浮山水位基本在 $17.00\mathrm{m}$ 以下。

（6）在淮河干流行蓄洪区调整完成基础上，浮山以下河段平滩流量按 3 年一遇疏浚，中等洪水洪泽湖水位控制在 $13.31\mathrm{m}$ 条件下，相应浮山水位可控制在 $17.00\mathrm{m}$；淮河干流浮山以下河段平滩流量按 5 年一遇疏浚，中等洪水洪泽湖水位控制在 $13.31\mathrm{m}$ 条件下，相应浮山水位可控制在 $16.50\mathrm{m}$。

（7）在淮河干流行蓄洪区调整的基础上，进一步疏浚王家坝至老子山河段，降低中等洪水水位效果显著。平滩流量按 $2\sim3$ 年一遇标准疏浚时中等洪水水位低于设计洪水水位 $1.30\sim1.90\mathrm{m}$；平滩流量按 $3\sim5$ 年一遇标准疏浚时中等洪水水位低于设计洪水水位 $1.80\sim2.50\mathrm{m}$。

（8）在降低浮山中等洪水水位基础上，适当扩挖淮河干流河道，能够有效降低沿程中等洪水水位，加快洪水下泄速度，也有利于两岸洼地排涝。

（9）淮河干流主槽呈冲刷趋势，扩大主槽和滩地宽度顺应了河道演变趋势。有行洪区河段河宽可控制在 $1000\sim1500\mathrm{m}$，无行洪区河段河宽可控制在 $1500\sim2000\mathrm{m}$；河道主槽为排洪主要通道，宽度不宜小于 $500\mathrm{m}$；滩地虽然排洪作用有限，但具有保护堤防安全作用，宽度不宜小于 $100\mathrm{m}$。

主 要 参 考 文 献

［1］ 水利部淮河水利委员会．淮河流域防洪规划［R］．水利部淮河水利委员会，2009.

［2］　张学军，刘玲，余彦群，等．淮河干流行蓄洪区调整规划［R］. 中水淮河规划设计研究有限公司，2008.

［3］　刘玉年，何华松，虞邦义，等．淮河中游河道整治研究［R］. 中水淮河规划设计研究有限公司，安徽省·水利部淮委水利科学研究院，2010.

［4］　刘玉年．淮河中游河道整治及其效果评价［J］. 人民长江，2008，（8）：1-4.

［5］　贲鹏，虞邦义，杨兴菊．淮河干流峡山口至蚌埠段行洪区调整与河道整治研究［J］. 泥沙研究，2013（5）：58-63.

［6］　贲鹏，虞邦义，杨兴菊．淮河干流正阳关至峡山口段河道整治研究［J］. 水利水电技术，2013，44（9）：55-58.

［7］　杨兴菊，虞邦义，贲鹏，等．淮河干流淮南（平圩）至蚌埠（闸）段河道整治及行洪区调整河工模型试验研究报告［R］. 安徽省·水利部淮委水利科学研究院，2012.

［8］　辜兵，刘福田．淮河干流行洪区调整对沿淮洼地排涝影响分析［J］. 治淮，2013（3）：8-10.

［9］　辜兵，刘福田，朱晓二．安徽省淮河干流行蓄洪区形成历史与现状［J］. 江淮水利科技，2008（4）：3-4.

［10］　刘福田．可持续发展与淮河中游行蓄洪区治理［J］. 治淮，1999（10）：10-11.

［11］　夏广义，辜兵．浅谈安徽省淮河行蓄洪区治理［J］. 江淮水利科技，2014（4）：19-21.

第 9 章　淮河干流治理与洼地
除涝关系研究

淮河干流行蓄洪区调整工程完成后，在不启用行蓄洪区情况下，中等洪水能够安全下泄，同时行蓄洪区滞洪和行洪能力得到加强，启用行蓄洪区更加及时、有效、灵活、安全，防御淮河洪水能力进一步提高。在淮河洪水下泄速度加快、高水位持续时间缩短的同时，也改善了沿淮湖洼地排涝能力，但因洪致涝、洪涝并发现象仍然突出。因此淮河干流治理与沿淮湖洼地排涝关系亟须研究。本章在淮河干流行蓄洪区调整工程的基础上[1-4]，分两种情况研究淮河干流治理对沿淮湖洼地除涝面积，一是淮河干流行蓄洪区调整工程完成后洼地排涝情况；二是进一步扩大淮河干流平滩流量，按平滩流量2~3年一遇、3~5年一遇开挖河道后洼地排涝情况。

9.1　洼地排涝体系

新中国成立以来，安徽省淮河流域易涝地区进行了多次不同程度的治理。1950—1957年，主要是调整水系，疏浚整治支流河道，推行"三改"措施；1958—1961年，根据"水网化，水稻化"方针，过分强调就地蓄水，违背了治水的客观规律；1962—1978年，面上排水工程逐渐开展，进行了以固镇县"三一沟网化"为典型的面上排水系统建设；1979—1988年以大沟为单元集中连片治理，除涝配套取得显著成效；1989年以来，对部分支流河道进行了初步治理，安排了支流及湖洼的局部整治，按综合治理要求逐步推进。据统计，现有各类圩堤长2900km，排涝站装机23.5万kW，涵闸1357座，排水干沟7382km。

安徽省淮河流域低洼地面积大、分布范围广、居住在洼地人口众多。沿淮洼地地面高程一般为20.00~15.00m，而淮河干流正阳关至浮山河道设计洪水位为26.50~18.50m，高于洼地地面高程3.50~6.50m；警戒水位为24.00~17.30m，高于洼地地面高程2.00~4.00m。淮河低洼地，特别是沿淮湖洼地排水难的问题十分突出。

沿淮洼地主要指沿淮河各支流河道下游及其沿河（湖）低洼地区、沿河两岸分布的行蓄洪区，是安徽省淮河流域洪涝灾害最为频繁的地区。目前各洼地出口大多建有控制涵闸，主要为防止淮河洪水倒灌，同时兼有排涝、蓄（引）水等作用。同时湖洼地内筑有部分圩堤，但堤防标准和抽排能力都很低，经常出现因洪致涝、洪涝并发现象。多年来，沿淮一些较大的湖洼地先后进行了规划和治理，采取高截岗、疏沟排水、圈圩建站、出口建闸、加固圩堤等多种措施，使得排涝条件有所改善。初步统计，沿淮洼地现有圩堤总长2000km，现有排涝站总装机19万kW。

　　沿淮洼地地势低洼，是高地洪（涝）水的汇集地，但排水条件差，容易形成洪涝灾害。加之目前淮河干流平槽泄量小，汛期洪水漫滩机遇不足 2 年。汛期干流洪水一旦漫滩，开始顶托支流和沿淮湖洼地的排水；随着干流水位的不断升高，对支流和沿淮洼地的顶托越来越严重；同时干流受到洪泽湖顶托影响，洪水漫滩持续时间长；当干流水位高于支流和沿淮洼地内水位时，为防止淮河洪水倒灌，支流和沿淮洼地将关闭涵闸，致使上游来水无法排入干流河道，形成“关门淹”，淹没水深一般在 1.0～5.0m，淹没时间一般在 30～90d。

　　同时由于无抽排设施或抽排能力较小，洪（涝）水不能及时外排，洼地内水位不断被抬高，并长期滞积。长时间的高水位一方面淹没了大量无保护的居民和耕地，并延误秋种时节；另一方面大大增加了洼地内圩区的防汛压力，导致圩堤溃破现象时有发生，其中许多圩区内有大量群众居住，该部分群众的生命和财产受到严重威胁。

9.2　淮河两岸洼地分布范围及特性分析

　　安徽省境内淮河流域面积 6.7 万 km²。北岸为广阔的淮北平原，面积 3.7 万 km²；南岸为江淮丘陵区，西南部为大别山区，沿淮有一连串的湖泊洼地，面积共 3.0 万 km²。安徽省淮河流域易涝面积 3.0 万 km²，耕地 2800 万亩，涉及人口 2200 万。本章主要研究淮河干流浮山以上段沿淮湖洼地和淮南支流洼地[5-10]。

　　沿淮湖洼地主要包括淮河以北洼地、淮河以南洼地、沿淮行蓄洪区洼地和其他沿淮湖洼地。其中淮河以北为洪洼、谷河洼地、润河洼地、八里湖、焦岗湖、西淝河下游洼地、架河洼地、泥黑河洼地、芡河洼地、泊岗洼地和北淝河下游洼地；淮河以南为高塘湖、临王段、正南洼、黄苏段、天河洼、七里湖洼地和高邮湖洼地（沂湖、洋湖）；沿淮行蓄洪区为城西湖、城东湖、瓦埠湖、花园湖、濛洼、南润段、邱家湖、姜唐湖、寿西湖、董峰湖、石姚段、洛河洼、汤渔湖、荆山湖、方邱湖、临北段、香浮段和潘村洼；其他沿淮湖洼地为蚌埠市城市洼地、淮南市城市洼地、戴家湖、黄沟洼、马家洼、鳗鲤池、跃进沟、塌荆段、邵家湖、张家沟、三铺湖、三冲湖和杨庵湖洼地。洼地范围涉及临泉、阜南、霍邱、寿县、颍上、凤台、毛集、淮南市辖区、蚌埠市辖区、怀远、明光和天长等县区。

　　淮河以南支流洼地主要为史河、淠河和濠河等。

　　本次研究安徽省淮河干流浮山以上两岸洼地共 57 片，流域面积 30033km²，设计洪水位下面积 8556km²。洼地基本情况见表 9.2-1。

9.2.1　沿淮湖洼地

　　沿淮湖泊大都是潴水新生型湖泊。1578 年潘季驯提出“蓄清刷黄”的治水主张以后，洪泽湖的基准面不断抬高，水面不断扩大，使安徽省淮河流域河道的比降减缓，溢于两岸，蓄积成许多河口洼地湖泊。有研究资料表明，瓦埠湖、花园湖、香涧湖、沱湖、天井

表 9.2－1   淮河干流两岸洼地基本情况表

序号	洼地名称		流域面积/km²	设 计 洪 水		备注
				水位/m	影响自排面积/km²	
1	沿淮支流洼地	洪河	572	29.20	168.8	北岸
2		谷河	1080	28.80	40.7	北岸
3		润河	907	27.82	157.9	北岸
4		八里湖	480	26.33	347.6	北岸
5		焦岗湖	563	25.84	558.2	北岸
6		西淝河下游	1621	25.50	656.0	北岸
7		永幸河	180	25.20	180.0	北岸
8		架河	205	25.15	205.0	北岸
9		泥黑河	556	24.37	414.0	北岸
10		芡河	1328	23.75	728.7	北岸
11		北淝河下游	505	21.86	483.0	北岸
12		临王段	139	28.41	136.0	南岸
13		正南洼	344	26.40	122.2	南岸
14		高塘湖	1160	24.35	303.7	南岸
15		黄苏段	46	24.03	40.2	南岸
16		天河	340	23.71	119.1	南岸
小计			10026		4661	
17	行蓄洪区	濛洼	181	28.41	179.8	北岸
18		城西湖	1686	26.70	527.5	南岸
19		南润段	11	28.00	10.7	北岸
20		邱家湖	27	27.12	26.6	北岸
21		城东湖	2170	26.47	467.6	南岸
22		姜唐湖	146	26.4	119.0	北岸
23		瓦埠湖	4193	25.75	990.0	南岸
24		寿西湖	155	25.75	147.0	南岸
25		董峰湖	44	25.59	41.9	北岸
26		上六坊堤	9	24.90	8.8	北岸
27		下六坊堤	19	24.72	19.2	北岸
28		石姚段	16	24.54	15.7	南岸
29		洛河洼	16	24.35	15.5	南岸
30		汤渔湖	73	24.33	72.7	北岸

流域名称		流域面积 /km²	设 计 洪 水		备注
			水位/m	影响自排面积/km²	
行蓄洪区	荆山湖	67	23.85	66.5	北岸
	方邱湖	77	21.34	75.3	南岸
	临北段	28	21.05	28.4	北岸
	花园湖	875	20.39	210.6	南岸
	香浮段	44	18.47	43.0	南岸
小计		9835		3066	
其他 沿淮洼地	八里沟	23	22.48	3.0	南岸
	席家沟	50	22.48	2.3	南岸
	龙子河	140	22.48	32.7	南岸
	大涧沟	30	24.51	9.8	南岸
	石涧湖	39	24.75	10.3	南岸
	应台孜	14	24.75	4.5	南岸
	新庄孜	13	24.91	0.4	南岸
	李咀孜	23	24.91	3.5	南岸
	戴家湖	21	26.70	10.7	南岸
	黄沟洼	36	24.91	16.0	北岸
	马家洼	18	25.09	13.0	北岸
	鳗鲤池	35	23.75	15.0	北岸
	跃进沟	78	24.25	19.8	北岸
	塌荆段	8	23.75	8.0	北岸
	郘家湖	61	20.02	60.8	北岸
	张家沟	136	20.70	136.0	北岸
	三铺湖	51	20.98	51.0	北岸
	三冲湖	43	20.70	41.0	北岸
	杨庵湖	49	19.10	39.8	北岸
小计		866		477	
淮河南岸 支流洼地	史河	2685	28.50	138.0	南岸
	沣河	6000	26.43	169.7	南岸
	濠河	621	21.30	43.5	南岸
小计		9306		351	
合计		30033		8556	

湖都是如此形成的。因此，沿淮湖洼地的形成大都只有几百年的时间，且水深较浅，一般只有 2～4m。

　　沿淮湖洼地主要包括淮河以北的洪洼、谷河洼地、润河洼地、八里湖、焦岗湖、西淝河下游洼地、架河洼地、泥黑河洼地、芡河洼地和北淝河下游洼地；淮河以南的高塘湖、临王段、正南洼、黄苏段、天河洼、泊岗洼地、七里湖洼地和高邮湖洼地（沂湖、洋湖）。因泊岗洼地、七里湖洼地、高邮湖洼在浮山以下，不在本次研究范围。共涉及洼地 16 片，流域面积 10026km²，设计洪水位下面积 4661km²。

9.2.1.1 洪汝河

洪汝河流域位于淮河北岸，发源于河南省伏牛山区，流经豫、皖两省，于安徽省阜南县王家坝入淮河，流域总面积 12380km²。洪汝河在河南班台以上分为两支，南支为汝河，两支在班台汇合后称大洪河。大洪河黑龙潭以上属河南省新蔡县，黑龙潭以下以大洪河为界，右岸为河南省淮滨县，左岸为安徽省临泉和阜南县，河长 74.3km。1958 年在班台以下、大洪河以东辟有洪河分洪道，分洪道自柳树庄至田湾段以分洪道为界，左岸为安徽省，右岸属河南省，田湾以下属安徽省。洪汝河安徽省流域面积 572km²，耕地 58 万亩（见表 9.2-2）。

表 9.2-2　　　　　　　　　洪汝河易涝范围高程—面积关系

高程/m	面积/km²	高程/m	面积/km²
26.00	0	29.00	152.0
27.00	40.0	30.00	236.0
28.00	120.0	31.00	256.0

9.2.1.2 谷河

谷河是淮河北岸一条支流，发源于临泉县姜寨镇南的熊荒坡，经河南省新蔡县再入临泉县，至马楼沟进入阜南县境内，在中村岗与濛河分洪道相汇后东流至南照集入淮。河道全长 92km，其中安徽省境内长 78km。谷河原流域面积 846km²，1968 年开挖界南新河将润河上段 387km² 流域面积截入谷河，使谷河总流域面积增加到 1233km²，其中河南省153km²，安徽省 1080km²。

谷河洼是指阜南县境内谷河公桥以下沿岸洼地，区内地面高程在 22.00～30.00m。谷河洼地沿谷河两岸呈带状分布，涉及中岗、苗集等 7 个乡镇，地面高程 22.00～30.00m。沿岸洼地已筑圩堤 12 处，圩堤长 53km，保护面积 52km²，保护耕地 6.5 万亩（见表9.2-3）。

表 9.2-3　　　　　　　　　谷河易涝范围高程—面积关系

高程/m	面积/km²	高程/m	面积/km²
23.00	1.0	26.00	13.4
24.00	5.5	27.00	19.3
25.00	10.4	28.00	29.5

9.2.1.3 润河

润河起源于临泉县刘寨，是淮河北岸的一条支流，流经临泉、阜南、颍上等县域，于颍上县润河集注入淮河，全长 174km，流域面积 1294km²，1968 年将上段乔油坊以上387km² 流域面积截入界南新河而汇入谷河。现润河流域面积为 907km²，河道长 70km。

润河洼地为 5 年一遇除涝水位以下洼地面积 270km²，地面高程一般在 27.0m，局部洼地地面高程只有 23～24m。洼地现有耕地面积 38.4 万亩，总人口 39.1 万人，其中农业人口 37.3 万人（见表 9.2－4）。

表 9.2－4　　　　　　　　　　　　润河易涝范围高程—面积关系

高程/m	面积/km²	高程/m	面积/km²
22.00	7.0	26.00	50.0
23.00	15.0	27.00	80.0
24.00	23.0	28.00	175.0
25.00	35.0		

9.2.1.4　八里河

八里河流域位于淮河与颍河交汇处，处于颍上县境内，为颍河支流。流域面积 479.7km²，2002 年年底总人口 38.2 万人，耕地 43.1 万亩，分属颍上县城关、新集、建颍等 14 个乡镇，179 个行政村。八里河支流主要有柳沟、五里湖大沟和第三湖大沟，分别分布在流域的中部、左侧和右侧，集水面积分别为 123.5km²、137.8km² 和 113.0km²，占八里河流域面积的 78%。区间面积为 105.4km²，其中包括青年河流域面积 46.3km²。八里河洼地常年蓄水区目前正常蓄水位 21.00m，面积 20.0km²（见表 9.2－5）。

表 9.2－5　　　　　　　　　　　　八里河易涝范围高程—面积关系

高程/m	面积/km²	高程/m	面积/km²
21.00	20.0	25.00	176.0
22.00	40.0	26.00	304.0
23.00	58.0	27.00	436.0
24.00	114.0		

9.2.1.5　焦岗湖

焦岗湖南临淮河，西临颍河，东北有西肥河，流域面积 480km²，人口 39.3 万人，耕地 46.7 万亩。分属颍上县、淮南市毛集实验区和凤台县的 10 个乡镇以及焦岗湖农场。焦岗湖主要支流有浊沟、花水涧和老墩沟，流域面积 284km²。本干及环湖区面积共 196km²。焦岗湖入淮河道便民沟是人工河道，全长 2.7km，沟口有焦岗闸与淮河相通。另外，刘集大沟处于流域西部，紧邻颍河，流域面积 82.6km²，在目前工程情况下，当颍河水位较低时，可自排入颍河；当颍河水位较高不能自流排出时，该流域涝水将通过刘集大沟汇入焦岗湖。

流域内地势西北高、东南低。北部地形平坦，地面高程在 25.00～24.00m；中部在 24.00～21.50m，岗洼相间；在东南低洼地处有常年蓄水区，湖底高程在 15.50～16.50m，正常蓄水位 17.75m，相应湖面面积约 43km²（见表 9.2－6）。

表 9.2 - 6 焦岗湖易涝范围高程—面积关系

高程/m	面积/km²	高程/m	面积/km²
18.00	46.0	23.00	273.0
19.00	68.0	24.00	372.0
20.00	102.0	25.00	533.0
21.00	159.0	26.00	563.0
22.00	223.0		

9.2.1.6 西淝河下游

西淝河古称夏淝水，介于颍、涡河间，与两河平行自西北流向东南。新中国成立前以起自河南太康县马厂集的清水河为上源。1951年冬河道治理时，在亳县王河口筑堵坝，将清水河来水分别从油、洺河向东经漳河引入涡河，西淝河便改以王河口为起点。1976年茨淮新河开挖时，在利辛县境内的刘郢筑堵坝将西淝河上段截入新河，今直接入淮的西淝河下段河道即以刘郢堵坝为起点。西淝河下段流经利辛、颍上县后，于凤台县境内西淝河闸处入淮河，下段长72.4km，流域面积1621km²。西淝河下段流域右与颍河流域及焦岗湖流域相邻，左与茨淮新河及架河流域接壤，主要支流有苏沟、济河和港河。流域内地形西北高东南低，最高地面高程30.00m，最低地面高程17.00m，沿河地势低洼，下游形成天然湖泊花家湖（常年水位为18.00m，相应面积35km²）。西淝河下段本干河道较为平缓，河道平均比降约为1/40000。

苏沟为西淝河下段右岸支流，发源于阜阳市颍东区茨淮新河南岸的杨桥，经颍东区流入利辛县胡集镇板集西，并于展沟集北入西淝河。苏沟全长45.2km，流域面积269km²。

济河是西淝河下段右岸另一条较大支流，界于苏沟与颍河之间，为平原坡水区，1958年开挖，西起颍左堤的永安闸，向东南流经颍东区和颍上县境，于颍上县北部的老集附近汇入西淝河。济河全长63km，流域面积707km²。

港河为西淝河左岸支流，位于凤台县境内，于淝左堤港河闸处入西淝河。港河东起港河口，西至茨淮新河，全长42km，总流域面积224km²。1974年永幸河开通后，截走永幸河以北岗地来水面积90km²，现港河流域面积为134km²，全长32km。沿河地势低洼，下游形成天然湖泊（姬沟湖）。港河本干河道较为平缓，河道平均比降约1/35000（见表9.2-7）。

表 9.2 - 7 西淝河下段易涝范围高程—面积关系

高程/m	面积/km²	高程/m	面积/km²
17.00	13	22.00	151
18.00	35	23.00	216
19.00	52	24.00	341
20.00	76	25.00	532
21.00	110	25.50	656

9.2.1.7　永幸河

永幸河是 1974 年开挖的一条排灌两用的人工河道，纵贯凤台县东西，西起尚塘乡英雄沟口，东至凤台一中北面入淮，全长 43km，穿过港河和架河两个流域的高岗地，截走两流域各 90km² 来水面积。永幸河灌区面积 180km²，通过永幸河枢纽与淮河沟通。流域内地势西北高东南低，呈万分之一左右比降。地面高程一般在 22.50～25.50m，最低地面高程 19.00m。北部地势平坦，大部分为高岗地，南部是港河洼地和架河洼地，地势岗洼交错，较为复杂。

永幸河与茨淮新河之间分布有英雄沟、塘路沟、港沟、鸭咀沟、苍沟、友谊沟、幸福沟和大寨沟等南北方向排灌大沟，永幸河与泥左堤之间分布有港南新河、永钱大沟、永泥河、管路沟和十里沟等排灌大沟，排灌大沟均与永幸河相通，共计长 150km。

永幸河河道设计流量为 120m³/s，在未受淮干水位顶托前抢排 180km² 岗地来水，减轻港河洼地和架河洼地的内涝；在受到淮干水位顶托时，通过永幸河站（设计流量37.5m³/s）抽排。因永幸河灌区大部分为高岗地，在汛期时，部分涝水也串入架河流域内（见表 9.2 - 8）。

表 9.2 - 8　　　　　　　　　　　永幸河易涝范围高程—面积关系

高程/m	面积/km²	高程/m	面积/km²
22.50	9.2	24.00	87
23.00	24.7	25.00	180

9.2.1.8　架河

架河发源于凤台县东北部边缘，原流域面积 295km²，在 20 世纪 70 年代永幸河开挖时，将永幸河以南及幸福沟以西的 90km² 截入永幸河。架河现有流域面积 205km²，其中凤台县为 127km²，潘集区为 78km²。总人口 14.4 万人，耕地 17.54 万亩，分属凤台县的城北、丁集、关店、桂集和潘集区的架河、芦集等 6 个乡镇。架河下游有城北湖和戴家湖两处洼地，集水面积分别为 154km² 和 51km²。

架河流域北有茨淮新河，南靠淮河，西邻西泥河，东为泥河，地形总体趋势为西北高、东南低，地面高程一般在 18.00～23.00m 左右。架河流域来水主要通过架河闸、架河站和永幸河枢纽排入淮河。因受淮河高水位顶托，涝水无法排出而成灾（见表 9.2 - 9）。

表 9.2 - 9　　　　　　　　　　　架河易涝范围高程—面积关系

高程/m	面积/km²	高程/m	面积/km²
17.50	3.3	21.00	34.5
18.00	4.9	22.00	80.0
19.00	11.4	23.00	174.7
20.00	21.8	24.00	205.0

9.2.1.9　泥黑河

泥黑河发源于凤台县米集，流经凤台、淮南潘集区，穿过淮北大堤上的青年闸，在汤渔湖缕堤尹家沟闸处汇入淮河，全长 60km，系淮河的一级支流。泥黑河青年闸上流域面积 556km²。泥黑河流域整个地形为西北高东南低，两边高中间低。一般地面高程 17.50～23.50m，下游洼地最低高程 16.00m，高程 20.00m 以上逐步开阔，分布有厂矿、村庄和农田。该流域耕地面积 52.43 万亩，人口 35.23 万人（见表 9.2－10）。

表 9.2－10 泥黑河易涝范围高程一面积关系

高程/m	面积/km²	高程/m	面积/km²
16.00	4.5	20.00	44.5
17.00	10.5	21.00	88.4
18.00	20.0	22.00	234.0
19.00	28.0	23.00	414.0

9.2.1.10 芡河洼地

新中国成立初期芡河源于涡阳县境内的杉木桥，经利辛、蒙城于怀远荆山西侧注入淮河。河道全长 150km，流域面积为 1750km²。1954—1955 年治淮工程中，将上游孙沟湾以上的来水面积 410km² 分段截入涡河。70 年代开挖芡淮新河，于上桥切断了芡河，芡河遂通过芡河排涝闸排水入芡淮新河。现在芡河流域面积为 1328km²，本干长 92.5km，耕地 100.3 万亩，人口 53.08 万人。芡河流域内地形西北高、东南低，地面高程 26.50～20.00m，河道中下游沿岸为低洼地。芡河干流枣木桥以下 17.5m 高程以下为常年蓄水区，面积 42.5km²（见表 9.2－11）。

表 9.2－11 芡河洼地易涝范围高程一面积关系

高程/m	面积/km²	高程/m	面积/km²
15.00	17.0	20.00	96.7
16.00	25.0	21.00	138.6
17.00	37.5	22.00	226.9
18.00	50.8	23.00	439.7
19.00	70.1	24.00	825.0

9.2.1.11 北淝河下游

北淝河下游流域位于涡河口以下至沫河口的沿淮淮北地区，西起怀洪新河符怀新河段右堤，东至五河县沫河口镇仇冲坝，南起淮北大堤，北达怀洪新河瀤河洼、香涧湖段分水岭，流域面积 505km²、耕地 44.12 万亩、总人口 31 万人，涉及怀远、固镇和五河 3 县及蚌埠市淮上区，共 10 个乡镇。流域内地势低洼，整个地形南北高，中间洼，东西向坡降缓，中部圩区一般高程为 15.50～17.50m，最低的圩外地面高程 14.00～15.50m，最高的南部沿淮和北部分水岭地面高程也仅 19.00～19.50m。据统计，地面低于 17.50m 高程的面积 198km²（其中圩外面积 55km²），约占流域总面积的 40%。北淝河下游干流河道西起尹口闸，东至沫河口闸（又称北淝闸），全长 39.4km，其涝水出路主要通过沫河口闸向淮河抢排和通过隔子沟、固镇大洪沟、五河大洪沟 3 条退水大沟向怀洪新河相机退水，此外，还能通过怀洪新河符怀新河段的尹口闸、汤吴沟、泚浍涵向怀洪新河抢排（见表 9.2-12）。

表 9.2-12　　　　　　　　北淝河下游易涝范围高程—面积关系

高程/m	面积/km²	高程/m	面积/km²
15.00	18.0	18.00	299.0
16.00	68.0	19.00	483.0
17.00	135.0	20.00	483.0

9.2.1.12　临王段

临王段位于淮河南岸，霍邱县西北部，西临史（泉）河，北滨淮河，南部为岗地，东以上格堤与城西湖相隔。沿淮干堤防自临水集经陈村至王截流，与城西湖蓄洪堤相接，长 26.75km，王截流至周集为临王段与城西湖分隔堤，长 5.564km。临王段保护区面积 127km²，耕地 15 万亩，人口 12.9 万人。地面高程 22.20～27.00m，自东侧向西北倾斜（见表 9.2-13）。

表 9.2-13　　　　　　　　临王段易涝范围高程—面积关系

高程/m	面积/km²	高程/m	面积/km²
22.00	9.0	27.00	127.0
23.00	41.0	28.00	135.0
24.00	83.0	29.00	137.5
25.00	100.0	30.00	139.0
26.00	115.0		

9.2.1.13　正南洼

正南洼位于寿县西北部，西临淠河，北滨淮河，东抵淠东干渠及正阳分干渠，南以杨西分干渠为界。排水区面积 344km²，耕地 26.74 万亩。区内西北部为洼地，面积为 104km²，地面高程 19.00～22.00m；东南部为坡水地带，面积 227.6km²，地面高程 23.00～27.00m；中部有肖严湖，常年蓄水位 19.50m，水面面积 12.4km²，蓄水量 2300 万 m³。正南洼分属寿县 7 乡（镇）及正阳关农场，人口 22.4 万人，其中住洼地人口 9.25 万人。

正南洼在新中国成立以前，其汇水面积包括双门铺以下、安丰塘堤以西，并承泄安丰塘凤凰闸下泄之水，经板桥至王三岔后由小清河口入淮河。区内肖严湖以北、淠河以东有倪炭湖、朱家湖，正阳关东部及南部有东湖、学湖、孟湖、孟公湖。新中国成立后正南淮堤建成，上述诸湖均在正南淮堤之内，其集水改汇入 1951 年新开挖的正南排水渠，向北流经正阳涵排入淮河。这样就形成了一个由上述诸湖组成的统一的小流域，1955 年在进行该地区治理规划时，始称为正南洼地（见表 9.2-14）。

表 9.2－14 正南洼易涝范围高程—面积关系

高程/m	面积/km²	高程/m	面积/km²
19.00	3.0	24.00	97.0
20.00	35.0	25.00	115.0
21.00	67.0	26.00	119.0
22.00	71.0	27.00	127.0
23.00	93.0		

9.2.1.14 高塘湖

高塘湖又称窑河洼地，湖区通过窑河闸、窑河与淮河相通。窑河闸以上流域总面积 1500km²，行政区划涉及淮南市（大通区）、滁州市（定远县、凤阳县）和合肥市（长丰县）三市、四县（区），另有两个国营农场，分别位于大通区和长丰县境内。

高塘湖流域平面形状呈扇形，东西向长约 49km，南北向宽约 46km。流域地势为四周高中间低，由边界向湖区倾斜。按地形划分，高程 25.00m 以上丘陵和低山区面积为 1160km²，占流域总面积的 77.4%；高程 20.00～25.00m 之间平原区面积为 248km²，占 16.5%；高程 20.00m 以下的面积为 92km²，占 6.1%，为高塘湖湖洼区。湖区高程 20.00m 以下没有村庄，干旱年份高程 20.00m 以下面积也可耕种，午季基本上可以保收。高塘湖正常蓄水位 17.50m，为充分利用当地水资源，近几年基本控制蓄水位在 18.00～18.50m 之间（见表 9.2－15）。

表 9.2－15 高塘湖易涝范围高程—面积关系

高程/m	面积/km²	高程/m	面积/km²
15.00	20.6	21.00	117.6
16.00	31.6	22.00	153.8
17.00	40.3	23.00	210.4
18.00	55.3	24.00	283.7
19.00	73.9	25.00	340.8
20.00	93.7		

窑河是高塘湖入淮河的唯一通道，起于淮南上窑镇（窑河闸），在新城口处入淮河，河道长 7.5km，系人工河道，河底高程在 12.10～14.10m 之间，河底宽 20～30m。高塘湖流域支流较多，主要有沛河、青洛河、严涧河、马厂河和水家湖镇排水河道等，各支流经丘陵、平原区后呈放射状注入高塘湖。5 条支流河道总长约 126km，由于河道本身水土流失，加上有的河道（沛河、马厂河）下游两岸盲目圈圩，致使河道下游河床抬高，断面变窄，排洪不畅。

9.2.1.15 黄苏段

黄苏段洼地位于怀远县境内，区内面积 45.9km²，其中洼地面积 35.0km²，耕地 3.8 万亩，人口 3.3 万人。区内地面高程 16.00～18.00m，由南向北倾斜。黄苏段一般堤上起黄疃窑山脚，下至苏家岗与天河封闭堤相接，长 12km（见表 9.2－16）。

表 9.2 - 16　　　　　　　　　　　黄苏段易涝范围高程—面积关系

高程/m	面积/km²	高程/m	面积/km²
16.00	5.0	21.00	27.6
17.00	13.0	22.00	31.9
18.00	20.0	23.00	38.5
19.00	24.3	24.00	40.2
20.00	25.8	25.00	40.8

9.2.1.16　天河

天河位于淮河右岸，发源于淮南的朱家山与凤阳猴洼，流经凤阳、怀远、蚌埠市禹会区，于涂山南侧注入淮河，系淮河的一级支流。天河流域总面积 340km²，涉及凤阳、怀远、蚌埠禹会区三县（区），其中凤阳县 233.6km²，占 69%；怀远县 38km²，占 11%；禹会区 68.4km²，占 20%。按地形划分：山区 70km²，占 21%；丘陵高地 154km²，占 45%；洼地 96km²，占 28%；水面 20km²，占 6%。流域内总人口 15.3 万人，耕地 26.1 万亩。正常蓄水位 18.00m，相应面积 24.6km²，库容 4500 万 m³（见表 9.2 - 17）。

表 9.2 - 17　　　　　　　　　　　天河易涝范围高程—面积关系

高程/m	面积/km²	高程/m	面积/km²
15.00	5.6	20.00	38.5
16.00	10.1	21.00	54.5
17.00	16.5	22.00	79.3
18.00	24.6	23.00	107.0
19.00	30.6	24.00	124.0

9.2.2　行蓄洪区

沿淮行蓄洪区包括濛洼、城西湖、城东湖、瓦埠湖、南润段、邱家湖、姜唐湖、寿西湖、董峰湖、上六坊堤、下六坊堤、石姚段、洛河洼、汤渔湖、荆山湖、方邱湖、临北段、花园湖、香浮段和潘村洼。因潘村洼在浮山以下，不在本次研究范围。共涉及洼地 19 片，流域面积 9835km²，设计洪水位下面积 3066km²。

9.2.2.1　濛洼

濛洼蓄洪区位于阜南县境内，现有面积 180.5km²，耕地 18 万亩，区内居住人口约 15.2 万人。区内地面高程一般为 26.00～21.00m，由西南向东北渐低。自 1951—1953 年建成以来共蓄洪 14 次。经过多年建设，目前已形成了较为完整的除涝工程体系。现有排涝站 4 座，总装机 7270kW，设计流量 67m³/s。2003 年大水后，在灾后重建项目中安排了上堵口站技术改造。目前，濛洼蓄洪区抽排模数约 0.37m³/s/km²，接近 5 年一遇标准（见表 9.2 - 18）。

表 9.2－18　　　　　　　　　　　　　濛洼蓄洪区高程—面积关系

高程/m	面积/km²	高程/m	面积/km²
21.00	0.5	27.00	178.4
22.00	12.9	28.00	179.4
23.00	50.5	29.00	180.4
24.00	118.4	30.00	180.4
25.00	153.4	31.00	180.4
26.00	170.4		

9.2.2.2　城西湖

城西湖蓄洪区是淮河中游最大的蓄洪区，位于淮河干流王截流至临淮岗段南岸，霍邱县境内，距正阳关约25km。北临淮河，西北以周集岗地至王截流的上格堤与临王段洼地相邻，东部有岗地与城东湖相隔，西部与南部为丘陵岗地。沣河由南向北汇入城西湖，沣河（含城西湖）流域面积1686km²，区内地势总体是南高北低。

城西湖1950年被列为淮河蓄洪区，蓄洪工程由王截流进洪闸、城西湖退水闸和城西湖圈堤组成。目前，城西湖蓄洪区的运用原则为：当润河集水位超过27.1m，城西湖大堤出现严重险情；或者正阳关水位已达26.40m，淮北大堤等重要堤防出现严重险情时，由国家防总下令开闸进洪。城西湖进洪闸最大进洪流量6000m³/s，设计蓄洪水位26.40m，蓄洪库容28.88亿m³。城西湖蓄洪区自建成以来，分别于1954年、1968年和1991年3次蓄洪。

城西湖蓄洪区设计蓄洪水位26.40m，相应蓄洪面积499km²，耕地45万亩，人口16.41万人，分属16个乡镇85个行政村。沿岗河将城西湖蓄洪区分成南北两部分。沿岗河以北部分为西湖围垦区，面积279km²，耕地24万亩，地势平坦，地面高程18.00～22.00m。其中有常年蓄水区面积63km²。沿岗河以南蓄洪范围内面积238km²，其中湖面34km²，湖周地区属丘陵岗地，地面高程一般在25.00～60.00m（见表9.2－19）。

表 9.2－19　　　　　　　　　　　　　城西湖蓄洪区高程—面积关系

高程/m	面积/km²	高程/m	面积/km²
19.00	164.0	25.00	448.9
20.00	243.3	26.00	493.2
21.00	325.2	27.00	542.2
22.00	370.0	28.00	582.1
23.00	403.6	29.00	619.1
24.00	422.6	30.00	652.1

9.2.2.3　南润段

南润段行洪区位于颍上县南照集至润河集之间，南临淮河，北靠岗丘。1995年实施了行洪堤退建工程，退建后与对岸城西湖蓄洪堤堤距1.5～2.0km。区内现有面积为10.7km²，耕地1.3万亩，人口0.95万人，现居住在区内的下安孜、余台孜、王台孜、

东井孜和六里台 5 座庄台上，分属南照、润河两镇的 13 个行政村。区内地面高程 21.00
～23.50m。1950 年以来共进洪 14 次。2007 年大水后灾后重建工程中，南润段兴建了退
建洪闸，设计流量为 600m³/s（见表 9.2 - 20）。

表 9.2 - 20   南润段行洪区高程—面积关系

高程/m	面积/km²	高程/m	面积/km²
21.00	2.57	23.00	9.84
22.00	7.74	24.00	10.70

9.2.2.4 邱家湖

邱家湖蓄洪区位于淮河左岸庙台至赵集之间，淮河左岸。属颍上县，是淮河正阳关以
上低标准行洪区之一。湖区面积 25.1km²，耕地 2.5 万亩，湖区人口 0.55 万人，居住在
毛球窝、双台、姜台、孔台和小渔场 5 座庄台上。现有孔台子排涝站 1 座，设计抽排流量
12.5m³/s，自排流量 37.3m³/s。临淮岗洪水控制工程的建成将邱家湖自陈巷子一分为二，
坝上面积 21.6km²，坝下面积 3.5km²。2003 年大水后，沿淮堤防长 5.8km 实施了加固。

何家圩为姜家湖行洪区临淮岗坝上部分，属霍邱县，圩内面积 5.77km²。2003 年灾
后重建，实施了何家圩退建，沿姜唐湖进水闸中心线北 300m 至老淮河口新筑堤防
2.8km，老淮河堵坝长 0.54km 与邱家湖行洪堤相接。退出面积 3.14km²，圩区现有面积
2.63 km²。同时兴建了何家圩排涝站，抽排流量 1.82 m³/s，自排流量 4.24m³/s。

邱家湖蓄洪区蓄洪范围包括邱家湖行洪区临淮岗坝上部分、何家圩部分，以及老河槽
部分，面积为 26.6km²，堤防长 9.14km，堤顶宽 6m，堤顶高程 28.20～28.80m。湖内地
势西北高，东南低，高程一般为 18.50～22.00m。经过多年建设，目前已形成了较为完整
的排涝工程体系，自排、抽排均达到 5 年一遇标准。2007 年大水后灾后重建工程中，邱
家湖兴建了进（退）洪闸，设计流量为 1000m³/s（见表 9.2 - 21）。

表 9.2 - 21   邱家湖蓄洪区高程—面积关系

高程/m	面积/km²	高程/m	面积/km²
18.50	0	23.00	25.6
19.00	8.1	24.00	25.9
20.00	16.3	25.00	26.2
21.00	24.2	26.00	26.5
22.00	25.3	27.00	26.6

9.2.2.5 城东湖

城东湖位于淮河干流中游正阳关附近，霍邱县城东，是汲河的下游洼地。常年蓄水区
地形狭长，东西平均宽 5～6km，南北长约 25km。城东湖东西纳史河灌区的沣东、汲东
干渠一侧坡水，南有汲河汇入，流域面积 2170km²。

城东湖 1951 年确定为淮河蓄洪区，设计蓄洪水位 25.50m，相应蓄洪区面积 380km²，
蓄洪量 15.8 亿 m³，耕地 35.0 万亩。蓄洪区内现有人口 8.4 万人，分属霍邱、六安两县。
城东湖蓄洪区常年蓄水位现状一般控制在 19.00～19.50m，相应蓄水面积 100～120km²，

蓄水量 1.6 亿~2.1 亿 m³。城东湖上游汲河发源于大别山北麓，由南向北流经金寨、六安、霍邱等县（市），在大庄台附近入城东湖，出湖后于溜子口汇入淮河，全长约 180km。汲东干渠将汲河分为两部分，干渠以南属浅山高丘区，以北为岗丘、平畈区。流域内的耕地大多属淠史杭史河灌区，灌溉条件优越，以种植水稻为主，其次为小麦、油菜、麻类等（见表 9.2-22）。

表 9.2-22　　　　　　　　　城东湖蓄洪区高程—面积关系

高程/m	面积/km²	高程/m	面积/km²
18.00	56.0	23.00	236.0
19.00	102.0	24.00	280.0
20.00	140.0	25.00	338.0
21.00	170.0	26.00	430.0
22.00	204.0	27.00	510.0

9.2.2.6　姜唐湖

姜唐湖行洪区由姜家湖与唐垛湖联圩而成，范围包括霍邱县姜家湖行洪区坝下部分、颍上县邱家湖行洪区坝下部分、唐垛湖行洪区及淮河堵口与临淮岗大坝间的老淮河河道与滩地，总面积 145.8km²，耕地 11.7 万亩，2009 年人口 10.2 万人。姜唐湖行洪区包括行洪圈堤长 52km、姜唐湖进洪闸设计流量 2400m³/s、姜唐湖退洪闸设计流量 2400m³/s。姜唐湖行洪区建成后于 2007 年首次运用。

姜唐湖内排水仍维持姜家湖和唐垛湖独立的排水体系。姜家湖行洪区面积 47.6km²，自 1950 年以来共行洪 15 次。临淮岗主坝工程的建设，将姜家湖分成两部分。临淮岗坝下部分面积 41.2km²，耕地 4.2 万亩，人口 1.3 万人，区内建有姜家湖排涝站，装机 1360kW，设计排涝流量 14.4m³/s。临淮岗坝上部分面积 6.4km²，在 2003 年灾后重建项目中按 5 年一遇标准批建了何家圩排涝泵站。姜家湖坝下部分现有排涝标准约 3 年一遇，不能满足排涝要求，区内现有排灌沟渠较为完整，但淤积较为严重。

唐垛湖行洪区面积 67.3km²，耕地 8.3 万亩，区内现有人口 2.1 万人。自 1965 年辟为行洪区以来，已有 13 年行洪。目前区内建有排涝站 2 座，管家沟站装机 1500kW，设计流量 16.1m³/s，柳林子站装机 1250kW，设计流量 15.6m³/s（见表 9.2-23）。

表 9.2-23　　　　　　　　　姜唐湖行洪区高程—面积关系

高程/m	面积/km²	高程/m	面积/km²
18.00	0	23.00	114.7
19.00	25.2	24.00	117.4
20.00	75.6	25.00	117.8
21.00	104.2	26.00	118.7
22.00	112.9	26.50	119.0

9.2.2.7　瓦埠湖

瓦埠湖位于淮河中游南岸，流域面积 4193km²，流域内有六安、合肥、淮南 3 市的部分县（区），湖区跨寿县、长丰、淮南等县（市），耕地面积 338 万亩，农业人口 143 万人，沿湖地区洪涝灾害频繁，农业生产水平很低。1950 年淮河流域洪水后，瓦埠湖被列为淮河中游蓄洪区，设计蓄洪水位 22.00m。1950 年冬开挖了新东淝河，1952 年又在东淝河口兴建东淝闸，拒淮河洪水倒灌（见表 9.2-24）。

表 9.2-24　　　　　　　　　瓦埠湖蓄洪区高程—面积关系

高程/m	面积/km²	高程/m	面积/km²
18.00	156.0	23.00	514.8
19.00	222.0	24.00	696.7
20.00	272.6	25.00	880.3
21.00	323.2	26.00	1026.5
22.00	397.1		

9.2.2.8　寿西湖

寿西湖行洪区位于寿县境内，处于正阳关和寿县县城之间淮河右岸，西、北两侧临近淮河，东、南毗邻瓦埠湖和东淝河。1998 年 12 月开始实施行洪堤退建工程，退建后湖区总面积 154.5km²，耕地面积 16 万亩，现有人口 9.0 万人，其中庄台面积 22.76 万 m²，居住人口 0.32 万人。行洪区内地面高程一般为 17.00~22.00m，西部及南部低岗地地面高程为 22.00~26.00m，东南低洼处地面高程 17.00~19.00m。行洪堤长 26.4km，堤顶宽 6m，堤顶高程 28.10~27.30m。行洪方式为口门行洪，规定行洪水位为黑泥沟25.80m。因靠近正阳关，且滞洪库容大，运用后对降低正阳关水位效果显著，建成后分别于 1950 年和 1954 年进洪 2 次。但 1968 年、1975 年、1982 年、1991 年、2003 年和 2007 年等 6 个年份超过行洪水位但未启用。

寿西湖行洪区地势低洼，汛期当淮河水位较高时，内水不能自流外排，易涝成灾。为解决该地区内涝问题，先后兴建了 4 座排涝站，其中寿西涵一站在 2003 年灾后重建项目已批复拆除重建。现有 4 座排涝站总装机 9450kW，排涝流量 90.5m³/s（见表 9.2-25）。

表 9.2-25　　　　　　　　　寿西湖行洪区高程—面积关系

高程/m	面积/km²	高程/m	面积/km²
17.00	1.6	23.00	124.0
18.00	39.4	24.00	132.0
19.00	52.1	25.00	136.8
20.00	68.2	26.00	150.4
21.00	100.9	27.00	154.5
22.00	118.3		

9.2.2.9　董峰湖

董峰湖行洪区位于凤台县西南部，淮河左岸焦岗闸与峡山口之间淮河左岸，总面积43.7km²，耕地 4.9 万亩，区内总人口 1.6 万人。其中董岗保庄圩面积 1.8km²，人口 0.8万人，其余人口主要居住在张王、河口、胡台、何台等庄台上。区内地面高程一般在

18.00~22.70m，地形南高北低。行洪堤长 13.6km，堤顶高程 27.90~25.20m，顶宽一般为 4~9m，内外边坡 1：2~1：3，局部边坡较陡。堤外滩地一般为 100m 左右，局部仅有 20~30m。董峰湖内有山口站、石湾站、河口站、夺丰收站等四座排涝泵站（其中夺丰收站在 2003 年大水后实施了重建），总装机 16 台套共 2170kW，设计排水流量共 23.1m³/s。董峰湖排涝闸（原董峰湖退水闸）设计流量 48m³/s。行洪方式为漫堤行洪，规定行洪水位为焦岗闸 24.5m。1950 年以来共行洪 9 次，进洪机遇约 5 年一遇。1998 年、2003 年、2005 年和 2007 年等 4 个年份均超过行洪水位但未行洪（见表 9.2-26）。

表 9.2-26　　　　　　　　　　董峰湖行洪区高程—面积关系

高程/m	面积/km²	高程/m	面积/km²
18.00	0.5	21.00	32.4
19.00	5.1	22.00	41.9
20.00	16.5		

9.2.2.10　上六坊堤

上六坊堤行洪区面积 8.8km²，耕地 1.14 万亩，隶属淮南市潘集区架河乡和祁集乡，区内无人居住。行洪堤长 19.16km，堤顶高程 25.00~24.10m，顶宽 4m。地面高程 18.50~21.00m。1986 年按省政府清障规定：铲低上下口门，各宽 1000m，上口门位于堤西顶溜中部，高程 23.60m，下口门位于二道河左堤，高程 23.40m。现状口门处堤顶高程 24.20~24.60m，行洪控制水位（凤台站）23.80m，规划行洪流量 2800m³/s。1950 年以来行洪 12 次，进洪机遇约 5 年一遇。1996 年、1998 年和 2005 年等 3 个年份均超过行洪水位而未行洪（见表 9.2-27）。

表 9.2-27　　　　　　　　　　上六坊堤行洪区高程—面积关系

高程/m	面积/km²	高程/m	面积/km²
18.00	0.0	21.00	8.6
19.00	1.1	22.00	8.8
20.00	5.2		

9.2.2.11　下六坊堤

下六坊堤行洪区面积 19.2km²，有耕地 2.2 万亩，隶属淮南市潘集、谢家集和八公山 3 个区和淮南矿务局的二道河农场。区内二道河庄台居住人口约 1700 人。行洪堤长 22.8km，堤顶高程 24.10~26.40m。区内地面高程一般在 18.50~21.00m。1958 年二道河工程后，在下六坊堤内筑堤长 6.0km，顶宽 10m，顶高程 27.00m。区内另有庄台 2 座，面积 29460m²。行洪口门规定为：上口门高程 23.60m，分为 3 处，口门宽度总计 3400m，下口门高程 23.20m，分为 3 处，口门宽度总计 3800m。行洪控制水位为凤台站 23.80m，规划行洪流量 2800m³/s。下六坊堤南堤现有约 4.67km 长堤段，位于新庄孜、李嘴孜煤矿采煤塌陷区，堤顶宽 40~60m，堤后平台比堤顶低 2m 左右，台顶宽 40~50m。1980 年起，堤顶逐渐沉陷，由煤矿区常年组织施工培修处理，预计最大下沉量将达 15m。1950 年以来行洪 12 次，进洪机遇约 5 年一遇。1996 年、1998 年和 2005 年等 3 个年份均超过行洪水位而未行洪（见表 9.2-28）。

表 9.2-28 下六坊堤行洪区高程—面积关系

高程/m	面积/km²	高程/m	面积/km²
18.00	0.0	21.00	18.2
19.00	9.1	22.00	19.2
20.00	14.5		

9.2.2.12 石姚段

石姚段行洪区位于淮河南岸淮南市田家庵区境内，西、北临淮河，东、南部毗邻淮南市城市圈堤。现有面积 21.3km²，耕地 2.1 万亩。行洪区地面高程一般为 16.90～21.40m，由西向东渐低。为解决行洪区内涝，1965 年兴建姚湾排涝站，装机 5 台共 650kW，设计流量 6.4m³/s。1975 年，开挖石头埠至曹咀截洪沟，设计流量 11.3m³/s。1976 年在区内建设东西向中心沟。在淮河干流上中游河道整治及堤防加固工程中，石姚段实施行洪堤退建改为防洪保护区，退出面积 5.6km² 为河滩地，退建后石姚段防洪保护区面积 15.7km²。目前，该工程已实施完成（见表 9.2-29）。

表 9.2-29 石姚段行洪区高程—面积关系

高程/m	面积/km²	高程/m	面积/km²
18.00	4.7	21.00	15.7
19.00	11.6	22.00	15.7
20.00	15.7		

9.2.2.13 洛河洼

洛河洼行洪区位于淮河南岸淮南市大通区境内，总面积 20.2km²，耕地 1.9 万亩，区内无人居住，地面高程 16.50～20.50m。洛河洼行洪区现有幸福排涝站和王嘴排灌站，总装机 1205kW。两站承担行洪区及行洪区外西南部洼地共 31.2km² 的排涝任务，现状排涝标准按近 5 年一遇。在淮河干流上中游河道整治及堤防加固工程中，洛河洼实施行洪堤退建改为防洪保护区，退出面积 4.7km² 为河滩地，退建后洛河洼防洪保护区面积 15.5km²。目前，该工程已实施完成（见表 9.2-30）。

表 9.2-30 洛河洼行洪区高程—面积关系

高程/m	面积/km²	高程/m	面积/km²
17.00	4.6	20.00	15.5
18.00	9.1	21.00	15.5
19.00	14.9		

9.2.2.14 汤渔湖

汤渔湖行洪区面积 72.7km²，耕地 7.5 万亩，人口 5.2 万人，分属淮南市潘集区和怀远县。尹沟将湖分成东西两部分，东汤渔湖面积 19.5km²，耕地 1.9 万亩，属怀远县；西汤渔湖面积 53.2km²，耕地 5.6 万亩，属淮南市潘集区。汤渔湖内现有排涝站 3 座，分别为汤渔湖站、柳沟站、南湖站，总装机 3200kW。内有柳沟和尹沟 2 条主干沟，6 条排水大沟，骨干排水系统已基本形成。

汤渔湖行洪区行洪方式为口门行洪，设计行洪水位为田家庵 24.14m，行洪流量 4600m³/s。上口门在柳沟管理段以下，口门宽 2000m，高程 24.39m。下口门分二处，一处在王嘴排灌站以南，口门宽 1000m，高程 24.09m；一处在自芦沟 22km 碑以西，口门宽 500m，高程 24.09m。自 1972 年确定为行洪区以来未曾行洪，1991 年为确保潘一、潘二、潘三煤矿和平圩电厂及潘集区城区田集人民生命财产安全，汤渔湖滞蓄了泥黑河洪水，蓄洪水位 20.83m，造成大量民房倒塌。2003 年汛期，淮南站最高水位达 24.27m，超过规定行洪水位 0.13m，由于区内居住群众较多，经全力抢险，未行洪（见表 9.2 - 31）。

表 9.2 - 31　　　　　　　　　汤渔湖行洪区高程—面积关系

高程/m	面积/km²	高程/m	面积/km²
16.00	0.3	21.00	64.2
17.00	4.9	22.00	66.9
18.00	24.5	23.00	70.4
19.00	49.2	24.00	72.7
20.00	59.3		

9.2.2.15　荆山湖

荆山湖行洪区位于淮河左岸怀远县境内，与汤渔湖行洪区相邻，面积为 66.5km²，耕地 8.6 万亩，区内人口 1.1 万人。区内地势平坦，地面高程一般为 17.50m。区内现有赖歪嘴站、下桥站、张家沟站，大水瓢排涝站，其中张家沟站在 2003 年灾后重建项目中已批复拆除重建，4 座排涝站总装机 2725kW，排涝流量 26.2m³/s。2003 年空后重建中还兴建了荆山湖进洪闸和退洪闸，设计流量均为 3500m³/s。在淮河干流上中游河道整治及堤防加固工程中，荆山湖行洪堤实施了赵张段、大河湾局部退堤，最大退距 600m，退出面积 4.53km² 归还河道，同时疏浚常坟渡口至张家沟段河道长 3.707km。退建工程完成后荆山湖建设成有控制设施的行洪区，高程—面积关系见表 9.2 - 32。

表 9.2 - 32　　　　　　　　　荆山湖行洪区高程—面积关系

高程/m	面积/km²	高程/m	面积/km²
16.00	1.9	19.00	60.7
17.00	24.5	20.00	64.4
18.00	49.1	21.00	66.5

9.2.2.16　方邱湖

方邱湖行洪区位于淮河中游南岸，上起曹山，下至临淮关，南靠岗地，面积 77.2km²，耕地 8.4 万亩，人口 6.7 万人，分属蚌埠市郊区、凤阳县和国营方邱湖农场。湖内地面高程一般为 17.00～19.00m，区内现建有向淮河抽排的主要泵站有长淮排涝站、郑家渡排灌站、门台子排灌站、顾台排涝站及临西排涝站，总装机 4460kW，总流量

49.6m³/s。主要自排涵闸包括鲍家沟闸和临西涵，设计流量 90.9m³/s。湖内现有鲍家沟、顾台排涝大沟，排水沟系较完善。面积—高程关系见表 9.2 - 33。

表 9.2 - 33　　　　　　　　　方邱湖行洪区高程—面积关系

高程/m	面积/km²	高程/m	面积/km²
16.00	12.0	20.00	69.0
17.00	28.2	21.00	74.0
18.00	51.0	22.00	77.2
19.00	63.8		

9.2.2.17　临北段

临北段行洪区位于淮河左岸五河县境内。临北段原为淮北大堤保护区，1955 年培修淮北大堤时，为解决临淮关河段堤距过窄的问题，建临北遥堤，与临北缕堤围成临北段行洪区。1990 年代初实施临北缕堤退建工程。行洪区现有面积 28.4km²，耕地 3.0 万亩，人口 1.9 万人。区内地面高程 16.50～19.50m。

临北行洪区现有兰桥、新桥两个排涝区。兰桥排涝区面积 10.4km²，区内有兰桥泵站、兰桥大沟。兰桥泵站建于 1965 年，装机 265kW，抽排流量 2.55m³/s。新桥排涝区面积 18.0km²，内有新桥泵站、新桥大沟。新桥泵站建于 1966 年，装机 445kW，抽排流量 4.6m³/s，高程—面积关系见表 9.2 - 34。

表 9.2 - 34　　　　　　　　　临北段行洪区高程—面积关系

高程/m	面积/km²	高程/m	面积/km²
16.00	1.6	19.00	25.6
17.00	11.3	20.00	28.3
18.00	19.9	21.00	28.4

9.2.2.18　花园湖

花园湖流域位于淮河中游南岸，总面积 875km²。湖滨北面、西面和南面为畈坡地和圩区，湖滨东面为面积较大的丘陵区。花园湖上游有小溪河和板桥河两条主要支流自南向北汇入。小溪河流域面积 375km²，板桥河流域面积 267.6km²。

新中国成立初期，花园湖洼地被确定为淮河干流行洪区，总面积 218.3km²，其中常年蓄水面积 42km²。涉及凤阳县黄湾、枣巷、洪山、江山、大溪河五个乡镇、明光市司巷乡和五河县小溪镇，以及花园湖农场，共 32 个行政村，总人口 9 万人，总耕地 15.8 万亩。其中凤阳县人口为 6.2 万人，耕地 10.7 万亩；明光市人口 1.26 万人，耕地 1.8 万亩；五河县人口 1.56 万人，耕地 1.9 万亩，花园湖农场人口约 0.2 万人，耕地 0.25 万亩。

花园湖洼地内现有沿湖 20 个圩口和沿淮两片洼地，面积 80.73km²。其中沿淮黄湾、枣巷两个洼地面积分别为 22.0km² 和 8.5km²；沿湖 20 个生产圩面积 50.23km²，耕地 5.98 万亩，人口 1.47 万人。其中申家湖圩属五河县，保龙圩属明光市，孙湾圩部分属花园湖农场。根据凤阳县水务局 1950—2003 年灾情统计资料，洪涝灾害较大的年份有 17

年，总成灾面积约 105 万亩，其他涝灾年成灾面积总计约 20 万亩。1991 年洪涝灾害最重，成灾面积 9.31 万亩。2003 年花园湖成灾面积 5.2 万亩，闸上最高水位为 16.81m（相当于 10 年一遇水位），沿湖生产圩几乎全部溃破，淹没损失惨重（见表 9.2 - 35）。

表 9.2 - 35　　　　　　　　　　花园湖行洪区高程—面积关系

高程/m	面积/km²	高程/m	面积/km²
12.00	24.5	17.00	136.1
13.00	41.0	18.00	177.4
14.00	60.8	19.00	192.0
15.00	71.1	20.00	205.6
16.00	106.5	21.00	218.3

9.2.2.19　香浮段

香浮段行洪区位于淮河右岸五河县境内，北临淮河，南靠岗地，由香庙向东至浮山之间的沿淮洼地组成。以朱顶为界，西为井头洼地，东为柳沟湖，南部岗冲建有樵子涧水库，建国初定为行洪区。香浮段行洪区面积 43.5km²，耕地 5.8 万亩，人口 2.7 万人。区内地面高程 13.50～16.50m。地势西南高，东北低。

香浮段洼地内有柳沟排涝站、张庄排涝站及朱顶排涝泵站，其中朱顶排涝泵站在 2003 年灾后重建项目中已批复进行技改，3 座排涝站总装机 1925kW，设计流量 18.2m³/s（见表 9.2 - 36）。

表 9.2 - 36　　　　　　　　　　香浮段行洪区高程—面积关系

高程/m	面积/km²	高程/m	面积/km²
14.00	5.5	17.50	41.9
15.00	17.8	20.00	43.3
16.00	32.2	21.00	43.5
17.00	41.1		

9.2.3　其他沿淮湖洼地

其他洼地包括蚌埠市城市洼地、淮南市城市洼地、戴家湖、黄沟洼、马家洼、鳗鲤池、跃进沟、塌荆段、邵家湖、张家沟、三铺湖、三冲湖和杨庵湖洼地。共涉及洼地 19 片，流域面积 866km²，设计洪水位下面积 477km²。

9.2.3.1　蚌埠市城市洼地

八里沟、席家沟和龙子河均为淮河南岸的一级支流，自西向东呈梳型分布于蚌埠市区，其中八里沟和席家沟位于蚌埠市西区，龙子河位于蚌埠市东区。

八里沟发源于蚌埠市秦集西北的三尖塘，通过八里沟涵穿西区沿淮防洪堤后入淮，河道长约 8.4km，流域面积 23km²（见表 9.2 - 37）。

表 9.2 - 37　　　　　　　　　　　　八里沟易涝范围高程—面积关系

高程/m	面积/km²	高程/m	面积/km²
17.00	0.2	21.00	2.2
18.00	0.6	22.00	2.6
19.00	1.3	23.00	3.5
20.00	1.7	24.00	4.2

席家沟发源于蚌埠市区西南燕山西麓的化坡湖，在宋家滩以下入淮河。席家沟主河道长 10.8km，流域面积 49.6km²。1958 年，在涂山路跨席家沟处建滚水坝一座，滚水坝以上水面形成张公山大塘，现开发为张公山公园，沿岸分布有解放军 123 医院、海军士官学校、解放军汽车管理学院、江淮化工厂、钓鱼台居民区和蚌埠市高新技术开发区等，是蚌埠市的文化教育、高新科技、企事业单位密集地区（见表 9.2 - 38）。

表 9.2 - 38　　　　　　　　　　　　席家沟易涝范围高程—面积关系

高程/m	面积/km²	高程/m	面积/km²
20.00	0.1	23.00	4.0
21.00	0.2	24.00	10.4
22.00	0.7		

龙子河发源于东芦山，自南向北经曹山、郑家渡涵闸流入淮河，河道长约 10km。流域面积 140km²，曹山闸以上形成龙子湖，现开发为龙子湖风景区，已成为蚌埠市的观光游览胜地。同时，龙子湖地区成为蚌埠市城市发展的主要空间之一，是蚌埠市规划的行政、文教和旅游度假中心，龙子湖西岸为行政中心，东岸为大学城，湖滨区及东岸的锥子山地区为风景游览区。此外，龙子湖周围分布有角粒化工厂、铝材厂等厂矿企业和渔业新村、邱桥、大王和戴塘等村庄（见表 9.2 - 39）。

表 9.2 - 39　　　　　　　　　　　　龙子河易涝范围高程—面积关系

高程/m	面积/km²	高程/m	面积/km²
15.00	3.0	20.00	17.0
16.00	5.6	21.00	22.6
17.00	8.3	22.00	29.8
18.00	11.0	23.00	35.8
19.00	13.9		

9.2.3.2　淮南市城市洼地

淮南市城市洼地包括大涧沟、石涧湖、应台孜、新庄孜和李嘴孜等 5 片，流域总面积

$118km^2$。各片洼地分别规划如下。

大涧沟位于淮南市东部大通区境内，淮河南岸，是淮南市是主要排水沟道，长 9.48km，流域面积 $30km^2$，人口约 25 万人。目前区内现有龙王沟排涝站，设计流量 $9m^3/s$（见表 9.2-40）。

表 9.2-40 大涧沟易涝范围高程—面积关系

高程/m	面积/km²	高程/m	面积/km²
20.00	0.3	23.00	2.2
21.00	0.8	24.00	6.6
22.00	1.3	25.00	12.8

石涧湖位于淮南市西部，淮河南岸，是望峰岗以西至八公山以东城镇的汇水洼地，流域面积 $39.2km^2$，人口约 18 万人，主要为淮南矿业集团职工。石涧湖入淮河口处现建有自排涵 1 座，孔径为 $1.6m \times 1.6m$；排涝站 1 座，排涝流量 $2.4m^3/s$。由于该区一直未进行过系统的治理，区内排水沟淤积严重，排涝站抽排能力不足。2003 年大水，有 800 户被淹，内涝还造成区内 10 多座小煤窑被淹，积水从进口量流入井下，直接威胁国有大矿的安全（见表 9.2-41）。

表 9.2-41 石涧湖易涝范围高程—面积关系

高程/m	面积/km²	高程/m	面积/km²
17.00	1.0	22.00	6.9
18.00	2.3	23.00	8.1
19.00	3.4	24.00	9.3
20.00	4.3	25.00	10.6
21.00	5.8	26.00	11.6

应台孜位于淮河南岸淮南市西部，紧邻石涧湖洼地西部，东起石涧湖西排涝沟，南至八公山护矿截岗沟，西至淮滨码头公路，北至老应段大堤，流域面积 $13.53km^2$，人口约 11 万人。现建有排涝站 2 座，其中应台孜站设计流量 $0.46m^3/s$，码头村站建于 1989 年，设计流量 $2.4m^3/s$（见表 9.2-42）。

表 9.2-42 应台孜易涝范围高程—面积关系

高程/m	面积/km²	高程/m	面积/km²
14.00	0.2	21.00	4.0
15.00	1.4	22.00	4.1
16.00	1.5	23.00	4.2
17.00	1.6	24.00	4.4
18.00	3	25.00	4.5
19.00	3.7	26.00	4.6
20.00	3.8		

新庄孜截洪沟位于淮南市八公山区境内，自八公山镇紫金山庄，向北至黑李下段堤防和老应段堤防之间入淮，全长7.5km，流域面积12.8km²。该沟自南向北贯穿主城区，是八公山地区主要的排洪和城市排污的通道（见表9.2-43）。

表9.2-43　　　　　　　新庄孜易涝范围高程—面积关系

高程/m	面积/km²	高程/m	面积/km²
20.00	0.1	24.00	0.3
21.00	0.1	25.00	0.4
22.00	0.2	26.00	0.5
23.00	0.2		

李嘴孜位于淮河南岸淮南市西部，紧邻应台孜洼地，南起山王集排水沟，北黑龙潭，西自八公山脉，东至黑李段大堤，流域面积22.52km²，人口约4.1万人。由于该区地势低洼，自排机会很少，涝水主要通过排涝站抽排。目前该区现建有排涝站2座，其中李嘴孜站装机2018kW，设计流量10.55m³/s；西四排涝站装机620kW，设计流量2.44m³/s。另外区内李嘴孜排水沟长9km（见表9.2-44）。

表9.2-44　　　　　　　李嘴孜易涝范围高程—面积关系

高程/m	面积/km²	高程/m	面积/km²
19.00	0.3	23.00	3.3
20.00	3.0	24.00	3.4
21.00	3.1	25.00	3.5
22.00	3.2	26.00	3.6

9.2.3.3　戴家湖

戴家湖位于淮河左岸、颍上县境内，流域面积为20.8km²，耕地2.1万亩，人口1.83万人。戴家湖流域地势低洼，大沟排涝标准低，面上工程不配套，经常受淮河水位顶托，内水难以排除，水灾频繁发生。目前洼地内现有1970年代建设的戴家湖和西柳沟两座小型排涝站（见表9.2-45）。

表9.2-45　　　　　　　戴家湖易涝范围高程—面积关系

高程/m	面积/km²	高程/m	面积/km²
19.00	1.6	24.00	7.5
20.00	5.4	25.00	8.4
21.00	6.5	26.00	10.1
22.00	6.8	27.00	10.9
23.00	7.2		

9.2.3.4　黄沟洼

黄沟洼地位于潘集区祁集乡境内，东起祁集电灌站干渠，南临淮北大堤，西至架河乡，北与古沟乡接壤。流域面积36km²，其中洼地面积16km²，耕地面积1.58万。该区地形北高南低，地面高程在 16.00～23.00m 之间。常年蓄水位在 17.50m，蓄水面积 0.58km²，蓄水量为 42 万 m³（见表 9.2-46）。

表 9.2-46　　　　　　　　黄沟洼易涝范围高程—面积关系

高程/m	面积/km²	高程/m	面积/km²
19.00	0.6	22.00	5.4
20.00	1.6	23.00	8.7
21.00	2.1	24.00	16

9.2.3.5　马家洼

马家洼位于架河、祁集两排涝区中间地带，淮南市潘集区境内，总集水面积 17.5km²，耕地 1.9 万亩，人口 1.3 万人，其中洼地面积 13km²。该区地形北高南低，地面高程 18.00～22.70m，区内有马家洼抽排站 1974 年 11 月建成，装机 465kW，设计流量 4.05m³/s。目前存在着机泵配电设备老化、陈旧，能耗高，出水量低，且不能正常安全使用。区内现有排涝大沟 1 条，长 3.2km，由于长年淤积，深度不足 2m，标准不足 3 年一遇（见表 9.2-47）。

表 9.2-47　　　　　　　　马家洼易涝范围高程—面积关系

高程/m	面积/km²	高程/m	面积/km²
19.00	0.1	22.00	6.0
20.00	1.7	23.00	13
21.00	2.6		

9.2.3.6　鳗鲤池

鳗鲤池洼地位于怀远县境内，为淮北大堤内洼地，面积 35km²，区内有上桥外排站 1 座，装机 1550kW，排涝流量 13.4 m³/s（见表 9.2-48）。

表 9.2-48　　　　　　　　鳗鲤池易涝范围高程—面积关系

高程/m	面积/km²	高程/m	面积/km²
17.00	1.8	20.00	14.4
18.00	6.6	21.00	15
19.00	7.7		

9.2.3.7　跃进沟

跃进沟洼地位于怀远县常坟镇西侧，流域面积 78km²，该洼地由茨淮新河上桥翻水站排涝（见表 9.2-49）。

表 9.2-49　　　　　　　　跃进沟易涝范围高程—面积关系

高程/m	面积/km²	高程/m	面积/km²
21.00	0.7	23.00	19.8
22.00	18.3		

9.2.3.8　塌荆段

塌荆洼地位于怀远县茨淮新河北岸，属淮河干流一般堤保护区，面积为8km²，区内有茨荆排涝大沟，新上高排沟。该洼地北部较高，地势悬殊较大，汛期受茨河高水顶托，高地水潴积于堤内洼地，内涝灾害频繁（见表9.2-50）。

表9.2-50　　　　　　　　　　塌荆段易涝范围高程—面积关系

高程/m	面积/km²	高程/m	面积/km²
19.00	0.4	21.00	7.1
20.00	1.2	22.00	8

9.2.3.9　郜家湖

郜家湖洼地位于淮北大堤内，五河县境内，洼地总面积为60.8km²，耕地5.48万亩，人口3.85万人，其中高排区面积13.7km²，低排区面积47.1km²。洼地内现有安淮、郜湖和旧县3座排涝泵站，总装机22台套，容量3010kW，原设计抽排流量为29.6m³/s，但实际抽排能力不足5年一遇。淮北大堤上的安淮、郜湖两座泵站建于20世纪60—70年代，经多年运行，设备老化、土建工程毁坏严重，特别是安淮泵站在外河高水时，泵室及前池出现冒沙，地基发生严重沉陷，泵站不能正常运转，时常造成洼地受淹。旧县排涝泵站建于1977年，装机6台，容量855kW，设计抽排流量7.6m³/s，实际排涝能力仅为3.6m³/s，不足3年一遇标准（见表9.2-51）。

表9.2-51　　　　　　　　　　郜家湖易涝范围高程—面积关系

高程/m	面积/km²	高程/m	面积/km²
14.00	13	17.00	59.3
15.00	28.3	18.00	60.8
16.00	47.3		

9.2.3.10　张家沟

张家沟洼地位于淮北大堤内，在五河县境内，洼地总面积为136km²，耕地面积14.72万亩，人口7.49万人。其中蔡家湖洼地面积49.1km²，赤龙涧洼地面积49.5km²，双河洼地面积8.4km²，郜家湖西部洼地面积29km²。历史上通过圈圩、高截以及建站抽排等措施进行一定的治理，从蔡家湖村处修拦河坝把张家沟分为南北两段，其中南段长4.1km，北段长7.4km，南段堤防已封闭，防洪标准达20年一遇。北段58km²洼地治理列入怀洪新河水系（见表9.2-52）。

表9.2-52　　　　　　　　　　张家沟易涝范围高程—面积关系

高程/m	面积/km²	高程/m	面积/km²
14.00	20.4	17.00	133.5
15.00	35.6	18.00	134.9
16.00	53.1	19.00	136

9.2.3.11 三铺湖

三铺湖洼位于淮北大堤内，在五河县境内，西起仇冲坝，东到二铺至夏家湖农场的南北路，北到洪一截岗沟和洪二支沟，南到淮北大堤，流域面积 51.0km²，人口 3.13 万人，耕地 6.33 万亩。三铺湖洼地，地势低洼，现有排涝设施标准过低，泵站设计抽排能力不足 5 年一遇，大沟淤积，缺少配套建筑物。现有三铺泵站建于 1964 年，原设计装机 12 台套，装机 1410kW，流量 14.6m³/s；2001 年对该泵站进行了技改，更新了部分机组，总装机 1660kW，抽排流量 18.2m³/s（见表 9.2-53）。

表 9.2-53　　　　　　　　　　三铺湖易涝范围高程—面积关系

高程/m	面积/km²	高程/m	面积/km²
16.00	5.3	18.00	27.2
17.00	9.4	19.00	51

9.2.3.12 三冲湖

三冲湖洼地位于五河县，流域面积 43.0km²，南起淮北大堤，北到洪二沟，西起仇冲坝，东到蒋集大沟，人口 2.13 万人，耕地 4.51 万亩。三冲湖洼地地势低洼，泵站抽排模 0.31m³/(s·km²)，约合 3 年一遇。大沟淤积排水不畅，洪涝灾害频繁（见表 9.2-54）。

表 9.2-54　　　　　　　　　　三冲湖易涝范围高程—面积关系

高程/m	面积/km²	高程/m	面积/km²
15.00	4	18.00	35.8
16.00	7.9	19.00	41
17.00	26.2		

9.2.3.13 杨庵湖洼地

杨庵湖洼地位于五河县境内，西起新开河，北至崇潼河，南临淮河，东止泗洪交界，流域面积 49.1km²，人口 2.72 万人，耕地 4.85 万亩；地势低洼，易涝多灾，大沟淤积。杨庵湖洼地共分 3 个排涝区：①北店站排区（五河县城排区）面积 9.4km²，现有北店泵站建于 1984 年，装机 4 台 520 kW，经多年运行，设备老化，不能满足城市排涝要求；②杨庵排区面积 21.0km²，现有杨庵站建于 1972 年，装机 6 台 930kW；③钱家沟站排区汇水面积 18.7km²，钱家沟泵站建于 1986 年，装机 5 台 660kW，抽排流量 9.3m³/s（见表 9.2-55）。

表 9.2-55　　　　　　　　　　杨庵湖易涝范围高程—面积关系

高程/m	面积/km²	高程/m	面积/km²
14.00	16.7	16.00	39.3
15.00	34.1	17.00	39.8

9.2.4　淮南支流洼地

淮河南岸支流洼地包括史河洼地、淠河洼地、濠河洼地和池河洼地，因池河洼地在浮山以下，不在本次研究范围。共涉及洼地 3 片，流域面积 9306km²，设计洪水位下面积 351km²。

9.2.4.1　史河洼地

史河是淮河中游跨豫、皖两省的边界河道，古称决水，发源于大别山北麓，自南向北流经安徽省金寨县、叶集镇，在沈家沟口进入河南省固始县，于三河尖汇入淮河。干流全长 220km，流域面积 6880km²（其中安徽省境内 2685km²）。1956 年，上游兴建了梅山水库，控制流域面积 1970km²，总库容 23.37 亿 m³；1960 年，在水库下游 9km 处建成史河灌区红石嘴渠首枢纽工程，设计灌溉面积 298 万亩。红石嘴以下，史河进入丘陵区，河滩较为开阔。红石嘴至彭洲子约 7km 河段两岸为金寨县圩区；彭洲子以下史河成为豫皖两省的界河，至沈家沟口，河道长约 11.5km，右岸为叶集圩区。主要洼地为金寨洼地和叶集洼地，面积共 57.4km²。

金寨洼地面积 23.2km²，被史河分为左、右两片，左岸为河嘴圩与徐冲圩，右岸为园艺场圩。该段老史河，自然河道全长 8.4km，原河床最宽处约 1km，围河造田后河床束窄为 160～200m。

叶集洼地面积 34.2km²，现有彭洲、叶集镇区及新桥三个圩区，堤顶高程 57.00～62.00m，堤顶宽 4.0～8.0m，堤身高度 4.0～6.0m，部分堤段超过 6.0m（见表 9.2-56）。

表 9.2-56　　　　　　　　　　史河易涝范围高程—面积关系

高程/m	面积/km²	高程/m	面积/km²
24.00	5.0	29.00	166.0
25.00	20.0	30.00	215.0
26.00	28.0	31.00	266.0
27.00	75.0	32.00	311.0
28.00	110.0		

9.2.4.2　淠河洼地

淠河是淮河中游南岸的一条较大支流，发源于大别山北麓，在正阳关汇入淮河，全长 253km，流域面积 6000km²。淠河有东、西两条源流，称东淠河、西淠河。东、西淠河于两河口汇合后始称淠河。两河口以上流域呈扇形，支流发达，汇流集中；两河口以下流域呈带状，无大支流汇入，汇流分散。20 世纪 50 年代，东淠河上修建了佛子岭、磨子潭梯级水库，西淠河上修建了响洪甸水库，两河口下游 9km 处建成淠河灌区横排头渠首枢纽工程。三大水库都是以防洪为主的综合利用工程，总库容 34.7 亿 m³；横排头引水枢纽设计引水流量 300m³/s，淠河灌区设计灌溉面积 660 万亩。

潕河洼地主要分布于潕河中、下游段，横排头上游为江淮浅山地貌单元，河流沟系发达，堤防布设于沿潕河湾区，地面高程在 52.00～56.00m 之间；横排头下游至六安为江淮丘陵地貌单元，无大支流汇入潕河，堤防布设在沿潕河畈区，地面高程在 39.00～48.00m 之间，地势较平坦；六安以下段地面高程在 39.00～20.00m 之间（见表 9.2-57）。

表 9.2-57　　　　　　　　　　　潕河易涝范围高程—面积关系

高程/m	面积/km²	高程/m	面积/km²
20.00	17.5	25.00	134.5
21.00	38.0	26.00	162.0
22.00	58.0	27.00	180.0
23.00	85.0	28.00	202.0
24.00	112.0		

9.2.4.3 濠河洼地

濠河为淮河干流右岸的一条一级支流，地处凤阳县境中部，发源于凤阳县凤阳山北麓，向北流经临淮关注入淮河，全长 44km，流域总面积 621km²，除上游约 8km² 属定远县境外，其他 613km² 皆在凤阳县境内，其中山区面积 255km²，丘陵区面积 321km²，洼地 37km²。濠河属山丘区河流，其上游分东西两支，西支谓之唐河，其上建有官沟水库，控制来水面积 84km²；东支即濠河正源，其上建有凤阳山水库，控制来水面积 146km²。两水库控制来水总面积 230km²，基本控制了流域内浅山区的全部来水，占濠河流域面积的 37%。两支流出水库后在林桥上游约 2km 处汇合，再一路向北流经陆家岗、大通桥至陈家湾处，又先后有独山河等 3 条支（叉）河汇入，而后继续向北，穿越京沪铁路和临淮镇注入淮河。濠河流域地形南山、中丘、北洼，平均地面坡降不足 1/300。流域内一般耕作地高程为 13.50～58.00m，洼地最低地面高程约 13.50m。

濠河自林桥以下，河长 18.6km，其中徐家湾至濠河口段全长 14.52km，沿岸分布有齐涧、江山两条涧湾及独山河。濠河防洪闸距河口 800m。濠河两岸平原地势低洼且形成狭长区域，洼地面积约 37.0km²，自徐家湾圩以下现有圩口 19 个，圩区总面积 30.04km²，耕地 3.4 万亩（见表 9.2-58）。

表 9.2-58　　　　　　　　　　　濠河易涝范围高程—面积关系

高程/m	面积/km²	高程/m	面积/km²
15.00	4.6	19.00	29.0
16.00	11.3	20.00	35.4
17.00	16.6	21.00	41.2
18.00	24.4	22.00	49.0

9.2.5　小结

淮河流域易涝范围广，涝灾频发，特别是沿淮湖洼地地势低洼，一旦受淮河洪水顶托，难以自排，常常形成"关门淹"，加之上游来水的汇入，更增加了受灾概率。

（1）本章研究的浮山以上沿淮和淮南支流洼地流域面积为 30033km²，设计洪水位下面积达 8556km²，设计洪水位下面积占流域面积的 28.5%。其中沿淮洼地流域面积为 20727km²，设计洪水位下面积达 8204km²，设计洪水位下面积占流域面积的 39.6%。

（2）沿淮洼地是淮河流域最易受灾的地区，而淮河北岸洼地分布比南岸更为广泛。浮山以上淮河以北沿淮洼地流域面积为 9115km²，设计洪水位下面积为 4914km²，占流域面积的 53.9%；淮河以南沿淮洼地流域面积为 11611km²，设计洪水位下面积为 3290km²，占流域面积的 28.3%；淮南支流洼地流域面积为 9306km²，设计洪水位下面积为 351km²，占流域面积的 3.8%。

（3）根据淮河河道特性，沿淮洼地分为洪河口至正阳关段、正阳关至涡河口段、涡河口至浮山段等 3 段，其中洼地又主要集中在正阳关至涡河口段。沿淮洼地洪河口至正阳关段设计洪水位下面积为 2315km²，占总面积的 28.2%；正阳关至涡河口段设计洪水位下面积为 4563km²，占总面积的 55.6%；涡河口至浮山段设计洪水位下面积为 1326km²，占总面积的 16.2%。

（4）沿淮洼地一般都建有自排涵和抽排站，排涝采用自排和抽排相结合方式，在外河水位低于内河水位前由自排涵自排，一旦外河水位高于内河水位，通过抽排站排涝。目前，沿淮洼地抽排流量为 1900m³/s，装机约 19 万 kW，其中抽排流量中直接排入淮河的约为 900m³/s。在洼地治理、行蓄洪区调整等项目中规划建设的抽排流量约为 1100m³/s。

9.3　行蓄洪区调整工程对洼地排涝的作用

淮河干流行蓄洪区调整工程完成后，中等洪水不启用行蓄洪区仍能通过河道滩槽安全下泄，必然减少洼地排涝时间，减轻涝灾损失。本章研究淮河干流浮山以上沿淮湖洼地在设计洪水和中等洪水条件下自排面积的变化情况，分析淮河干流行蓄洪区调整工程对沿淮湖洼地排涝的作用。

根据沿淮湖洼地高程—面积关系曲线，在设计洪水和中等洪水流量不变基础上（淮河干流洪河口—润河集—正阳关—涡河口—浮山设计洪水为 7400m³/s～9400m³/s～10000m³/s～13000m³/s、中等洪水为 7000m³/s～7000m³/s～8000m³/s～10500m³/s），浮山设计洪水位 18.35m、中等洪水位 18.05m、17.50m、17.00m、16.50m 和 16.00m 条件下，淮干行蓄洪区调整工程完成后，分析沿淮湖洼地在设计洪水和中等洪水时对应水位下的洼地面积。

9.3.1　设计洪水和中等洪水影响自排面积分析

（1）设计洪水。影响区域总面积达 8856km²，其中影响自排区域主要分布在淮河以北沿淮洼地和淮河以南行蓄洪区洼地，影响面积分别为 3940km² 和 2461km²，分别占总影响面积 8556km² 的 46.1％ 和 28.8％。各区域影响面积比例详见表 9.3-1。

表 9.3-1　　　　淮河干流行蓄洪区调整工程完成后设计洪水与中等
洪水影响自排面积统计

洼地名称			淮河以北地区				淮河以南地区						合计
			沿淮湖洼地	行蓄洪区洼地	其他沿淮洼地	小计	沿淮湖洼地	行蓄洪区洼地	其他沿淮洼地	淮南支流洼地	小计		
流域面积/km²			7997	604	535	9136	2029	9200	362	9306	20897		30033
影响自排面积	设计洪水	面积/km² ①	3940	574	411	4925	721	2461	98	351	3631		8556
		占流域面积比例/％	49.3	95.0	76.8	53.9	35.5	26.8	27.0	3.8	17.4		28.5
	中等洪水	浮山水位 18.05m	面积/km² ②	3305	572	411	4288	669	2274	89	299	3331	7619
			占流域面积比例/％	41.3	94.7	76.8	46.9	33.0	24.7	24.6	3.2	15.9	25.4
		浮山水位 17.50m	面积/km² ③	3240	572	411	4223	661	2256	87	297	3301	7524
			占流域面积比例/％	40.5	94.7	76.8	46.2	32.6	24.5	24.0	3.2	15.8	25.1
		浮山水位 17.00m	面积/km² ④	3204	571	410	4185	654	2242	86	295	3277	7462
			占流域面积比例/％	40.1	94.5	76.6	45.8	32.2	24.4	23.8	3.2	15.7	24.8
		浮山水位 16.50m	面积/km² ⑤	3175	571	405	4151	648	2227	85	294	3254	7405
			占流域面积比例/％	39.7	94.5	75.7	45.4	31.9	24.2	23.5	3.2	15.6	24.7
		浮山水位 16.00m	面积/km² ⑥	3151	571	399	4121	643	2211	84	292	3230	7351
			占流域面积比例/％	39.4	94.5	74.6	45.1	31.7	24.0	23.2	3.1	15.5	24.5

续表

洼地名称			淮河以北地区			淮河以南地区						合计
			沿淮湖洼地	行蓄洪区洼地	其他沿淮洼地	小计	沿淮湖洼地	行蓄洪区洼地	其他沿淮洼地	淮南支流洼地	小计	
自排面积变幅	①-②	面积/km²②	635	2	0	637	52	187	9	52	300	937
		比例/%	16.1	0.3	0.0	12.9	7.2	7.6	9.2	14.8	8.3	11.0
	①-③	面积/km²	700	2	0	702	60	205	11	54	330	1032
		比例/%	17.8	0.3	0.0	14.3	8.3	8.3	11.2	15.4	9.1	12.1
	①-④	面积/km²	736	3	1	740	67	219	12	56	354	1094
		比例/%	18.7	0.5	0.2	15.0	9.3	8.9	12.2	16.0	9.7	12.8
	①-⑤	面积/km²	765	3	6	774	73	234	13	57	377	1151
		比例/%	19.4	0.5	1.5	15.7	10.1	9.5	13.3	16.2	10.4	13.5
	①-⑥	面积/km²	789	3	12	804	78	250	14	59	401	1205
		比例/%	20.0	0.5	2.9	16.3	10.8	10.2	14.3	16.8	11.0	14.1
	③-⑥	面积/km²	89	1	12	102	18	45	3	5	71	173
		比例/%	2.7	0.2	2.9	2.4	2.7	2.0	3.4	1.7	2.2	2.3
	②-⑥	面积/km²	154	1	12	167	26	63	5	7	101	268
		比例/%	4.7	0.2	2.9	3.9	3.9	2.8	5.6	2.3	3.0	3.5

（2）中等洪水。影响自排区域分布与设计洪水条件下相同，主要影响区域分布在淮河

以北沿淮洼地和淮河以南行蓄洪区洼地。其中浮山水位为 18.05m 时，主要分布区域面积分别为 3305km² 和 2274km²，分别占总面积 7618km² 的 43.4％和 29.8％；浮山水位为 17.50m 时，主要分布区域面积分别为 3240km² 和 2256km²，分别占总面积 7523km² 的 43.1％和 30.0％；浮山水位为 17.00m 时，主要分布区域面积分别为 3204km² 和 2242km²，分别占总面积 7463km² 的 42.9％和 30.0％。浮山水位为 16.50m 时，主要分布区域面积分别为 3175km² 和 2227km²，分别占总面积 7404km² 的 42.9％和 30.1％。浮山水位为 16.00m 时，主要分布区域面积分别为 3151km² 和 2211km²，分别占总面积 7351km² 的 42.9％和 30.1％。各区域占总面积比例见表 9.3－1。

9.3.2 设计洪水和中等洪水对洼地排涝影响分析

设计洪水和中等洪水时，影响沿淮洼地和淮南支流洼地自排范围广，影响自排面积超过流域面积的 1/4；特别是淮河以北区域因地势平坦，影响自排面积占流域面积的一半左右；淮河以南区域大部分属低丘陵地区，影响自排面积不到流域面积的 1/5。设计洪水条件下影响自排面积为 8556km²，占流域总面积 30033km² 的 28.5％，其中淮河以北地区影响自排面积为 4925km²，占流域面积 9136km² 的 53.9％，淮河以南地区影响自排面积为 3631km²，占流域面积 20897km² 的 17.4％；中等洪水（浮山水位 17.50m）条件下影响自排面积 7523km²，占流域总面积 30033km² 的 25.1％，其中淮河以北地区影响自排面积为 4223km²，占流域面积 9136km² 的 46.2％，淮河以南地区影响自排面积为 3301km²，占流域面积 20897km² 的 15.8％。

中等洪水（浮山水位 18.05m）水位较设计洪水水位低 0.30～1.00m，低洼地区在中等洪水时较设计洪水时影响自排面积减少了约 1/10。中等洪水影响自排面积由 8556km² 减少到 7618km²，减少了 937km²，减少比例为 11.0％。减少面积主要分布在淮河以北区域，其中淮河以北地区影响自排面积由 4925km² 减少到 4288km²，减少了 637km²，减少比例为 13.0％，淮河以南地区影响自排面积由 3631km² 减少到 3331km²，减少了 300km²，减少比例为 8.3％。

浮山中等洪水水位由 18.05m 降到 17.50m、17.00m、16.50m，甚至 16.00m，影响自排面积变化幅度较小。最大增加自排面积 268km²，最大增加自排面积比例仅 3.5％，但由于水位降低，河道水面比降陡，增加了洪水下泄速度，特别是涡河口以下河段洪水下泄速度加快，减少了干流洪水对支流顶托时间。

设计洪水和中等洪水下，沿淮湖洼地和淮南支流洼地流域面积与影响自排面积对比见表 9.3－1。

9.4 2～3 年一遇标准疏浚对洼地排涝的作用

淮河干流行蓄洪区调整工程完成前提下，按平滩流量 2～3 年一遇全线开挖河道，扩大河道下泄能力的同时增加沿淮洼地自排机遇。

根据沿淮湖洼地高程—面积关系曲线，在浮山设计洪水位 18.35m、中等洪水位 18.05m、17.50m、17.00m、16.50m 和 16.00m 条件下，分析沿淮湖洼地在设计洪水水位和中等洪水水位下的洼地面积。

9.4.1　设计洪水和中等洪水影响自排面积分析

（1）设计洪水。通过扩挖河道，在流量不变的情况下必然降低水位，但考虑到淮河两岸堤防、建筑物等设施均按目前设计水位进行建设、管理调度等情况，本次研究扩挖河道后，仅考虑设计水位不变，而增加了河道设计流量，即王家坝至南照集至正阳关至涡河口至浮山设计水位仍维持为 29.20m、28.30m、26.40m、23.39m 和 18.35m，但设计流量由 7400m³/s～9400m³/s～10000m³/s～13000m³/s 增加到 9000m³/s～11000m³/s～11300m³/s～14500m³/s。因此，在设计水位维持不变的情况下，虽然河道进行了扩挖，但设计水位时影响自排面积与淮干行蓄洪区调整后基本相同的。

（2）中等洪水。影响自排区域分布与设计洪水条件下相同，主要影响区域分布在淮河以北沿淮洼地和淮河以南行蓄洪区洼地。其中浮山水位为 18.05m 时，主要分布区域面积分别为 2714km² 和 2037km²，分别占总面积 6644km² 的 40.9% 和 30.7%；浮山水位为 17.50m 时，主要分布区域面积分别为 2650km² 和 2011km²，分别占总面积 6530km² 的 40.6% 和 30.8%；浮山水位为 17.00m 时，主要分布区域面积分别为 2597km² 和 1989km²，分别占总面积 6434km² 的 40.4% 和 30.9%；浮山水位为 16.50m 时，主要分布区域面积分别为 2554km² 和 1968km²，分别占总面积 6348km² 的 40.2% 和 31.0%；浮山水位为 16.00m 时，主要分布区域面积分别为 2514km² 和 1948km²，分别占总面积 6270km² 的 40.1% 和 31.1%。

9.4.2　中等洪水对洼地排涝影响分析

2～3 年一遇标准扩大河道平槽泄量后，中等洪水时，影响沿淮湖洼地和淮南支流洼地自排范围广，影响自排面积超过流域面积的 1/5；其中淮河以北区域因地势平坦，影响自排面积占流域面积的近 40%；淮河以南区域大部分属低丘陵地区，影响自排面积约占流域面积的 1/7。中等洪水（浮山水位 17.00m）条件下影响自排面积 6434km²，占流域面积的 21.4%，其中淮河以北地区影响自排面积为 3555km²，占流域面积的 38.9%，淮河以南地区影响自排面积为 2878km²，占流域面积的 13.8%。

中等洪水（浮山水位 18.05m）水位较设计洪水水位低 0.30～1.80m，低洼地区在中等洪水时较设计洪水时影响自排面积减少了约 1/5。中等洪水影响自排面积由 8556km² 减少到 6644km²，减少了 1912km²，减少比例为 22.3%。减少面积主要分布在淮河以北区域，其中淮河以北地区减少为 1237km²，减少比例为 25.1%，淮河以南地区减少为 675km²，减少比例为 18.6%。

浮山中等洪水水位由 18.05m 降到 17.50、17.00m、16.50m、甚至 16.00m，影响自排面积变化幅度较小。最大增加自排面积 374km²，最大增加自排面积比例仅 5.6%，但由于水位降低，河道比降陡，增加了洪水下泄速度，特别是涡河口以下河段洪水下泄速度加快，减少了干流洪水对支流顶托时间。

设计洪水和中等洪水下，沿淮湖洼地和淮南支流洼地流域面积与影响自排面积对比见表 9.4-1。

表 9.4－1　　　　　　淮河干流平滩流量按 2～3 年一遇开挖后设计洪水与中等
洪水影响自排面积统计

洼地名称			淮河以北地区				淮河以南地区					合计
			沿淮湖洼地	行蓄洪区洼地	其他沿淮洼地	小计	沿淮湖洼地	行蓄洪区洼地	其他沿淮洼地	淮南支流洼地	小计	
流域面积/km²			7997	604	535	9136	2029	9200	362	9306	20897	30033
设计洪水	面积/km²①		3940	574	411	4925	721	2461	98	351	3631	8556
	占流域面积比例/%		49.3	95.0	76.8	53.9	35.5	26.8	27.0	3.8	17.4	28.5
影响自排面积	中等洪水	浮山水位 18.05m 面积/km²②	2714	566	407	3687	592	2037	79	248	2956	6643
		占流域面积比例/%	33.9	93.7	76.1	40.4	29.2	22.1	21.8	2.7	14.1	22.1
		浮山水位 17.05m 面积/km²③	2650	565	403	3618	580	2011	77	245	2913	6531
		占流域面积比例/%	33.1	93.5	75.3	39.6	28.6	21.9	21.3	2.6	13.9	21.7
		浮山水位 17.00m 面积/km²④	2597	564	394	3555	570	1989	76	243	2878	6433
		占流域面积比例/%	32.5	93.4	73.6	38.9	28.1	21.6	21.0	2.6	13.8	21.4
		浮山水位 16.50m 面积/km²⑤	2554	563	385	3502	562	1968	74	241	2845	6347
		占流域面积比例/%	31.9	93.2	72.0	38.3	27.7	21.4	20.4	2.6	13.6	21.1
		浮山水位 16.00m 面积/km²⑥	2514	563	376	3453	556	1948	73	239	2816	6269
		占流域面积比例/%	31.4	93.2	70.3	37.8	27.4	21.2	20.2	2.6	13.5	20.9

续表

洼地名称			淮河以北地区				淮河以南地区						合计
			沿淮湖洼地	行蓄洪区洼地	其他沿淮洼地	小计	沿淮湖洼地	行蓄洪区洼地	其他沿淮洼地	淮南支流洼地	小计		合计
自排面积变幅	①-②	面积/km²②	1226	8	4	1238	129	424	19	103	675		1913
		比例/%	31.1	1.4	1.0	25.1	17.9	17.2	19.4	29.3	18.6		22.4
	①-③	面积/km²	1290	9	8	1307	141	450	21	106	718		2025
		比例/%	32.7	1.6	1.9	26.5	19.6	18.3	21.4	30.2	19.8		23.7
	①-④	面积/km²	1343	10	17	1370	151	472	22	108	753		2123
		比例/%	34.1	1.7	4.1	27.8	20.9	19.2	22.4	30.8	20.7		24.8
	①-⑤	面积/km²	1386	11	26	1423	159	493	24	110	786		2209
		比例/%	35.2	1.9	6.3	28.9	22.1	20.0	24.5	31.3	21.6		25.8
	①-⑥	面积/km²	1426	11	35	1472	165	513	25	112	815		2287
		比例/%	36.2	1.9	8.5	29.9	22.9	20.8	25.5	31.9	22.4		26.7
	④-⑥	面积/km²	83	1	18	102	14	41	3	4	62		164
		比例/%	3.2	0.2	4.6	2.9	2.5	2.1	3.9	1.6	2.2		2.5
	②-⑥	面积/km²	200	3	31	234	36	89	6	9	140		374
		比例/%	7.4	0.5	7.6	6.3	6.1	4.4	7.6	3.6	4.7		5.6

9.5　3～5 年一遇标准疏浚对洼地排涝的作用

淮河干流行蓄洪区调整工程完成前提下,按平滩流量 3～5 年一遇全线开挖河道,扩大河道下泄能力的同时增加沿淮洼地自排机遇。

根据沿淮湖洼地高程—面积关系曲线,在浮山设计洪水位 18.35m、中等洪水位 18.05m、17.50m、17.00m、16.50m 和 16.00m 条件下,分析沿淮湖洼地在设计洪水水位和中等洪水水位下的洼地面积。

9.5.1 设计洪水和中等洪水影响自排面积分析

（1）设计洪水。通过扩挖河道，在流量不情况下必然降低水位，但考虑到淮河两岸堤防、建筑物等设施均按目前设计水位进行建设、管理调度等情况，本次研究扩挖河道后，仅考虑设计水位不变，而增加了河道设计流量，即王家坝—南照集—正阳关—涡河口—浮山设计水位仍维持为29.20m、28.30m、26.40m、23.39m和18.35m，设计流量由目前的7400m³/s～9400m³/s～10000m³/s～13000m³/s 增加到 10000m³/s～12000m³/s～12500m³/s～16000m³/s。因此，在设计水位维持不变的情况下，虽然河道进行了扩挖，但设计水位时影响自排面积与淮干行蓄洪区调整后基本相同的。

（2）中等洪水。影响自排区域分布与设计洪水条件下相同，主要影响区域分布在淮河以北沿淮洼地和淮河以南行蓄洪区洼地。其中浮山水位为18.05m时，主要分布区域面积分别为2142km²和1821km²，分别占总面积5706km²的37.5%和31.9%；浮山水位为17.50m时，主要分布区域面积分别为2065km²和1791km²，分别占总面积5564km²的37.1%和32.2%；浮山水位为17.00m时，主要分布区域面积分别为2002km²和1766km²，分别占总面积5448km²的36.7%和32.4%；浮山水位为16.50m时，主要分布区域面积分别为1942km²和1735km²，分别占总面积5330km²的36.4%和32.6%；浮山水位为16.00m时，主要分布区域面积分别为1897km²和1702km²，分别占总面积5227km²的36.3%和32.6%。

9.5.2 中等洪水对洼地排涝影响分析

3～5年一遇标准扩大河道平槽泄量后，中等洪水时，影响沿淮湖洼地和淮南支流洼地自排范围广，影响自排面积接近流域面积的1/5；其中淮河以北区域因地势平坦，影响自排面积占流域面积的近1/3；淮河以南区域大部属低丘陵地区，影响自排面积约占流域面积1/8。中等洪水（浮山水位16.50m）条件下影响自排面积5330km²，占流域面积的17.7%，其中淮河以北地区影响自排面积为2860km²，占流域面积的31.3%，淮河以南地区影响自排面积为2470km²，占流域面积的11.8%。

中等洪水（浮山水位18.05m）水位较设计洪水水位低0.30～2.40m，低洼地区在中等洪水时较设计洪水时影响自排面积减少了约1/3。中等洪水影响自排面积由8556km²减少到5705km²，减少了2850km²，减少比例为33.3%。减少面积主要分布在淮河以北区域，其中淮河以北地区减少为1826km²，减少比例为37.1%，淮河以南地区减少为1024km²，减少比例为28.2%。

浮山中等洪水水位由18.05m降到17.50m、17.00m、16.50m、甚至16.00m，影响自排面积变化幅度较小。最大增加自排面积477km²，最大增加自排面积比例仅8.4%，但由于水位降低，河道比降陡，增加了洪水下泄速度，特别是涡河口以下河段洪水下泄速度加快，减少了干流洪水对支流顶托时间。

设计洪水和中等洪水下，沿淮湖洼地和淮南支流洼地流域面积与影响自排面积对比见表9.5-1。

表 9.5－1　　　　　淮河干流平滩流量按 3～5 年一遇开挖后设计洪水
与中等洪水影响自排面积统计

洼 地 名 称		淮河以北地区				淮河以南地区					合计
		沿淮湖洼地	行蓄洪区洼地	其他沿淮洼地	小计	沿淮湖洼地	行蓄洪区洼地	其他沿淮洼地	淮南支流洼地	小计	
流域面积/km²		7997	604	535	9136	2029	9200	362	9306	20897	30033
影响自排面积	设计洪水	面积/km²①	3940	574	411	4925	721	2461	98	351	3631	8556
		占流域面积比例/%	49.3	95.0	76.8	53.9	35.5	26.8	27.0	3.8	17.4	28.5
	中等洪水	浮山水位18.05m 面积/km²②	2142	558	399	3099	507	1821	72	207	2607	5706
		占流域面积比例/%	26.8	92.4	74.6	33.9	25.0	19.8	19.9	2.2	12.5	19.0
		浮山水位17.05m 面积/km²③	2065	556	387	3008	491	1791	71	203	2556	5564
		占流域面积比例/%	25.8	92.1	72.3	32.9	24.2	19.5	19.6	2.2	12.2	18.5
		浮山水位17.00m 面积/km²④	2002	555	376	2933	480	1766	69	200	2515	5448
		占流域面积比例/%	25.0	91.9	70.3	32.1	23.7	19.2	19.1	2.1	12.0	18.1
		浮山水位16.50m 面积/km²⑤	1942	553	365	2860	469	1735	68	198	2470	5330
		占流域面积比例/%	24.3	91.6	68.2	31.3	23.1	18.9	18.8	2.1	11.8	17.7
		浮山水位16.00m 面积/km²⑥	1897	552	354	2803	461	1702	67	196	2426	5229
		占流域面积比例/%	23.7	91.4	66.2	30.7	22.7	18.5	18.5	2.1	11.6	17.4

洼地名称			淮河以北地区			淮河以南地区						合计
			沿淮湖洼地	行蓄洪区洼地	其他沿淮洼地	小计	沿淮湖洼地	行蓄洪区洼地	其他沿淮洼地	淮南支流洼地	小计	
自排面积变幅	①-②	面积/km²②	1798	16	12	1826	214	640	26	144	1024	2850
		比例/%	45.6	2.8	2.9	37.1	29.7	26.0	26.5	41.0	28.2	33.3
	①-③	面积/km²	1875	18	24	1917	230	670	27	148	1075	2992
		比例/%	47.6	3.1	5.8	38.9	31.9	27.2	27.6	42.2	29.6	35.0
	①-④	面积/km²	1938	19	35	1992	241	695	29	151	1116	3108
		比例/%	49.2	3.3	8.5	40.4	33.4	28.2	29.6	43.0	30.7	36.3
	①-⑤	面积/km²	1998	21	46	2065	252	726	30	153	1161	3226
		比例/%	50.7	3.7	11.2	41.9	35.0	29.5	30.6	43.6	32.0	37.7
	①-⑥	面积/km²	2043	22	57	2122	260	759	31	155	1205	3327
		比例/%	51.9	3.8	13.9	43.1	36.1	30.8	31.6	44.2	33.2	38.9
	④-⑥	面积/km²	105	3	22	130	19	64	2	4	89	219
		比例/%	5.2	0.5	5.9	4.4	4.0	3.6	2.9	2.0	3.5	4.0
	②-⑥	面积/km²	245	6	45	296	46	119	5	11	181	477
		比例/%	11.4	1.1	11.3	9.6	9.1	6.5	6.9	5.3	6.9	8.4

9.6 干流治理方案减灾效益分析

本次研究的淮河干流治理方案分为淮河干流行洪区调整工程、按2～3年一遇平滩流量疏浚干流河道和按3～5年一遇平滩流量疏浚干流河道共3组治理方案。

从干流治理与沿淮洼地排涝关系分析，行洪区调整工程增加自排面积1032km²，每增加1km²自排面积需要投资为1550万元；平滩流量按2～3年一遇疏浚，在行洪区调整工程基础上新增加自排面积1090km²，每增加1km²自排面积需要投资为1229万元；平滩流量按 3～5 年一遇疏浚，在行洪区调整工程基础上新增加自排面积 2193km²，每增加 1km² 自排面积需要投资为 1199 万元。

淮河干流不同治理方案效益分析详见表 9.6－1。

表 9.6－1　　　　　　　　　　　淮河干流治理方案效益分析表

方　　案	治 理 河 段	建 设 内 容	疏浚土方/万 m³	估算投资/亿元	增加自排面积/km²	减灾单位面积/(万元/km²)
淮河干流行洪区调整工程	王家坝至洪泽湖段长 472km，其中疏浚河段长 218km	行洪区废弃，堤防退建加固，保庄圩建设，兴建进退水闸，河道疏浚等	15120	160	1032	1550
按 2～3 年一遇平滩流量疏浚	王家坝至洪泽湖段长 472km，其中疏浚河段长 449km	河道疏浚	43700	134	1090	1229
按 3～5 年一遇平滩流量疏浚	王家坝至洪泽湖段长 472km，其中疏浚河段长 449km	河道疏浚	87800	263	2193	1199
方案	其他效益					
淮河干流行洪区调整工程	行洪区实现及时有效安全启用，保证淮河干流过流能力达到设计泄洪要求；浮山中等洪水位可控制在 17.50m，中等洪水较设计洪水水位低 0.50～1.00m					
按 2～3 年一遇平滩流量疏浚	进一步扩大了干流河道泄洪能力，在设计洪水位不变下设计流量增加 1300～1600m³/s，在设计流量不变条件下，设计水位降低 0～0.73m；浮山中等洪水位可控制在 17.00m，中等洪水较设计洪水水位低 1.30～1.90m					
按 3～5 年一遇平滩流量疏浚	大幅度提高了干流河道泄洪能力，在设计洪水位不变下设计流量增加 2500～3000m³/s，在设计流量不变条件下，设计水位降低 0～1.25m；浮山中等洪水位可控制在 16.50m，中等洪水较设计洪水水位低 1.80～2.50m					

注　进一步扩大平滩流量方案中增加自排面积是指在行洪区调整完成基础上新增面积。

9.7　小结

淮河流域易涝范围广，涝灾频发，特别是沿淮湖洼地地势低洼，一旦受淮河洪水顶托，难以自排，常常形成"关门淹"，加之上游来水的汇入，更增加了受灾概率。

（1）本次研究的浮山以上沿淮和淮南支流洼地流域面积为 30033km²，设计洪水位下面积达 8556km²，设计洪水位下面积占流域面积的 28.5％。其中沿淮洼地流域面积为 20727km²，设计洪水位下面积达 8204km²，设计洪水位下面积占流域面积的 39.6％。

（2）沿淮洼地是淮河流域最易受灾的地区，而淮河北岸洼地分布比南岸更为广泛。本次研究的浮山以上淮河以北沿淮洼地流域面积为 9115km²，设计洪水位下面积为 4914km²，设计洪水位下面积占流域面积的 53.9％；淮河以南沿淮洼地流域面积为 11611km²，设计洪水位下面积为 3290km²，设计洪水位下面积占流域面积的 28.3％；淮南支流洼地流域面积为 9306km²，设计洪水位下面积为 351km²，设计洪水位下面积占流域面积的 3.8％。

（3）根据淮河河道特性，沿淮洼地分为洪河口至正阳关段、正阳关至涡河口段、涡河口至浮山段等 3 段，其中洼地又主要集中在正阳关至涡河口段。沿淮洼地洪河口至正阳关段设计洪水位下面积为 2315km²，占总面积的 28.2%；正阳关至涡河口段设计洪水位下面积为 4563km²，占总面积的 55.6%；涡河口至浮山段设计洪水位下面积为 1326km²，占总面积的 16.2%。

（4）淮河干流实施行蓄洪区调整，并在此基础上进一步扩挖河道，对淮河低洼地排涝作用显著，中小洪水受涝面积减少程度大，也缩短了排涝历时。淮干行蓄洪区调整前淮河中小洪水具有长历时、高水位等特点，影响自排面积与设计洪水基本相同；但淮干行蓄洪区调整后，中等洪水（浮山水位 17.50m）影响自排面积由 8556km² 减少到 7523km²，减少了 1032km²，减少比例为 12.1%。其中减少面积主要分布在淮河以北区域，减少为 702km²，减少比例为 14.3%。

平滩流量按 2～3 年一遇扩挖，中等洪水（浮山水位 17.00m）影响自排面积减少到 6434km²，较设计洪水时减少了 2122km²，减少比例为 24.8%，较行蓄洪区调整后减少了 1090km²。

平滩流量按 3～5 年一遇扩挖，中等洪水（浮山水位 16.50m）影响自排面积减少到 5330km²，较设计洪水时减少了 3226km²，减少比例为 37.7%，较 2～3 年一遇扩挖后减少了 1104km²。

不同方案下淮河干流治理影响沿淮洼地自排面积详见表 9.7-1。

（5）淮干行蓄洪区调整后，中等洪水下影响自排面积占流域面积的 1/4 左右，在实施进一步扩挖河道后，中等洪水下影响自排面积占流域面积的 1/5 左右。而影响自排区域集中在沿淮洼地，占流域面积比重大。淮干行蓄洪区调整后，淮河防洪形势得到进一步改善，中等洪水在不启用行蓄洪区情况下能够实现通畅下泄，但中等洪水（浮山水位 17.50m）下影响自排面积也达 7523km²，占流域面积 30033km² 的 25.1%；其中沿淮洼地影响自排面积达 7226km²，占流域面积 20727km² 的 34.9%。即使在淮干行蓄洪区调整实施的基础上，平滩流量按 2～3 年一遇流量扩挖，中等洪水（浮山水位 17.00m）下影响自排面积也达 6434km²，占流域面积 30033km² 的 21.4%；其中沿淮洼地影响自排面积达 6190km²，占流域面积 20727km² 的 39.9%；平滩流量按 3～5 年一遇流量扩挖，中等洪水（浮山水位 16.50m）下影响自排面积也达 5330km²，占流域面积 30033km² 的 17.7%；其中沿淮洼地影响自排面积达 5132km²，占流域面积 20727km² 的 24.8%。

（6）仅通过直接降低浮山中等洪水水位，影响自排面积减少程度很小，但由于水位降低，河道比降陡，增加了洪水下泄速度，特别是涡河口以下河段洪水下泄速度加快，减少了干流洪水对支流顶托时间。浮山中等洪水水位由 18.05m 降到 16.00m，影响自排面积减少小，比例不到 9%。其中行蓄洪区调整情况下影响自排面积由 7618km² 降低到 7351km²，减少 267km²，减少比例为 3.5%；2～3 年一遇标准扩挖河槽情况下影响自排面积由 6644km² 降低到 6270km²，减少 374km²，减少比例为 5.6%；3～5 年一遇标准扩挖河槽情况下影响自排面积由 5705km² 降低到 5227km²，减少 478km²，减少比例为 8.4%。

（7）沿淮洼地排涝需要以建设泵站抽排为主。安徽省淮河流域易涝范围广，面积大，即使实施淮干行蓄洪区调整、甚至进一步扩挖河道后，淮河洼地特别是沿淮洼地仍有大量区域处于洪水位下，加之淮河中游河道比降平缓，洪水下泄速度慢，高水位持续时间长，导致了洪水期沿淮洼地自排时间短、自排概率小。

表 9.7－1　淮河干流不同治理方案影响沿淮洼地自排面积统计表

序号	流域名称	流域面积/km²	设计洪水 水位/m	设计洪水 影响自排面积/km²	淮干行蓄洪区调整后 18.05m 水位/m	18.05m 面积/km²	17.50m 水位/m	17.50m 面积/km²	17.00m 水位/m	17.00m 面积/km²	16.50m 水位/m	16.50m 面积/km²	16.00m 水位/m	16.00m 面积/km²	淮干蓄洪区调整开挖 18.05m 水位/m	18.05m 面积/km²	17.50m 水位/m	17.50m 面积/km²	17.00m 水位/m	17.00m 面积/km²	16.50m 水位/m	16.50m 面积/km²	16.00m 水位/m	16.00m 面积/km²	平滩流量按2~3年一遇标准开挖 18.05m 水位/m	18.05m 面积/km²	17.50m 水位/m	17.50m 面积/km²	17.00m 水位/m	17.00m 面积/km²	16.50m 水位/m	16.50m 面积/km²	16.00m 水位/m	16.00m 面积/km²	平滩流量按3~5年一遇标准开挖 17.00m 水位/m	17.00m 面积/km²	16.50m 水位/m	16.50m 面积/km²	16.00m 水位/m	16.00m 面积/km²	备注
1	洪河	572	29.20	168.8	28.65	140.8	28.65	140.8	28.65	140.8	28.65	140.8	28.65	140.8	27.93	114.8	27.93	114.4	27.93	114.4	27.93	114.4	27.93	114.4	27.40	72.0	27.40	72.0	27.40	72.0	27.40	72.0	27.40	72.0	27.40	72.0	27.40	72.0	27.40	72.0	北岸
2	谷河	1080	28.80	40.7	28.04	30.1	28.04	30.1	28.04	30.1	28.04	30.1	28.04	30.1	27.25	21.9	27.25	21.9	27.25	21.9	27.25	21.9	27.25	21.9	26.80	18.1	26.80	18.1	26.80	18.1	26.80	18.1	26.80	18.1	26.80	18.1	26.80	18.1	26.80	18.1	北岸
3	润河	907	27.82	157.9	27.02	81.9	27.00	80.0	26.98	79.4	26.96	78.8	26.95	78.5	26.17	55.1	26.14	54.2	26.12	53.6	26.09	52.7	26.07	52.1	25.64	44.6	25.61	43.8	25.58	43.7	25.55	43.3	25.53	43.0	25.58	43.7	25.55	43.3	25.53	43.0	北岸
4	八里湖	480	26.33	347.6	25.76	273.3	25.73	269.4	25.70	265.6	25.68	263.0	25.66	260.5	25.06	183.7	25.01	177.3	24.97	174.1	24.93	171.7	24.91	170.4	24.32	133.8	24.25	129.5	24.19	125.8	24.14	122.7	24.10	120.2	24.19	125.8	24.14	122.7	24.10	120.2	北岸
5	焦岗湖	563	25.84	558.2	25.27	541.1	25.22	539.6	25.19	538.7	25.16	537.2	25.13	536.3	24.50	452.5	24.45	444.5	24.41	438.0	24.38	433.2	24.35	430.2	23.86	358.1	23.70	342.3	23.64	336.4	23.59	331.4	23.59	331.4	23.64	336.4	23.59	331.4	23.59	331.4	北岸
6	西淝河下游	1621	25.50	656.0	24.87	507.2	24.82	497.6	24.78	490.0	24.75	484.3	24.72	478.5	24.14	367.7	24.07	354.4	24.01	342.9	23.96	336.0	23.93	332.3	23.47	274.8	23.37	262.3	23.30	253.5	23.23	244.8	23.18	238.5	23.30	253.5	23.23	244.8	23.18	238.5	北岸
7	永幸河	180	25.20	180.0	24.60	142.8	24.54	137.2	24.49	132.6	24.44	127.7	24.40	124.0	23.88	79.5	23.81	75.2	23.75	71.4	23.69	67.7	23.65	65.2	23.12	39.0	23.04	27.2	23.23	23.8	22.97	23.9	22.91	21.9	23.23	23.8	22.97	23.9	22.91	21.9	北岸
8	架河	205	25.15	205.0	24.55	205.0	24.47	205.0	24.40	205.0	24.35	205.0	24.31	205.0	23.82	199.5	23.75	197.4	23.68	195.3	23.63	193.8	23.59	192.6	23.16	179.5	23.05	176.2	22.96	170.9	22.89	164.3	22.82	157.7	22.96	170.9	22.89	164.3	22.82	157.7	北岸
9	泥黑河	556	24.37	414.0	23.91	414.0	23.83	414.0	23.76	414.0	23.71	414.0	23.67	414.0	23.15	414.0	23.07	414.0	22.99	414.0	22.94	403.2	22.50	324.0	22.36	298.8	22.25	279.0	22.14	259.2	22.06	244.8	22.25	279.0	22.14	259.2	22.06	244.8	北岸
10	茨河	1328	23.75	728.7	23.12	485.9	23.01	443.6	22.93	424.2	22.86	409.9	22.81	399.3	22.37	305.6	22.26	282.2	22.16	260.9	22.09	246.1	21.87	215.4	21.69	199.5	21.54	186.3	21.41	174.8	21.31	166.0	21.54	186.3	21.41	174.8	21.31	166.0	北岸
11	北淝河下游	505	21.86	483.0	21.24	483.0	21.08	483.0	20.94	483.0	20.83	483.0	20.73	483.0	20.60	483.0	20.38	483.0	20.20	483.0	20.05	483.0	20.15	483.0	19.89	483.0	19.66	483.0	19.46	483.0	19.28	483.0	19.66	483.0	19.46	483.0	19.28	483.0	北岸
12	临王段	139	28.41	136.0	27.53	131.2	27.53	131.2	27.53	131.2	27.53	131.2	27.53	131.2	26.60	122.2	26.60	122.2	26.60	122.2	26.60	122.2	26.60	122.2	26.04	115.5	26.04	115.5	26.04	115.5	26.04	115.5	26.04	115.5	26.04	115.5	26.04	115.5	26.04	115.5	南岸
13	正南洼	344	26.40	122.3	25.80	118.2	25.77	118.1	25.74	118.0	25.72	117.9	25.70	117.8	25.10	115.4	25.05	115.2	25.01	115.0	24.97	114.5	24.95	114.1	24.36	103.5	24.28	102.0	24.23	101.1	24.18	100.2	24.14	99.5	24.23	101.1	24.18	100.2	24.14	99.5	南岸
14	高塘湖	1160	24.35	303.7	23.84	272.0	23.76	266.1	23.70	261.7	23.65	258.0	23.60	254.4	23.19	224.3	23.09	217.0	23.01	211.1	22.94	207.0	22.88	203.6	22.45	179.3	22.30	170.8	22.16	164.6	22.08	158.3	22.00	153.8	22.16	164.6	22.08	158.3	22.00	153.8	南岸
15	黄苏段	46	24.03	40.2	23.53	39.4	23.45	39.1	23.38	39.0	23.32	39.0	23.27	39.0	22.92	38.0	22.79	37.1	22.70	36.5	22.62	36.0	22.55	35.5	22.05	32.2	21.92	31.6	21.80	31.0	21.71	30.7	21.71	30.7	21.80	31.0	21.71	30.7	21.71	30.7	南岸
16	天河	340	23.71	119.1	23.09	108.5	22.98	106.4	22.88	103.7	22.81	101.7	22.76	100.4	22.46	92.0	22.33	88.4	22.22	85.4	22.12	80.7	22.05	75.1	21.83	66.9	21.65	63.7	21.50	66.9	21.37	63.7	21.27	61.2	21.50	66.9	21.37	63.7	21.27	61.2	南岸
小计		10026		4661		3974		3901		3858		3823		3793		3306		3230		3168		3116		3070		2649		2556		2481		2411		2357		2481		2411		2357	

394

续表

中 等 洪 水

序号	流域名称	流域面积/km²	设计洪水 影响 水位/m	设计洪水 影响 自排面积/km²	调整后 18.05m 水位/m	18.05m 自排面积	17.50m 水位/m	17.50m 自排面积	17.00m 水位/m	17.00m 自排面积	16.30m 水位/m	16.30m 自排面积	16.00m 水位/m	16.00m 自排面积	2~3年 18.05m 水位/m	18.05m 自排面积	17.50m 水位/m	17.50m 自排面积	17.00m 水位/m	17.00m 自排面积	16.50m 水位/m	16.50m 自排面积	16.00m 水位/m	16.00m 自排面积	3~5年 18.05m 水位/m	18.05m 自排面积	17.50m 水位/m	17.50m 自排面积	17.00m 水位/m	17.00m 自排面积	16.50m 水位/m	16.50m 自排面积	16.00m 水位/m	16.00m 自排面积	备注
17	濠淮	181	28.41	179.9	27.53	178.9	27.53	178.9	27.53	178.9	27.53	178.9	27.53	178.9	26.60	175.2	26.60	175.2	26.60	175.2	26.60	175.2	26.60	175.2	26.04	170.7	26.04	170.7	26.04	170.7	26.04	170.7	26.04	170.7	北岸
18	城西湖	1686	26.70	527.5	26.22	504.0	26.20	502.5	26.19	501.0	26.17	500.5	26.15	500.0	25.43	467.9	25.39	466.2	25.35	464.4	25.32	463.1	25.30	462.0	24.77	442.8	24.71	441.2	24.67	440.2	24.63	439.1	24.59	438.1	南岸
19	南润段	11	28.00	10.7	27.12	10.7	27.10	10.7	27.09	10.7	27.07	10.7	27.06	10.7	26.27	10.7	26.24	10.7	26.22	10.7	26.19	10.7	26.18	10.7	25.74	10.7	25.71	10.7	25.68	10.7	25.65	10.7	25.63	10.7	北岸
20	邱家湖	27	27.12	26.6	26.54	26.6	26.51	26.6	26.50	26.6	26.48	26.5	26.46	26.5	25.70	26.4	25.66	26.4	25.63	26.4	25.60	26.4	25.58	26.4	25.15	26.2	25.10	26.2	25.07	26.2	25.04	26.2	25.00	26.2	北岸
21	城东湖	2170	26.47	467.6	25.89	419.9	25.86	417.1	25.83	414.4	25.81	412.5	25.79	410.7	25.19	355.5	25.14	350.3	25.10	347.2	25.06	343.5	25.04	341.1	24.40	303.2	24.33	299.1	24.23	296.2	24.19	293.3	24.19	291.0	南岸
22	姜唐湖	146	26.40	119.0	25.80	118.5	25.77	118.5	25.74	118.5	25.72	118.5	25.70	118.5	25.10	117.8	25.05	117.8	25.01	117.8	24.97	117.8	24.95	117.8	24.36	117.5	24.28	117.5	24.23	117.5	24.18	117.5	24.14	117.5	北岸
23	瓦埠湖	4193	25.75	990.0	25.11	896.4	25.06	889.1	25.03	884.7	25.00	880.3	24.97	874.8	24.41	772.0	24.34	759.1	24.29	749.9	24.25	742.6	24.22	737.1	23.71	643.9	23.62	627.0	23.55	614.8	23.49	603.9	23.44	594.8	南岸
24	寿西湖	155	25.75	147.0	25.11	138.3	25.06	137.6	25.03	137.2	25.00	136.8	24.97	136.7	24.41	134.4	24.34	133.4	24.29	133.2	24.25	133.2	24.22	133.1	23.71	129.7	23.62	129.0	23.55	128.4	23.49	128.4	23.44	127.5	北岸
25	董峰湖	44	25.59	41.9	24.93	41.9	24.88	41.9	24.84	41.9	24.81	41.9	24.78	41.9	24.19	41.9	24.12	41.9	24.07	41.9	24.02	41.9	23.99	41.9	23.52	41.9	23.42	41.9	23.35	41.9	23.28	41.9	23.23	41.9	北岸
26	上六坊堤	9	24.90	8.8	24.39	8.8	24.32	8.8	24.26	8.8	24.21	8.8	24.17	8.8	23.69	8.8	23.61	8.8	23.54	8.8	23.48	8.8	23.44	8.8	22.98	8.8	22.86	8.8	22.77	8.8	22.68	8.8	22.62	8.8	
27	下六坊堤	19	24.72	19.2	24.18	19.2	24.13	19.2	24.09	19.2	24.05	19.2	24.05	19.2	23.56	19.2	23.47	19.2	23.40	19.2	23.34	19.2	23.29	19.2	22.81	19.2	22.68	19.2	22.58	19.2	22.49	19.2	22.42	19.2	北岸
28	汤渔湖	73	24.33	72.7	23.86	72.4	23.78	72.2	23.72	72.1	23.67	71.9	23.62	71.8	23.21	70.9	23.11	70.7	23.03	70.5	22.96	70.3	22.90	70.1	22.47	68.5	22.32	68.0	22.21	67.6	22.10	67.3	22.02	67.0	北岸
29	荆山湖	67	23.85	66.5	23.19	66.5	23.09	66.5	23.02	66.5	22.95	66.5	22.89	66.5	22.57	66.5	22.44	66.5	22.33	66.5	22.24	66.5	22.17	66.5	21.92	66.5	21.75	66.5	21.61	66.5	21.48	66.5	21.38	66.5	北岸
30	方邱湖	77	21.34	75.3	20.84	73.2	20.64	72.2	20.49	71.5	20.35	70.5	20.23	70.2	20.31	69.4	20.07	68.4	19.87	68.3	19.69	67.4	19.53	66.9	19.89	66.6	19.59	65.6	19.34	64.4	19.12	62.6	18.91	62.6	南岸
31	临北段	28	21.05	28.4	20.64	28.4	20.42	28.3	20.11	28.3	20.06	28.2	19.98	28.2	20.06	28.3	19.79	28.2	19.57	28.0	19.37	27.7	19.20	27.4	19.66	27.4	19.34	26.5	19.07	26.1	18.82	25.8	18.58	23.2	北岸
32	花园湖	875	20.39	210.6	19.57	199.8	19.25	195.4	18.99	191.9	18.75	188.4	18.53	185.1	19.20	184.7	18.83	189.5	18.50	184.5	18.20	180.3	17.92	174.1	18.94	191.1	18.52	185.0	18.16	179.7	17.80	169.1	17.46	155.1	南岸
33	香浮段	44	18.47	43.0	18.14	42.3	17.60	42.0	17.13	41.3	16.65	38.0	16.16	33.8	18.11	42.2	17.58	41.9	17.09	41.2	16.61	37.6	16.13	33.4	18.10	42.2	17.56	41.9	17.07	41.2	16.58	37.4	16.09	33.0	南岸
	小计	9804		3035		2846		2828		2814		2799		2782		2603		2576		2553		2531		2511		2379		2347		2321		2289		2254	

注：序号26、27为行蓄洪区。

续表

注：序号 42～50 为"其他沿淮洼地"。

序号	流域名称	流域面积/km²	设计洪水		淮干行蓄洪区调整后										中等洪水 平滩流量按 2～3 年一遇标准开挖										平滩流量按 3～5 年一遇标准开挖										备注
			浮山水位 18.05m		浮山水位 18.05m		17.50m		17.00m		16.50m		16.00m		18.05m		17.50m		17.00m		16.50m		16.00m		18.05m		17.50m		17.00m		16.50m		16.00m		
			水位/m	影响自排面积/km²	水位/m	影响自排面积/km²	水位/m	影响自排面积/km²	水位/m	影响自排面积/km²	水位/m	影响自排面积/km²	水位/m	影响自排面积/km²	水位/m	影响自排面积/km²	水位/m	影响自排面积/km²	水位/m	影响自排面积/km²	水位/m	影响自排面积/km²	水位/m	影响自排面积/km²	水位/m	影响自排面积/km²	水位/m	影响自排面积/km²	水位/m	影响自排面积/km²	水位/m	影响自排面积/km²	
34	八里沟	23	22.48	3.0	21.91	2.6	21.77	2.5	21.66	2.5	21.57	2.4	21.49	2.4	21.28	2.3	21.10	2.2	20.96	2.2	20.83	2.1	20.72	2.1	20.77	2.1	20.54	2.0	20.36	1.9	20.19	1.8	20.05	1.7	南岸
35	席家沟	50	22.48	2.3	21.91	0.7	21.77	0.6	21.66	0.5	21.57	0.5	21.49	0.4	21.28	0.3	21.10	0.3	20.96	0.3	20.83	0.2	20.72	0.2	20.77	0.2	20.54	0.2	20.36	0.1	20.19	0.1	20.05	0.1	南岸
36	龙子河	140	22.48	32.7	21.91	29.2	21.77	28.1	21.66	27.4	21.57	26.7	21.49	26.1	21.28	24.6	21.10	23.3	20.96	22.4	20.83	21.6	20.72	21.0	20.77	21.3	20.54	20.0	20.36	19.0	20.19	18.1	20.05	17.3	南岸
37	大涧沟	30	24.51	9.8	24.08	7.1	24.00	6.6	23.94	6.3	23.89	6.1	23.85	5.9	23.38	3.9	23.28	3.4	23.20	3.1	23.14	2.8	23.08	2.6	22.63	1.9	22.49	1.7	22.39	1.7	22.29	1.6	22.21	1.5	南岸
38	石涧湖	39	24.75	10.3	24.3	9.7	24.22	9.6	24.15	9.5	24.11	9.4	24.07	9.4	23.60	8.8	23.51	8.7	23.44	8.6	23.38	8.5	23.33	8.5	22.86	7.9	22.73	7.8	22.64	7.7	22.55	7.6	22.48	7.5	南岸
39	应台孜	14	24.75	4.5	24.3	4.4	24.22	4.4	24.15	4.4	24.11	4.4	24.07	4.4	23.60	4.3	23.51	4.3	23.44	4.3	23.38	4.3	23.33	4.3	22.86	4.2	22.73	4.2	22.64	4.2	22.55	4.2	22.48	4.1	南岸
40	新庄孜	13	24.91	0.4	24.4	0.3	24.33	0.3	24.27	0.3	24.21	0.3	24.17	0.3	23.70	0.3	23.62	0.3	23.55	0.3	23.50	0.3	23.46	0.3	23.00	0.2	22.88	0.2	22.79	0.2	22.71	0.2	22.64	0.2	南岸
41	李嘴孜	23	24.91	3.5	24.4	3.4	24.33	3.4	24.27	3.4	24.21	3.4	24.17	3.4	23.70	3.4	23.62	3.4	23.55	3.4	23.50	3.4	23.46	3.4	23.00	3.3	22.88	3.3	22.79	3.3	22.71	3.3	22.64	3.3	南岸
42	石姚段	16	24.54	15.7	24.12	15.7	24.04	15.7	23.99	15.7	23.93	15.7	23.90	15.7	23.43	15.7	23.33	15.7	23.25	15.7	23.19	15.7	23.14	15.7	22.67	15.7	22.54	15.7	22.43	15.7	22.34	15.7	22.26	15.7	北岸
43	洛河洼	16	24.35	15.5	23.84	15.5	23.76	15.5	23.70	15.5	23.65	15.5	23.60	15.5	23.19	15.5	23.09	15.5	23.01	15.5	22.94	15.5	22.88	15.5	22.45	15.5	22.30	15.5	22.19	15.5	22.08	15.5	22.00	15.5	北岸
44	戴家湖	21	26.68	10.7	26.20	10.3	26.17	10.2	26.13	10.2	26.13	10.2	26.11	10.2	25.40	9.1	25.36	9.0	25.33	9.0	25.30	8.9	25.28	8.9	24.54	8.2	24.48	8.1	24.64	8.1	24.60	8.0	24.57	8.0	北岸
45	黄沟洼	36	24.91	16.0	24.40	16.0	24.33	16.0	24.27	16.0	24.21	16.0	24.17	16.0	23.70	13.8	23.62	13.2	23.55	13.0	23.50	12.4	23.46	12.1	23.00	8.7	22.88	8.3	22.79	8.0	22.71	7.7	22.64	7.5	北岸
46	马家洼	18	25.09	13.0	24.57	13.0	24.50	13.0	24.44	13.0	24.39	13.0	24.35	13.0	23.85	13.0	23.77	13.0	23.71	13.0	23.65	13.0	23.61	13.0	23.19	13.0	23.08	13.0	23.00	13.0	22.93	12.5	22.86	12.0	北岸
47	鳋鲤池	35	23.75	15.0	23.12	15.0	23.01	15.0	22.93	15.0	22.86	15.0	22.81	15.0	22.50	15.0	22.37	15.0	22.26	15.0	22.16	15.0	22.09	15.0	21.87	15.0	21.69	15.0	21.54	15.0	21.41	15.0	21.31	15.0	北岸
48	跃进沟	78	24.25	19.8	23.77	19.8	23.69	19.8	23.62	19.8	23.57	19.8	23.52	19.8	23.09	19.8	22.98	19.6	22.89	19.6	22.82	19.5	22.76	19.4	22.36	18.8	22.21	18.6	22.09	18.4	21.98	17.9	21.90	16.5	北岸
49	塌荆段	8	23.75	8.0	23.12	8.0	23.01	8.0	22.93	8.0	22.86	8.0	22.81	8.0	22.50	8.0	22.37	8.0	22.26	8.0	22.16	8.0	22.09	8.0	21.87	7.9	21.69	7.7	21.54	7.6	21.41	7.5	21.31	7.4	北岸
50	邰家湖	61	20.02	60.8	19.34	60.8	19.00	60.8	18.71	60.8	18.46	60.8	18.22	60.8	19.04	60.8	18.65	60.8	18.31	60.8	17.98	60.8	17.69	60.8	18.82	60.8	18.39	60.8	18.00	60.8	17.63	60.2	17.27	59.7	北岸

续表

序号	流域名称	流域面积/km²	设计洪水 水位/m	设计洪水 影响自排面积/km²	调整后18.05m 水位/m	调整后18.05m 面积/km²	调整后17.50m 水位/m	调整后17.50m 面积/km²	调整后17.00m 水位/m	调整后17.00m 面积/km²	调整后16.50m 水位/m	调整后16.50m 面积/km²	调整后16.00m 水位/m	调整后16.00m 面积/km²	2~3年18.05m 水位/m	2~3年18.05m 面积/km²	2~3年17.50m 水位/m	2~3年17.50m 面积/km²	2~3年17.00m 水位/m	2~3年17.00m 面积/km²	2~3年16.50m 水位/m	2~3年16.50m 面积/km²	2~3年16.00m 水位/m	2~3年16.00m 面积/km²	3~5年18.05m 水位/m	3~5年18.05m 面积/km²	3~5年17.50m 水位/m	3~5年17.50m 面积/km²	3~5年17.00m 水位/m	3~5年17.00m 面积/km²	3~5年16.50m 水位/m	3~5年16.50m 面积/km²	3~5年16.00m 水位/m	3~5年16.00m 面积/km²	备注
51	张家沟	136	20.70	136.0	20.30	136.0	20.10	136.0	19.95	136.0	19.74	136.0	19.60	136.0	19.60	136.0	19.30	136.0	19.02	136.0	18.76	135.7	18.54	135.5	19.27	135.5	18.90	135.9	18.57	135.5	18.26	135.2	17.97	134.9	北岸
52	三铺湖	51	20.98	51.0	19.57	51.0	19.25	51.0	18.99	51.0	18.75	51.0	18.53	39.8	19.20	51.0	18.83	47.0	18.50	39.1	18.20	32.0	17.92	25.8	18.94	49.6	18.52	39.6	18.16	31.0	17.80	23.6	17.46	17.6	北岸
53	三冲湖	43	20.70	41.0	20.30	41.0	20.10	41.0	19.95	41.0	19.74	41.0	19.60	41.0	19.60	41.0	19.30	41.0	19.02	41.0	18.76	41.0	18.54	38.6	19.27	41.0	18.90	40.5	18.57	38.8	18.26	37.2	17.97	35.5	北岸
54	杨庵湖	49	19.10	39.8	18.70	39.8	18.25	39.8	17.88	39.8	17.53	39.8	17.20	39.8	18.25	39.8	17.75	39.8	17.30	39.8	16.85	39.8	16.42	39.5	17.71	39.8	17.25	39.8	16.78	39.8	16.32	39.7	16.32	39.5	北岸
	小计	897		509		499		497		496		489		483		486		480		470		459		449		471.0		457.8		445.2		432.5		420.5	
55	史河	2685	28.50	138.0	27.75	101.3	27.75	101.3	27.75	101.3	27.75	101.3	27.75	101.3	26.95	72.7	26.95	72.7	26.95	72.7	26.95	72.7	26.95	72.7	26.50	51.5	26.50	51.5	26.50	51.5	26.50	51.5	26.50	51.5	南岸
56	涡河	6000	26.43	169.7	25.84	157.6	25.81	156.6	25.78	156.0	25.75	155.1	25.73	154.6	25.15	138.5	25.10	137.3	25.06	136.2	25.03	135.3	25.00	135.1	24.38	120.6	24.31	119.0	24.25	117.6	24.17	116.7	24.11	115.8	南岸
57	漤河	621	21.30	43.5	20.80	40.0	20.60	38.9	20.45	38.0	20.31	37.2	20.19	36.5	20.28	37.0	20.03	35.6	19.83	34.3	19.65	33.2	19.49	32.1	19.86	34.5	19.56	32.6	19.31	31.0	19.08	29.5	18.87	28.4	南岸
	小计	9306		351		299		297		295		294		292		248		245		243		241		239		206.6		203.1		200.1		197.7		195.7	
	合计	30033		8556		7618		7523		7463		7404		7351		6644		6530		6434		6348		6270		5706		5564		5448		5330		5227	
	洪河口至正阳关段小计	16448		2623		2303		2292		2283		2276		2270		1987		1971		1961		1951		1945		1739		1725		1715		1706		1698	
	正阳关至涡河口段小计	10882		4682		4087		4011		3967		3930		3898		3445		3362		3293		3237		3186		2769		2664		2580		2500		2438	
	涡河口至浮山段小计	2703		1250		1228		1220		1213		1198		1183		1212		1197		1180		1160		1138		1197		1175		1153		1124		1092	

注: 1. 流域面积为安徽省境内;

2. 淮干王家坝至正阳关至涡河口至浮山河段平滩流量2~3年一遇为3000~4000m³/s, 3~5年一遇为4000~5000~6000m³/s; 淮干浮山以下段平滩流量按3年一遇平滩流量按5年一遇流量按5年一遇流量;

3. 浮山中等洪水水位调整规划中采用18.05m, 冯铁营引河开挖后基本控制在17.50m, 淮干浮山以下段平滩流量按3年一遇疏浚后可控制在17.00m。浮山以下段平滩流量按5年一遇疏浚后可控制在16.50m。

397

主 要 参 考 文 献

［1］ 水利部淮河水利委员会. 淮河流域防洪规划［R］. 水利部淮河水利委员会，2009.

［2］ 张学军，刘玲，余彦群，等. 淮河干流行蓄洪区调整规划［R］. 中水淮河规划设计研究有限公司，2008.

［3］ 张学军，刘福田，冯治刚，等. 淮河干流蚌埠—浮山段行洪区调整和建设工程可行性研究总报告（修订）［R］. 中水淮河规划设计研究有限公司，安徽省水利水电勘测设计院，2009.

［4］ 李燕，徐迎春. 淮河行蓄洪区和易涝洼地水灾防治实践与探索［M］. 中国水利水电出版社，2013.

［5］ 刘福田，辜兵，李泽青. 安徽省淮河干流中小洪水漫滩淹没水深、历时及对沿淮洼地排涝影响初步分析［J］. 治淮，2010（4）：12-13.

［6］ 辜兵，刘福田. 淮河干流行洪区调整对沿淮洼地排涝影响分析［J］. 治淮，2013（3）：8-10.

［7］ 辜兵，刘福田，朱晓二. 安徽省淮河干流行蓄洪区形成历史与现状［J］. 江淮水利科技，2008（4）：3-4.

［8］ 程志远，刘福田，海燕. 淮河行蓄洪区防洪减灾非工程措施［J］. 安徽水利科技，2001（4）：23-24.

［9］ 刘福田. 可持续发展与淮河中游行蓄洪区治理［J］. 治淮，1999（10）：10-11.

［10］ 夏广义，辜兵. 浅谈安徽省淮河行蓄洪区治理［J］. 江淮水利科技，2014（4）：19-21.